Wilhelm Benning

Statistik in Geodäsie, Geoinformation und Bauwesen

Wilhelm Benning

Statistik in Geodäsie, Geoinformation und Bauwesen

4., überarbeitete und erweiterte Auflage

mit Ausgleichungsprogramm
auf CD-ROM

 Wichmann

Alle in diesem Buch enthaltenen Angaben, Daten, Ergebnisse usw. wurden vom Autor nach bestem Wissen erstellt und von ihm und dem Verlag mit größtmöglicher Sorgfalt überprüft. Dennoch sind inhaltliche Fehler nicht völlig auszuschließen. Daher erfolgen die Angaben usw. ohne jegliche Verpflichtung oder Garantie des Verlags oder des Autors. Sie übernehmen deshalb keinerlei Verantwortung und Haftung für etwa vorhandene inhaltliche Unrichtigkeiten. Ebenfalls erfolgt die Verwendung der CD unter Ausschluss jeglicher Haftung und Garantie. Insbesondere wird jegliche Haftung für Schäden, die aufgrund der Benutzung der CD entstehen, ausgeschlossen.

Bibliografische Information der Deutschen Nationalbibliothek
Die Deutsche Nationalbibliothek verzeichnet diese Publikation in der Deutschen Nationalbibliografie; detaillierte bibliografische Daten sind im Internet über **http://dnb.d-nb.de** abrufbar.

ISBN 978-3-87907-512-6

© 2011 Wichmann, eine Marke der VDE VERLAG GMBH, Berlin und Offenbach
Bismarckstr. 33, 10625 Berlin
www.vde-verlag.de
www.wichmann-verlag.de

Dieses Werk einschließlich aller seiner Teile ist urheberrechtlich geschützt. Jede Verwertung außerhalb der engen Grenzen des Urheberrechtsgesetzes ist ohne Zustimmung des Verlags unzulässig und strafbar. Das gilt insbesondere für Vervielfältigungen, Übersetzungen, Mikroverfilmungen und die Einspeicherung und Verarbeitung in elektronischen Systemen.

Druck: Beltz Bad Langensalza GmbH, Bad Langensalza
Printed in Germany

Vorwort

Die dritte Auflage des Lehrbuches „Statistik in Geodäsie, Geoinformation und Bauwesen" ist innerhalb kürzester Zeit vergriffen, sodass diese vierte Auflage fortzuführen war. Es werden wiederum wenige Korrekturen angebracht, einige zusätzliche und erklärende Beispiele durchgerechnet und kleine Erweiterungen eingefügt. Den aufmerksamen Studierenden und Lesern sei an dieser Stelle der Dank ausgesprochen für die diesbezüglichen konstruktiven Hinweise.

Die Zielgruppe dieses Lehrbuches sind Studierende der Ingenieurwissenschaften, Auszubildende und Praktiker, die sich in die Grundlagen der Statistik und Parameterschätzung einarbeiten möchten. Eine hohe Anzahl von praxisnahen Beispielen soll diesen Zugang und das Verständnis sowie die Interpretation statistischer Verfahren und Ergebnisse erleichtern. Schlussendlich gibt es beim heutigen Automationsgrad kaum noch Ingenieuranwendungen, deren funktionale Modellierung und Problemlösung nicht durch statistische Methoden und Auswertungen unterstützt und fachlich abgesichert werden.

Aachen, im Oktober 2011 *Wilhelm Benning*

Vorwort zur 3. Auflage

Die dritte Auflage des Lehrbuches „Statistik in Geodäsie, Geoinformation und Bauwesen" wurde um wenige Kapitel erweitert, so z. B. um die „Design- und Varianzanalyse". Hiermit kann im Umkehrschluss zur Varianz- und Kovarianzfortpflanzung aus der vorgegebenen Genauigkeit eines Ergebnisses die zu fordernde Präzision der auszuführenden Beobachtungen abgeleitet werden. Darüber hinaus werden einige Funktionalzusammenhänge mit ausführlichen Ableitungen der Formeln vertieft.

Insbesondere wird aber ein vom Verfasser entwickeltes, EDV-gestütztes Ausgleichungsprogramm beigegeben, welches geodätisch-tachymetrische Beobachtungen auszuwerten ermöglicht. Nach Eingabe der Anschlusskoordinaten sowie der gemessenen Beobachtungen erfolgt eine vollautomatisierte Auswertung der Daten bis zur freien Lage- und Höhenausgleichung, bzw. bis zu den entsprechenden Ausgleichungen unter Zwangsanschluss. Dieses Programm kann didaktisch und für Studienzwecke genutzt werden, darf aber nicht gewerblich eingesetzt werden. Es möge die Studierenden motivieren, die Statistik und Ausgleichungsrechnung praktisch anzuwenden.

Schließlich sei erwähnt, dass die Studierenden, Auszubildenden und Praktiker mittels der hohen Anzahl von Beispielen und Berechnungen, insgesamt sind dies nunmehr 128 Beispiele, unterstützt werden sollen, die anspruchsvolle Theorie der Statistik zu durchdringen und erfolgreich in der Praxis einzusetzen.

Aachen, im Oktober 2009　　　　　　　　　　　　　　　　　　　*Wilhelm Benning*

Vorwort zur 2. Auflage

In der zweiten Auflage des Lehrbuches „Statistik in Geodäsie, Geoinformation und Bauwesen" wurden zunächst die bisher überlesenen, kleineren Fehler der Erstauflage beseitigt. Hier ist u. a. den hiesigen Studierenden zu danken, die die Datenbeispiele kritisch geprüft haben. Darüber hinaus wurden Ergänzungen eingefügt, die das Verständnis z. B. zur praktischen Vorgehensweise bei der Ausgleichung unterstützen mögen. Denn das Ziel dieses Lehrbuches ist die Darstellung und Vertiefung der Statistik und Ausgleichungsrechnung für die praktische Anwendung.

Als Erweiterung wird nunmehr auch der Allgemeinfall der Ausgleichungsrechnung, nämlich die simultane Ausgleichung von Beobachtungen und Bedingungen im Gauß-Helmert-Modell behandelt, einschließlich zweier durchgängiger Beispiele.

Die konsequent numerische Konkretisierung der Theorie durch Beispielrechnungen soll sowohl den Studierenden, den Auszubildenden als auch den Praktikern die Grundlagen der Statistik und Ausgleichungsrechnung nahe bringen, das Verständnis des Fachgebietes unterstützen und dessen Anwendung motivieren.

Aachen, im Februar 2007 *Wilhelm Benning*

Vorwort zur 1. Auflage

Aus einer langjährigen Vorlesungsreihe *Statistik und Ausgleichungsrechnung für Ingenieure*, gelesen für Geodäten und Bauingenieure, entstand zwangsläufig ein den mündlichen Vortrag begleitendes Manuskript. Dieses wurde nunmehr zum vorliegenden Lehrbuch aufbereitet.

Nach einer Einführung in die *Matrix-Theorie* befasst sich der Inhalt des Buches mit den Grundlagen der *deskriptiven (beschreibenden)* und der *induktiven (beurteilenden) Statistik* sowie mit den Definitionen der *Wahrscheinlichkeitsrechnung* und der *Wahrscheinlichkeitsverteilungen*, ohne aber die mathematische Beweisführung der formalen Darstellung in den Vordergrund zu stellen. Es wird vielmehr Wert darauf gelegt, die statistischen Grundlagen in den Kontext der Anwendung zu stellen. Das bedeutet nicht nur den Hinweis auf mögliche Anwendungen, sondern auch die durchgängige Behandlung von Beispielen. So wird hier ausführlich auf das *Varianz-Kovarianzfortpflanzungsgesetz (Kovarianzmatrix linearer Transformationen)* eingegangen, und es werden die Unterschiede zum *Fortpflanzungsgesetz für systematische Messabweichungen* herausgearbeitet.

Da jeder Messvorgang als stochastischer Prozess verstanden und formuliert werden kann, liegt es den Ingenieuren nahe, ihre messungsgestützten Anwendungen mathematisch und stochastisch zu formalisieren. Dies führt zu Ansätzen der *Parameterschätzung in linearen Modellen (Regressionsanalyse)*, die hier ausführlich – und mit zumeist Beispielen aus der geodätischen Praxis – dargestellt werden. Die unterschiedlichen Verfahren der *Parameterschätzung* einschließlich der *Varianz- und Kovarianzschätzung* werden beschrieben und daran anschließend *Konfidenzbereiche* und *Hypothesentests* für die statistisch bestimmten Parameter behandelt.

Das abschließende Kapitel erläutert mit Datenbeispielen die Regressionsanalyse einschließlich der Interpretation der Ergebnisse. Die Parameterschätzung erfolgt im *Gauß-Markoff-Modell* nach der *Methode der kleinsten Quadrate*, in der Geodäsie traditionell als *Ausgleichungsrechnung* bezeichnet.

Das Buch wendet sich an Studierende der Fachrichtungen Geodäsie, Geoinformation und Bauingenieurwesen sowie an Praktiker aus Ingenieurberufen, die ihr Wissen auffrischen wollen bzw. in die Grundlagen der Statistik einbetten möchten.

Bei der Erstellung des Manuskriptes habe ich an erster Stelle Herrn Dr.-Ing. Hubert Schmidt zu danken für viele Diskussionen und Anregungen zur Weiterentwicklung des Inhaltes. Für die umfangreiche Unterstützung bei der programm- und satztechnischen Realisierung gilt mein Dank Herrn Math.-Techn. Ass. Jürgen A. Lamers.

Aachen, im Dezember 2001 *Wilhelm Benning*

Inhaltsverzeichnis

1	**Einleitung**	**1**
2	**Matrix-Theorie**	**4**
	2.1 Matrizen und Vektoren	4
	2.2 Matrixverknüpfungen	7
	2.2.1 Gleichheit und Addition	7
	2.2.2 Skalare Multiplikation	7
	2.2.3 Matrizenmultiplikation	8
	2.2.4 Zeilen- und Spaltensumme	10
	2.2.5 Vektorprodukte	10
	2.2.6 Norm eines Vektors und geometrische Definition des Skalarprodukts	11
	2.2.7 Orthogonale und orthonormale Vektoren	11
	2.2.8 Matrixoperationen mit einer Diagonalmatrix	12
	2.2.9 Rechenregeln für das Transponieren einer Matrix	13
	2.2.10 Determinanten	13
	2.3 Matrixinversion	15
	2.3.1 Definition und Rechenregeln	15
	2.3.2 Determinantenformel für die Inversion	16
	2.3.3 Gauß-Jordan-Verfahren	18
	2.3.4 Orthogonalmatrix und orthogonale Transformation	19
	2.4 Blockmatrizen	20
	2.4.1 Definition	20
	2.4.2 Matrix-Inverse über Blockmatrizen	22
	2.4.3 Blockdiagonalmatrix und Inverse	24
	2.4.4 Determinante über Blockmatrix	24
	2.4.5 Kronecker-Produkt	25
	2.5 Lineare Abhängigkeit von Vektoren und Rang einer Matrix	25
	2.5.1 Lineare Abhängigkeit von Vektoren	25
	2.5.2 Rang einer Matrix	26
	2.5.3 Reguläre und singuläre Matrix	26
	2.5.4 Elementare Umformungen	27
	2.6 Lineare Gleichungssysteme	28
	2.7 Spur und Eigenwerte einer quadratischen Matrix	30
	2.7.1 Spur einer quadratischen Matrix	30
	2.7.2 Eigenwerte und Eigenvektoren	31
	2.7.3 Eigenwerte und Eigenvektoren symmetrischer Matrizen	32
	2.8 Quadratische Formen und definite Matrizen	33

3 Deskriptive Statistik, Häufigkeitsverteilung, Lage- und Streuungsparameter 35
- 3.1 Begriffe der Statistik 35
- 3.2 Häufigkeitsverteilung 38
- 3.3 Klassenbildung 40
- 3.4 Graphische Darstellung von Daten 42
- 3.5 Lageparameter 45
  - 3.5.1 Arithmetisches Mittel 45
  - 3.5.2 Median 46
  - 3.5.3 Geometrisches und harmonisches Mittel 48
- 3.6 Streuungsparameter 50
  - 3.6.1 Spannweite 50
  - 3.6.2 Mittlere absolute Abweichung 50
  - 3.6.3 Varianz und Standardabweichung 51
  - 3.6.4 Der Freiheitsgrad 52
  - 3.6.5 Variationskoeffizient 52
  - 3.6.6 Schiefe und Wölbung einer Verteilung 53
- 3.7 Zweidimensionale Häufigkeitsverteilungen 53

4 Zufallsvariablen und Wahrscheinlichkeitsverteilungen 55
- 4.1 Begriffe der Wahrscheinlichkeitsrechnung 55
- 4.2 Wahrscheinlichkeitsverteilung einer Zufallsvariablen .. 59
- 4.3 Parameter einer Wahrscheinlichkeitsverteilung 61
  - 4.3.1 Erwartungswert und Varianz 61
  - 4.3.2 Momente 64
- 4.4 Mehrdimensionale Wahrscheinlichkeitsverteilungen ... 65
  - 4.4.1 Wahrscheinlichkeits- und Dichtefunktion mehrdimensionaler Zufallsvariablen 65
  - 4.4.2 Randverteilungen, bedingte Verteilungen und Unabhängigkeit von Zufallsvariablen 67
  - 4.4.3 Erwartungswerte, Kovarianzen und Korrelationen mehrdimensionaler Zufallsvariablen 70
- 4.5 Fortpflanzungsgesetze zufälliger und systematischer Messabweichungen 76
  - 4.5.1 Varianz-Kovarianzfortpflanzungsgesetz 76
  - 4.5.2 Komponenten der Genauigkeit 82
  - 4.5.3 Fortpflanzungsgesetz für systematische Messabweichungen ... 82
  - 4.5.4 Korrektionsfunktion als Maß für die Richtigkeit 85
- 4.6 Spezielle Wahrscheinlichkeitsverteilungen 92
  - 4.6.1 Gleichverteilung 92
  - 4.6.2 Binomialverteilung 94
  - 4.6.3 Hypergeometrische Verteilung 97
  - 4.6.4 Poisson-Verteilung 98
  - 4.6.5 Normalverteilung 99
  - 4.6.6 χ^2-Verteilung (Helmert-Pearson-Verteilung) ... 108
  - 4.6.7 t-Verteilung (Student-Verteilung) 110
  - 4.6.8 F-Verteilung 111

5 Induktive Statistik — 119
- 5.1 Stichprobenverfahren 119
- 5.2 Methoden der Parameterschätzung 121
  - 5.2.1 Schätzfunktionen 121
  - 5.2.2 Eigenschaften von Schätzfunktionen 123
  - 5.2.3 Erwartungstreue Varianzschätzung zusammengesetzter Stichproben 125
  - 5.2.4 Erwartungstreue Varianzschätzung bei Doppelbeobachtungen 128
  - 5.2.5 Schätzfunktionen nach der Maximum-Likelihood-Methode 133

6 Regressionsanalyse — 136
- 6.1 Lineares Modell 136
  - 6.1.1 Modelldefinition 136
  - 6.1.2 Linearisierung und Gauß-Newton-Verfahren 137
- 6.2 Klassisches und allgemeines lineares Regressionsmodell 139
  - 6.2.1 Modellbeschreibung 139
  - 6.2.2 Parameterschätzung nach der Maximum-Likelihood-Methode 142
  - 6.2.3 Parameterschätzung nach der Methode der kleinsten Quadrate (Ausgleichungsrechnung) 143
  - 6.2.4 Zusammenfassende Darstellung aller Beobachtungen und Schätzwerte sowie deren Kovarianzmatrizen 150
  - 6.2.5 Kovarianzmatrizen von Funktionen 152
- 6.3 Design- und Varianzanalyse 154
- 6.4 Beispiele zur linearen Regression 156
- 6.5 Lineares Modell mit stochastischen Regressoren 173
- 6.6 Regression mit „Fehlern" in den Variablen 174
- 6.7 Bestimmtheitsmaß und Korrelationskoeffizient 176
- 6.8 Ausgleichung im Gauß-Helmert-Modell 177
  - 6.8.1 Lösung der Ausgleichungsaufgabe 179
  - 6.8.2 Genauigkeitsmaße und Kovarianzmatrizen 181

7 Konfidenzbereiche und Hypothesentests — 189
- 7.1 Konfidenzintervalle und -bereiche 189
  - 7.1.1 Konfidenzintervall für einen Erwartungswert μ 189
  - 7.1.2 Konfidenzintervall für die Differenz zweier Erwartungswerte μ_1 und μ_2 194
  - 7.1.3 Multivariates Konfidenzintervall für p Erwartungswerte μ 196
  - 7.1.4 Konfidenzintervall für eine Standardabweichung σ 201
  - 7.1.5 Konfidenzintervalle für Parameter und Erwartungswerte von Regressionsfunktionen 203
  - 7.1.6 Punkt- und Intervallprognosen mit Regressionsfunktionen 212
- 7.2 Hypothesentests 213
  - 7.2.1 Test eines Erwartungswertes μ 214
  - 7.2.2 Test zweier Erwartungswerte μ_1 und μ_2 221
  - 7.2.3 Multivariater Test für p Erwartungswerte μ 225
  - 7.2.4 Test einer Varianz σ^2 226

7.2.5	Test zweier Varianzen σ_1^2 und σ_2^2	229
7.2.6	Test der Struktur einer Kovarianzmatrix	231
7.2.7	Testen von Hypothesen über Regressionsparameter	232
7.2.8	Theorie der Fehler 1. und 2. Art	239

8 Übungsbeispiele zur Regressionsanalyse (Ausgleichungsrechnung) 242

- 8.1 Höhennetzausgleichung 242
- 8.2 Lagenetzausgleichung 250
  - 8.2.1 Linearisierung der Strecken 250
  - 8.2.2 Linearisierung der Richtungen eines Richtungssatzes . . . 253
  - 8.2.3 Homogenisierung der Beobachtungen 255
- 8.3 Überbestimmte Koordinatentransformation 261
- 8.4 Ausgleichung im freien Netz 269
- 8.5 Analyse der inneren und äußeren Netzzuverlässigkeit 281
  - 8.5.1 Analyse der inneren Zuverlässigkeit im Netz 281
  - 8.5.2 Analyse der äußeren Zuverlässigkeit des Netzes 284
  - 8.5.3 Interpretation von Ausgleichungsergebnissen 284
- 8.6 Praktische Vorgehensweise bei der Ausgleichung 291
  - 8.6.1 Freie Netzausgleichung 291
  - 8.6.2 Prüfen der Anschlusspunkte / Festpunkte 292
  - 8.6.3 Ausgleichung mit festen Anschlusspunkten / Zwangsanschluss . 293
  - 8.6.4 Ausgleichung unter Zwangsanschluss durch überbestimmte Transformation 294
- 8.7 Ein tachymetrisches Ausgleichungsprogramm 294

Literaturverzeichnis   **304**

Verzeichnis der Beispiele   **308**

Abbildungsverzeichnis   **312**

Stichwortverzeichnis   **314**

1 Einleitung

Unter einer Statistik versteht man eine Ansammlung einer großen Anzahl von Daten, die in Form von Tabellen oder graphischen Darstellungen präsentiert werden. Die Daten sind in der Regel Messergebnisse, die durch die Unvollkommenheit des Messgegenstandes, der Messgeräte, der Messverfahren oder durch Eigenschaften des Beobachters nicht fehlerfrei sein können. Charakteristika dieser Daten sind also ihre zufälligen Eigenschaften, d. h., die Daten schwanken mit einer bestimmten Wahrscheinlichkeit innerhalb gewisser Grenzen. Das Maß dieser Schwankungen wird mit Varianzen und Kovarianzen (Streuen) der Beobachtungen beschrieben.

Die „mathematische Statistik" beinhaltet nun die mathematischen Methoden zur Beschreibung, Auswertung und Analyse dieser Daten. Man kann die Statistik in zwei Gebiete unterteilen: Erstens die beschreibende Statistik, die von der Beschreibung und Komprimierung der Daten handelt, indem das Gesamtmaterial der Beobachtungsdaten durch Messzahlen wie z. B. Mittelwerte oder Streuungsparameter charakterisiert wird. Zweitens die beurteilende Statistik, die aus dem Datenmaterial Schlüsse und Gesetzmäßigkeiten ableitet. Letztere sind zunächst unbekannt, d. h. es sind unbekannte Parameter als Funktion der Beobachtungsdaten zu formulieren und zu bestimmen. Hierzu benutzt man mathematische Modelle sowie statistische Methoden, um aus der Vielzahl der Messungen plausible Werte für die unbekannten Parameter zu schätzen. Der Begriff Parameterschätzung folgt aus der Tatsache, dass aus den Beobachtungsdaten, die den Gesetzen des Zufalls unterliegen, keine „wahren" Schlüsse oder Parameter abgeleitet werden können.

Die Natur- und Ingenieurwissenschaften befassen sich insbesondere damit, die reale Welt in Modellen zu erfassen, zu beschreiben und zu quantifizieren. Die Modellbildung ist die Voraussetzung, das anstehende statistische Problem formal beschreiben zu können. Obwohl in Natur und Technik kaum lineare Modelle auftreten, werden diese dennoch weitgehend für die o. a. Modellbildung benutzt, d. h. lineare mathematische Modelle sind vielfach die Grundlage ingenieurtechnischer bzw. naturwissenschaftlicher Modellierung. Abweichungen zwischen realem Objekt und linearem Modell können insoweit approximiert werden, dass das nichtlineare Funktional der Unbekannten durch Taylor-Reihen-Entwicklung linearisiert wird, sodass plausible Ergebnisse im numerischen Prozess durch Iteration gewonnen werden.

Beobachtungsdaten können z. B. sein: Physikalische Messungen, Messungen zur Bestimmung der Geometrie, Messungen zur Bestimmung von Maßstabsangaben, z. B. Streckenmessungen in Ebenen und Raum, oder auch orientierende Messungen wie Richtungs- oder Winkelmessungen, etc. Jede ingenieurtechnische Aufgabenstellung erfordert eine unterschiedliche Kombination von unterschiedlichen Messungstypen. Allen Anwendungen gemein ist, dass mehr Messungen ausgeführt werden, als dies zur eindeutigen Bestimmung der unbekannten Parameter notwendig wäre. Das heißt, es liegt Überbestimmung (Redundanz) in den Messungen vor, woraus sich eine Ausgleichungsaufgabe ergibt. Alle verfügbaren, überbestimmenden Messungen werden genutzt, um ein plausibles und optimiertes Ergebnis zu erzielen. Das gesuchte Optimum fordert höchste Präzision, d. h. minimale Varianz für die zu bestimmenden unbekannten Parameter. Dies führt in der statistischen Anwendung zur Parameterschätzung in linearen Modellen, z. B. mit den Mitteln der Regressionsanalyse im klassischen linearen Regressionsmodell (Kapitel 6). Das notwendige Werkzeug hierfür ist einerseits die Matrix-Theorie sowie die Lösung linearer Gleichungssysteme, Kapitel 2 dieses Werkes. Andererseits sind die Grundlagen der beschreibenden Statistik (z. B. Lage- und Streuungsparameter) des Kapitels 3 für das Grundverständnis statistischer Masszahlen erforderlich. Für die korrekte statistische Verwendung und Behandlung von Messungsdaten muss geklärt sein, dass nur Zufallsvariablen Eingang in die Berechnungen finden dürfen, Zufallsvariablen mit bestimmten Wahrscheinlichkeitsverteilungen, Erwartungswerten und Varianzen. Das heißt, das Streuen der Messungsdaten (ihre A-priori-Präzision) soll das Ergebnis der Auswertung derart beeinflussen, dass die präziseren Messungen das Ergebnis stärker formen als die unpräziseren, was mit dem Mittel der Varianzfortpflanzung erfolgt, und im Kapitel 4 „Zufallsvariablen und Wahrscheinlichkeitsverteilungen" behandelt wird.

Im Wege der Parameterschätzung gibt es unterschiedliche Verfahren wie zum Beispiel Punktschätzungen oder Intervallschätzungen. Darüber hinaus werden nicht nur die unbekannten Parameter β geschätzt, sondern auch deren Varianzen und Standardabweichungen a-posteriori, um die Qualität der Ergebnisse beurteilen zu können (Kapitel 5). Bei der Modellbildung in linearen mathematischen Modellen werden die Messungen $\mathbf{y}$ als Funktion der Unbekannten β ausgedrückt:

$$\mathbf{y} = \mathbf{X}\beta.$$

Hierin ergeben sich die Koeffizienten der Matrix $\mathbf{X}$ aus den partiellen Ableitungen der Taylor-Reihen-Entwicklung nach den Unbekannten. Um dieses lineare Modell mit statistischen Methoden auswerten zu können, müssen die Schätzfunktionen der induktiven Statistik (Kapitel 5) behandelt werden. Zu unterscheiden sind z. B. die Maximum-Likelihood-Methode (Methode der maximalen Mutmaßlichkeit) oder die Gaußsche „Methode der kleinsten Quadrate". Beide Verfahren werden im Kern-Kapitel 6 dieses Buches „Regressionsanalyse" als Ausgleichungsmethoden vertieft.

Für den Anwender und Nutzer statistischer Auswerteverfahren ist nicht nur ein möglichst präzises Ergebnis einschließlich dessen Varianzschätzung von Bedeutung, sondern darüber hinaus möchte er Informationen haben über die Korrektheit dieses Ergebnisses. Die Gewissheit, ob das Ergebnis ohne Einfluss von groben Messungsfehlern ist, hat nicht nur ökonomische Bedeutung, sondern sie entscheidet über den qualitativen Wert des Ergebnisses. Hierzu gibt es Verfahren, Konfidenzbereiche (Vertrauensintervalle) für die Ergebnisse anzugeben. Insbesondere wurden aber Hypothesentestverfahren entwickelt, die es ermöglichen, bei vorgegebener Irrtumswahrscheinlichkeit grobe Datenfehler in den Messungen aufzudecken und betragsmäßig anzugeben. Auch ist zu berechnen, ob bestimmte Parameter mit vorgegebener Wahrscheinlichkeit innerhalb oder außerhalb ihres Vertrauensintervalls liegen (Kapitel 7).

Um dem Leser Sicherheit im Verständnis der angewandten Statistik zu geben, liefert das abschließende Kapitel 8 mehrere umfängliche numerische Beispiele zur Parameterschätzung (Ausgleichungsrechnung). Diese stammen gemäß der beruflichen Erfahrung des Autors größtenteils aus dem Fachgebiet Geodäsie. Es werden nicht nur die unbekannten Parameter in den jeweiligen Ausgleichungsaufgaben bestimmt (Quantifizierung), sondern es wird auch die Präzision der Ergebnisse durch Varianzanalysen angegeben (Qualifizierung). Jeder Messprozess enthält topologische Information, d. h. die Information, welche Punkte (Knoten) untereinander durch Messungen verknüpft sind. Die Qualität dieses topologischen Konstrukts kann statistisch bewertet werden durch die „Analyse der inneren und äußeren Netzzuverlässigkeit" (Kapitel 8.5). Das heißt, es stehen quantifizierte Maße zur Verfügung, wo zusätzliche Messungen signifikant vertrauenswürdigere (innere Zuverlässigkeit) und präzisere (äußere Zuverlässigkeit) Ergebnisse liefern würden. Die numerischen Beispiele dienen zur Unterstützung, die theoretischen Grundlagen der Statistik im Anwendungsfall zu- und einzuordnen.

2 Matrix-Theorie

2.1 Matrizen und Vektoren

Eine $(m \times n)$-Matrix **A** ist ein System von *Elementen* a_{ij}, die in m *Zeilen* und n *Spalten* angeordnet sind.

$$\mathbf{A} = \mathop{\mathbf{A}}_{(m,n)} = (a_{ij}) = \begin{pmatrix} a_{11} & a_{12} & \cdots & a_{1n} \\ a_{21} & a_{22} & \cdots & a_{2n} \\ \vdots & \vdots & \ddots & \vdots \\ a_{m1} & a_{m2} & \cdots & a_{mn} \end{pmatrix} \quad (2.1)$$

$(m \times n)$ heißt *Ordnung, Typ* oder *Dimension* der Matrix **A**.

Rechteckmatrix: $m \neq n$

Quadratische Matrix: $m = n$

Skalar: $m = n = 1$

Beispiel 2.1: *Quadratische Matrix*

$$\mathop{\mathbf{A}}_{(3,3)} = \begin{pmatrix} 1 & 7 & 3 \\ 2 & 4 & 9 \\ 0 & -1 & 2 \end{pmatrix}$$

Transponierte Matrix A': Durch Beistrich (') gekennzeichnet. Entsteht durch Vertauschen der Zeilen und Spalten der Matrix **A** (Kippen um die Diagonale).

Beispiel 2.2: *Transponieren einer quadratischen Matrix*

$$\mathop{\mathbf{A}}_{(3,3)} = \begin{pmatrix} 1 & 7 & 3 \\ 2 & 4 & 9 \\ 0 & -1 & 2 \end{pmatrix} \qquad \mathop{\mathbf{A'}}_{(3,3)} = \begin{pmatrix} 1 & 2 & 0 \\ 7 & 4 & -1 \\ 3 & 9 & 2 \end{pmatrix}$$

Dies gilt auch für den allgemeinen Fall einer rechteckigen Matrix.

Beispiel 2.3: *Transponieren einer rechteckigen Matrix*

$$\mathop{\mathbf{B}}_{(3,2)} = \begin{pmatrix} 10 & 6 \\ 0 & 7 \\ 5 & 3 \end{pmatrix} \quad \Rightarrow \quad \mathop{\mathbf{B'}}_{(2,3)} = \begin{pmatrix} 10 & 0 & 5 \\ 6 & 7 & 3 \end{pmatrix}$$

Symmetrische Matrix: Quadratische Matrix mit $a_{ij} = a_{ji}$, $a_{ii} =$ beliebig.

$$\mathbf{A} = \mathbf{A'} \quad (2.2)$$

Beispiel 2.4: *Symmetrische Matrix*

$$\underset{(3,3)}{\mathbf{A}} = \begin{pmatrix} 1 & 4 & 7 \\ 4 & 2 & -1 \\ 7 & -1 & 3 \end{pmatrix} = \underset{(3,3)}{\mathbf{A}'}$$

Schiefsymmetrische Matrix: Quadratische Matrix mit $a_{ij} = -a_{ji}$, $a_{ii} = 0$.

$$\mathbf{A} = -\mathbf{A}' \qquad (2.3)$$

Beispiel 2.5: *Schiefsymmetrische Matrix*

$$\underset{(3,3)}{\mathbf{A}} = \begin{pmatrix} 0 & -2 & -1 \\ 2 & 0 & 3 \\ 1 & -3 & 0 \end{pmatrix} = -\underset{(3,3)}{\mathbf{A}'}$$

Spaltenvektor: Einspaltige Matrix $\underset{(m,1)}{\mathbf{A}}$

$$\mathbf{a} = \begin{pmatrix} a_1 \\ \vdots \\ a_m \end{pmatrix} \qquad (2.4)$$

Zeilenvektor: Einzeilige Matrix $\underset{(1,n)}{\mathbf{A}}$

$$\mathbf{a}' = (a_1 \quad a_2 \quad \ldots \quad a_n)' \qquad (2.5)$$

Diagonalmatrix D: Quadratische Matrix, deren Elemente außerhalb der Diagonalen Null sind.

$$\mathbf{D} = \text{diag}(d_{11}, d_{22}, \ldots, d_{nn}) = \begin{pmatrix} d_{11} & 0 & \ldots & 0 \\ 0 & d_{22} & & \vdots \\ \vdots & & \ddots & 0 \\ 0 & \ldots & 0 & d_{nn} \end{pmatrix} \quad \begin{array}{l} d_{ij} = 0 \\ \text{für alle } i \neq j \end{array}$$

$$(2.6)$$

Beispiel 2.6: *Diagonalmatrix*

$$\mathbf{D} = \begin{pmatrix} 7 & 0 & 0 \\ 0 & 0 & 0 \\ 0 & 0 & -5 \end{pmatrix}$$

Einheitsvektor: Einheitsvektoren haben die Länge 1, d. h. die (Quadratwurzel der) Summe ihrer quadrierten Elemente ist gleich 1. Spezielle Einheitsvektoren sind die k-ten Einheitsvektoren $\mathbf{e}_k$, bei denen das k-te Element gleich 1 ist und alle übrigen gleich 0 sind.

$$k\text{-ter Einheitsvektor} \quad \mathbf{e}_k = \begin{pmatrix} 0 \\ \vdots \\ 1 \\ \vdots \\ 0 \end{pmatrix} \qquad (2.7)$$

Einheits- oder Identitätsmatrix I: Diagonalmatrix, deren Elemente gleich 1 sind. Sie kann als System von n Spaltenvektoren $\mathbf{e}_k$ (mit $k = 1, \ldots, n$) aufgefasst werden.

$$\underset{(n,n)}{\mathbf{I}} = (\mathbf{e}_1, \mathbf{e}_2, \ldots, \mathbf{e}_n) = \begin{pmatrix} 1 & 0 & \cdots & 0 \\ 0 & 1 & & \vdots \\ \vdots & & \ddots & 0 \\ 0 & \cdots & 0 & 1 \end{pmatrix} \quad \begin{matrix} a_{ij} = 0 & \text{für alle } i \neq j \\ a_{ij} = 1 & \text{für alle } i = j \end{matrix} \qquad (2.8)$$

Einsvektor, Summationsvektor: Alle Elemente $a_i = 1$, d. h. kein Einheitsvektor.

$$\mathbf{e} = \begin{pmatrix} 1 \\ 1 \\ \vdots \\ 1 \end{pmatrix} \qquad (2.9)$$

Skalarmatrix: Diagonalmatrix mit gleichen Elementen.

$$\mathbf{A} = a \cdot \mathbf{I} = \begin{pmatrix} a & & & \\ & a & & \\ & & \ddots & \\ & & & a \end{pmatrix} \quad \begin{matrix} a_{ij} = 0 & \text{für alle } i \neq j \\ a_{ij} = a & \text{für alle } i = j \end{matrix} \qquad (2.10)$$

Nullmatrix 0: Sämtliche Elemente haben den Wert Null: $\quad a_{ij} = 0$

Dreiecksmatrix: Quadratische Matrix, deren Elemente oberhalb oder unterhalb der Hauptdiagonale gleich Null sind (ausschließlich der Hauptdiagonale).

Obere Dreiecksmatrix   Untere Dreiecksmatrix

$$\underset{(n,n)}{\mathbf{A}} = \begin{pmatrix} a_{11} & a_{12} & \cdots & a_{1n} \\ & a_{22} & \cdots & a_{2n} \\ \underline{0} & & \ddots & \vdots \\ & & & a_{nn} \end{pmatrix}, \quad \underset{(m,m)}{\mathbf{A}} = \begin{pmatrix} a_{11} & & & \\ a_{21} & a_{22} & & \underline{0} \\ \vdots & \vdots & \ddots & \\ a_{m1} & a_{m2} & \cdots & a_{mm} \end{pmatrix} \qquad (2.11)$$

2.2 Matrixverknüpfungen

2.2.1 Gleichheit und Addition

Zwei $(m \times n)$-Matrizen $\mathbf{A} = (a_{ij})$ und $\mathbf{B} = (b_{ij})$ heißen *gleich*, wenn sie elementenweise übereinstimmen, d. h.

$$\mathbf{A}_{(m,n)} = \mathbf{B}_{(m,n)} \quad \text{genau dann, wenn} \quad a_{ij} = b_{ij} \quad \text{für alle } i \text{ und } j. \tag{2.12}$$

$\mathbf{A} = \mathbf{A}$ für alle $\mathbf{A}$ \hfill (Reflexiv-Gesetz)

Wenn $\mathbf{A} = \mathbf{B}$ dann $\mathbf{B} = \mathbf{A}$ für alle $\mathbf{A}$ und $\mathbf{B}$ \hfill (Symmetrie-Gesetz)

Wenn $\mathbf{A} = \mathbf{B}$, $\mathbf{B} = \mathbf{C}$ dann $\mathbf{A} = \mathbf{C}$ \hfill (Transitiv-Gesetz)

Zwei $(m \times n)$-Matrizen $\mathbf{A} = (a_{ij})$ und $\mathbf{B} = (b_{ij})$ werden elementenweise *addiert* bzw. *subtrahiert*.

$$\begin{aligned}\mathbf{A}_{(m,n)} \pm \mathbf{B}_{(m,n)} &= \mathbf{C}_{(m,n)} \\ a_{ij} \pm b_{ij} &= c_{ij} \quad \text{für alle } i \text{ und } j.\end{aligned} \tag{2.13}$$

$\mathbf{A} + \mathbf{B} = \mathbf{B} + \mathbf{A} = \mathbf{C}$ \hfill (Kommutativ-Gesetz)

$\mathbf{A} + (\mathbf{B} + \mathbf{C}) = (\mathbf{A} + \mathbf{B}) + \mathbf{C} = \mathbf{A} + \mathbf{B} + \mathbf{C}$ \hfill (Assoziativ-Gesetz)

Mit der Nullmatrix ergibt sich:
$\mathbf{A} + \mathbf{0} = \mathbf{0} + \mathbf{A} = \mathbf{A}$

$\mathbf{A} + (-\mathbf{A}) = \mathbf{0}$ mit $(-\mathbf{A}) = (-a_{ij})$

Beispiel 2.7: *Addition zweier Matrizen*

$$\begin{pmatrix} 1 & 4 \\ 2 & 7 \\ -1 & 5 \end{pmatrix} + \begin{pmatrix} 2 & 9 \\ 5 & 1 \\ 3 & 6 \end{pmatrix} = \begin{pmatrix} 1+2 & 4+9 \\ 2+5 & 7+1 \\ -1+3 & 5+6 \end{pmatrix} = \begin{pmatrix} 3 & 13 \\ 7 & 8 \\ 2 & 11 \end{pmatrix}$$

2.2.2 Skalare Multiplikation

$$\mathbf{B} = c\mathbf{A}, \quad \text{d. h.} \quad (b_{ij}) = (c \cdot a_{ij}) \tag{2.14}$$

Jedes Element von $\mathbf{A}$ wird mit einem *Skalar c multipliziert*.

Beispiel 2.8: *Multiplikation einer Matrix mit einem Skalar*

$$\mathbf{A} = \begin{pmatrix} 2 & 3 & 5 \\ 1 & -2 & 0 \end{pmatrix}, \quad \mathbf{B} = 3\mathbf{A} = \begin{pmatrix} 3 \cdot 2 & 3 \cdot 3 & 3 \cdot 5 \\ 3 \cdot 1 & 3 \cdot -2 & 3 \cdot 0 \end{pmatrix} = \begin{pmatrix} 6 & 9 & 15 \\ 3 & -6 & 0 \end{pmatrix}$$

$$\begin{aligned}
\text{Regeln:}\quad c(\mathbf{A}+\mathbf{B}) &= c(\mathbf{A})+c(\mathbf{B})\\
(c+d)\mathbf{A} &= c\mathbf{A}+d\mathbf{A}\\
c(\mathbf{AB}) &= (c\mathbf{A})\mathbf{B} = \mathbf{A}(c\mathbf{B})\\
c(d\mathbf{A}) &= (cd)\mathbf{A}
\end{aligned}$$

2.2.3 Matrizenmultiplikation

Produkt zweier Matrizen $\quad \underset{(m,n)}{\mathbf{C}} = \underset{(m,k)}{\mathbf{A}}\underset{(k,n)}{\mathbf{B}}$

Voraussetzung: Anzahl der Spalten von $\mathbf{A}$ = Anzahl der Zeilen von $\mathbf{B}$ = k

$$c_{ij} = \sum_{r=1}^{k} a_{ir} b_{rj} \qquad \text{für alle } i=1,\ldots,m;\quad j=1,\ldots,n$$

oder

$$c_{ij} = a_{i1}b_{1j} + a_{i2}b_{2j} + \cdots + a_{ik}b_{kj}$$

Schematisch:

$$\begin{pmatrix} a_{11} & a_{12} & \cdots & a_{1k}\\ \vdots & \vdots & & \vdots \\ \hline a_{i1} & a_{i2} & \cdots & a_{ik} \\ \hline \vdots & \vdots & & \vdots \\ a_{m1} & a_{m2} & \cdots & a_{mk} \end{pmatrix} \cdot \begin{pmatrix} b_{11} & \cdots & b_{1j} & \cdots & b_{1n}\\ b_{21} & & & & b_{2n}\\ & \cdots & b_{2j} & \cdots & \\ \vdots & & \vdots & & \vdots \\ b_{k1} & \cdots & b_{kj} & \cdots & b_{kn} \end{pmatrix}$$

$$= \begin{pmatrix} c_{11} & \cdots & & c_{1j} & \cdots & c_{1n}\\ \vdots & & & \vdots & & \vdots\\ c_{i1} & & \boxed{c_{ij} = \sum_{r=1}^{k} a_{ir}b_{rj}} & & & c_{in}\\ \vdots & & & \vdots & & \vdots\\ c_{m1} & \cdots & & c_{mj} & \cdots & c_{mn} \end{pmatrix}$$

Beispiel 2.9: *Produkt zweier Matrizen*

$$\begin{pmatrix} 1 & 2 & 4\\ 5 & -1 & 0 \end{pmatrix}\begin{pmatrix} 2 & 1\\ 1 & 0\\ 7 & 4 \end{pmatrix} = \begin{pmatrix} 1\cdot 2 + 2\cdot 1 + 4\cdot 7 & 1\cdot 1 + 2\cdot 0 + 4\cdot 4\\ 5\cdot 2 + (-1)\cdot 1 + 0\cdot 7 & 5\cdot 1 + (-1)\cdot 0 + 0\cdot 4 \end{pmatrix}$$

$$= \begin{pmatrix} 32 & 17\\ 9 & 5 \end{pmatrix}$$

Beispiel 2.10: *Falksches Schema*

$$
\begin{array}{c|cc|c}
 & & & \text{Summe} \\
 & 2 & 1 & 3 \\
\underset{(3,2)}{\mathbf{B}} = & 1 & 0 & 1 \\
 & 7 & 4 & 11 \\
\hline
\underset{(2,3)}{\mathbf{A}} = \begin{array}{ccc} 1 & 2 & 4 \\ 5 & -1 & 0 \end{array} & 32 & 17 & 49 \\
 & 9 & 5 & 14 \\
 & = \underset{(2,2)}{\mathbf{C}} & & = \underset{(2,2)(2,1)}{\mathbf{C}\ \mathbf{e}}
\end{array}
$$

$= \underset{(3,2)(2,1)}{\mathbf{B}\ \mathbf{e}}$

$= 1 \cdot 3 + 2 \cdot 1 + 4 \cdot 11 = 32 + 17$
$= 5 \cdot 3 - 1 \cdot 1 + 0 \cdot 11 = 9 + 5$

Regeln:

$$
\begin{aligned}
\mathbf{AI} &= \mathbf{IA} = \mathbf{A} \\
\mathbf{A(BC)} &= \mathbf{(AB)C} = \mathbf{ABC} \quad \text{(assoziativ)} \\
\mathbf{A(B+C)} &= \mathbf{AB} + \mathbf{AC} \quad \text{(distributiv)} \\
\mathbf{(A+B)C} &= \mathbf{AC} + \mathbf{BC} \quad \text{(distributiv)}
\end{aligned}
$$

Im Allgemeinen gilt jedoch: $\quad \mathbf{AB} \neq \mathbf{BA} \quad$ (nicht kommutativ!)

Beachte: $\quad \underset{(m,n)(n,m)}{\mathbf{A}\ \mathbf{B}} = \underset{(m,m)}{\mathbf{C}}, \quad \underset{(n,m)(m,n)}{\mathbf{B}\ \mathbf{A}} = \underset{(n,n)}{\mathbf{D}}, \quad \mathbf{C} \neq \mathbf{D}$

Beispiel 2.11: *Links-, Rechtsmultiplikation*

$$\mathbf{A} = \begin{pmatrix} 1 & 2 & 4 \\ 5 & -1 & 0 \end{pmatrix}, \quad \mathbf{B} = \begin{pmatrix} 2 & 1 \\ 1 & 0 \\ 7 & 4 \end{pmatrix}$$

$$\mathbf{AB} = \begin{pmatrix} 32 & 17 \\ 9 & 5 \end{pmatrix}, \quad \mathbf{BA} = \begin{pmatrix} 7 & 3 & 8 \\ 1 & 2 & 4 \\ 27 & 10 & 28 \end{pmatrix}$$

Ein Produkt **AB** kann die Nullmatrix **0** ergeben, ohne dass **A** oder **B** die Nullmatrix sind.

Beispiel 2.12: *Nullmatrix als Produkt zweier Matrizen*

$$\begin{pmatrix} 5 & 2 & -2 & 3 \\ 9 & 2 & -3 & 4 \end{pmatrix} \begin{pmatrix} 2 & 2 & 2 \\ -1 & 3 & -5 \\ 16 & 8 & 24 \\ 8 & 0 & 16 \end{pmatrix} = \begin{pmatrix} 0 & 0 & 0 \\ 0 & 0 & 0 \end{pmatrix} = \mathbf{0}$$

2.2.4 Zeilen- und Spaltensumme

Zeilensumme:

$$\mathbf{Ae} = \begin{pmatrix} a_{11} & a_{12} & \cdots & a_{1n} \\ a_{21} & a_{22} & \cdots & a_{2n} \\ \vdots & \vdots & \ddots & \vdots \\ a_{m1} & a_{m2} & \cdots & a_{mn} \end{pmatrix} \begin{pmatrix} 1 \\ 1 \\ \vdots \\ 1 \end{pmatrix} = \begin{pmatrix} \sum_{j=1}^{n} a_{1j} \\ \sum_{j=1}^{n} a_{2j} \\ \vdots \\ \sum_{j=1}^{n} a_{mj} \end{pmatrix}$$

Spaltensumme:

$$\mathbf{e'A} = \begin{pmatrix} \sum_{i=1}^{m} a_{i1} & \sum_{i=1}^{m} a_{i2} & \cdots & \sum_{i=1}^{m} a_{in} \end{pmatrix}$$

2.2.5 Vektorprodukte

Werden zwei Vektoren **a** und **b** mit gleicher Dimension m als $(m \times 1)$-Matrizen aufgefasst, lassen sich ihre Produkte als Spezialfall der Matrizenmultiplikation ausführen. Das *Skalarprodukt* oder *innere Produkt* liefert einen Skalar.

$$\mathbf{a'b} = (a_1, a_2, \ldots, a_m) \begin{pmatrix} b_1 \\ b_2 \\ \vdots \\ b_m \end{pmatrix} = \sum_{i=1}^{m} a_i b_i = \mathbf{b'a} \qquad (2.15)$$

$$\mathbf{a'a} = \sum_{i=1}^{m} a_i^2 \quad \text{und} \quad \mathbf{b'b} = \sum_{i=1}^{m} b_i^2 \qquad (2.16)$$

Beispiel 2.13: *Skalarprodukte zweier Vektoren*

$$\underset{(3,1)}{\mathbf{a}} = \begin{pmatrix} 3 \\ -1 \\ 2 \end{pmatrix} \quad , \quad \underset{(3,1)}{\mathbf{b}} = \begin{pmatrix} 2 \\ 4 \\ -1 \end{pmatrix}$$

$$\underset{(1,3)}{\mathbf{a'}} = \begin{pmatrix} 3 & -1 & 2 \end{pmatrix} \quad , \quad \underset{(1,3)}{\mathbf{b'}} = \begin{pmatrix} 2 & 4 & -1 \end{pmatrix}$$

$$\mathbf{a'a} = 14 \quad , \quad \mathbf{b'b} = 21 \quad , \quad \mathbf{a'b} = \mathbf{b'a} = 0$$

Das *dyadische Produkt*

$$\mathbf{ab'} = \begin{pmatrix} a_1 \\ a_2 \\ \vdots \\ a_m \end{pmatrix} (b_1, b_2, \ldots, b_m) = \begin{pmatrix} a_1 b_1 & a_1 b_2 & \cdots & a_1 b_m \\ a_2 b_1 & a_2 b_2 & \cdots & a_2 b_m \\ \vdots & \vdots & \ddots & \vdots \\ a_m b_1 & a_m b_2 & \cdots & a_m b_m \end{pmatrix} \qquad (2.17)$$

ist eine quadratische Matrix, deren Zeilen bzw. Spalten alle linear abhängig sind, d. h. sie unterscheiden sich nur um einen multiplikativen Faktor.

Beispiel 2.14: *Dyadisches Produkt*

$$\underset{(3,1)}{\mathbf{a}}\,\underset{(1,3)}{\mathbf{b'}} = \begin{pmatrix} 6 & 12 & -3 \\ -2 & -4 & 1 \\ 4 & 8 & -2 \end{pmatrix} = \underset{(3,3)}{\mathbf{C}}$$

Nach Multiplikation der zweiten Zeile mit -3 ist diese mit der ersten Zeile identisch und nach Multiplikation der ersten Zeile mit 2 und der dritten Zeile mit 3 sind die erste und die dritte Zeile identisch. Entsprechendes gilt für die Spalten. Somit ist nur eine Zeile bzw. Spalte unabhängig und der Rang $r = 1$ (Kap. 2.5).

2.2.6 Norm eines Vektors und geometrische Definition des Skalarprodukts

Die *Norm* oder *Länge eines Vektors* ist definiert und wird berechnet nach:

$$\|\mathbf{a}\| = {}_+\sqrt{\mathbf{a'}\cdot\mathbf{a}} = {}_+\sqrt{\sum_{i=1}^{m} a_i^2} \qquad (2.18)$$

Beispiel 2.15: *Norm eines Vektors*

$$\|\mathbf{a}\| = {}_+\sqrt{3^2 + (-1)^2 + 2^2} = {}_+\sqrt{14}$$

Geometrische Definition des Skalarprodukts:

Der Winkel α zwischen zwei Vektoren $\mathbf{a}$ und $\mathbf{b}$ ergibt sich aus:

$$\mathbf{a'b} = \|\mathbf{a}\|\,\|\mathbf{b}\|\cos\alpha\,, \quad \cos\alpha = \frac{\mathbf{a'b}}{\|\mathbf{a}\|\,\|\mathbf{b}\|} = \frac{\mathbf{a'b}}{\sqrt{(\mathbf{a'a})\,(\mathbf{b'b})}} \qquad (2.19)$$

2.2.7 Orthogonale und orthonormale Vektoren

Mit $\cos\alpha = 0$ folgt, dass zwei Vektoren *orthogonal zueinander* sind, wenn ihr Skalarprodukt gleich Null ist.

$$\mathbf{a'b} = 0 \qquad (2.20)$$

Folglich ist der Nullvektor **0** orthogonal zu jedem anderen Vektor. Sind Vektoren paarweise zueinander orthogonal und ungleich Null, sind sie linear unabhängig (Kap. 2.5).

Beispiel 2.16: *Orthogonale Vektoren*

$$\mathbf{a} = \begin{pmatrix} 1 \\ 2 \end{pmatrix}\,, \quad \mathbf{b} = \begin{pmatrix} 2 \\ -1 \end{pmatrix}\,, \quad \mathbf{a'b} = 0$$

$$\cos\alpha = \frac{\mathbf{a'b}}{\sqrt{(\mathbf{a'a})(\mathbf{b'b})}} = 0 \quad \alpha = 100 \text{ gon}$$

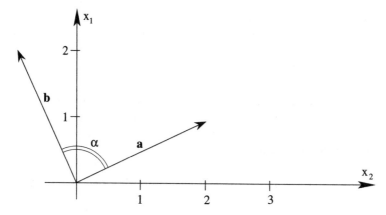

Abbildung 2.1: Orthogonale Vektoren

Orthogonale Vektoren, welche jeweils auch die Länge = 1 haben, werden als *orthonormale Vektoren* bezeichnet. Durch Division mit ihrer Norm lassen sich Vektoren normieren.

$$\frac{\mathbf{a}}{\|\mathbf{a}\|} = 1 \quad , \quad \frac{\mathbf{b}}{\|\mathbf{b}\|} = 1 \quad , \quad \frac{\mathbf{a}'\,\mathbf{b}}{\|\mathbf{a}\|\|\mathbf{b}\|} = 0 \qquad (2.21)$$

Die Einheitsvektoren $\mathbf{e}_k$ sind orthonormal zueinander. Mit ihnen lässt sich ein orthogonales Koordinatensystem definieren.

Beispiel 2.17: *Orthonormale Vektoren*

normierte Vektoren:
$$\frac{\mathbf{a}'}{\|\mathbf{a}\|} = \begin{pmatrix} \frac{1}{\sqrt{5}} & \frac{2}{\sqrt{5}} \end{pmatrix}, \quad \frac{\mathbf{b}'}{\|\mathbf{b}\|} = \begin{pmatrix} \frac{2}{\sqrt{5}} & \frac{-1}{\sqrt{5}} \end{pmatrix}$$

orthonormale Vektoren:
$$\frac{\mathbf{a}'}{\|\mathbf{a}\|} \cdot \frac{\mathbf{a}}{\|\mathbf{a}\|} = 1, \quad \frac{\mathbf{b}'}{\|\mathbf{b}\|} \cdot \frac{\mathbf{b}}{\|\mathbf{b}\|} = 1, \quad \frac{\mathbf{a}'}{\|\mathbf{a}\|} \cdot \frac{\mathbf{b}}{\|\mathbf{b}\|} = 0$$

2.2.8 Matrixoperationen mit einer Diagonalmatrix

Multiplikation einer quadratischen Matrix $\mathbf{A}_{(m,m)}$ mit der Diagonalmatrix $\mathbf{D}_{(m,m)}$:

$$\mathbf{A} = \begin{pmatrix} a_{11} & a_{12} \\ a_{21} & a_{22} \end{pmatrix}, \quad \mathbf{D} = \begin{pmatrix} d_{11} & 0 \\ 0 & d_{22} \end{pmatrix}$$

1. $\mathbf{DA} = \begin{pmatrix} d_{11} \cdot a_{11} & d_{11} \cdot a_{12} \\ d_{22} \cdot a_{21} & d_{22} \cdot a_{22} \end{pmatrix}$: jede Zeile $\mathbf{A}_i$ wird mit d_{ii} multipliziert

2. $\mathbf{AD} = \begin{pmatrix} d_{11} \cdot a_{11} & d_{22} \cdot a_{12} \\ d_{11} \cdot a_{21} & d_{22} \cdot a_{22} \end{pmatrix}$: jede Spalte $\mathbf{A}_j$ wird mit d_{jj} multipliziert

Diagonalmatrix **D** *mit rationalem Exponenten:*
Für eine Diagonalmatrix mit positiven Elementen $d_{ii} \geq 0$ und Skalar $f > 0$ existiert die Matrix

$$\mathbf{D}^f_{n,n} = \begin{pmatrix} d_{11}^f & & & \\ & d_{22}^f & & \\ & & \ddots & \\ & & & d_{nn}^f \end{pmatrix}$$

Sei $f > 0$ und $g > 0$ gilt: $\qquad \mathbf{D}^f \mathbf{D}^g = \mathbf{D}^{(f+g)}$

Speziell gilt: $\qquad \mathbf{D}^{1/2} \mathbf{D}^{1/2} = \mathbf{D}$

2.2.9 Rechenregeln für das Transponieren einer Matrix

$$\begin{aligned}
(\mathbf{A} + \mathbf{B})' &= \mathbf{A}' + \mathbf{B}' \\
(\mathbf{AB})' &= \mathbf{B}'\mathbf{A}' \\
(\mathbf{ABC})' &= \mathbf{C}'\mathbf{B}'\mathbf{A}' \\
(c\mathbf{A})' &= c\mathbf{A}', \qquad \text{mit Skalar } c \\
(\mathbf{A}')' &= \mathbf{A} \\
\mathbf{I}' &= \mathbf{I}
\end{aligned}$$

$\mathbf{D}$ diagonal: $\qquad \mathbf{D}' = \mathbf{D}$

$\mathbf{A}$ symmetrisch: $\qquad \mathbf{A}' = \mathbf{A}$

Sei $\underset{(n,u)}{\mathbf{A}}$ beliebig, $\underset{(n,n)}{\mathbf{B}}$ symmetrisch, dann gilt: $\quad \mathbf{AA}', \mathbf{A}'\mathbf{A}, \mathbf{A}'\mathbf{BA}$ sind symmetrisch:

1. $\mathbf{AA}' = \mathbf{C}$; $\quad \mathbf{C}' = (\mathbf{AA}')' = \mathbf{AA}' = \mathbf{C}$ $\qquad$ q. e. d.

2. $\underset{(u,u)}{\mathbf{C}} = \underset{(u,n)}{\mathbf{A}'} \underset{(n,n)}{\mathbf{B}} \underset{(n,u)}{\mathbf{A}}$; $\quad \mathbf{C}' = (\mathbf{A}'\mathbf{BA})' = \mathbf{A}'\mathbf{B}'\mathbf{A} = \mathbf{A}'\mathbf{BA} = \mathbf{C}$

2.2.10 Determinanten

Für jede quadratische (n, n)-Matrix **A** lässt sich eine eindeutige Zahl angeben, welche *Determinante von* **A** genannt wird und mit $\det \mathbf{A}$ oder $|\mathbf{A}|$ bezeichnet wird. Für die nur aus einem einzigen Element bestehende (1×1)-Matrix $\mathbf{A} = (a)$ gilt $\det \mathbf{A} = a$. Bei einer quadratischen Matrix $\underset{(n,n)}{\mathbf{A}}$, z. B.

$$\underset{(3,3)}{\mathbf{A}} = \begin{pmatrix} a_{11} & a_{12} & a_{13} \\ a_{21} & a_{22} & a_{23} \\ a_{31} & a_{32} & a_{33} \end{pmatrix},$$

gibt es zu jedem Element a_{ij} eine *Subdeterminante* (*Minor*) m_{ij} durch Streichen der i-ten Zeile und j-ten Spalte, z. B.

$$m_{12} = \begin{vmatrix} a_{21} & a_{23} \\ a_{31} & a_{33} \end{vmatrix} = a_{21} \cdot a_{33} - a_{31} \cdot a_{23}$$

Satz 2.1 *Laplacescher Entwicklungssatz*

Die Determinante ist die Summe der Produkte aller Elemente der k-ten Zeile (bzw. Spalte) mit den zugehörigen Kofaktoren c_{ij}.

$$\det \mathbf{A} = \sum_{j=1}^{m} a_{kj} \cdot c_{kj} \qquad (2.22)$$

Der *Kofaktor* c_{ij} des Elements a_{ij} ergibt sich durch Hinzufügen eines + oder − Vorzeichens zur Subdeterminante m_{ij} nach Schachbrettmuster:

$$c_{ij} = (-1)^{i+j} m_{ij} \qquad (2.23)$$

z. B.

$$\begin{aligned}
\det \mathbf{A} &= a_{11} \cdot c_{11} + a_{12} \cdot c_{12} + a_{13} \cdot c_{13} \\
&= a_{11} \cdot \begin{vmatrix} a_{22} & a_{23} \\ a_{32} & a_{33} \end{vmatrix} - a_{12} \cdot \begin{vmatrix} a_{21} & a_{23} \\ a_{31} & a_{33} \end{vmatrix} + a_{13} \cdot \begin{vmatrix} a_{21} & a_{22} \\ a_{31} & a_{32} \end{vmatrix} \\
&= a_{11} \cdot (a_{22} \cdot a_{33} - a_{32} \cdot a_{23}) - a_{12} \cdot (a_{21} \cdot a_{33} - a_{31} \cdot a_{23}) \\
&\quad + a_{13} \cdot (a_{21} \cdot a_{32} - a_{31} \cdot a_{22})
\end{aligned}$$

Beispiel 2.18: *Minor, Kofaktor, Determinante*

$$\mathbf{A}_{(3,3)} = \begin{pmatrix} 3 & 2 & 1 \\ 1 & 0 & 2 \\ 4 & 1 & 3 \end{pmatrix}$$

Minor $m_{21} = \begin{vmatrix} 2 & 1 \\ 1 & 3 \end{vmatrix} = 5$, Kofaktor $c_{21} = (-1)^{2+1} \cdot 5 = -5$

Determinantenbestimmung durch Entwicklung nach der 2. Zeile:

$$\begin{aligned}
\det \mathbf{A} &= 1 \cdot (-1)^{2+1} \begin{vmatrix} 2 & 1 \\ 1 & 3 \end{vmatrix} + 0 \cdot (-1)^{2+2} \begin{vmatrix} 3 & 1 \\ 4 & 3 \end{vmatrix} + 2 \cdot (-1)^{2+3} \begin{vmatrix} 3 & 2 \\ 4 & 1 \end{vmatrix} \\
&= -1 \cdot 5 + 0 \cdot 5 + 2 \cdot 5 = 5
\end{aligned}$$

Eigenschaften von Determinanten:

1. Dreiecksmatrix $\mathbf{A}$: $\det \mathbf{A} = a_{11} \cdot a_{22} \cdot a_{33} \cdots a_{nn}$

   Diagonalmatrix $\mathbf{D}$: $\det \mathbf{D} = d_{11} \cdot d_{22} \cdot d_{33} \cdots d_{nn}$
   Die Determinante einer Dreiecks- oder Diagonalmatrix ist gleich dem Produkt ihrer Diagonalelemente.

2. $\det (\mathbf{A_1} \cdot \mathbf{A_2} \cdots \mathbf{A_k}) = \det \mathbf{A_1} \cdot \det \mathbf{A_2} \cdot \det \mathbf{A_3} \cdots \det \mathbf{A_k}$
   Die Determinante des Produkts von k Matrizen ist gleich dem Produkt der Determinanten der Matrizen.

3. $\det \mathbf{A} = 0$, wenn $\mathbf{A} = (\mathbf{a}_1, \ldots, \mathbf{a}_j, \ldots, \mathbf{a}_n)$ mit $\mathbf{a}_j = \mathbf{0}$
   Die Determinante einer Matrix mit einem Nullvektor ist Null.

4. $\det \mathbf{A} = 0$, wenn $\mathbf{A} = (\mathbf{a}_1, \ldots, \mathbf{a}_i, \ldots, \mathbf{a}_j, \ldots, \mathbf{a}_n)$ mit $\mathbf{a}_i = \mathbf{a}_j$ bzw. $\mathbf{a}_i = c \cdot \mathbf{a}_j$
   Eine Determinante ist gleich Null, wenn zwei Spalten (Zeilen) identisch sind bzw. wenn eine Spalte (Zeile) das Vielfache einer anderen Spalte (Zeile) ist.

5. $\det \mathbf{A} = \det \mathbf{A}'$
   Eine Determinante ändert sich nicht, wenn Zeilen und Spalten miteinander vertauscht werden.

6. $\det \mathbf{A} = \det \bar{\mathbf{A}}$, wenn $\mathbf{A} = (\mathbf{a}_1, \ldots, \mathbf{a}_n)$, $\bar{\mathbf{A}} = (\bar{\mathbf{a}}_1, \ldots, \bar{\mathbf{a}}_n)$ mit $\bar{\mathbf{a}}_j = \mathbf{a}_j + c\mathbf{a}_i$
   Eine Determinante ändert sich nicht, wenn zu einer Spalte (Zeile) das Vielfache einer anderen Spalte (Zeile) addiert wird.

7. $\det \mathbf{A} = -\det \bar{\mathbf{A}}$, wenn $\mathbf{A} = (\mathbf{a}_1, \ldots, \mathbf{a}_i, \mathbf{a}_j, \ldots \mathbf{a}_n)$, $\bar{\mathbf{A}} = (\mathbf{a}_1, \ldots, \mathbf{a}_j, \mathbf{a}_i, \ldots \mathbf{a}_n)$
   Eine Determinante ändert ihr Vorzeichen, wenn zwei Spalten (Zeilen) miteinander vertauscht werden.

8. $c \cdot \det \mathbf{A} = \det(\mathbf{a}_1, \ldots, c \cdot \mathbf{a}_j, \ldots, \mathbf{a}_n)$
   Eine Determinante wird mit einem Skalar $c = $ const. multipliziert, indem eine fest gewählte Spalte (Zeile) mit dieser Zahl multipliziert wird.

9. Wenn eine Matrix $\mathbf{A}$ in eine Dreiecksmatrix mit quadratischen Blockmatrizen $\mathbf{A}_{11}, \mathbf{A}_{22}, \ldots, \mathbf{A}_{nn}$ auf der Hauptdiagonalen partitioniert werden kann, gilt:

$$\det \mathbf{A} = \begin{vmatrix} \mathbf{A}_{11} & \mathbf{A}_{12} & \mathbf{A}_{13} & \cdots & \mathbf{A}_{1n} \\ & \mathbf{A}_{22} & \mathbf{A}_{23} & \cdots & \mathbf{A}_{2n} \\ & & \mathbf{A}_{33} & \cdots & \mathbf{A}_{3n} \\ & & & \ddots & \vdots \\ & & & & \mathbf{A}_{nn} \end{vmatrix} = \det \mathbf{A}_{11} \cdot \det \mathbf{A}_{22} \cdot \det \mathbf{A}_{33} \cdots \det \mathbf{A}_{nn}$$

2.3 Matrixinversion

2.3.1 Definition und Rechenregeln

Die Division von Matrizen ist nicht definiert. Es kann gelten $\mathbf{AB} = \mathbf{AC}$ mit $\mathbf{B} \neq \mathbf{C}$. Dies schließt die „Division" durch $\mathbf{A}$ aus, auch wenn $\mathbf{A} \neq \mathbf{0}$.

Beispiel 2.19: *Gleiches Matrizenprodukt trotz ungleicher Matrizen*

$$\mathbf{A} = \begin{pmatrix} 2 & 0 \\ 5 & 0 \end{pmatrix}, \quad \mathbf{B} = \begin{pmatrix} 1 & -1 \\ 3 & 4 \end{pmatrix}, \quad \mathbf{C} = \begin{pmatrix} 1 & -1 \\ 5 & 7 \end{pmatrix}$$

Obwohl offensichtlich $\mathbf{B} \neq \mathbf{C}$, ergibt sich $\mathbf{AB} = \begin{pmatrix} 2 & -2 \\ 5 & -5 \end{pmatrix} = \mathbf{AC}$.

Stattdessen wird für eine reguläre Matrix $\underset{(n,n)}{\mathbf{A}}$, d. h. eine quadratische Matrix, deren Zeilen (Spalten) linear unabhängig sind (Kap. 2.5.1), die

$$\textit{inverse Matrix oder Kehrmatrix} \quad \underset{(n,n)}{\mathbf{A}^{-1}}$$

definiert. Diese inverse Matrix ist eindeutig. Es gilt:

$$\mathbf{A}\mathbf{A}^{-1} = \mathbf{I} \quad ; \quad \mathbf{A}^{-1}\mathbf{A} = \mathbf{I} \tag{2.24}$$

Eine Matrix $\mathbf{A}$ ist genau dann invertierbar, wenn $\det \mathbf{A} \neq 0$.

$$(\mathbf{AB})^{-1} = \mathbf{B}^{-1}\mathbf{A}^{-1} \tag{2.25}$$

$$(\mathbf{ABC})^{-1} = \mathbf{C}^{-1}\mathbf{B}^{-1}\mathbf{A}^{-1} \tag{2.26}$$

$$(\mathbf{A}^{-1})^{-1} = \mathbf{A} \tag{2.27}$$

$$(\mathbf{I}^{-1})^{-1} = \mathbf{I} \tag{2.28}$$

$$(\mathbf{A}')^{-1} = (\mathbf{A}^{-1})' \tag{2.29}$$

$$(c\mathbf{A})^{-1} = \frac{1}{c}\mathbf{A}^{-1}, \quad \text{mit Skalar } c \tag{2.30}$$

Für eine Diagonalmatrix $\mathbf{D} = \mathrm{diag}(d_{11}, d_{22}, \ldots, d_{nn})$ gilt:

$$\mathbf{D}^{-1} = \mathrm{diag}(\frac{1}{d_{11}}, \frac{1}{d_{22}}, \ldots, \frac{1}{d_{nn}}) \tag{2.31}$$

$$\mathbf{D}^{-1/2} = (\mathbf{D}^{1/2})^{-1} = \mathrm{diag}(\frac{1}{\sqrt{d_{11}}}, \frac{1}{\sqrt{d_{22}}}, \ldots, \frac{1}{\sqrt{d_{nn}}}) \tag{2.32}$$

falls $d_{ii} > 0$ für alle $i = 1, \ldots, n$.

2.3.2 Determinantenformel für die Inversion

Die *Kofaktormatrix* $\mathbf{C}$ einer Matrix $\mathbf{A}$ ist die quadratische Matrix, in welcher jedes Element a_{ij} ersetzt ist durch seinen Kofaktor $c_{ij} = (-1)^{i+j} m_{ij}$.

$$\mathbf{A} = \begin{pmatrix} a_{11} & a_{12} & \cdots & a_{1n} \\ a_{21} & a_{22} & \cdots & a_{2n} \\ \vdots & \vdots & \cdots & \vdots \\ a_{n1} & a_{n2} & \cdots & a_{nn} \end{pmatrix} \quad ; \quad \mathbf{C} = \begin{pmatrix} c_{11} & c_{12} & \cdots & c_{1n} \\ c_{21} & c_{22} & \cdots & c_{2n} \\ \vdots & \vdots & \cdots & \vdots \\ c_{n1} & c_{n2} & \cdots & c_{nn} \end{pmatrix} \tag{2.33}$$

Die zu $\mathbf{A}$ *adjungierte Matrix* $\mathrm{adj}\mathbf{A}$ ist die Transponierte $\mathbf{C}'$ von $\mathbf{C}$

$$\mathrm{adj}\mathbf{A} = \mathbf{C}' = \begin{pmatrix} c_{11} & c_{21} & \cdots & c_{n1} \\ c_{12} & c_{22} & \cdots & c_{n2} \\ \vdots & \vdots & & \vdots \\ c_{1n} & c_{2n} & \cdots & c_{nn} \end{pmatrix} \tag{2.34}$$

Es gilt:

$$\underset{(n,n)}{\mathbf{A}} \underset{(n,n)}{(\mathrm{adj}\mathbf{A})} = (\mathrm{adj}\mathbf{A})\,\mathbf{A} = \det \mathbf{A} \cdot \underset{(n,n)}{\mathbf{I}} \quad (2.35)$$

$$\mathbf{A}^{-1}\mathbf{A}\,(\mathrm{adj}\mathbf{A}) = \mathbf{A}^{-1} \cdot \det \mathbf{A} \cdot \mathbf{I} = \det \mathbf{A} \cdot \mathbf{A}^{-1} \quad (2.36)$$

$$\mathbf{A}^{-1} = \frac{\mathrm{adj}\mathbf{A}}{\det \mathbf{A}}, \quad \text{Voraussetzung: } \det \mathbf{A} \neq 0 \quad (2.37)$$

Folglich ergibt sich die Berechnung der Inversen $\mathbf{A}^{-1}$ einer invertierbaren Matrix $\mathbf{A}$ über die Kofaktoren der Elemente von $\mathbf{A}$, d. h. konkret mit den Elementen der transponierten Kofaktormatrix $\mathbf{C}' = \mathrm{adj}\mathbf{A}$. Bezeichnet man mit $a_{ij}^{(-1)}$ das in der i-ten Zeile und j-ten Spalte stehende Element von $\mathbf{A}^{-1}$, wird die Inverse $\mathbf{A}^{-1}$ elementenweise wie folgt berechnet:

$$a_{ij}^{(-1)} = \frac{c_{ji}}{\det \mathbf{A}} \quad (i = 1, \ldots, n;\ j = 1, \ldots, n) \quad (2.38)$$

Beispiel 2.20: *Kofaktormatrix, adjungierte Matrix, Determinante und Inverse*

Matrix
$$\mathbf{A} = \begin{pmatrix} 3 & 2 & 1 \\ 1 & 0 & 2 \\ 4 & 1 & 3 \end{pmatrix}$$

Kofaktormatrix von $\mathbf{A}$:
$$\mathbf{C} = \begin{pmatrix} +(-2) & -(-5) & +(+1) \\ -(+5) & +(+5) & -(-5) \\ +(+4) & -(+5) & +(-2) \end{pmatrix} = \begin{pmatrix} -2 & 5 & 1 \\ -5 & 5 & 5 \\ 4 & -5 & -2 \end{pmatrix}$$

zu $\mathbf{A}$ adjungierte Matrix:
$$\mathrm{adj}\mathbf{A} = \mathbf{C}' = \begin{pmatrix} -2 & -5 & 4 \\ 5 & 5 & -5 \\ 1 & 5 & -2 \end{pmatrix}$$

Determinante von $\mathbf{A}$: $\det \mathbf{A} = 5$

Inverse von $\mathbf{A}$:
$$\mathbf{A}^{-1} = \frac{\mathbf{C}'}{\det \mathbf{A}} = \frac{1}{5}\begin{pmatrix} -2 & -5 & 4 \\ 5 & 5 & -5 \\ 1 & 5 & -2 \end{pmatrix}$$

Kontrolle nach Gl. (2.24):
$$\mathbf{A}\mathbf{A}^{-1} = \frac{1}{5}\begin{pmatrix} 3 & 2 & 1 \\ 1 & 0 & 2 \\ 4 & 1 & 3 \end{pmatrix}\begin{pmatrix} -2 & -5 & 4 \\ 5 & 5 & -5 \\ 1 & 5 & -2 \end{pmatrix} = \begin{pmatrix} 1 & 0 & 0 \\ 0 & 1 & 0 \\ 0 & 0 & 1 \end{pmatrix} = \mathbf{I}$$

Generalisierte Inverse

Im Gegensatz zu der in Gl. (2.24) definierten Inversen existiert zu jeder $(m \times n)$-Rechteckmatrix $\mathbf{A}$ mit beliebigem Rang (siehe Kap. 2.5.2) eine

verallgemeinerte oder *generalisierte* $(n \times m)$-*Inverse* $\mathbf{A}^{-}$, wobei $\mathbf{x} = \mathbf{A}^-\mathbf{y}$ eine Lösung der Gleichung $\mathbf{Ax} = \mathbf{y}$ für jeden Vektor $\mathbf{y}$ ist (siehe Kap. 2.6). Falls $\mathbf{A}^-$ existiert, gilt:

$$\mathbf{AA^-A} = \mathbf{A} \tag{2.39}$$

Auf die Berechnung der generalisierten Inversen kann hier nicht eingegangen werden.

Pseudoinverse bzw. Moore-Penrose-Inverse

Die *Pseudoinverse* $\mathbf{A}^+$ besitzt die Eigenschaften:

$$\begin{aligned}\mathbf{AA^+A} &= \mathbf{A}\\ \mathbf{A^+AA^+} &= \mathbf{A^+}\\ (\mathbf{AA^+})' &= \mathbf{AA^+}\\ (\mathbf{A^+A})' &= \mathbf{A^+A}\end{aligned} \tag{2.40}$$

Die Pseudoinverse wird in Kapitel 8.4 bei der Ausgleichung im freien Netz verwendet.

2.3.3 Gauß-Jordan-Verfahren

Die Inversion einer Matrix, z. B. Matrix $\mathbf{A}$ aus Bsp. 2.20, mit dem *Gauß*'schen Algorithmus beinhaltet elementare Zeilenoperationen, um die Matrix $\mathbf{A}$ in eine obere Dreiecksmatrix umzuformen. Dies wird klassisch als Vorwärts-Lösung bezeichnet. Es ergeben sich im vorliegenden Beispiel einer (3×3)-Matrix zwei Reduktionsschritte. Hier wird jedoch das Gauß-Jordan-Verfahren mit dann drei Reduktionsschritten angewendet. Dazu ist die Einheitsmatrix $\mathbf{I}$ parallel mitzuführen und ebenfalls durchzureduzieren, womit am Ende die Inverse $\mathbf{A}^{-1}$ erhalten wird.

Betrachten wir das System

$$\mathbf{A} \cdot \mathbf{B} = \mathbf{I}, \qquad \text{mit } a_{ik} \cdot b_{kj} = e_{ij}.$$

Diese Gleichung bleibt erfüllt, wenn die jeweils i-te Zeile von $\mathbf{A}$ und $\mathbf{I}$ mit derselben Konstanten c multipliziert werden. Außerdem gilt, dass die gleichzeitige Addition zweier Zeilen von $\mathbf{A}$ und $\mathbf{I}$ die oben angegebene Gleichung bestehen lässt. Diese Umformungen verändern zwar die Matrizen $\mathbf{A}$ und $\mathbf{I}$, nicht aber die Matrix $\mathbf{B} = \mathbf{A}^{-1}$. Das Gauß-Jordan-Verfahren verfügt mit diesen beiden Operationen in aufeinanderfolgenden Reduktionsschritten eine spaltenweise Umformung der Matrix $\mathbf{A}$, und schlussendlich deren Überführung in die Einheitsmatrix $\mathbf{I}$.

Zum Reduktionsverfahren:

$$\mathbf{A} = \begin{pmatrix} 3 & 2 & 1 \\ 1 & 0 & 2 \\ 4 & 1 & 3 \end{pmatrix}, \qquad \mathbf{I} = \begin{pmatrix} 1 & 0 & 0 \\ 0 & 1 & 0 \\ 0 & 0 & 1 \end{pmatrix}$$

1. Reduktion: Dividieren der ersten Zeile Z_1 durch $a_{11} = 3$: ($Z'_1 = \frac{1}{a_{11}} \cdot Z_1$); Danach sind in der ersten Spalte die Elemente a_{21} und a_{31} auf den Wert Null zu transformieren. Zweite Zeile Z'_2: Multiplikation von Z'_1 mit $a_{21} = 1$ und spaltenweise Subtraktion von Z_2: ($Z'_2 = -Z_2 + a_{21} \cdot Z'_1$); Dritte Zeile

Z_3': Multiplikation von Z_1' mit $a_{31} = 4$ und Subtraktion der dritten Zeile: $(Z_3' = -Z_3 + a_{31} \cdot Z_1')$:

$$\mathbf{A}' = \begin{pmatrix} 1 & 2/3 & 1/3 \\ 0 & 2/3 & -5/3 \\ 0 & 5/3 & -5/3 \end{pmatrix}, \quad \mathbf{I}' = \begin{pmatrix} 1/3 & 0 & 0 \\ 1/3 & -1 & 0 \\ 4/3 & 0 & -1 \end{pmatrix}$$

2. Reduktion: Jetzt wird die zweite Spalte von $\mathbf{A}'$ auf die Sollwerte $(0, 1, 0)$ umgeformt. Zunächst wird die zweite Zeile durch a_{22}' dividiert: $(Z''_2 = \frac{1}{a_{22}'} \cdot Z_2')$. Dann gilt für die erste Zeile: $(Z''_1 = Z_1' - a_{12}' \cdot Z''_2)$, und ebenso für die dritte Zeile: $(Z''_3 = Z_3' - a_{32}' \cdot Z''_2)$:

$$\mathbf{A}'' = \begin{pmatrix} 1 & 0 & 2 \\ 0 & 1 & -5/2 \\ 0 & 0 & 5/2 \end{pmatrix}, \quad \mathbf{I}'' = \begin{pmatrix} 0 & 1 & 0 \\ 1/2 & -3/2 & 0 \\ 1/2 & 5/2 & -1 \end{pmatrix}$$

Mittels dieser reduzierten Matrix $\mathbf{A}''$ könnte nunmehr ein zugehöriges lineares Gleichungssystem ($\mathbf{A} \cdot \mathbf{x} = \mathbf{b}$) rückwärts gelöst werden, mit $x_3 = b_3/a''_{33}$, x_2 ergibt sich dann aus der zweiten Zeile von $\mathbf{A}''$ und schließlich x_1 aus der ersten Zeile.

3. Reduktion: Nunmehr ist die dritte Spalte von A'' auf die Sollwerte $(0, 0, 1)$ zu bringen. Zuerst wird die dritte Zeile durch a''_{33} dividiert: $(Z'''_3 = \frac{1}{a''_{33}} \cdot Z'''_3)$. Dann erfolgt identisch zur 2. Reduktion für die zweite Zeile: $(Z'''_2 = Z''_2 - a''_{23} \cdot Z'''_3)$, bzw. für die erste Zeile: $(Z'''_1 = Z''_1 - a''_{13} \cdot Z'''_3)$:

$$\mathbf{A}''' = \begin{pmatrix} 1 & 0 & 0 \\ 0 & 1 & 0 \\ 0 & 0 & 1 \end{pmatrix}, \quad \mathbf{I}''' = \mathbf{A}^{-1} = \begin{pmatrix} -2/5 & -1 & 4/5 \\ 1 & 1 & -1 \\ 1/5 & 1 & -2/5 \end{pmatrix}$$

womit ein identisches Ergebnis zum Beispiel 2.20 vorliegt.

2.3.4 Orthogonalmatrix und orthogonale Transformation

Eine quadratische $(n \times n)$-Matrix $\mathbf{G}$ heißt *orthogonal*, wenn gilt:

$$\mathbf{G}'\mathbf{G} = \mathbf{G}\mathbf{G}' = \mathbf{I}_n \qquad (2.41)$$

Wegen der Eindeutigkeit der Inversen (falls sie existiert) ist daher die Matrix $\mathbf{G}$ genau dann orthogonal, wenn gilt:

$$\mathbf{G}' = \mathbf{G}^{-1} \qquad (2.42)$$

Daraus folgt:

- $\mathbf{G}$ ist invertierbar.

- Die Determinante von **G** ist gleich $+1$ oder -1.

$$\det(\mathbf{G}'\mathbf{G}) = \det \mathbf{G}' \cdot \det \mathbf{G} = \det \mathbf{G}^{-1} \cdot \det \mathbf{G} = \det \mathbf{I} = 1 \qquad (2.43)$$

- Die Spaltenvektoren von $\mathbf{G} = (\mathbf{g}_1, \mathbf{g}_2, \ldots, \mathbf{g}_n)$ sind paarweise orthonormal, d. h. paarweise zueinander orthogonal und weisen die Länge 1 auf. Entsprechendes gilt für die Zeilenvektoren.

$$\mathbf{g}'_i \mathbf{g}_j = \begin{cases} 0 & \text{für } i \neq j \quad \text{(orthogonal)} \\ 1 & \text{für } i = j \quad (\text{Länge} = 1) \end{cases} \qquad (2.44)$$

$$\|\mathbf{G}\|^2 = 1 \quad ; \quad \|\mathbf{G}\| = \pm 1 \qquad (2.45)$$

Mit Orthogonalmatrizen lassen sich *orthogonale Transformationen* ausführen, bei denen sich Streckenlängen und Winkel nicht ändern.

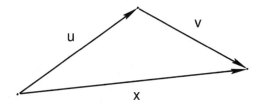

Abbildung 2.2: Orthogonale Transformation

Der Vektor $\mathbf{v} = \mathbf{x} - \mathbf{u}$ stelle eine Strecke dar. Nach Transformation mit einer Orthogonalmatrix **C**

$$\mathbf{y} = \mathbf{C}\mathbf{x} \quad , \qquad \mathbf{z} = \mathbf{C}\mathbf{u}$$

definieren die Vektoren **y** und **z** die Endpunkte der transformierten Strecke $\mathbf{v} = \mathbf{y} - \mathbf{z}$. Mithilfe der Norm kann gezeigt werden, dass sich die Streckenlänge nicht ändert:

$$\|\mathbf{y} - \mathbf{z}\|^2 = (\mathbf{C}\mathbf{x} - \mathbf{C}\mathbf{u})'(\mathbf{C}\mathbf{x} - \mathbf{C}\mathbf{u}) = (\mathbf{x} - \mathbf{u})'\mathbf{C}'\mathbf{C}(\mathbf{x} - \mathbf{u}) = \|\mathbf{x} - \mathbf{u}\|^2$$

2.4 Blockmatrizen

2.4.1 Definition

Jede quadratische oder rechteckige Matrix lässt sich durch senkrechte und waagerechte Trennungslinien in Blöcke aufteilen, die Unter- oder Submatrizen genannt werden.

$$\underset{(m,n)}{\mathbf{A}} = \begin{pmatrix} a_{11} & a_{12} & a_{13} & a_{14} & \cdots & a_{1n} \\ a_{21} & a_{22} & a_{23} & a_{24} & \cdots & a_{2n} \\ a_{31} & a_{32} & a_{33} & a_{34} & \cdots & a_{3n} \\ \vdots & \vdots & \vdots & \vdots & & \vdots \\ a_{m1} & a_{m2} & a_{m3} & a_{m4} & \cdots & a_{mn} \end{pmatrix}$$

2.4 Blockmatrizen

Mögliche Blockmatrizen:

$$\mathbf{A} = (\mathbf{A}_1 \ \mathbf{A}_2) \qquad \text{mit den Submatrizen} \quad \underset{(m,3)}{\mathbf{A}_1}, \ \underset{(m,n-3)}{\mathbf{A}_2}$$

$$\mathbf{A} = \begin{pmatrix} \mathbf{A}_1 \\ \mathbf{A}_2 \end{pmatrix} \qquad \text{mit den Submatrizen} \quad \underset{(2,n)}{\mathbf{A}_1}, \ \underset{(m-2,n)}{\mathbf{A}_2}$$

$$\mathbf{A} = \begin{pmatrix} \mathbf{A}_{11} & \mathbf{A}_{12} \\ \mathbf{A}_{21} & \mathbf{A}_{22} \end{pmatrix} \quad \text{mit den Submatrizen} \quad \underset{(2,3)}{\mathbf{A}_{11}}, \ \underset{(2,n-3)}{\mathbf{A}_{12}}, \ \underset{(m-2,3)}{\mathbf{A}_{21}}, \ \underset{(m-2,n-3)}{\mathbf{A}_{22}}$$

Nebeneinander (bzw. untereinander) stehende Submatrizen haben die gleiche Zeilenzahl (bzw. Spaltenzahl).
Ein Spezialfall ist die Zerlegung in Spalten- oder Zeilenvektoren.

$$\text{Spaltenvektoren:} \quad \mathbf{A} = (\mathbf{a}_1, \mathbf{a}_2, \ldots, \mathbf{a}_n), \text{ wobei } \mathbf{a}_j = \begin{pmatrix} a_{1j} \\ a_{2j} \\ \vdots \\ a_{mj} \end{pmatrix} \tag{2.46}$$

$$\text{Zeilenvektoren:} \quad \mathbf{A} = \begin{pmatrix} \mathbf{b}'_1 \\ \mathbf{b}'_2 \\ \vdots \\ \mathbf{b}'_m \end{pmatrix}, \text{ wobei } \mathbf{b}'_i = \begin{pmatrix} a_{i1} & a_{i2} & \ldots & a_{in} \end{pmatrix}$$

Alle oben genannten Rechenregeln für Matrizen, deren Elemente reelle Zahlen a_{ij} sind, gelten in analoger Weise auch für Blockmatrizen, wie z. B.

$$\underset{(n,m)}{\mathbf{B}} = \mathbf{A}' = \begin{pmatrix} \underset{(3,2)}{\mathbf{A}'_{11}} & \underset{(3,m-2)}{\mathbf{A}'_{21}} \\ \underset{(n-3,2)}{\mathbf{A}'_{12}} & \underset{(n-3,m-2)}{\mathbf{A}'_{22}} \end{pmatrix} = \begin{pmatrix} \mathbf{B}_{11} & \mathbf{B}_{12} \\ \mathbf{B}_{21} & \mathbf{B}_{22} \end{pmatrix}$$

Beachte: Die einzelnen Submatrizen $\mathbf{A}_{ij}$ werden transponiert.

Beispiel 2.21: *Multiplikation von Submatrizen*

$$\underset{(3,4)}{\mathbf{A}} = \left(\begin{array}{cc|cc} 1 & 2 & 3 & 4 \\ 8 & 7 & 6 & 5 \\ \hline 2 & 3 & 7 & 6 \end{array} \right) = \left(\begin{array}{c|c} \mathbf{A}_{11} & \mathbf{A}_{12} \\ \hline \mathbf{A}_{21} & \mathbf{A}_{22} \end{array} \right), \quad \underset{(4,2)}{\mathbf{B}} = \begin{pmatrix} 8 & 7 \\ 1 & 2 \\ \hline 5 & 3 \\ 4 & 6 \end{pmatrix} = \begin{pmatrix} \mathbf{B}_{11} \\ \hline \mathbf{B}_{21} \end{pmatrix}$$

$$\text{mit } \mathbf{A}_{11} = \begin{pmatrix} 1 & 2 \\ 8 & 7 \end{pmatrix}, \ \mathbf{A}_{12} = \begin{pmatrix} 3 & 4 \\ 6 & 5 \end{pmatrix} \quad \text{und} \quad \mathbf{B}_{11} = \begin{pmatrix} 8 & 7 \\ 1 & 2 \end{pmatrix}$$

$$\text{mit } \mathbf{A}_{21} = \begin{pmatrix} 2 & 3 \end{pmatrix}, \ \mathbf{A}_{22} = \begin{pmatrix} 7 & 6 \end{pmatrix} \quad \text{und} \quad \mathbf{B}_{21} = \begin{pmatrix} 5 & 3 \\ 4 & 6 \end{pmatrix}$$

$$\underset{(3,4)}{\mathbf{A}} \underset{(4,2)}{\mathbf{B}} = \underset{(3,2)}{\mathbf{C}} = \begin{pmatrix} \mathbf{A}_{11}\mathbf{B}_{11} + \mathbf{A}_{12}\mathbf{B}_{21} \\ \mathbf{A}_{21}\mathbf{B}_{11} + \mathbf{A}_{22}\mathbf{B}_{21} \end{pmatrix} = \begin{pmatrix} \mathbf{C}_{11} \\ \mathbf{C}_{21} \end{pmatrix}$$

$$\mathbf{A}_{11}\mathbf{B}_{11} = \begin{pmatrix} 10 & 11 \\ 71 & 70 \end{pmatrix}, \quad \mathbf{A}_{12}\mathbf{B}_{21} = \begin{pmatrix} 31 & 33 \\ 50 & 48 \end{pmatrix}$$

$$\mathbf{A}_{21}\mathbf{B}_{11} = \begin{pmatrix} 19 & 20 \end{pmatrix}, \quad \mathbf{A}_{22}\mathbf{B}_{21} = \begin{pmatrix} 59 & 57 \end{pmatrix}$$

$$\mathbf{AB} = \begin{pmatrix} \begin{pmatrix} 10 & 11 \\ 71 & 70 \end{pmatrix} + \begin{pmatrix} 31 & 33 \\ 50 & 48 \end{pmatrix} \\ \begin{pmatrix} 19 & 20 \end{pmatrix} + \begin{pmatrix} 59 & 57 \end{pmatrix} \end{pmatrix} = \begin{pmatrix} 41 & 44 \\ 121 & 118 \\ 78 & 77 \end{pmatrix}$$

2.4.2 Matrix-Inverse über Blockmatrizen

Falls $\mathbf{A}, \mathbf{A}_{11}$ und damit auch $\mathbf{A}_{22}$ quadratisch und invertierbar sind, d. h. $\det(\mathbf{A}) \neq 0$, $\det(\mathbf{A}_{11}) \neq 0$ und $\det(\mathbf{A}_{22}) \neq 0$, lässt sich die Inverse von $\mathbf{A}$ über die Blockmatrizen bilden. Die Unterteilung der $(n \times n)$-Matrix $\mathbf{A}$ in s und t Zeilen und Spalten, mit $s + t = n$, liefert die Blockmatrix

$$\mathbf{A} = \begin{pmatrix} \mathbf{A}_{11} & \mathbf{A}_{12} \\ \mathbf{A}_{21} & \mathbf{A}_{22} \end{pmatrix} \begin{matrix} s \\ t \end{matrix} \qquad (2.47)$$

mit $\mathbf{A}_{11}, \mathbf{A}_{12}, \mathbf{A}_{21}, \mathbf{A}_{22}$. Die Inverse lässt sich darstellen durch:
$\quad (s,s) \; (s,t) \; (t,s) \; (t,t)$

$$\mathbf{A}^{-1} = \mathbf{B} = \begin{pmatrix} \mathbf{B}_{11} & \mathbf{B}_{12} \\ \mathbf{B}_{21} & \mathbf{B}_{22} \end{pmatrix} \qquad (2.48)$$

$$\mathbf{A}\mathbf{A}^{-1} = \mathbf{A}\mathbf{B} = \mathbf{I}, \quad \begin{pmatrix} \mathbf{A}_{11} & \mathbf{A}_{12} \\ \mathbf{A}_{21} & \mathbf{A}_{22} \end{pmatrix} \begin{pmatrix} \mathbf{B}_{11} & \mathbf{B}_{12} \\ \mathbf{B}_{21} & \mathbf{B}_{22} \end{pmatrix} = \begin{pmatrix} \mathbf{I}_s & 0 \\ 0 & \mathbf{I}_t \end{pmatrix}. \qquad (2.49)$$

Daraus folgt:

$$\mathbf{A}_{11}\mathbf{B}_{11} + \mathbf{A}_{12}\mathbf{B}_{21} = \mathbf{I}_s \qquad (2.50)$$
$$\mathbf{A}_{11}\mathbf{B}_{12} + \mathbf{A}_{12}\mathbf{B}_{22} = 0 \qquad (2.51)$$
$$\mathbf{A}_{21}\mathbf{B}_{11} + \mathbf{A}_{22}\mathbf{B}_{21} = 0 \qquad (2.52)$$
$$\mathbf{A}_{21}\mathbf{B}_{12} + \mathbf{A}_{22}\mathbf{B}_{22} = \mathbf{I}_t \qquad (2.53)$$

Aus Gl. (2.52):
$$\mathbf{B}_{21} = -\mathbf{A}_{22}^{-1}\mathbf{A}_{21}\mathbf{B}_{11} \qquad (2.54)$$

Einsetzen von Gl. (2.54) in Gl. (2.50) ergibt:

$$\mathbf{A}_{11}\mathbf{B}_{11} - \mathbf{A}_{12}\mathbf{A}_{22}^{-1}\mathbf{A}_{21}\mathbf{B}_{11} = \mathbf{I}$$
$$\mathbf{B}_{11} = (\mathbf{A}_{11} - \mathbf{A}_{12}\mathbf{A}_{22}^{-1}\mathbf{A}_{21})^{-1} \qquad (2.55)$$

Aus Gl. (2.53) folgt:

$$\mathbf{B}_{22} = \mathbf{A}_{22}^{-1} - \mathbf{A}_{22}^{-1}\mathbf{A}_{21}\mathbf{B}_{12} \qquad (2.56)$$

Aus Gl. (2.51) und Gl. (2.55), sowie Gl. (2.56) folgt:

$$\mathbf{A}_{11}\mathbf{B}_{12} + \mathbf{A}_{12}\mathbf{A}_{22}^{-1} - \mathbf{A}_{12}\mathbf{A}_{22}^{-1}\mathbf{A}_{21}\mathbf{B}_{12} = 0$$
$$(\mathbf{A}_{11} - \mathbf{A}_{12}\mathbf{A}_{22}^{-1}\mathbf{A}_{21})\mathbf{B}_{12} = -\mathbf{A}_{12}\mathbf{A}_{22}^{-1}$$
$$\mathbf{B}_{12} = -\mathbf{B}_{11}\mathbf{A}_{12}\mathbf{A}_{22}^{-1} \quad (2.57)$$

Damit ergibt sich der Rechengang:

1. $\mathbf{A}_{22}^{-1}$
2. $\mathbf{B}_{11} = (\mathbf{A}_{11} - \mathbf{A}_{12}\mathbf{A}_{22}^{-1}\mathbf{A}_{21})^{-1}$
3. $\mathbf{B}_{12} = -\mathbf{B}_{11}\mathbf{A}_{12}\mathbf{A}_{22}^{-1}$ (2.58)
4. $\mathbf{B}_{21} = -\mathbf{A}_{22}^{-1}\mathbf{A}_{21}\mathbf{B}_{11}$
5. $\mathbf{B}_{22} = \mathbf{A}_{22}^{-1} - \mathbf{A}_{22}^{-1}\mathbf{A}_{21}\mathbf{B}_{12}$

Wenn die *Matrix* **A** *symmetrisch* ist, (was bei geodätischen Anwendungen häufig der Fall ist), ist auch die Inverse $\mathbf{A}^{-1}$ symmetrisch. Mit

$$\mathbf{A}_{21} = \mathbf{A}'_{12}; \quad \mathbf{B}_{21} = \mathbf{B}'_{12}$$

vereinfacht sich der 4. Rechenschritt.

Die Inversion über Blockmatrizen erfordert die Berechnung der Inverse von $\mathbf{A}_{22}$, welche eine geringere Ordnung ($m < n$) als **A** aufweist. Wenn die Ordnung $m = 1$ gewählt wird, ist $\mathbf{A}_{22}^{-1}$ lediglich die Reziproke eines Skalars. Die Inversion über Blockmatrizen kann auch in mehreren Stufen erfolgen.

Beispiel 2.22: *Inversion über Blockmatrizen*

$$\mathbf{A} = \begin{pmatrix} 1 & 4 & 2 \\ 4 & 2 & 1 \\ 2 & 1 & 3 \end{pmatrix}; \quad \begin{array}{l} \mathbf{A}_{11} = \begin{pmatrix} 1 & 4 \\ 4 & 2 \end{pmatrix}; \quad \mathbf{A}_{12} = \begin{pmatrix} 2 \\ 1 \end{pmatrix} \\ \mathbf{A}_{21} = \begin{pmatrix} 2 & 1 \end{pmatrix}; \quad \mathbf{A}_{22} = \begin{pmatrix} 3 \end{pmatrix} \end{array}$$

1.
$$\mathbf{A}_{22}^{-1} = \frac{1}{3}$$

2.
$$\mathbf{B}_{11} = \left[\begin{pmatrix} 1 & 4 \\ 4 & 2 \end{pmatrix} - \begin{pmatrix} 2 \\ 1 \end{pmatrix} \cdot \frac{1}{3} \cdot \begin{pmatrix} 2 & 1 \end{pmatrix}\right]^{-1}$$
$$= \left\{\frac{1}{3} \cdot \left[\begin{pmatrix} 3 & 12 \\ 12 & 6 \end{pmatrix} - \begin{pmatrix} 4 & 2 \\ 2 & 1 \end{pmatrix}\right]\right\}^{-1}$$
$$= 3 \cdot \begin{pmatrix} -1 & 10 \\ 10 & 5 \end{pmatrix}^{-1} = \frac{1}{105} \cdot \begin{pmatrix} -15 & 30 \\ 30 & 3 \end{pmatrix}$$

3.
$$\mathbf{B}_{12} = \frac{1}{105} \cdot \begin{pmatrix} 15 & -30 \\ -30 & -3 \end{pmatrix} \cdot \begin{pmatrix} 2 \\ 1 \end{pmatrix} \cdot \frac{1}{3} = \frac{1}{105} \cdot \begin{pmatrix} 0 \\ -21 \end{pmatrix}$$

4.
$$\mathbf{B}_{21} = \frac{1}{105} \cdot \begin{pmatrix} 0 & -21 \end{pmatrix}$$

5.
$$\mathbf{B}_{22} = \frac{1}{3} - \frac{1}{3} \cdot \begin{pmatrix} 2 & 1 \end{pmatrix} \cdot \begin{pmatrix} 0 \\ -21 \end{pmatrix} \cdot \frac{1}{105} = \frac{42}{105}$$

$$\Rightarrow \mathbf{A}^{-1} = \mathbf{B} = \frac{1}{105} \cdot \begin{pmatrix} -15 & 30 & 0 \\ 30 & 3 & -21 \\ 0 & -21 & 42 \end{pmatrix}$$

2.4.3 Blockdiagonalmatrix und Inverse

Falls entsprechend der Zerlegung Gl. (2.47) die Matrix $\mathbf{A}$ und die Submatrizen $\mathbf{A}_{11}$, $\mathbf{A}_{22}$, ..., $\mathbf{A}_{s-1,s-1}$ und damit auch $\mathbf{A}_{ss}$ quadratisch sind und $\mathbf{A}_{ij} = \mathbf{0}$ für $i \neq j$, zeigt sich die *Blockdiagonalmatrix*:

$$\mathbf{A} = \begin{pmatrix} \mathbf{A}_{11} & \mathbf{0} & \cdots & \mathbf{0} \\ \mathbf{0} & \mathbf{A}_{22} & \cdots & \mathbf{0} \\ \vdots & \vdots & \ddots & \vdots \\ \mathbf{0} & \mathbf{0} & \cdots & \mathbf{A}_{ss} \end{pmatrix} \qquad (2.59)$$

Falls $\mathbf{A}$ und die Hauptdiagonalmatrizen $\mathbf{A}_{ii}$ invertierbar sind, gilt für die *Inverse der Blockdiagonalmatrix*:

$$\mathbf{A}^{-1} = \begin{pmatrix} \mathbf{A}_{11}^{-1} & \mathbf{0} & \cdots & \mathbf{0} \\ \mathbf{0} & \mathbf{A}_{22}^{-1} & \cdots & \mathbf{0} \\ \vdots & \vdots & \ddots & \vdots \\ \mathbf{0} & \mathbf{0} & \cdots & \mathbf{A}_{ss}^{-1} \end{pmatrix} \qquad (2.60)$$

2.4.4 Determinante über Blockmatrix

Die Determinante einer nach Gl. (2.47) eingeteilten Matrix $\mathbf{A}$ ergibt sich zu:

$$\det \mathbf{A} = \det \mathbf{A}_{11} \cdot \det(\mathbf{A}_{22} - \mathbf{A}_{21} \mathbf{A}_{11}^{-1} \mathbf{A}_{12}), \qquad (2.61)$$
falls $\mathbf{A}_{11}$ invertierbar und $\mathbf{A}_{22}$ quadratisch ist.

$$\det \mathbf{A} = \det \mathbf{A}_{22} \cdot \det(\mathbf{A}_{11} - \mathbf{A}_{12} \mathbf{A}_{22}^{-1} \mathbf{A}_{21}), \qquad (2.62)$$
falls $\mathbf{A}_{22}$ invertierbar und $\mathbf{A}_{11}$ quadratisch ist.

2.4.5 Kronecker-Produkt

Es sei **A** eine $(m \times n)$-Matrix und **B** eine $(k \times l)$-Matrix, dann heißt die $(mk \times nl)$-Matrix

$$\mathbf{A} \otimes \mathbf{B} = \begin{pmatrix} a_{11}\mathbf{B} & a_{12}\mathbf{B} & \cdots & a_{1n}\mathbf{B} \\ a_{21}\mathbf{B} & a_{22}\mathbf{B} & \cdots & a_{2n}\mathbf{B} \\ \vdots & \vdots & & \vdots \\ a_{m1}\mathbf{B} & a_{m2}\mathbf{B} & \cdots & a_{mn}\mathbf{B} \end{pmatrix} \qquad (2.63)$$

das *Kronecker-Produkt* oder *direkte Produkt* der beiden Matrizen **A** und **B**. Dieses Produkt wird für die multivariaten Modelle der Parameterschätzung benötigt. Falls die entsprechenden Matrixverknüpfungen definiert sind, gelten folgende Rechenregeln:

$$c\mathbf{A} \otimes \mathbf{B} = \mathbf{A} \otimes c\mathbf{B} = c(\mathbf{A} \otimes \mathbf{B}), \quad \text{mit dem Skalar } c. \qquad (2.64)$$

$$(\mathbf{A} \otimes \mathbf{B}) \otimes \mathbf{C} = \mathbf{A} \otimes (\mathbf{B} \otimes \mathbf{C}) \qquad (2.65)$$

$$(\mathbf{A} + \mathbf{B}) \otimes \mathbf{C} = (\mathbf{A} \otimes \mathbf{C}) + (\mathbf{B} \otimes \mathbf{C}) \qquad (2.66)$$

$$(\mathbf{A} \otimes \mathbf{B})(\mathbf{C} \otimes \mathbf{D}) = (\mathbf{AC} \otimes \mathbf{BD}) \qquad (2.67)$$

$$(\mathbf{A} \otimes \mathbf{B})' = \mathbf{A}' \otimes \mathbf{B}' \qquad (2.68)$$

$$\det(\underset{(m,m)}{\mathbf{A}} \otimes \underset{(n,n)}{\mathbf{B}}) = (\det \mathbf{A})^m (\det \mathbf{B})^n \qquad (2.69)$$

$$(\mathbf{A} \otimes \mathbf{B})^{-1} = \mathbf{A}^{-1} \otimes \mathbf{B}^{-1}, \quad \text{falls } \mathbf{A} \text{ und } \mathbf{B} \text{ invertierbar.} \qquad (2.70)$$

$$\mathbf{I} \otimes \mathbf{A} = \begin{pmatrix} \mathbf{A} & 0 & \cdots & 0 \\ 0 & \mathbf{A} & \cdots & 0 \\ \vdots & \vdots & \ddots & \vdots \\ 0 & 0 & \cdots & \mathbf{A} \end{pmatrix} \qquad (2.71)$$

2.5 Lineare Abhängigkeit von Vektoren und Rang einer Matrix

2.5.1 Lineare Abhängigkeit von Vektoren

Ein Vektor **b** wird *Linearkombination* der Vektoren $\mathbf{a}_1, \mathbf{a}_2, \ldots, \mathbf{a}_m$ genannt, wenn es Skalare (reelle Zahlen) $c_1, c_2, \ldots, c_m$ gibt, mit denen gilt:

$$\mathbf{b} = c_1 \mathbf{a}_1 + c_2 \mathbf{a}_2 + \ldots + c_m \mathbf{a}_m = \sum_{i=1}^{m} c_i \mathbf{a}_i \qquad (2.72)$$

Falls nicht alle $c_i = 0$ sind und sich statt des Vektors **b** der Nullvektor **0** ergibt,

$$\mathbf{0} = c_1 \mathbf{a}_1 + c_2 \mathbf{a}_2 + \ldots + c_m \mathbf{a}_m = \sum_{i=1}^{m} c_i \mathbf{a}_i \qquad (2.73)$$

heißen die Vektoren $\mathbf{a}_i$ *linear abhängig*. Andernfalls, wenn sich der Nullvektor nur erzeugen lässt, wenn für alle $c_i = 0$ gilt, sind die Vektoren $\mathbf{a}_i$ *linear unabhängig*.

2.5.2 Rang einer Matrix

Die maximale Anzahl der linear unabhängigen Vektoren eines Vektorsystems wird als *Rang des Vektorsystems* bezeichnet. Da eine $(m \times n)$-Matrix **A** als System von n Spaltenvektoren oder m Zeilenvektoren aufgefasst werden kann, ist deren Rang

$$\text{rg}(\mathbf{A}) = r \leq \min(m, n) \tag{2.74}$$

höchstens gleich der kleineren der beiden Zahlen m oder n. Falls $r = m$ gilt, besitzt die Matrix *vollen Zeilenrang*, bei $r = n$ *vollen Spaltenrang*.

Gilt $r < \min(m, n)$, weist die $(m \times n)$-Matrix einen *Rangdefekt d* auf.

$$d = \min((m - r), (n - r)) \tag{2.75}$$

Beispiel 2.23: *Rang r und Rangdefekt d einer Matrix*

$$\begin{pmatrix} 2 & 2 & 4 \\ 3 & 4 & 8 \\ 5 & 7 & 14 \end{pmatrix} \quad \Rightarrow \quad r = 2 \quad , \quad d = 3 - 2 = 1$$

Da die dritte Spalte das Doppelte der zweiten Spalte darstellt, sind nur zwei Spalten linear unabhängig.

2.5.3 Reguläre und singuläre Matrix

Für eine *quadratische Matrix* der Ordnung m gilt:

$$\text{rg}(\mathbf{A}) = r \leq m \tag{2.76}$$

Besitzt die quadratische Matrix *vollen Rang* ($\text{rg}(\mathbf{A}) = m$), wird sie *regulär* genannt. Regulär ist die Matrix genau dann, wenn $\det \mathbf{A} \neq 0$ und genau dann ist die Matrix **A** invertierbar.

Falls die quadratische Matrix *keinen vollen Rang* besitzt ($\text{rg}(\mathbf{A}) < m$), ist sie *singulär*. Eine singuläre Matrix ist nicht invertierbar, es existiert keine Inverse $\mathbf{A}^{-1}$.

Rechenregeln zur Rangbestimmung einer Matrix

$$\text{rg}(\mathbf{A}) = \text{rg}(\mathbf{A}') \tag{2.77}$$

$$\text{rg}(\mathbf{ABC}\ldots) \leq \min[\text{rg}(\mathbf{A}), \text{rg}(\mathbf{B}), \text{rg}(\mathbf{C}), \ldots] \tag{2.78}$$

$$\text{rg}(\mathbf{A}'\mathbf{A}) = \text{rg}(\mathbf{A}) = \text{rg}(\mathbf{A}\mathbf{A}') \tag{2.79}$$

$$\text{rg}(\mathbf{BA}) = \text{rg}(\mathbf{A}) = \text{rg}(\mathbf{AC}) \quad \text{für reguläre Matrizen } \mathbf{B} \text{ und } \mathbf{C}. \tag{2.80}$$

Aus Gl. (2.79) folgt, dass die aus einer $(m \times n)$-Matrix **A** gebildete quadratische $(n \times n)$-Matrix $\mathbf{A}'\mathbf{A}$ genau dann regulär und damit invertierbar ist, wenn **A** vollen Spaltenrang ($\text{rg}(\mathbf{A}) = n$) besitzt.

2.5.4 Elementare Umformungen

Mit elementaren Umformungen lässt sich der Rang $r = rg(\mathbf{A})$, d. h. die maximale Anzahl der linear unabhängigen Zeilen bzw. Spalten einer Matrix **A** bestimmen, da elementare Umformungen den Rang einer Matrix nicht ändern. Sie werden ebenfalls bei der Berechnung inverser Matrizen oder bei der Lösung linearer Gleichungssysteme angewendet.

Elementare Umformungen von *Zeilen* der $(m \times n)$-Matrix **A** durch *links*seitige Multiplikation mit den elementaren $(m \times m)$-Matrizen:

Elementare Matrizen	Elementare Umformungen
$\mathbf{E}_1 \atop (m,m) = \begin{pmatrix} 0 & 1 & 0 & \cdots & 0 \\ 1 & 0 & 0 & & 0 \\ 0 & 0 & 1 & & 0 \\ \vdots & & & \ddots & \vdots \\ 0 & 0 & 0 & \cdots & 1 \end{pmatrix}$	$\mathbf{E}_1\mathbf{A}$: tauscht 1. und 2. Zeile von **A**
$\mathbf{E}_2 \atop (m,m) = \begin{pmatrix} 1 & 0 & 0 & \cdots & 0 \\ 0 & c & 0 & & 0 \\ 0 & 0 & 1 & & 0 \\ \vdots & & & \ddots & \vdots \\ 0 & 0 & 0 & \cdots & 1 \end{pmatrix}$	$\mathbf{E}_2\mathbf{A}$: multipliziert 2. Zeile von **A** mit c
$\mathbf{E}_3 \atop (m,m) = \begin{pmatrix} 1 & 0 & 0 & \cdots & 0 \\ c & 1 & 0 & & 0 \\ 0 & 0 & 1 & & 0 \\ \vdots & & & \ddots & \vdots \\ 0 & 0 & 0 & \cdots & 1 \end{pmatrix}$	$\mathbf{E}_3\mathbf{A}$: multipliziert 1. Zeile von **A** mit c und addiert diese zur 2. Zeile

Für die Elementarmatrizen $\mathbf{E}_i$ ergeben sich die *Inversen* $\mathbf{E}_i^{-1}$ mit

$$\mathbf{E}_i\mathbf{E}_i^{-1} = \mathbf{I} \quad \text{und} \quad \mathbf{E}_i^{-1}\mathbf{E}_i = \mathbf{I} \quad \text{zu:}$$

$$\mathbf{E}_1^{-1} = \mathbf{E}_1 \; ; \quad \mathbf{E}_2^{-1} = \begin{pmatrix} 1 & & & & \\ & 1/c & & & \\ & & 1 & & \\ & & & \ddots & \\ & & & & 1 \end{pmatrix} \; ; \quad \mathbf{E}_3^{-1} = \begin{pmatrix} 1 & & & & \\ -c & 1 & & & \\ & & 1 & & \\ & & & \ddots & \\ & & & & 1 \end{pmatrix}$$

Beispiel 2.24: *Elementare Umformungen von Zeilen einer Matrix*

$$\mathbf{A} = \begin{pmatrix} 1 & 2 & 3 \\ 4 & 5 & 6 \\ 7 & 8 & 9 \end{pmatrix} \qquad \mathbf{E}_1\mathbf{A} = \begin{pmatrix} 4 & 5 & 6 \\ 1 & 2 & 3 \\ 7 & 8 & 9 \end{pmatrix}$$

$$\mathbf{E}_2\mathbf{A} = \begin{pmatrix} 1 & 2 & 3 \\ 4c & 5c & 6c \\ 7 & 8 & 9 \end{pmatrix} \qquad \mathbf{E}_3\mathbf{A} = \begin{pmatrix} 1 & 2 & 3 \\ 4+c & 5+2c & 6+3c \\ 7 & 8 & 9 \end{pmatrix}$$

Mit $c = 2$ in $\mathbf{E}_2$ und $\mathbf{E}_3$ ergibt sich

$$\mathbf{E}_2\mathbf{A} = \begin{pmatrix} 1 & 2 & 3 \\ 8 & 10 & 12 \\ 7 & 8 & 9 \end{pmatrix} \qquad \mathbf{E}_3\mathbf{A} = \begin{pmatrix} 1 & 2 & 3 \\ 6 & 9 & 12 \\ 7 & 8 & 9 \end{pmatrix}$$

*Rechts*seitige Multiplikationen einer $(m \times n)$-Matrix $\mathbf{A}$ mit *transponierten* elementaren $(n \times n)$-Matrizen $\mathbf{E}'_1$, $\mathbf{E}'_2$, $\mathbf{E}'_3$ bewirken *Spaltenumformungen*. Durch $\mathbf{A}\mathbf{E}'_1$ werden die erste und zweite Spalte von $\mathbf{A}$ ausgetauscht. Durch $\mathbf{A}\mathbf{E}'_2$ wird die zweite Spalte von $\mathbf{A}$ mit c multipliziert und durch $\mathbf{A}\mathbf{E}'_3$ wird die erste Spalte von $\mathbf{A}$ mit c multipliziert und zur zweiten Spalte addiert.

Beispiel 2.25: *Rangbestimmung einer Matrix*

$$\mathbf{A} = \begin{pmatrix} 1 & 2 & -1 & 4 \\ 2 & 4 & -2 & 8 \\ -1 & -2 & 6 & 7 \end{pmatrix}$$

Nach elementarer Umformung mittels $\mathbf{E}_3\mathbf{A}$ (mit $c = -2$ in der 2. Zeile) sowie $\mathbf{E}_3\mathbf{A}$ (mit $c = 1$ in der 3. Zeile) und anschließendem Austausch der 2. und 3. Zeile ergibt sich die Matrix

$$\mathbf{B} = \begin{pmatrix} 1 & 2 & -1 & 4 \\ 0 & 0 & 5 & 3 \\ 0 & 0 & 0 & 0 \end{pmatrix},$$

welche zwei unabhängige Zeilen aufweist. Folglich haben sowohl $\mathbf{B}$ als auch $\mathbf{A}$ den Rang $r = 2$, da durch elementare Umformungen der Rang einer Matrix sich nicht ändert.

2.6 Lineare Gleichungssysteme

Ein *lineares Gleichungssystem* von m Gleichungen mit n Unbekannten

$$\begin{aligned} a_{11}x_1 + a_{12}x_2 + \ldots + a_{1n}x_n &= b_1 \\ a_{21}x_1 + a_{22}x_2 + \ldots + a_{2n}x_n &= b_2 \\ \vdots \qquad \vdots \qquad \qquad \vdots \qquad &\quad \vdots \\ a_{m1}x_1 + a_{m2}x_2 + \ldots + a_{mn}x_n &= b_m \end{aligned} \qquad (2.81)$$

zeigt sich in Matrixnotation zu

2.6 Lineare Gleichungssysteme

$$\underset{(m,n)}{\mathbf{A}}\underset{(n,1)}{\mathbf{x}} = \underset{(m,1)}{\mathbf{b}}, \qquad (2.82)$$

mit

$$\mathbf{A} = \begin{pmatrix} a_{11} & a_{12} & \cdots & a_{1n} \\ a_{21} & a_{22} & \cdots & a_{2n} \\ \vdots & \vdots & & \vdots \\ a_{m1} & a_{m2} & \cdots & a_{mn} \end{pmatrix}, \quad \mathbf{x} = \begin{pmatrix} x_1 \\ x_2 \\ \vdots \\ x_n \end{pmatrix}, \quad \mathbf{b} = \begin{pmatrix} b_1 \\ b_2 \\ \vdots \\ b_m \end{pmatrix}.$$

$\mathbf{A}$ = Koeffizientenmatrix
$\mathbf{x}$ = Lösungsvektor oder Vektor der n unbekannten Parameter
$\mathbf{b}$ = Vektor der Absolutglieder
$\mathbf{b} \begin{cases} = \mathbf{0} & \textit{homogenes} \text{ lineares Gleichungssystem} \\ \neq \mathbf{0} & \textit{inhomogenes} \text{ lineares Gleichungssystem} \end{cases}$

Das lineare Gleichungssystem $\mathbf{Ax} = \mathbf{b}$ besitzt genau dann eine Lösung, wenn

$$\text{rg}(\mathbf{A}, \mathbf{b}) = \text{rg}(\mathbf{A}). \qquad (2.83)$$

Falls das lineare Gleichungssystem eine Lösung besitzt, wird es *konsistent* genannt, andernfalls ist es *inkonsistent*.

Eigenschaften eines konsistenten linearen Gleichungssystems:

[a] Ein konsistentes System $\mathbf{Ax} = \mathbf{b}$ mit quadratischer Koeffizientenmatrix, d. h. die Anzahl der Gleichungen ist gleich der Anzahl der Unbekannten, und vollem Rang $\text{rg}(\mathbf{A}) = n$ besitzt die eindeutige Lösung

$$\mathbf{x} = \mathbf{A}^{-1}\mathbf{b}. \qquad (2.84)$$

[b] Auch bei überbestimmten Gleichungssystemen, wie z. B. bei der Ausgleichungsrechnung, bei denen die Anzahl n der Unbekannten kleiner als die Anzahl m der Gleichungen ist, lässt sich eine eindeutige Lösung berechnen. Die rechteckige $(m \times n)$-Koeffizientenmatrix $\mathbf{A}$ des konsistenten Systems $\mathbf{Ax} = \mathbf{b}$ besitzt mit $\text{rg}(\mathbf{A}) = n$ vollen Spaltenrang. Nach Gl. (2.79) ist $\mathbf{A}'\mathbf{A}$ regulär, d. h. $(\mathbf{A}'\mathbf{A})^{-1}$ existiert. Folglich ergibt sich durch Linksmultiplikation des Gleichungssystems mit $\mathbf{A}'$ und Inversion die eindeutige Lösung

$$\mathbf{A}'\mathbf{Ax} = \mathbf{A}'\mathbf{b}, \quad \mathbf{x} = (\mathbf{A}'\mathbf{A})^{-1}\mathbf{A}'\mathbf{b}. \qquad (2.85)$$

[c] Weist die $(m \times n)$-Koeffizientenmatrix des konsistenten Systems $\mathbf{Ax} = \mathbf{b}$ keinen vollen Rang auf ($\text{rg}(\mathbf{A}) = r < n$), dann besitzt das System unendlich viele Lösungen. Man erhält sie mit dem auf dem Prinzip der elementaren Umformungen (2.5.4) basierenden *Gaußschen Eliminationsverfahren*, der *verallgemeinerten Inversen* oder ähnlicher Methoden.

[d] Insbesondere für die Theorie der Eigenwerte sind noch *homogene lineare Gleichungssysteme* von Bedeutung. Da ein homogenes lineares Gleichungssystem

$$\mathbf{Ax} = \mathbf{0} \qquad (2.86)$$

stets die triviale Lösung $\mathbf{x} = \mathbf{0}$ aufweist, ist es konsistent. Falls $\mathrm{rg}(\mathbf{A}) = n$ ist, besitzt $\mathbf{Ax} = \mathbf{0}$ nach (a) und (b) nur die Lösung $\mathbf{x} = \mathbf{0}$.
Eine nichttriviale Lösung existiert nur dann, wenn nach (c)

$$\mathrm{rg}(\mathbf{A}) < n \qquad (2.87)$$

gilt. Für eine quadratische $(n \times n)$-Matrix $\mathbf{A}$ gilt dann $\det(\mathbf{A}) = 0$, d. h. $\mathbf{A}$ ist singulär. Es gibt hier unendlich viele Lösungen für $\mathbf{Ax} = \mathbf{0}$, die sich nach den unter (c) genannten Verfahren lösen lassen.
Ist im speziellen Fall $\mathbf{A}$ quadratisch und $\mathrm{rg}(\mathbf{A}) = n - 1$, ergibt sich eine bis auf einen beliebigen Proportionalitätsfaktor c eindeutige Lösung für $\mathbf{Ax} = \mathbf{0}$. Für zwei je nichttriviale Lösungen $\mathbf{x}_1$ und $\mathbf{x}_2$ gilt $\mathbf{x}_2 = c\,\mathbf{x}_1$.

Beispiel 2.26: *Lösung eines linearen Gleichungssystems*

$$\underset{(3,3)(3,1)}{\mathbf{A}\ \mathbf{x}} = \underset{(3,1)}{\mathbf{a}} \quad, \quad \begin{pmatrix} 2 & 0 & -1 \\ -1 & 3 & -2 \\ 0 & -1 & 1 \end{pmatrix} \begin{pmatrix} x_1 \\ x_2 \\ x_3 \end{pmatrix} = \begin{pmatrix} 3 \\ 0 \\ 4 \end{pmatrix}$$

Kofaktormatrix $\mathbf{C}$ (siehe Kap. 2.3.2)

$$\mathbf{C} = \begin{pmatrix} 1 & 1 & 1 \\ 1 & 2 & 2 \\ 3 & 5 & 6 \end{pmatrix} \quad, \quad \mathbf{C}' = \begin{pmatrix} 1 & 1 & 3 \\ 1 & 2 & 5 \\ 1 & 2 & 6 \end{pmatrix}$$

$$\det \mathbf{A} = 2 \cdot 1 + 0 \cdot 1 - 1 \cdot 1 = 1 \neq 0$$

$$\mathbf{A}^{-1} = \frac{\mathbf{C}'}{\det \mathbf{A}} = \frac{\mathbf{C}'}{1} = \mathbf{C}'$$

$$\mathbf{A}^{-1}\mathbf{Ax} = \mathbf{A}^{-1}\mathbf{a} \quad, \quad \mathbf{x} = \mathbf{A}^{-1}\mathbf{a} = \begin{pmatrix} 15 \\ 23 \\ 27 \end{pmatrix} = \begin{pmatrix} x_1 \\ x_2 \\ x_3 \end{pmatrix}$$

2.7 Spur und Eigenwerte einer quadratischen Matrix

2.7.1 Spur einer quadratischen Matrix

Die *Spur* einer *quadratischen* $(n \times n)$-*Matrix* $\mathbf{A}$ ist gleich der Summe der in ihrer Hauptdiagonalen stehenden Elemente:

$$\mathrm{sp}(\mathbf{A}) = a_{11} + a_{22} + \ldots + a_{nn} = \sum_{i=1}^{n} a_{ii} \qquad (2.88)$$

Entsprechende Verknüpfbarkeitsbedingungen vorausgesetzt, gelten folgende Rechenregeln für die Spur quadratischer Matrizen:

$$\text{sp}(\mathbf{A}+\mathbf{B}) = \text{sp}(\mathbf{A}) + \text{sp}(\mathbf{B}) \tag{2.89}$$

$$\text{sp}(\mathbf{A}') = \text{sp}(\mathbf{A}) \tag{2.90}$$

$$\text{sp}(c\mathbf{A}) = c\,\text{sp}(\mathbf{A}) \tag{2.91}$$

$$\text{sp}(\mathbf{AB}) = \text{sp}(\mathbf{BA}) \tag{2.92}$$

$$\text{sp}(\mathbf{I}_n) = n \tag{2.93}$$

$$\text{sp}(\mathbf{A} \otimes \mathbf{B}) = \text{sp}(\mathbf{A})\,\text{sp}(\mathbf{B}) \tag{2.94}$$

$$\text{rg}(\mathbf{A}) = \text{sp}(\mathbf{A})\,, \text{ falls } \mathbf{A} \text{ } idempotent \text{ ist (d.\,h. } \mathbf{A}^2 = \mathbf{AA} = \mathbf{A}) \tag{2.95}$$

2.7.2 Eigenwerte und Eigenvektoren

Wenn zu einer gegebenen *quadratischen* $(n \times n)$-*Matrix* $\mathbf{A}$ ein Vektor $\mathbf{x}$ und eine Zahl λ existieren, welche die Gleichung

$$\mathbf{Ax} = \lambda \mathbf{x} \tag{2.96}$$

erfüllen, nennt man λ den *Eigenwert* und $\mathbf{x}$ den dazugehörigen *Eigenvektor* von $\mathbf{A}$. Die trivialen Lösungen ($\mathbf{x} = \mathbf{0}$ und λ beliebig) werden ausgeschlossen. Durch Umformung erhält man die *charakteristische Gleichung* der Matrix $\mathbf{A}$, welche bei gegebenem λ ein homogenes lineares Gleichungssystem in $\mathbf{x}$ darstellt.

$$(\mathbf{A} - \lambda \mathbf{I}_n)\mathbf{x} = \mathbf{0} \tag{2.97}$$

Es existiert genau dann eine nichttriviale Lösung $\mathbf{x} \neq \mathbf{0}$, wenn gilt

$$\det(\mathbf{A} - \lambda \mathbf{I}_n) = \mathbf{0}. \tag{2.98}$$

Die Entwicklung der *charakteristischen Determinante*

$$\det(\mathbf{A} - \lambda \mathbf{I}_n) = \det \begin{pmatrix} a_{11} - \lambda & a_{12} & \cdots & a_{1n} \\ a_{21} & a_{22} - \lambda & \cdots & a_{2n} \\ \vdots & & \ddots & \\ a_{n1} & a_{n2} & \cdots & a_{nn} - \lambda \end{pmatrix} \tag{2.99}$$

nach Gl. (2.22) liefert ein Polynom in λ vom Grade n, welches als *charakteristisches Polynom* bezeichnet wird. Dessen Nullstellen λ_i sind die gesuchten Eigenwerte von $\mathbf{A}$. Weil ein Polynom n-ten Grades n Nullstellen aufweist, gibt es zu $\mathbf{A}$ genau n (nicht notwendig verschiedene) Eigenwerte λ_i. Nur für die zu diesen (reellen oder komplexen) Eigenwerten λ_i gehörenden *Eigenvektoren*

$$\mathbf{x}_i = (x_{1i}, x_{2i}, \ldots, x_{ni})' \tag{2.100}$$

besitzt das *Eigenwertproblem* $\mathbf{Ax} = \lambda \mathbf{x}$ nichttriviale Lösungen. Dabei ist ein Vielfaches ($c\mathbf{x}_i$) eines zu λ_i gehörigen Eigenvektors $\mathbf{x}_i$ ebenfalls ein zu λ_i gehöriger Eigenvektor. Man kann die Unbestimmtheit eines Eigenvektors mit der Nebenbedingung

$$\mathbf{x'}_i\mathbf{x}_i = 1 \qquad (2.101)$$

beseitigen.

Die Eigenwerte λ_i einer $(n \times n)$-Matrix **A** besitzen folgende Eigenschaften:

[a] Die Summe der Hauptdiagonalelemente einer quadratischen Matrix ist gleich der Summe aller (eventuell auch gleicher) Eigenwerte.

$$\text{sp}(\mathbf{A}) = \sum_{i=1}^{n} \lambda_i \qquad (2.102)$$

[b] Die Determinante einer quadratischen Matrix **A** ist gleich dem Produkt der Eigenwerte λ_i. Nur dann, wenn für alle Eigenwerte $\lambda_i \neq 0$ gilt, ist $\det(\mathbf{A}) \neq 0$ und **A** regulär.

$$\det(\mathbf{A}) = \prod_{i=1}^{n} \lambda_i \qquad (2.103)$$

[c] Der Rang $\text{rg}(\mathbf{A}) = r$ einer quadratischen Matrix **A** ist gleich der Anzahl der von 0 verschiedenen Eigenwerte λ_i von **A**.

[d] Ist λ ein Eigenwert einer regulären Matrix **A**, dann ist $\dfrac{1}{\lambda}$ ein Eigenwert von $\mathbf{A}^{-1}$.

[e] **A** und $\mathbf{B} = \mathbf{C}^{-1}\mathbf{AC}$ besitzen dieselben Eigenwerte, wenn **C** eine reguläre Matrix ist.

[f] Die Elemente d_{ii} einer Diagonalmatrix $\mathbf{D} = \text{diag}(d_{11}, d_{22}, \ldots, d_{nn})$ sind ihre Eigenwerte.

2.7.3 Eigenwerte und Eigenvektoren symmetrischer Matrizen

Bei *symmetrischen Matrizen* ist die Eigenwerttheorie besonders einfach und bietet ein nützliches Hilfsmittel bei typischen Problemstellungen der Statistik, wie z. B. Minimierung oder Maximierung quadratischer Formen, Parameterschätzungen, usw. Daher sollen nachfolgend einige wichtige Sachverhalte über Eigenwerte und Eigenvektoren einer symmetrischen $(n \times n)$-Matrix **A** aufgezeigt werden:

[a] Alle Eigenwerte λ_i von **A** sind reell.

[b] Die zu verschiedenen Eigenwerten λ_i gehörenden Eigenvektoren $\mathbf{x}_i$ sind paarweise orthogonal. Falls die Eigenwerte nicht alle verschieden sind, z. B. $\lambda_i = \lambda_j$, gibt es zu $\lambda_1, \lambda_2, \ldots, \lambda_n$ mindestens ein Set von n paarweise orthogonalen Eigenvektoren $\mathbf{x}_1, \mathbf{x}_2, \ldots, \mathbf{x}_n$.

[c] Fasst man die orthonormalen Eigenvektoren in der orthogonalen $(n \times n)$-Matrix $\mathbf{X} = (\mathbf{x}_1, \mathbf{x}_2, \ldots, \mathbf{x}_n)$ und die Eigenwerte in der $(n \times n)$-Diagonalmatrix $\mathbf{\Lambda} = \text{diag}(\lambda_1, \lambda_2, \ldots, \lambda_n)$ zusammen, lässt sich die symmetrische $(n \times n)$-Matrix $\mathbf{A}$ zerlegen in:

$$\mathbf{X}'\mathbf{A}\mathbf{X} = \mathbf{\Lambda} \quad \text{bzw.} \quad \mathbf{A} = \mathbf{X}\mathbf{\Lambda}\mathbf{X}' \tag{2.104}$$

Gl. (2.104) wird *Diagonalisierung einer symmetrischen Matrix* $\mathbf{A}$ oder *orthogonale Transformation einer symmetrischen Matrix* $\mathbf{A}$ *auf Diagonalgestalt* genannt. Bei dieser Transformation bleiben die typischen Daten der Matrix $\mathbf{A}$ erhalten: $\mathbf{\Lambda}$ besitzt dasselbe charakteristische Polynom, dieselben Eigenwerte, dieselbe Spur und den gleichen Rang wie $\mathbf{A}$.

2.8 Quadratische Formen und definite Matrizen

Gegeben sei eine symmetrische $(n \times n)$-Matrix $\mathbf{A}$ und ein $(n \times 1)$-Vektor $\mathbf{x}$ mit den Komponenten $x_1, x_2, \ldots, x_n$, dann heißt

$$\mathbf{x}'\mathbf{A}\mathbf{x}, \quad \text{mit } \mathbf{A} = \mathbf{A}', \tag{2.105}$$

die zu $\mathbf{A}$ gehörige *quadratische Form* in den Variablen $x_1, x_2, \ldots, x_n$.

$$\begin{aligned}
\mathbf{x}'\mathbf{A}\mathbf{x} &= \sum_{i=1}^{n}\sum_{j=1}^{n} a_{ij}\, x_i x_j = \sum_{i=1}^{n} a_{ii}\, x_i^2 + \sum_{\substack{i=1 \\ i \neq j}}^{n}\sum_{j=1}^{n} a_{ij}\, x_i x_j \\
&= \sum_{i=1}^{n} a_{ii}\, x_i^2 + 2\sum_{i<j} a_{ij}\, x_i x_j
\end{aligned} \tag{2.106}$$

Die zu einer symmetrischen Matrix $\mathbf{A}$ gehörige quadratische Form $\mathbf{x}'\mathbf{A}\mathbf{x}$ heißt

$$\begin{aligned}
&\textit{positiv definit}, && \text{falls } \mathbf{x}'\mathbf{A}\mathbf{x} > 0 && \text{für alle } \mathbf{x} \neq \mathbf{0} \\
&\textit{positiv semidefinit}, && \text{falls } \mathbf{x}'\mathbf{A}\mathbf{x} \geq 0 && \text{für alle } \mathbf{x} \neq \mathbf{0} \\
&\textit{negativ definit}, && \text{falls } \mathbf{x}'\mathbf{A}\mathbf{x} < 0 && \text{für alle } \mathbf{x} \neq \mathbf{0} \\
&\textit{negativ semidefinit}, && \text{falls } \mathbf{x}'\mathbf{A}\mathbf{x} \leq 0 && \text{für alle } \mathbf{x} \neq \mathbf{0}
\end{aligned} \tag{2.107}$$

Wenn die quadratische Form positive und negative Werte annehmen kann, d. h. wenn es mindestens einen Vektor $\mathbf{x}_1$ mit $\mathbf{x}'_1\mathbf{A}\mathbf{x}_1 > 0$ und mindestens einen Vektor $\mathbf{x}_2$ mit $\mathbf{x}'_2\mathbf{A}\mathbf{x}_2 < 0$ gibt, heißt die quadratische Form *indefinit*.

Die Definitionsbegriffe der quadratischen Form werden auch auf die zugehörige Matrix angewandt, d. h. eine symmetrische Matrix $\mathbf{A}$ wird genau dann positiv definit genannt, wenn die zugehörige quadratische Form $\mathbf{x}'\mathbf{A}\mathbf{x}$ positiv definit ist usw. Zuweilen benutzt man auch die formale Abkürzung $\mathbf{A} > 0$ usw. Wenn $\mathbf{A}$ positiv definit ist, ist $-\mathbf{A}$ negativ definit. Die in statistischen Anwendungen häufig auftretenden positiv definiten und positiv semidefiniten Matrizen werden auch *Gramsche* oder *nicht negativ definite Matrizen* genannt. So sind die zu einer beliebigen $(m \times n)$-Matrix **A** gebildeten Matrizen **A'A** und **AA'** positiv semidefinit und folglich Gramsche Matrizen.

Auch mithilfe der Eigenwerte $\lambda_1, \lambda_2, \ldots, \lambda_n$ einer symmetrischen $(n \times n)$-Matrix **A** lässt sich die Art der Definitheit der Matrix **A** und der zugehörigen quadratischen Form **x'Ax** bestimmen:

$$
\begin{array}{lll}
\textit{positiv definit,} & \text{wenn } \lambda_i > 0 & \text{für } i = 1, \ldots, n \\
\textit{positiv semidefinit,} & \text{wenn } \lambda_i \geq 0 & \text{für } i = 1, \ldots, n \\
\textit{negativ definit,} & \text{wenn } \lambda_i < 0 & \text{für } i = 1, \ldots, n \\
\textit{negativ semidefinit,} & \text{wenn } \lambda_i \leq 0 & \text{für } i = 1, \ldots, n
\end{array}
\qquad (2.108)
$$

A ist *indefinit*, wenn **A** einen positiven und mindestens einen negativen Eigenwert besitzt.

Eine positiv definite $(n \times n)$-Matrix **A** ist regulär, d. h. $\operatorname{rg}(\mathbf{A}) = n$. Mit **A** ist auch $\mathbf{A}^{-1}$ positiv definit.

3 Deskriptive Statistik, Häufigkeitsverteilung, Lage- und Streuungsparameter

3.1 Begriffe der Statistik

Statistik: Mit diesem Begriff werden im engeren Sinne bestimmte Daten (z. B. Geburtsstatistiken, Unfallstatistiken, Beschäftigungsstatistiken) oder die aus diesen Daten abgeleiteten Zahlen (z. B. Durchschnittswerte) bezeichnet.

Mathematische Statistik: Lehre von den mathematischen Methoden zur Gewinnung und Auswertung von Statistiken. Statistische Methoden sind dort erforderlich, wo Daten nicht beliebig oft und exakt reproduzierbar sind. Die Nichtreproduzierbarkeit hat ihre Ursachen in:

- unkontrollierten und unkontrollierbaren Einflüssen,
- der Ungleichartigkeit der Versuchsobjekte, der Variabilität des Beobachtungsmaterials,
- den Versuchs- und Beobachtungsbedingungen.

Dadurch bedingt „streuen" die quantitativ erfassten Daten, sodass ein Einzelwert nicht exakt reproduzierbar ist. Zur Beschreibung der Ungewissheit benutzt man die *Wahrscheinlichkeitsrechnung*. Dabei werden die zu untersuchenden Größen als *Zufallsvariable* aufgefasst.

Deskriptive und induktive Statistik: Die *deskriptive (beschreibende) Statistik* befasst sich ausschließlich mit der Untersuchung und Beschreibung des Datenmaterials. Demgegenüber stellt die *induktive (schließende) Statistik*, auch *statistische Inferenz* genannt, Methoden zur Verfügung, mit denen trotz der Ungewissheit der Einzelwerte Schlussfolgerungen gezogen werden können.

Grundgesamtheit: Die Gesamtheit aller möglichen Daten bestimmter Objekte, wie etwa die Eigenschaften einer Gruppe von Personen oder Dingen (z. B. Größe und Gewicht von Studenten einer Universität oder Anzahl und Geschwindigkeit von Autos, welche einen bestimmten Straßenabschnitt überqueren) oder die Gesamtheit aller Messwerte wiederholt ausgeführter Messungen bezüglich eines bestimmten Objektes, wird als *Grundgesamtheit* bezeichnet. Die Grundgesamtheit kann *endlich* oder *unendlich* sein.

- *endliche Grundgesamtheit*: Die Anzahl aller bei einer Inventur in einem Warenlager zu erfassenden Artikel ist endlich.
- *unendliche Grundgesamtheit*: Die Anzahl aller möglichen Messwerte einer bestimmten Messgröße, z. B. eine Streckenlänge, ist unendlich, da sich die Messgröße theoretisch unendlich häufig messen lässt.

Stichprobe: Wenn aus wirtschaftlichen oder prinzipiellen Gründen nicht die ganze Grundgesamtheit untersucht werden kann, begnügt man sich mit einem mehr oder weniger großen Anteil, welcher *Stichprobe* genannt wird. Man fasst die Stichprobe als aus der Grundgesamtheit entnommen auf und schließt von den Beobachtungen der Stichprobe auf die Eigenschaften der Grundgesamtheit, d. h. man geht *induktiv* vor.

Merkmale, Skalen: Individuen, Objekte, Vorgänge, die bei einer statistischen Untersuchung betrachtet werden, sind die *Untersuchungs-* oder *Beobachtungseinheiten*. Sie bilden für die betreffende Untersuchung die Grundgesamtheit. Bei den Untersuchungseinheiten werden *Merkmale* beobachtet und durch *Skalen* beschrieben. Jedes Merkmal besitzt *Merkmalsausprägungen*.

Beispiel 3.1: *Merkmale, Skalen*
Bei einer Gruppe von Studenten und Studentinnen werden die Merkmale „Geschlecht", „Geburtsort", „Studienabschnitt", „Körpergröße in cm" ermittelt. Untersuchungseinheit ist der jeweilige Student oder die Studentin. Die Merkmalsausprägungen sind:

- männlich und weiblich (für „Geschlecht"),
- Aachen, Dülmen, Kallenhardt,... (für „Geburtsort"),
- Grund-, Haupt-, Vertieferstudium (für „Studienabschnitt"),
- 179 cm, 164 cm, 168 cm, 195 cm, ... (für „Körpergröße").

Durch die Merkmale wird eine Grundgesamtheit zerlegt, z. B. in männlich oder weiblich durch das Merkmal „Geschlecht". Dabei können einzelne Teilmengen der Zerlegung leer sein, wie z. B. beim Merkmal „Geschlecht", wenn an einem Kurs nur Studenten und keine Studentinnen teilnehmen.

Man unterscheidet *quantitative Merkmale*, *Rangmerkmale* und *qualitative Merkmale*:

- *Quantitative Merkmale*: Die Ausprägungen sind reelle Zahlen, mit denen sich sinnvoll Rechenoperationen interpretieren lassen. So kann man beim Merkmal „Körpergröße" Größenunterschiede angeben. Man unterscheidet *diskrete* und *stetige Merkmale*:
  - *diskretes Merkmal*: Die Menge der Ausprägungen ist endlich oder abzählbar, wie z. B. die Anzahl der Studenten in einem Kurs („25 Studenten"). Die Angabe „25,2 Studenten" ist nicht sinnvoll.
  - *stetiges Merkmal*: Jede Zahl eines Intervalls kann als Ausprägung vorkommen, wie z. B. beim Merkmal „Körpergröße". Auch wenn die Messergebnisse gerundet angegeben werden (z. B. 172 cm, 173 cm, 174 cm, ...) ist das Merkmal stetig, da sich mit entsprechend feinerem Maßstab jeder Zwischenwert (z. B. 173,82 cm) ergeben kann.
- *Rangmerkmale*: In natürlicher Weise ist eine Rangfolge gegeben. Das Merkmal „Studienabschnitt" ist ein Rangmerkmal mit der Reihenfolge: Grundstudium, Hauptstudium, Vertieferstudium. Es ist hier nicht sinnvoll, über die Abstände zwischen den einzelnen Rangplätzen etwas auszusagen.

- *Qualitative Merkmale*: Merkmale wie „Geschlecht", „Geburtsort". Eine Anordnung der Merkmalsausprägungen anzugeben ist nicht sinnvoll.

Bei der Einordnung eines Merkmals kommt es darauf an, wie das betreffende Merkmal aufgefasst wird. So lässt sich das Merkmal „Farbe" zunächst als qualitatives auffassen. Ordnet man Spektralfarben jedoch Wellenlängen zu, erhält man ein quantitatives Merkmal. Ebenso ist das Merkmal „Klausurnote" eigentlich ein Rangmerkmal, welches in der Praxis jedoch wie ein quantitatives Merkmal behandelt wird (Durchschnittsnote).

Auch wenn es sich nicht um quantitative Merkmale handelt, kennzeichnet man die Merkmalsausprägungen häufig durch *Zahlen*, die in diesem Zusammenhang auch als *Skala* bezeichnet werden (Meterskala, Temperaturskala, Erdbebenskala). Als Skalen sind auch Kodierungen aufzufassen, wie z. B. 0 für männlich, 1 für weiblich. Der Charakter der Skalen richtet sich nach der Merkmalsart:

- *Verhältnisskalen*: Dies sind Skalen z. B. für Längen- oder Winkelmessungen, welche zu den quantitativen Merkmalen „Länge" und „Winkel" gehören. Besitzen die Skalen in natürlicher Weise einen Nullpunkt, lassen sich die Skalenwerte sinnvollerweise addieren, subtrahieren oder mit ihnen Verhältnisse bilden. Die Aussage „Winkel α ist doppelt so groß wie Winkel β" ist sinnvoll. Verhältnisskalen lassen *lineare Transformationen* der Form $x \mapsto ax$ ($a > 0$) zu. Die Multiplikation einer Länge in [m] mit 100 liefert den Zahlenwert derselben Länge in [cm].

- *Intervallskalen*: Sie beschreiben ebenso wie Verhältnisskalen quantitative Merkmale (z. B. Temperaturskalen), jedoch ist eine Addition von Skalenwerten nicht sinnvoll. Die Aussage „Heute ist es doppelt so warm wie gestern" mag für eine Celsiusskala zutreffen aber nicht gleichzeitig auch für eine Fahrenheitskala. Für die Temperaturskalen (°C-, °R-, °F-Skala) ist ein Nullpunkt nicht in natürlicher Weise festgelegt, (außer bei der Kelvinskala, die eher zu den Verhältnisskalen zu rechnen ist). Sinnvoll zulässig sind jedoch Differenzen und Verhältnisse von Differenzen. Intervallskalen lassen *affine Transformationen* der Form $x \mapsto ax + b$ ($a > 0$) zu.

- *Ordinalskalen*: Zur Beschreibung von Rangmerkmalen werden deren Ausprägungen (z. B. „gut", „mittel", „schlecht" oder die Schulnoten „sehr gut", „gut", ... oder die verschiedenen Stufen bei Jugendschwimmabzeichen „Nichtschwimmer", „Seepferdchen", ...) mit Kodierungen versehen, welche die Rangfolge innerhalb der Merkmalsausprägungen widerspiegeln. Man kann daher von irgendwelchen Skalenwerten zu anderen übergehen, wenn dabei nur die Ordnung erhalten bleibt. Beispielsweise könnten die Merkmalsausprägungen „gut", „mittel", „schlecht" sowohl die Kodierungen 1, 2, 3 als auch 11, 21, 31 erhalten, aber nicht in der geänderten Reihenfolge 21, 11, 31. Folglich lassen die Ordinalskalen *streng monoton steigende Transformationen* zu. Jedoch haben im Gegensatz zu den Verhältnis- und Intervallskalen bei den Ordinalskalen Differenzen, d. h. Abstände zwischen den Skalenwerten, keinen Sinn, da z. B. der Schwierigkeitsunterschied zwischen den Werten 1 und 2 nicht gleich groß wie der Unterschied zwischen den Werten 2 und 3 zu sein braucht.

- *Nominalskalen*: Dienen bei qualitativen Merkmalen lediglich der Kennzeichnung (Kodierung) der Merkmalsausprägungen, wobei hier ein Größenvergleich der Skalenwerte nicht sinnvoll ist. Die Merkmalsausprägungen „männlich", „weiblich" lassen sich für Auswertungen in EDV-Anlagen mit den Zahlen 0 und 1 kodieren, wobei die Anordnung der Zahlen unerheblich ist. Die Nominalskalen lassen alle *injektiven Transformationen* zu.

Merkmalsart	Skalenart	erfasst
quantitative Merkmale	Verhältnisskala	Größenverhältnisse von Ausprägungen
quantitative Merkmale	Intervallskala	Abstand zwischen Ausprägungen
Rangmerkmale	Ordinalskala	Rangfolge von Ausprägungen
qualitative Merkmale	Nominalskala	Kennzeichnung von Ausprägungen

3.2 Häufigkeitsverteilung einer Stichprobe

An n Beobachtungseinheiten seien die möglichen Ausprägungen $x_1^*, \ldots, x_j^*, \ldots, x_m^*$ des Merkmals X festgestellt und notiert sowie die Beobachtungseinheiten mit den Zahlen $1, 2, \ldots, n$ durchnummeriert. Falls dem zu untersuchenden Merkmal eine bestimmte Skala zugeordnet ist, sind die beobachteten Merkmalswerte n Zahlen $x_1, x_2, \ldots, x_n$, die nicht notwendig voneinander verschieden sind. Die n Merkmalswerte x_i heißen auch *Beobachtungsreihe* oder *Urliste*. Der $i$ten Untersuchungseinheit ist seine Ausprägung x_j^* als Merkmalswert x_i zugeordnet:

$$x_i = x_j^*(i)$$

Beispiel 3.2: *Ausprägung und Merkmalswerte eines Würfels*
Beim Wurf mit einem Würfel ergeben sich die Ausprägungen $x_1^* = $ *Augenzahl* 1 bis $x_6^* = $ *Augenzahl* 6. Wird im zweiten Wurf die *Augenzahl* 5 geworfen, so ist der Merkmalswert $x_2 = x_5^*(2) = $ *Augenzahl* 5.

Da die Urliste häufig umfangreich und unübersichtlich ist, ordnet man die Merkmalswerte ihrer Größe nach und ermittelt die jeweilige *absolute Häufigkeit* $h(x_j^*)$, d. h. man stellt fest, wie viel Merkmalswerte x_i die jeweilige Merkmalsausprägung x_j^* angenommen haben, was durch eine *Strichliste* dokumentiert werden kann. Es gilt $\sum_{j=1}^m h(x_j^*) = n$. Durch Division der jeweiligen absoluten Häufigkeit $h(x_j^*)$ durch die Gesamtanzahl n der Merkmalswerte folgt die relative Häufigkeit $f(x_j^*)$. Es gilt:

$$f(x_j^*) = \frac{h(x_j^*)}{n} \quad \text{mit} \quad 0 \leq f(x_j^*) \leq 1 \quad \text{und} \quad \sum_{j=1}^m f(x_j^*) = 1 \qquad (3.1)$$

Die relativen Häufigkeiten $f(x_j^*)$ können auch in der Form $(f(x_j^*) \cdot 100)\,\%$ in Prozent angegeben werden. Beim Übergang von den absoluten zu den relativen Häufigkeiten entsteht ein Informationsverlust, weil die Gesamtanzahl n der Merkmalswerte nicht mehr ersichtlich ist.
Da die Zuordnung $x_j^* \mapsto f(x_j^*)$ $(j = 1, 2, \ldots, m)$ die „Verteilung" der Merkmalsausprägungen beschreibt, wird sie *Häufigkeitsverteilung* des Merkmals genannt.

3.2 Häufigkeitsverteilung

Die Häufigkeit der Merkmalsausprägungen oberhalb oder unterhalb bestimmter Werte der Skala lässt sich durch die Berechnung von *Summenhäufigkeiten* angeben. Dies ist jedoch nur bei Rangmerkmalen und quantitativen Merkmalen sinnvoll, nicht bei qualitativen Merkmalen. Falls nicht bereits im Zuge der Klasseneinteilung geschehen, sind die beobachteten Merkmalsausprägungen der Größe nach zu ordnen, sodass für ein Merkmal X gilt:

$$x_1^* < x_2^* < \ldots < x_m^*$$

Für beliebiges k $(k = 1, 2, \ldots, m)$ sind dann gegeben:

$$absolute\ Summenhäufigkeit\ H(x_k^*) = \sum_{x_j \leq x_k} h(x_j^*) = \sum_{j=1}^{k} h(x_j^*) \quad (3.2)$$

$$relative\ Summenhäufigkeit\ F(x_k^*) = \sum_{x_j \leq x_k} f(x_j^*) = \sum_{j=1}^{k} f(x_j^*) \quad (3.3)$$

mit $F(x_k^*) = \frac{1}{n} H(x_k^*)$; $F(x_k^*) \leq F(x_{k+1}^*)$, $(k = 1, 2, \ldots, m-1)$; $F(x_m^*) = 1$

Beispiel 3.3: *Strichliste und Häufigkeiten*
Absolute Häufigkeit $h(x_j^*)$, relative Häufigkeit $f(x_j^*)$ und relative Summenhäufigkeit $F(x_j^*)$ aus $n = 66$ Merkmalswerten beim Würfelspiel mit einem Würfel.

x_j^*	Strichliste	$h(x_j^*)$	$f(x_j^*)$	$F(x_j^*)$
1	|||| ||	7	0,11	10,6 %
2	|||| |||| |||| |||	18	0,27	37,9 %
3	||||		6	0,09	47,0 %
4	|||| |||| |||	13	0,20	66,7 %
5	|||| ||||	9	0,13	80,3 %
6	|||| |||| |||	13	0,20	100 %
		$\Sigma h(x_j^*) = 66 = n$	$\Sigma f(x_j^*) = 1,00$	

Da nicht nur den Werten der Skala, sondern analog jeder reellen Zahl x ein Wert zugeordnet werden kann, ergibt sich für das Merkmal X die

$$empirische\ Verteilungsfunktion\ F(x) = \sum_{x_j^* \leq x} f(x_j^*) \quad (3.4)$$

Der Wert $F(x)$ der empirischen Verteilungsfunktion an der Stelle x gibt den Anteil der Beobachtungseinheiten an, deren Merkmalsausprägungen *nicht größer als x* sind. Für den Anteil der Beobachtungseinheiten mit einer Merkmalsausprägung *größer als x* gilt dann $1 - F(x)$. Die empirische Verteilungsfunktion $F(x)$ hat folgende Eigenschaften:

1. Die Funktion F ist eine Treppenfunktion.
2. Die Funktion F wächst monoton.
3. Die Funktion F hat höchstens an den m Stellen x_j^* Sprungstellen.
4. Für $x < x_1^*$ ist $F(x) = 0$, und für $x \geq x_m^*$ ist $F(x) = 1$.

Bei stetigen Daten kann die empirische Verteilungsfunktion $F(x)$ statt als Treppenfunktion auch als Polygonfunktion definiert werden. Mit $F(x) = 0$ am unteren Klassenrand der ersten Klasse beginnend wächst die Polygonfunktion in den Klassen linear bis auf $F(x) = \sum_{x_j^* \leq x} f(x_j^*)$ am jeweiligen oberen Klassenrand an. An den Klassenrändern weist die Polygonfunktion keine Sprünge, sondern Knicke auf.

3.3 Klassenbildung

Zur Datenreduktion bei umfangreichem Datenmaterial bietet sich insbesondere bei quantitativen Merkmalen an, entweder vorab den zu erwartenden Datenbereich bzw. nach Ermittlung der Merkmalswerte den Bereich zwischen der kleinsten und der größten Merkmalsausprägung in Intervalle, *Klassen* oder auch *Gruppen* genannt, einzuteilen. Man verzichtet dabei bewusst auf die Unterscheidung von Merkmalsausprägungen, welche derselben Klasse angehören. Die Merkmalsausprägungen einer Klasse werden durch den Wert der Klassenmitte repräsentiert, auch wenn der Wert der Klassenmitte keiner Merkmalsausprägung entspricht.

Eine solche Klasse ist eindeutig bestimmt durch *Klassenmitte* und *Klassenbreite* oder durch *untere* und *obere Klassengrenze* bzw. *unterer* und *oberer Klassenrand*. An den Klassenrändern stoßen die Klassen aneinander, als Klassengrenzen werden die minimale und maximale Merkmalsausprägung in einer Klasse bezeichnet. Bezieht man jetzt die Bezeichnungen auf die Klasseneinteilung, ergeben sich die absoluten und relativen Klassenhäufigkeiten analog zu den absoluten und relativen Häufigkeiten nach Gl. (3.1) mit:

$x_i(j)$ = Merkmalswert x_i in der $j$ten Klasse ($j = 1, 2, \ldots, m$),

m = Klassenanzahl,

x_j^* = Klassenmitte, Δx_j^* = Klassenbreite, $x_j^* \pm \Delta x_j^*/2$ = Klassenränder,

$h(x_j^*)$ = absolute Klassenhäufigkeit,

$f(x_j^*) = h(x_j^*)/n$ = relative Klassenhäufigkeit,

$n = \Sigma h(x_j^*)$ = Gesamtanzahl der Merkmalswerte x_i.

Es muss festgelegt werden, zu welcher Klasse die Klassengrenzen gehören. In der beschreibenden Statistik wird die *Klasseneinteilung* meist durch rechtsoffene Intervalle (von... bis unter...) festgelegt, z.B. $a \leq x_i(j) < b$, $b \leq x_i(j+1) < c$, ... mit den Klassenrändern $a, b, c, \ldots$. Die Klassenränder sollten möglichst so gewählt werden, dass kein Merkmalswert mit ihnen zusammenfallen kann. Sind die Werte einer Skala nach oben nicht beschränkt, hat die oberste Klasse keine obere Grenze, und auch die „Klassenmitte" ist nicht definiert.

Beispiel 3.4: *Klasseneinteilung*
Von 90 Betonprobewürfeln wurden die Betondruckfestigkeiten x_i in der Einheit $[N/mm^2]$ festgestellt und in $m = 10$ Klassen eingeteilt. In der Tabelle sind die Klassenmitten x_j^*, die Klassenränder $x_j^* \pm \Delta x_j^*/2$, die relativen Häufigkeiten $f(x_j^*)$ und die relativen Summenhäufigkeiten $F(x)$ aufgeführt:

x_j^*		31	32,5	34	35,5	37	38,5	40	41,5	43	44,5
$x_j^* \pm \Delta x_j^*/2$	30,25	31,75	33,25	34,75	36,25	37,75	39,25	40,75	42,25	43,75	45,25
$f(x_j^*)$		2/90	2/90	17/90	16/90	9/90	13/90	17/90	7/90	4/90	3/90
$F(x)$ [%]	0	2,22	4,44	23,33	41,11	51,11	65,56	84,44	92,22	96,67	100

Da es für die Wahl der Anzahl und Größe der Klassen keine grundsätzliche Vorschrift gibt, hat man einen großen Spielraum, um Gesichtspunkte zu unterstreichen, die in den Daten der Urliste eventuell nicht ohne weiteres erkennbar sind. Je größer eine Klassenbreite ist, desto mehr Informationen der Urliste werden unterdrückt. Man hat daher zwischen Informationsverlust und Übersichtlichkeit in der Darstellung abzuwägen. Dieser Spielraum kann natürlich auch für Manipulationen missbraucht werden.

Beispiel 3.5: *Manipulationsmöglichkeit durch Klasseneinteilung*
Haushaltsnettoeinkommen privater Haushalte im Jahr 1998 je Haushalt und Monat (Statistisches Jahrbuch 2000 für die Bundesrepublik Deutschland, [SB00], S. 551/552). Angaben der absoluten Häufigkeiten in [Tausend], relative Häufigkeiten in [%]. Einkommen über Euro 17 500 sind hier nicht berücksichtigt. In der rechten Tabelle sind die Angaben vergröbert in nur 4 Klassen dargestellt.

Einkommen von - bis in Euro	absolute Häufigkeit $h(x_j^*)$	relative Häufigkeit $f(x_j^*)$	Einkommen von - bis in Euro	absolute Häufigkeit $h(x_j^*)$	relative Häufigkeit $f(x_j^*)$
0 - 900	3541	9,63 %	0 - 1250	8107	22,04 %
900 - 1250	4566	12,41 %	1250 - 2000	9173	24,94 %
1250 - 1500	3204	8,71 %	2000 - 3500	12010	32,65 %
1500 - 2000	5969	16,23 %	3500 - 17500	7491	20,37 %
2000 - 2500	4967	13,50 %		36781	100 %
2500 - 3500	7043	19,15 %			
3500 - 5000	4780	13,00 %			
5000 - 17500	2711	7,37 %			
	36781	100 %			

An der rechten Tabelle erkennt man die Manipulationsmöglichkeiten durch die Klasseneinteilung. Beispielsweise zeigt die linke Tabelle, dass nur 7,37 % „Großverdiener" sind, während die rechte Tabelle den Eindruck erweckt, 20,37 % würden zu dieser „bessergestellten" Gruppe gehören.

3.4 Graphische Darstellung von Daten

Neben der Darstellung in Tabellen kann statistisches Material durch Zeichnungen bzw. Graphiken veranschaulicht werden. Die wichtigsten Darstellungsformen sind:

Kreisdiagramm: Die Häufigkeiten werden durch sektorale Aufteilung einer Kreisfläche dargestellt. Der jeweilige Kreissektor bzw. der Zentriwinkel des Sektors ist proportional zur Häufigkeit.

Blockdiagramm: Ein Rechteck (Block) mit den Seitenlängen a und b wird in Teilrechtecke mit den Seitenlängen $a_j = h(x_j^*) \cdot a$ und b zerlegt. Durch die Teilflächen mit dem Inhalt $a_j \cdot b$ lassen sich mehrere Merkmalsausprägungen x_j^* in einem Rechteck darstellen. Mehrere Häufigkeitsverteilungen mit unterschiedlichem Gesamtumfang können nebeneinander angeordnet und durch unterschiedliche Längen a der Rechtecke (vertikal oder horizontal ausgerichtet) verdeutlicht werden.

Säulendiagramm: Werden die Teilflächen eines Blockdiagramms nicht in einem Rechteck übereinander sondern auf gleicher Grundseite nebeneinander dargestellt, spricht man von einem Säulendiagramm (höhenproportionale Darstellung).

Stabdiagramm: Die Häufigkeiten werden durch die Länge von „Stäben" über einer horizontalen (bzw. vertikalen) Achse dargestellt, auf der die Merkmalsausprägungen aufgetragen sind (höhenproportionale Darstellung). Die Stäbe können gegebenenfalls noch unterteilt werden.

Piktogramm: Die Häufigkeiten werden durch unterschiedlich große Bildsymbole oder durch unterschiedliche Anzahl von Bildsymbolen dargestellt. Piktogramme weisen eine große Anschaulichkeit auf, können aber nur grobe Aussagen liefern.

Kartogramm: Darstellung der Häufigkeiten innerhalb einer Landkarte mit den bereits beschriebenen Diagrammformen.

Kurvendiagramm: Die Häufigkeiten werden in einem Koordinatensystem durch Kurven bzw. geradlinig verbundene Punkte dargestellt. Kurvendiagramme finden z. B. bei der Darstellung von Zeitreihen Verwendung.

Histogramm: Darstellung der Häufigkeiten eines (klassierten) quantitativen Merkmals durch Flächen über den Klassen in einem Koordinatensystem (flächenproportional). Die Breiten der Säulen entsprechen den Klassenbreiten. Bei gleichen Klassenbreiten sind die Säulenhöhen den Häufigkeiten proportional.

Polygonzug: Darstellung der Häufigkeiten eines (klassierten) quantitativen Merkmals durch geradlinige Verbindung der Mittelpunkte der Flächenoberkanten eines Histogramms.

3.4 Graphische Darstellung von Daten

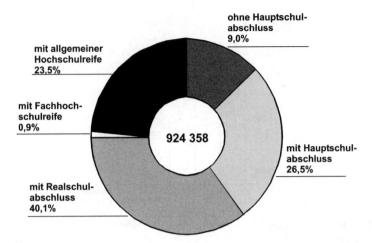

Abbildung 3.1: Kreisdiagramm: Schulentlassene 1997/1998 aus allgemeinbildenden Schulen (Aus: [SB00], S. 377)

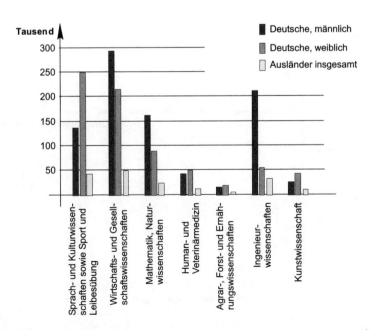

Abbildung 3.2: Säulendiagramm: Studierende im Wintersemester 1999/2000 nach Fächergruppen (Aus: [SB00], S. 381)

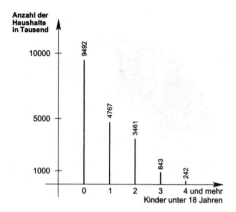

Abbildung 3.3: Stabdiagramm: Kinderzahlen in Mehrpersonenhaushalten im April 1999 (Aus: [SB00], S. 64)

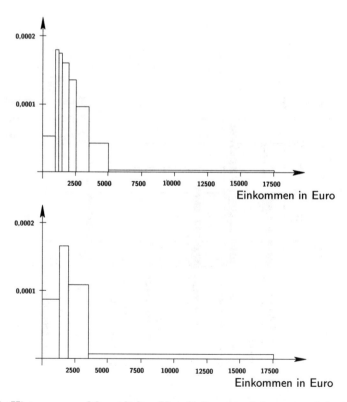

Abbildung 3.4: Histogramm: Monatliches Haushaltsnettoeinkommen privater Haushalte nach Beispiel 3.5. Unten: vergröberte Klasseneinteilung

3.5 Mittelwerte einer Stichprobe (Lageparameter)

Verteilungen und ihre tabellarische oder graphische Darstellung geben ein anschauliches und übersichtliches Bild über die zu analysierenden statistischen Daten, reichen aber gewöhnlich für die Gewinnung eindeutiger Aussagen nicht aus. Zur Charakterisierung von Verteilungen werden deshalb *Kenngrößen* oder *Parameter* bestimmt. Zu den wichtigsten Parametern gehören die *Lageparameter*, die „Mittelwerte" der Daten darstellen, und die *Streuungsparameter*, die eine Aussage darüber machen, wie sich die Werte bzw. Häufigkeiten einer Verteilung um einen Mittelwert verteilen. In diesem Abschnitt werden die Lageparameter behandelt.

3.5.1 Arithmetisches Mittel

Das *arithmetische Mittel* von n Skalenwerten $x_1, x_2, \ldots, x_n$ ist definiert als

$$\bar{x} = \frac{x_1 + x_2 + \ldots + x_n}{n} = \frac{1}{n} \sum_{i=1}^{n} x_i \qquad (3.5)$$

Liegen m Merkmalsausprägungen vor, bei denen jede Merkmalsausprägung x_j^* mehrmals vorkommen kann und sind $h(x_j^*)$ und $f(x_j^*)$ nach Gl. (3.1) die absoluten und relativen Häufigkeiten für das Auftreten der Merkmalsausprägungen sowie n die Gesamtzahl der Beobachtungen, ergibt sich das *gewogene* oder *gewichtete arithmetische Mittel* $\bar{x}$ zu:

$$\bar{x} = \frac{h(x_1^*) \cdot x_1^* + h(x_2^*) \cdot x_2^* + \ldots + h(x_m^*) \cdot x_m^*}{n} = \frac{1}{n} \sum_{j=1}^{m} h(x_j^*) \cdot x_j^* \qquad (3.6)$$

$$\bar{x} = f(x_1^*) \cdot x_1^* + f(x_2^*) \cdot x_2^* + \ldots + f(x_m^*) \cdot x_m^* = \sum_{j=1}^{m} f(x_j^*) \cdot x_j^* \qquad (3.7)$$

Die Häufigkeiten $h(x_j^*)$ bzw. $f(x_j^*)$ werden in diesem Zusammenhang auch als *absolute* bzw. *relative Gewichte* bezeichnet.

Beispiel 3.6: *Gewogenes arithmetisches Mittel*
Mit den in Beispiel 3.4 angegebenen absoluten und relativen Häufigkeiten $h(x_j^*)$ und $f(x_j^*)$ der Betondruckfestigkeiten x_j^* $[N/mm^2]$, welche von $n=$ 90 Probewürfeln festgestellt wurden, ergibt sich die mittlere Betondruckfestigkeit als gewogenes arithmetisches Mittel $\bar{x}$ nach Gl. (3.6) zu:

$$\begin{aligned}\bar{x} &= (2 \cdot 31 + 2 \cdot 32,5 + 17 \cdot 34 + 16 \cdot 35,5 + 9 \cdot 37 + 13 \cdot 38,5 \\ &\quad + 17 \cdot 40 + 7 \cdot 41,5 + 4 \cdot 43 + 3 \cdot 44,5)/90 \\ &= \frac{3382,5}{90} = 37,58 \ [N/mm^2]\end{aligned}$$

Das arithmetische Mittel besitzt folgende wichtige Eigenschaften:

- *Die Summe der Abweichungen der Beobachtungswerte vom arithmetischen Mittel ist 0:*

$$\sum_{i=1}^{n}(x_i - \bar{x}) = \sum_{i=1}^{n} x_i - n\bar{x} = \sum_{i=1}^{n} x_i - n\frac{\sum_{i=1}^{n} x_i}{n} = \sum_{i=1}^{n} x_i - \sum_{i=1}^{n} x_i = 0$$

- *Die Summe der quadratischen Abweichungen der Beobachtungswerte von einem beliebigen Mittelwert M wird dann ein Minimum, wenn M das arithmetische Mittel ist.*

$$Summe\ S = \sum_{i=1}^{n}(x_i - M)^2$$

$$\frac{dS}{dM} = \sum_{i=1}^{n} -2 \cdot (x_i - M) = -2 \cdot \sum_{i=1}^{n} x_i + 2nM \quad := 0$$

$$Daraus\ folgt: \sum_{i=1}^{n} x_i = nM \ oder\ M = \frac{\sum x_i}{n} = \bar{x}$$

$$Wegen\ \frac{d^2 S}{dM^2} = 2n > 0\ liegt\ tatsächlich\ ein\ Minimum\ vor.$$

Wenn *ein* Skalenwert x_i der n Skalenwerte durch $x'_i = x_i + d$ ersetzt wird, ändert sich das arithmetische Mittel um den Wert $\frac{1}{n} \cdot d$. Dies verdeutlicht: Ein Messwert, der im Vergleich zu den übrigen Skalenwerten vom arithmetischen Mittel der $n-1$ übrigen Werte stark abweicht (sogenannter „Ausreißer"), wirkt sich bei der Bildung des arithmetischen Mittels stark aus, falls n nicht sehr groß ist.

Das arithmetische Mittel ist nur bei Intervall- und Verhältnisskalen sinnvoll, da bei diesen Skalen Aussagen über die „Abstände" der Skalenwerte möglich sind. Jedoch ist selbst bei einer metrischen Skala das arithmetische Mittel zur Beschreibung der „durchschnittlichen Lage" einer Verteilung umso weniger geeignet, je stärker eine Verteilung von den Eigenschaften Eingipflichkeit und Symmetrie abweicht.

3.5.2 Median

Ein *Median (Zentralwert, Halbwert)* $\bar{x}_M$ besitzt folgende Eigenschaft: Die geordnete Reihe der n Beobachtungswerte $x_{(1)} \leq x_{(2)} \leq \ldots \leq x_{(n)}$ wird durch $\bar{x}_M$ in zwei gleiche Teile zerlegt.

Falls n *ungerade* ist, ist ein Median *die* Zahl:

$$\bar{x}_M = x_{\frac{n+1}{2}} \tag{3.8}$$

Falls n *gerade* ist, ist ein Median *jede* Zahl mit:

$$x_{(\frac{n}{2})} \leq \bar{x}_M \leq x_{(\frac{n}{2}+1)} \tag{3.9}$$

Wenn n *gerade* ist, nimmt man jedoch üblicherweise als (speziellen) Median den *Zentralwert*, das arithmetische Mittel der beiden mittleren Werte:

$$\bar{x}_M = \frac{1}{2}(x_{(\frac{n}{2})} + x_{(\frac{n}{2}+1)}) \tag{3.10}$$

Bei klassierten Merkmalswerten fällt der Median in der Regel nicht auf eine Klassengrenze, sondern in eine Klasse. Die Berechnung des Medians erfolgt hier durch lineare Interpolation innerhalb der Medianklasse, d. h. innerhalb der Klasse, welche die relative Summenhäufigkeit $F(x_j) = 0,5$ und somit den Median enthält.

$$\bar{x}_M = (x_k - \Delta x/2) + \Delta x \cdot \frac{0,5 - F(x_k - \Delta x/2)}{f(x_k)} \tag{3.11}$$

x_k = Klassenmitte der Medianklasse
Δx = Breite der Medianklasse
$x_k - \Delta x/2$ = untere Klassengrenze der Medianklasse
$f(x_k)$ = relative Häufigkeit der Medianklasse
$F(x_k - \Delta x/2)$ = Summenhäufigkeit an der unteren Klassengrenze der Medianklasse

Beispiel 3.7: *Median klassierter Daten*
Im Beispiel 3.5 reicht die Medianklasse, in der die Summe der relativen Häufigkeiten den Wert 50 % übersteigt, von Euro 2000 bis Euro 2500. Somit ist die untere Klassengrenze Euro 2000 und die Klassenbreite Δx = Euro 500. Die Summenhäufigkeit an der unteren Klassengrenze ist $F(x_3^*)$= 46,98 % und die relative Häufigkeit der Medianklasse $f(x_4^*)$ = 13,50 %. Damit ergibt sich das mittlere Haushaltsnettoeinkommen nach Gl. 3.11:

$$\bar{x}_M = \text{Euro } 2000 + \text{Euro } 500 \cdot \frac{0,5 - 0,4698}{0,1350} = \text{Euro } 2111,85$$

Mit den Angaben der vergröberten Tabelle in Beispiel 3.5 ergibt sich der Wert:

$$\bar{x}_M = \text{Euro } 2000 + \text{Euro } 1500 \cdot \frac{0,5 - 0,4698}{0,3265} = \text{Euro } 2138,74$$

Da ein Median aufgrund der Anordnung der Skalenwerte bestimmt wird, lässt er sich bei den Verhältnis-, den Intervall- und den Ordinalskalen sinnvoll interpretieren, nicht jedoch bei den Nominalskalen. Der Zentralwert verliert (als arithmetisches Mittel zweier Skalenwerte) auf Ordinalskalen seine spezielle Bedeutung.

Bei quantitativen Merkmalen besitzt der Median $\bar{x}_M$ die Eigenschaft:

- *Die Summe der absoluten Abweichungen der Beobachtungswerte von einem beliebigen Mittelwert M wird dann ein Minimum, wenn $M = \bar{x}_M$ gilt.*

$$\sum |v| = \sum |(\bar{x}_M - x_i)| = Min! \tag{3.12}$$

Im Gegensatz zum arithmetischen Mittel ist der Median folglich unempfindlich gegenüber Ausreißern. Wegen dieser „Robustheit" eignet er sich gut zur Fehlersuche in Messdaten.

Beispiel 3.8: *Streckenmessung mit Messband*
Eine Strecke wird fünfmal mit dem Messband gemessen.
 Messwerte $x_i = (100,18;\ 100,16;\ 100,22;\ 100,24;\ 100,25)\ m$
 Arithmetisches Mittel der Messwerte: $\bar{x} = \underline{\underline{100,21\ m}}$

Wegen eines Aufschreibfehlers („Zahlendreher") im vierten Messwert ergibt sich die verfälschte Messreihe:
 Messwerte $x_i = (100,18;\ 100,16;\ 100,22;\ \underset{\text{Ausreißer}}{\mathbf{102,04}};\ 100,25)\ m$

1. Arithmetisches Mittel $\bar{x} = \sum x_i/n = 502,85/5 = \underline{\underline{100,57\ m}}$
   Die arithmetischen Mittel der unverfälschten und der verfälschten Messwerte stimmen *nicht* überein.
   Verbesserungen v_i der Messwerte x_i bezogen auf $\bar{x}$:
   $v_i = \bar{x} - x_i = (39;\ 41;\ 35;\ -147;\ 32)\ cm;$
   $\sum v_i = 0\ cm, \qquad \sum |v_i| = 294\ cm$

2. Medianberechnung
   geordnete Messreihe: $x_{(i)} \in (100,16;\ 100,18;\ 100,22;\ 100,25;\ 102,04)$
   Median $\bar{x}_M = x_{(3)} = \underline{\underline{100,22\ m}}$
   Die Mediane der unverfälschten und der verfälschten Messreihen stimmen überein.
   Verbesserungen v_i der Messwerte x_i bezogen auf $\bar{x}_M$:
   $v_{(i)} = \bar{x}_M - x_{(i)} = (6,\ 4,\ 0,\ -3,\ -182)\ cm;$
   $\sum v_i = -174\ cm, \qquad \sum |v_i| = 195\ cm = Min!$

Da bei der Bestimmung des Medians nur der mittelste Wert der geordneten Beobachtungswerte berücksichtigt wird, bleiben die übrigen $n-1$ Messwerte unberücksichtigt, wodurch die Überbestimmung statistisch nicht genutzt wird.

Eine Verallgemeinerung des Begriffs „Median" ist der Begriff „Quantil" oder ausführlicher „p%-Quantil". Solch ein Quantil der n Skalenwerte $x_1, \ldots, x_n$ ist jede Zahl $\bar{x}_{p\%}$ mit der Eigenschaft:
 Höchstens $p\%$ der Skalenwerte sind kleiner als $\bar{x}_{p\%}$, und
 höchstens $(100-p)\%$ der Skalenwerte sind größer als $\bar{x}_{p\%}$.
Ein Median ist demnach ein 50%-Quantil. Die 25%-, 50%-, 75%-Quantile heißen auch *erste, zweite, dritte Quantile*.

3.5.3 Geometrisches und harmonisches Mittel

Manchmal werden gemessene Skalenwerte transformiert und das arithmetische Mittel der so erhaltenen Daten berechnet. In wichtigen Spezialfällen, die sich bei den Transformationen $x \mapsto log_a x$ und $x \mapsto \frac{1}{x}$ ergeben, hängen die arithmetischen Mittel in einfacher Weise mit dem geometrischen bzw. dem harmonischen Mittel aus den ursprünglichen Skalenwerten zusammen.

Geometrisches Mittel der n positiven Skalenwerte $x_1, x_2, \ldots, x_n$:

$$\bar{x}_G = \sqrt[n]{x_1 \cdot x_2 \cdot \ldots \cdot x_n} \tag{3.13}$$

Die Berechnung des geometrischen Mittels ist nur bei Verhältnisskalen, nicht aber bei Intervallskalen sinnvoll; folglich überall dort, wo man es mit Zuwächsen, Wachstumsraten oder dergleichen zu tun hat.

Beispiel 3.9: *Durchschnittsverzinsung*
Für ein auf acht Jahre festgelegtes Sparguthaben zahlt die Bank in den ersten drei Jahren $p_1 = p_2 = p_3 = 4\%$ in den folgenden vier Jahren $p_4 = p_5 = p_6 = p_7 = 5\%$, sowie im letzten Jahr $p_8 = 7\%$ Zinsen. Mit den Verzinsungsfaktoren $q_1 = q_2 = q_3 = 1,04$; $q_4 = q_5 = q_6 = q_7 = 1,05$; $q_8 = 1,07$ ergibt sich das geometrische Mittel:

$$\bar{q} = \sqrt[8]{q_1 \cdot q_2 \cdot \ldots \cdot q_8} = \sqrt[8]{1,04^3 \cdot 1,05^4 \cdot 1,07} = 1,0487093$$

Die Durchschnittsverzinsung $\bar{p} = 4,87\%$ entspricht der Zinseszinsrechnung.

Die Berechnung des *harmonischen Mittelwertes* ist angebracht, wenn zueinander umgekehrt proportionale Größen betrachtet werden, d. h. wenn die Beobachtungen gewissermaßen eine Reziprozität enthalten. Das ist beispielsweise der Fall bei der Berechnung der mittleren Arbeitsleistung [Minuten/Stück], Geschwindigkeit [km/h] sowie den mittleren Dichten von Gasen, Flüssigkeiten, Teilchen usw.

Einfaches harmonisches Mittel der n positiven Skalenwerte $x_1, \ldots, x_n$:

$$\bar{x}_H = \frac{n}{\sum_{i=1}^{n} \frac{1}{x_i}} \tag{3.14}$$

Gewogenes harmonisches Mittel der n positiven Skalenwerte $x_1, \ldots, x_n$:

$$\bar{x}_H = \frac{\sum_{i=1}^{n} g_i}{\sum_{i=1}^{n} \frac{g_i}{x_i}} \tag{3.15}$$

Beispiel 3.10: *Durchschnittsgeschwindigkeit*
Bei einer Geschwindigkeitsmessung wurden die Pkw-Anzahlen k_j bezogen auf die jeweiligen Geschwindigkeiten v_j [km/h] gezählt. Die Durchschnittsgeschwindigkeit aller Pkw ist gesucht.

k_j	7	12	29	62	68	53	33	18	11	7
v_j	40	45	50	55	60	65	70	75	80	85

$\sum k_j = 300, \quad \sum \frac{k_j}{v_j} = 5,029$

Durchschnittsgeschwindigkeit $\bar{v} = \dfrac{\sum k_j}{\sum \dfrac{k_j}{v_j}} = 59,65 \ [km/h]$

3.6 Streuungsparameter

Lageparameter (Mittelwerte) allein geben wenig Auskunft über eine Häufigkeitsverteilung. Sie beschreiben zwar ein Zentrum der Verteilung, liefern jedoch keine Information über den Abstand eines konkreten Merkmalswertes vom Zentrum. Zur Beschreibung des Streuens der Merkmalswerte um das Zentrum dienen *Streuungsmaße* oder *Dispersionsmaße*.

3.6.1 Spannweite

Als *Streubereich* einer Häufigkeitsverteilung wird derjenige Wertebereich bezeichnet, in dem alle Merkmalswerte einer Beobachtungsreihe liegen. Die Breite des Streubereichs, d. h. die Differenz zwischen dem kleinsten und den größten vorkommenden Merkmalswert, nennt man die *Spannweite*, der *Extrembereich* oder die *Variationsbreite* (engl. range)

$$R = x_{max} - x_{min} \qquad (3.16)$$

Die Spannweite ist das einfachste Streuungsmaß, bei dem nur der kleinste und der größte Wert maßgebend sind. Das Streuverhalten der dazwischen liegenden Werte bleibt unberücksichtigt.

Beispiel 3.11: *Spannweite*
Aus einer Preisermittlung von 40 Ingenieurnivellieren verschiedener Hersteller im Jahre 2000 ergibt sich aus den (hier nicht angegebenen) Preisen der mittlere Listenpreis (Median) zu 650 Euro. Der maximale und der minimale Preis betragen 1245 Euro und 315 Euro. Die Spannweite der Preise (Preisspanne) beträgt somit $1245 - 315 = 930$ Euro.

3.6.2 Mittlere absolute Abweichung

Ein Streuungsmaß, bei dem alle Werte einer Verteilung berücksichtigt werden, ist die *mittlere absolute Abweichung*

$$d = \frac{\sum_{i=1}^{n} |x_i - \bar{x}_M|}{n}, \qquad (3.17)$$

als arithmetisches Mittel der absoluten Abweichungen der Skalenwerte $x_1, \ldots, x_n$ vom *Median* $\bar{x}_M$.

Beispiel 3.12: *Mittlere absolute Abweichung*
Die Summe der absoluten Abweichungen der im Beispiel 3.11 genannten Preise von 40 Ingenieurnivellieren zum Median $\bar{x}_M = $ Euro 650 beträgt $\sum |x_i - \bar{x}_M| = 7242$. Als Streuungsmaß der Preise ergibt sich die mittlere absolute Abweichung $d = 7242/40 = $ Euro 181,05.

Bei klassierten Werten mit den Klassenmitten x_j und den absoluten bzw. relativen Klassenhäufigkeiten $h(x_j)$ bzw. $f(x_j)$ ergibt sich die *mittlere absolute Abweichung*

$$d = \frac{\sum_{i=1}^{m} |x_j - \bar{x}_M| \cdot h(x_j)}{\sum_{j=1}^{m} h(x_j)} = \sum_{i=1}^{m} |x_j - \bar{x}_M| \cdot f(x_j) \,. \qquad (3.18)$$

3.6.3 Varianz und Standardabweichung

Das am häufigsten verwendete Streuungsmaß ist die Varianz bzw. die Standardabweichung s. Die *Varianz* s^2 ist die *mittlere quadratische Abweichung* der Skalenwerte $x_1, \ldots, x_n$ vom arithmetischen Mittel $\bar{x}$:

$$s^2 = \frac{1}{n} \sum_{i=1}^{n} (x_i - \bar{x})^2 \qquad (3.19)$$

Durch die Umformungen

$$\sum_{i=1}^{n}(x_i - \bar{x})^2 = \sum_{i=1}^{n}\left(x_i^2 - 2\bar{x}x_i + (\bar{x})^2\right) = \sum_{i=1}^{n} x_i^2 - 2\bar{x} \cdot \sum_{i=1}^{n} x_i + n \cdot (\bar{x})^2$$

ergibt sich die Varianz auch in der Form:

$$s^2 = \frac{1}{n} \sum_{i=1}^{n} x_i^2 - \bar{x}^2 = \overline{x^2} - (\bar{x})^2 \qquad (3.20)$$

$$s^2 = \frac{1}{n} \left(\sum_{i=1}^{n} x_i^2 - \frac{1}{n} \left(\sum_{i=1}^{n} x_i \right)^2 \right) \qquad (3.21)$$

Der Ausdruck der letzten Zeile, der auch in Taschenrechnern mit Varianztaste verwendet wird, eignet sich besonders für die praktische Berechnung, da die Skalenwerte fortlaufend über die Summentaste des Rechners eingegeben werden können und (falls gewünscht auch fortlaufend) die Varianz berechnet werden kann, ohne dass vorab die Berechnung des Mittelwertes erforderlich wäre. Es muss jedoch unbedingt beachtet werden, dass die Summe der Quadrate bzw. das Quadrat der Summe die Rechnerkapazität nicht überschreitet, d. h. bei zehnstelliger Rechnerkapazität dürfen die Skalenwerte maximal fünf wirksame Stellen aufweisen!

Bei klassierten Daten ergibt sich die Varianz mit der absoluten Häufigkeit $h(x_j)$ bzw. der relativen Häufigkeit $f(x_j)$:

$$s^2 = \frac{1}{n} \sum_{j=1}^{m} (x_j - \bar{x})^2 \cdot h(x_j) = \sum_{j=1}^{m} (x_j - \bar{x})^2 \cdot f(x_j) \qquad (3.22)$$

Die *Standardabweichung* s ist die (positive) Quadratwurzel der Varianz:

$$s = \sqrt{s^2} \qquad (3.23)$$

Anmerkung:
In der beurteilenden Statistik verwendet man (bei unbekanntem Erwartungswert μ) statt des Faktors $\frac{1}{n}$ den Faktor $\frac{1}{n-1}$ und bezeichnet die Varianz bzw. Standardabweichung auch als *empirische Varianz* s^2 oder $\hat{\sigma}^2$ bzw. *empirische Standardabweichung* s oder $\hat{\sigma}$, siehe Gl. (5.4) und (5.8), weil hier empirisch n Elemente verfügbar sind für die Bestimmung ($u = 1$) einer Unbekannten μ. Bei Taschenrechnern muss darauf geachtet werden, welche der Formeln der Varianztaste zugrunde gelegt ist.

Beispiel 3.13: *Varianz und Standardabweichung*
Die Summe der im Beispiel 3.11 genannten Preise von 40 Ingenieurnivellieren beträgt $\sum x_i = 27640,5$ Euro und die Summe der Quadrate $\sum x_i^2 = 21095339,81\ [Euro]^2$. Damit ergibt sich die Varianz der Preise

$$s^2 = \left(\frac{1}{40}\right) \cdot \left(21095339,81 - \left(\frac{1}{40}\right) \cdot 27640,5^2\right) = 49885,22\ [\text{Euro}]^2$$

und die Standardabweichung

$$s = \sqrt{49885,22} = 223,35\ \text{Euro}$$

Diese kennzeichnen das Streuen der Preise um das arithmetische Mittel $\bar{x} = 27640,5/40 = 691,01$ Euro.

Ein paar Jahre vorher lag der Mittelwert der Preise dieser 40 Nivelliere ebenfalls bei 27640,5 Euro, die Streuung war aber geringer: Die Standardabweichung lag bei 150,3 Euro. Das heißt, dass die Preise insgesamt näher um den Mittelwert lagen. Demzufolge ist der Mittelwert aussagekräftiger, wenn die Varianz und Standardabweichung bekannt sind.

Demgegenüber wurde im Beispiel 3.12 als Mittelwert der Median $\bar{x}_M = 650$ Euro und als Streuungsmaß der Preise die mittlere absolute Abweichung $d = 181,05$ Euro berechnet. Es zeigen sich deutliche Unterschiede in den Ergebnissen, wobei letztere die Preissituation zutreffender kennzeichnen, da im Allgemeinen die Preise von Waren nicht symmetrisch zum arithmetischen Mittel streuen.

Werden die Skalenwerte $x_1, \ldots, x_n$ beliebig affin transformiert in $y = a \cdot x + b$, ändert sich die Varianz s_y^2 um den Faktor a^2 im Vergleich zu s_x^2:

$$\begin{aligned}\sum_{i=1}^{n}(y_i - \bar{y})^2 &= \sum_{i=1}^{n}(a \cdot x_i + b - a \cdot \bar{x} - b)^2 = a^2 \cdot \sum_{i=1}^{n}(x_i - \bar{x})^2 \\ s_y^2 &= a^2 \cdot s_x^2\end{aligned} \qquad (3.24)$$

3.6.4 Der Freiheitsgrad

Der Freiheitsgrad f ist das Maß der Überbestimmung, d. h. die Anzahl der gegebenen Stichprobenelemente n minus Anzahl der Unbekannten u:

$$f = n - u \qquad (3.25)$$

Mit zunehmender Überbestimmung wächst der Freiheitsgrad f.

3.6.5 Variationskoeffizient

Der *Variationskoeffizient* ist durch den Quotienten aus Standardabweichung und arithmetischem Mittel definiert:

$$v = \frac{s}{\bar{x}} \qquad (3.26)$$

Er ist ein relatives Streuungsmaß und deshalb vor allem für Vergleichszwecke geeignet.

3.6.6 Schiefe und Wölbung einer Verteilung

Obwohl *Schiefe* und *Wölbung* keine direkten Streuungsparameter sind, sollen sie hier genannt werden, da sie auch zur Beschreibung von eingipfligen Verteilungen herangezogen werden können.

Eine Verteilung ist *symmetrisch*, wenn sie in Bezug auf das arithmetische Mittel symmetrisch ist. Merkmalsausprägungen, die um den gleichen Betrag nach unten bzw. oben vom arithmetischen Mittel abweichen, haben dann die gleiche absolute bzw. relative Häufigkeit. Bei einer symmetrischen Verteilung stimmen arithmetisches Mittel und Median überein. Bei einer *rechtsschiefen* Verteilung, deren Form links stark ansteigend ist und nach rechts flach abfällt, ist das arithmetische Mittel stets größer als der Median. Entsprechend umgekehrt sind die Verhältnisse bei einer *linksschiefen* Verteilung.

Die *Wölbung* ist bei eingipfligen Verteilungen ein Beurteilungsmaß über die Form der Verteilung (*steilgipflig, flachgipflig*) im Vergleich zur Normalverteilung. Bei der Maßzahl > 3 (bzw. < 3) ist das absolute Maximum der Häufigkeitsverteilung größer (bzw. kleiner) als das der zugehörigen Normalverteilung.

3.7 Zweidimensionale Häufigkeitsverteilungen

Ein Merkmal X habe die möglichen verschiedenen Ausprägungen x_i^* ($i = 1, \ldots, m$) und ein Merkmal Y die möglichen verschiedenen Ausprägungen y_j^* ($j = 1, \ldots, r$). Wenn beide Merkmale gemeinsam auftreten können, gibt es mr mögliche Kombinationen der Merkmalsausprägungen $(x_i^*; y_j^*)$. Werden an n Beobachtungseinheiten gleichzeitig die Ausprägungen von zwei Merkmalen beobachtet, erhält man n Beobachtungspaare $(x_k; y_k)$ ($k = 1, \ldots, n$). Die absoluten Häufigkeiten, mit denen die Merkmalsausprägungen auftreten, werden mit $h(x_i^*; y_j^*)$ und die relativen Häufigkeiten mit $f(x_i^*; y_j^*)$ bezeichnet. Bei n Merkmalskombinationen gilt:

$$f(x_i^*; y_j^*) = \frac{h(x_i^*; y_j^*)}{n} \quad \text{und} \quad \sum_{i,j} h(x_i^*; y_j^*) = n \qquad (3.27)$$

Die Gesamtheit aller Kombinationen von Merkmalsausprägungen und der dazugehörigen absoluten und relativen Häufigkeiten ergibt die *zweidimensionale Häufigkeitsverteilung*. Deren tabellarische Darstellung ist die (zweidimensionale) *Häufigkeitstabelle*. Die Verteilung nur eines Merkmals einer zweidimensionalen Häufigkeitsverteilung heißt *Randverteilung* oder *marginale Verteilung*, welche sich durch die Zeilen- bzw. Spaltensumme ergibt:

$$h(x_i^*) = \sum_{j=1}^{r} h(x_i^*; y_j^*) \,, \quad h(y_j^*) = \sum_{i=1}^{m} h(x_i^*; y_j^*) \qquad (3.28)$$

Beispiel 3.14: *Häufigkeitstabelle mit Randverteilungen*
Von 100 Abiturienten wurde die Physiknote x_i^* und die Mathematiknote y_j^* mit ($i, j = 1, \ldots, 6$) ermittelt und die absoluten zweidimensionalen Häufigkeiten $h(x_i^*; y_j^*)$ in der Häufigkeitstabelle dargestellt. Die Randverteilungen $h(x_i^*)$ und $h(y_j^*)$ geben die Anzahlen

3 Deskriptive Statistik, Häufigkeitsverteilung, Lage- und Streuungsparameter

Tabelle 3.1: Zweidimensionale Häufigkeiten $h(x_i^*; y_j^*)$ der Ausprägungen x_i und y_j der Merkmale X und Y mit ihren Randverteilungen $h(x_i^*)$ und $h(y_j^*)$ als Zeilen- bzw. Spaltensummen

	y_1^*	y_2^*	$\cdots$	y_r^*	Randverteilung für X
x_1^*	$h(x_1^*; y_1^*)$	$h(x_1^*; y_2^*)$	$\cdots$	$h(x_1^*; y_r^*)$	$h(x_1^*) = \sum_{j=1}^{r} h(x_1^*; y_j^*)$
x_2^*	$h(x_2^*; y_1^*)$	$h(x_2^*; y_2^*)$	$\cdots$	$h(x_2^*; y_r^*)$	$h(x_2^*) = \sum_{j=1}^{r} h(x_2^*; y_j^*)$
$\vdots$	$\vdots$	$\vdots$	$\ddots$	$\vdots$	$\vdots$
x_m^*	$h(x_m^*; y_1^*)$	$h(x_m^*; y_2^*)$	$\cdots$	$h(x_m^*; y_r^*)$	$h(x_m^*) = \sum_{j=1}^{r} h(x_m^*; y_j^*)$
Randverteilung für Y	$h(y_1^*) = \sum_{i=1}^{m} h(x_i^*; y_1^*)$	$h(y_2^*) = \sum_{i=1}^{m} h(x_i^*; y_2^*)$	$\cdots$	$h(y_r^*) = \sum_{i=1}^{m} h(x_i^*; y_r^*)$	

der Abiturienten an, die eine bestimmte Physiknote x_i^* bzw. Mathematiknote y_j^* erzielt haben.

	$y_1^* = 1$	$y_2^* = 2$	$y_3^* = 3$	$y_4^* = 4$	$y_5^* = 5$	$y_6^* = 6$	$h(x_i^*)$
$x_1^* = 1$	2	3	4	1	0	0	10
$x_2^* = 2$	4	10	4	3	3	1	25
$x_3^* = 3$	4	6	15	6	3	1	35
$x_4^* = 4$	0	2	7	10	1	0	20
$x_5^* = 5$	0	1	2	4	0	1	8
$x_6^* = 6$	0	0	1	1	0	0	2
$h(y_j^*)$	10	22	33	25	7	3	$\Sigma = 100$

Die Aufstellung und Analyse zweidimensionaler Verteilungen hat neben einfachen Darstellungsaufgaben besonders den Zweck zu untersuchen, wie man die Abhängigkeit zwischen zwei Merkmalen messen kann. Dabei können folgende Fragen auftreten:

- Sind die betrachteten Merkmale voneinander abhängig oder unabhängig?
- Wie stark ist der Zusammenhang bzw. die Abhängigkeit?
- In welcher Form lässt sich eine vorhandene Abhängigkeit darstellen?

Die Darstellung der Abhängigkeiten erfolgt mithilfe der *Regressionsrechnung* und die Frage nach dem Ausmaß oder der Stärke der Abhängigkeit beantwortet die *Korrelationsrechnung*, worauf bei der Erläuterung der Verfahren der beurteilenden Statistik eingegangen wird.

4 Zufallsvariablen und Wahrscheinlichkeitsverteilungen

4.1 Begriffe der Wahrscheinlichkeitsrechnung

Die zuvor behandelte *deskriptive (beschreibende) Statistik* befasst sich ausschließlich mit der Beschreibung des Datenmaterials, ohne die Art der Daten zu untersuchen. Demgegenüber bedient sich die *induktive (beurteilende, schließende) Statistik* zur Datenauswertung der Verfahren der Wahrscheinlichkeitsrechnung, d. h. die Daten werden als Zufallsgrößen aufgefasst, sodass trotz der Ungewissheit der Einzelwerte Schlussfolgerungen gezogen werden können. Zunächst seien daher einige Begriffe der Wahrscheinlichkeitsrechnung angegeben.

Ein *Zufallsexperiment* ist ein beliebig oft wiederholbarer, nach einer bestimmten Vorschrift auszuführender Vorgang, dessen Ergebnis zufallsbedingt ist, d. h. im voraus nicht eindeutig bestimmt werden kann. Ein möglicher Ausgang eines Zufallsexperiments ist ein *Ereignis*. Die einzelnen nicht mehr zerlegbaren und sich gegenseitig ausschließenden Möglichkeiten für den Ausgang eines Zufallsexperimentes heißen *Ergebnisse* oder *Elementarereignisse* und werden mit $\omega_1, \omega_2, \ldots, \omega_n$ bezeichnet. Deren Menge $\Omega = \{\omega_1, \omega_2, \ldots, \omega_n\}$ bildet den *Ereignisraum* oder *Ergebnisraum*.

Beispiel 4.1: *Zufallsexperiment und Ereignisraum*
Zufallsexperiment „Werfen eines Würfels": Ereignisraum $\Omega = \{1,2,3,4,5,6\}$.
Zufallsexperiment „Werfen mit einer Münze": Ereignisraum $\Omega = \{$Kopf, Zahl$\}$.

Die *Vereinigung der Ereignisse A und B ($A \cup B$)* kennzeichnet ein (zusammengesetztes) Ereignis, bei dem wenigstens eins der beiden Ereignisse A und B eintritt („A oder B"). Unter dem *Durchschnitt $A \cap B$* der Ereignisse A und B versteht man das Ereignis das eintritt, wenn sowohl das Ereignis A als auch das Ereignis B eintreten („A und B"). Ein *sicheres Ereignis* Ω ist ein Ereignis, das immer eintritt und ein *unmögliches Ereignis* eins das nie eintritt. Sich *gegenseitig ausschließende Ereignisse* A und B können nicht gemeinsam auftreten ($A \cap B = \emptyset$). Ein Ereignis, das eintritt, wenn A nicht eintritt, heißt das zu A *komplementäre Ereignis* $\overline{A}$ ($A \cup \overline{A} = \Omega$ und $A \cap \overline{A} = \emptyset$).

Beispiel 4.2: *Elementarereignisse und zusammengesetzte Ereignisse*
Aus den Elementarereignissen $\Omega = \{1,2,3,4,5,6\}$ beim Werfen eines Würfels ergeben sich die (zusammengesetzten) Ereignisse „die Augenzahl ist ungerade" $A = \{1,3,5\}$ und „die Augenzahl ist kleiner als 5" $B = \{1,2,3,4\}$.

Vereinigung: $A \cup B = \{1,2,3,4,5\}$; *Durchschnitt:* $A \cap B = \{1,3\}$
Sicheres Ereignis: $\Omega = \{1,2,3,4,5,6\}$; *Unmögliches Ereignis:* $\emptyset = \{0,7,8,\ldots\}$
Komplementäres Ereignis: $\overline{A} = \{2,4,6\}$, $\overline{B} = \{5,6\}$

Axiomatische Definition der Wahrscheinlichkeit nach Kolmogoroff:

Die Wahrscheinlichkeit (engl. probability (P)) besitzt die Eigenschaften

P ist nicht negativ: $\quad P(A) \geq 0$ (4.1)

P ist additiv: $\quad P(A \cup B) = P(A) + P(B) \quad$ für $A \cap B = \emptyset$ (4.2)

P ist normiert: $\quad P(\Omega) = 1 \quad$ bzw. $\quad 0 \leq P(A) \leq 1$ (4.3)

Für das unmögliche Ereignis gilt: $P(\emptyset) = 0$.

Klassische Definition der Wahrscheinlichkeit nach Laplace:

Die Wahrscheinlichkeit für das Eintreten des Ereignisses A bei einem Zufallsexperiment ist gleich dem Verhältnis aus der Anzahl der für das Eintreten des Ereignisses günstigen Fälle und der Anzahl aller möglichen Fälle.

$$P(A) = \frac{\text{Anzahl der günstigen Fälle}}{\text{Anzahl der möglichen Fälle}} \quad (4.4)$$

Da die LAPLACE'sche Definition von der Gleichwahrscheinlichkeit aller Elementarereignisse (den möglichen Fällen) ausgeht, liefert sie nur für solche Ereignisse Wahrscheinlichkeiten, die sich als Vereinigung von Elementarereignissen darstellen lassen (gleichmögliche Fälle). Weiterhin ist die Endlichkeit des Systems der Elementarereignisse Voraussetzung. Diese Definition wird vor allem bei Problemen angewandt, die in den Bereich der Kombinatorik fallen.

Beispiel 4.3: *Wahrscheinlichkeit*
Wenn nach der Wahrscheinlichkeit der Ergebnisse beim Wurf zweier Münzen gefragt wird, kann man als Ergebnismenge $\Omega_1 = \{0,1,2\}$ drei „mögliche Fälle" erwarten:
„0" : keine Münze zeigt die Wappenseite,
„1" : genau eine Münze zeigt die Wappenseite,
„2" : beide Münzen zeigen die Wappenseite.
Danach ergäbe sich für alle Ergebnisse die gleiche Wahrscheinlichkeit $P_1(0) = P_1(1) = P_1(2) = \frac{1}{3}$. Dies ist falsch, da nicht unterschieden wurde, *welche* der beiden Münzen „Wappen" bzw. „Zahl" zeigt. Beide Münzen müssen unterscheidbar sein, sodass die Ergebnismenge $\Omega_2 = \{ZZ, ZW, WZ, WW\}$ aus 4 „möglichen Fällen" besteht. Die Wahrscheinlichkeiten sind daher $P_2(0) = P_2(2) = \frac{1}{4}$ und $P_2(1) = \frac{2}{4} = \frac{1}{2}$.

Statistische Definition der Wahrscheinlichkeit nach R. v. Mises:

Bei einem Zufallsexperiment, das aus einer langen Folge unabhängiger Wiederholungen besteht, versteht man unter der Wahrscheinlichkei $P(A)$ eines Ereignisses A den Grenzwert der relativen Häufigkeiten für das Auftreten des Ereignisses A bei unendlich häufiger Wiederholung des Zufallsexperiments.

$$P(A) = \lim_{n \to \infty} f_n(A) = \lim_{n \to \infty} \frac{h_n(A)}{n}, \quad (4.5)$$

mit $f_n(A)$, $h_n(A)$ = relative bzw. absolute Häufigkeit des Ereignisses A nach n Versuchswiederholungen. In Wirklichkeit ist es nicht möglich, ein Zufallsexperiment unendlich oft durchzuführen. Daher ist es unmöglich, derart eine Wahrscheinlichkeit zu bestimmen. Formal ist auch zu beanstanden, dass sich der übliche Grenzwertbegriff auf die Folge relativer Häufigkeiten bei wiederholter Durchführung eines Zufallsexperimentes nicht anwenden lässt. Über die Berechnung von relativen Häufigkeiten erreicht man jedoch eine Annäherung an die dem Zufallsexperiment zugrunde liegende Wahrscheinlichkeit. Folglich wird diese auch als *empirische Wahrscheinlichkeit* bezeichnet und bei zahlreichen Fragestellungen der angewandten Statistik verwendet, bei denen sich auf andere Art keine Wahrscheinlichkeiten ermitteln lassen.

Beispiel 4.4: *Wahrscheinlichkeit als Grenzwert relativer Häufigkeiten*
Beim Wurf mit einer Münze wird nach jedem Wurf die relative Häufigkeit für „Wappen" registriert. Die Anzahl n der Würfe, das jeweilige Ergebnis x_n des Wurfes n (1 = Wappen, 0 = Zahl) und die relative Häufigkeit $f_n(A)$ sind angegeben.

n	1	2	3	4	5	6	7	8	9
x_n	1	1	0	0	1	0	1	1	0
$f_n(A)$	1	1	0,667	0,5	0,6	0,5	0,571	0,625	0,556

n	10	11	12	13	14	15	16	17	18
x_n	1	1	0	0	0	0	0	1	1
$f_n(A)$	0,6	0,636	0,583	0,538	0,5	0,467	0,438	0,471	0,5

n	19	20	21	22	23	24	25	26	27
x_n	1	1	1	1	0	0	0	1	0
$f_n(A)$	0,526	0,55	0,571	0,591	0,565	0,542	0,52	0,538	0,519

Mit zunehmender Ausführung des Zufallsexperiments stabilisieren sich die relativen Häufigkeiten und schwanken immer weniger um den Wert 0,5. Offensichtlich streben die relativen Häufigkeiten einem „Grenzwert" zu. Wird die Versuchsreihe mit dem 27. Wurf beendet, ist der Wert $f_{27}(A) = 0{,}519$ eine Näherung für die (unbekannte) Wahrscheinlichkeit des Ereignisses A.

Additionstheorem für zwei sich gegenseitig ausschließende Ereignisse A und B:

$$P(A \cup B) = P(A) + P(B) \quad \text{für } A \cap B = \emptyset, \tag{4.6}$$

bzw. allgemein für n sich gegenseitig ausschließende Ereignisse $A_1, A_2, \ldots, A_n$

$$P\left(\bigcup_{i=1}^{n} A_i\right) = \sum_{i=1}^{n} P(A_i) \quad \text{für } A_i \cap A_j = \emptyset \text{ und } (i \neq j). \tag{4.7}$$

Beispiel 4.5: *Additionstheorem gegenseitig ausschließender Ereignisse*
Gilt beim Werfen eines Würfels $P(1) = P(3) = P(5) = \frac{1}{6}$, so ergibt sich für das Ereignis $A = \{\text{„Augenzahl ungerade"}\} = \{1, 3, 5\}$ die Wahrscheinlichkeit $P(\{1\} \cup \{3\} \cup \{5\}) = P(1) + P(3) + P(5) = \frac{1}{2}$.

Additionstheorem für zwei beliebige Ereignisse A und B:

$$P(A \cup B) = P(A) + P(B) - P(A \cap B) \tag{4.8}$$

Beispiel 4.6: *Additionstheorem beliebiger Ereignisse*
Die beim Werfen eines Würfels möglichen (zusammengesetzten) Ereignisse $A = \{\text{Augenzahl ungerade}\} = \{1, 3, 5\}$ und $B = \{\text{Augenzahl kleiner als „5"}\} = \{1, 2, 3, 4\}$ schließen sich nicht gegenseitig aus, da für die Schnittmenge $A \cap B = \{1, 3\} \neq \{\emptyset\}$ gilt. Für das Ereignis $A \cup B = \{\text{Augenzahl ungerade } oder \text{ kleiner als „5"}\}$ beträgt die Wahrscheinlichkeit $P(A \cup B) = \frac{3}{6} + \frac{4}{6} - \frac{2}{6} = \frac{5}{6}$.

Bedingte Wahrscheinlichkeit:

Unter der *bedingten Wahrscheinlichkeit* $P(B/A)$ (lies: „Wahrscheinlichkeit für B gegeben A" oder „B unter der Hypothese bzw. Bedingung A") versteht man die Wahrscheinlichkeit für das Eintreten des Ereignisses B unter der Voraussetzung, dass das Ereignis A bereits eingetreten ist.

$$\begin{aligned} P(B/A) &= \frac{P(A \cap B)}{P(A)}; \quad P(A) > 0 \\ P(A/B) &= \frac{P(A \cap B)}{P(B)}; \quad P(B) > 0 \end{aligned} \tag{4.9}$$

Beispiel 4.7: *Bedingte Wahrscheinlichkeit*
Aus den Studierenden der RWTH Aachen wird zufällig eine Person ausgewählt. Es interessieren die Ereignisse $A = $ „es handelt sich um eine *Studentin*" und $B = $ „das Studienfach ist *Bauingenieurwesen*". Nach der Studentenstatistik beträgt im WS 97/98 der Frauenanteil unter den Studierenden insgesamt 29,4 % ($P(A) = 0,294$). Das Studienfach Bauingenieurwesen haben 8,6 % der Studierenden gewählt, wovon 23,0 % Frauen sind ($P(A \cap B) = 0,086 \cdot 0,23 = 0,0198$). Die Wahrscheinlichkeit dafür, dass das Studienfach Bauingenieurwesen ist, unter der Bedingung, dass eine Studentin ausgewählt wurde, beträgt

$$P(B/A) = \frac{0,0198}{0,294} = 0,067.$$

Zwei Ereignisse A und B sind

$$\begin{aligned} \textit{stochastisch unabhängig}, \text{ wenn gilt:} &\quad P(B/A) = P(B/\overline{A}), \\ \textit{stochastisch abhängig}, \text{ wenn gilt:} &\quad P(B/A) \neq P(B/\overline{A}). \end{aligned} \tag{4.10}$$

Für stochastisch unabhängige Ereignisse folgt:

$$P(B/A) = P(B) \quad \text{bzw.} \quad P(A/B) = P(A). \tag{4.11}$$

Beispiel 4.8: *Stochastisch unabhängige Ereignisse*
Mit einem Würfel wird zweimal hintereinander geworfen. Wie groß ist die Wahrscheinlichkeit dafür, dass beim zweiten Wurf die Augenzahl 4 (B) erscheint unter der Bedingung, dass sich im ersten Wurf ebenfalls die Augenzahl 4 (A) ergeben hat? Da das Ergebnis des zweiten Wurfs unabhängig vom Ergebnis des ersten Wurfs ist, gilt

$$P(B/A) = P(B/\overline{A}) = P(B) = \frac{1}{6}$$

Multiplikationssatz für beliebige Ereignisse:

Aus der Definition der bedingten Wahrscheinlichkeit folgt

$$\begin{aligned} P(A \cap B) &= P(A) \cdot P(B/A), \quad P(A) > 0 \quad \text{bzw.} \\ P(A \cap B) &= P(B) \cdot P(A/B), \quad P(B) > 0, \end{aligned} \quad (4.12)$$

die Wahrscheinlichkeit dafür, dass sowohl Ereignis A als auch Ereignis B eintreten ist gleich der Wahrscheinlichkeit für das Eintreten des Ereignisses A (bzw. B) multipliziert mit der bedingten Wahrscheinlichkeit für das Eintreten des Ereignisses B (bzw. A).

Beispiel 4.9: *Multiplikationssatz für beliebige Ereignisse*
In einer Lostrommel sind 3 Gewinne (G) und 7 Nieten (N). Die Wahrscheinlichkeit, sowohl im ersten als auch im zweiten Zug ein Gewinnlos zu ziehen ($G_2 \cap G_1$), ergibt sich aus

$$P(G_1) = \frac{3}{10}, \quad P(G_2/G_1) = \frac{2}{9}, \quad P(G_2 \cap G_1) = \frac{3}{10} \cdot \frac{2}{9} = \frac{1}{15}.$$

Multiplikationssatz für unabhängige Ereignisse:

Mit Gl. 4.11 ergibt sich
$$P(A \cap B) = P(A) \cdot P(B). \quad (4.13)$$

Beispiel 4.10: *Multiplikationssatz für unabhängige Ereignisse*
Die Wahrscheinlichkeit, beim dreimaligen Wurf mit einer Münze jedesmal „Zahl" zu werfen, beträgt

$$P(Z_1 \cap Z_2 \cap Z_3) = P(Z_1) \cdot P(Z_2) \cdot P(Z_3) = \frac{1}{2} \cdot \frac{1}{2} \cdot \frac{1}{2} = \frac{1}{8}$$

4.2 Wahrscheinlichkeitsverteilung einer Zufallsvariablen

In den Fällen, in denen der Ausgang eines Zufallsexperimentes durch eine reelle Zahl beschrieben werden kann, kann dies als Vorschrift genutzt werden. Diese Funktion nennt man eine *Zufallsvariable*. Sie wird mit einem großen Buchstaben (z. B. X) gekennzeichnet. Die möglichen Werte, welche die Zufallsvariable annehmen kann, werden *Realisationen der Zufallsvariable* genannt und mit den entsprechenden kleinen Buchstaben (z. B. $x_1, x_2, \ldots, x_n$) bezeichnet.

Zwischen den Häufigkeitsverteilungen im Bereich der deskriptiven Statistik und den Wahrscheinlichkeitsverteilungen bestehen starke Analogien. Die möglichen Werte, die eine diskrete Zufallsvariable annehmen kann, können mit den Ausprägungen eines diskreten Merkmals verglichen werden. Die Wahrscheinlichkeiten für die einzelnen Werte der Zufallsvariablen entsprechen dann den relativen Häufigkeiten der verschiedenen Merkmalsausprägungen.

Ist X eine *diskrete Zufallsvariable*, welche die (abzählbar vielen) Werte $x_1, x_2, \ldots, x_i, \ldots, x_n$ mit den Wahrscheinlichkeiten $P(x_i) > 0$ besitzt, schreibt man für $P(x_i)$ meist $f(x_i)$. Die *Wahrscheinlichkeitsverteilung* der Zufallsvariablen lässt sich in tabellarischer Form oder auch in Form einer funktionalen Abhängigkeit darstellen. Die Zuordnungsvorschrift, durch die jedem Wert der diskreten Zufallsvariablen die entsprechende Wahrscheinlichkeit zugeordnet wird, heißt *Wahrscheinlichkeitsfunktion*. Sie weist bei einer diskreten Zufallsvariablen die folgenden beiden Eigenschaften auf:

$$0 < f(x_i) < 1 \quad \text{und} \quad \sum_{i=1}^{n} f(x_i) = 1 \qquad (4.14)$$

Bei einer *stetigen Zufallsvariablen* X spricht man von der *Dichtefunktion* mit den Eigenschaften:

$$\int_{-\infty}^{\infty} f(x)\,dx = 1 \quad \text{und} \quad f(x) \geq 0 \qquad (4.15)$$

Falls die Dichtefunktion nur in einem endlichen Intervall positiv ist,

$$f^*(x) > 0 \quad \text{für} \quad x_u < x < x_o$$

gilt:

$$f(x) = \begin{cases} f^*(x) & \text{für} \quad x_u < x < x_o \\ 0 & \text{sonst.} \end{cases} \qquad (4.16)$$

Es folgt:

$$\int_{x_u}^{x_o} f^*(x)\,dx = 1 \qquad (4.17)$$

Für eine Zufallsvariable X existiert definitionsgemäß die Wahrscheinlichkeit:

$$P(X \leq x) \quad \text{bzw.} \quad P(-\infty < X \leq x). \qquad (4.18)$$

Diese Wahrscheinlichkeit hängt von x ab. Die Funktion $F(x) = P(X \leq x)$ heißt *Verteilungsfunktion*, welcher der Summenhäufigkeitsverteilung aus der deskriptiven Statistik entspricht.

Verteilungsfunktion einer diskreten Zufallsvariablen:

$$F(x) = \sum_{x_i < x} f(x_i) \tag{4.19}$$

ist eine Treppenfunktion an den Sprungstellen x_i mit den Sprunghöhen $f(x_i)$.

Verteilungsfunktion einer stetigen Zufallsvariablen:

$$F(x) = \int_{-\infty}^{x} f(\xi)\, d\xi \tag{4.20}$$

Die Verteilungsfunktion F besitzt die Eigenschaften:

1. F ist monoton steigend,

2. F ist rechtsseitig stetig, d.h. an einer Sprungstelle nimmt F den Wert der oberen Sprunggrenze an,

3. $\lim_{x \to -\infty} F(x) = 0$,

4. $\lim_{x \to +\infty} F(x) = 1$.

4.3 Parameter einer Wahrscheinlichkeitsverteilung

In der deskriptiven Statistik werden zur Charakterisierung von Häufigkeitsverteilungen Lage- und Streuungsparameter bestimmt. In ähnlicher Weise lassen sich auch für die Wahrscheinlichkeitsverteilung einer Zufallsvariablen Parameter angeben. Die beschreibenden Parameter einer Zufallsvariablen nennt man auch **Momente**.

4.3.1 Erwartungswert und Varianz

Erwartungswert $E(X) = \mu$:

Der Lageparameter μ der Zufallsvariablen X ist definiert als gewogenes arithmetisches Mittel aller x_i

- mit den Gewichten $f(x_i)$ bei einer *diskreten Zufallsvariablen* X:

$$\mu = \sum_{i \geq 1} x_i \cdot f(x_i) \tag{4.21}$$

- mit den Gewichten $f(x)\, dx$ bei einer *stetigen Zufallsvariablen* X:

$$\mu = \int_{-\infty}^{\infty} x \cdot f(x)\, dx \tag{4.22}$$

Der *Erwartungswert einer Konstanten* ist die Konstante:

$$E(c) = c \qquad (4.23)$$

Lineare Transformation:
Die aus den Zufallsvariablen $X_i (i = 1, \ldots, n)$ durch lineare Transformation gebildete Zufallsvariable $Y = \sum_{i=1}^{n} a_i X_i + b$ hat den Erwartungswert:

$$E(Y) = E(\sum_{i=1}^{n} a_i X_i + b) = \sum_{i=1}^{n} a_i E(X_i) + b \qquad (4.24)$$

Wenn $g(x)$ eine Funktion der Zufallsvariablen X ist, gilt für den Erwartungswert der transformierten Zufallsvariablen $Y = g(X)$:

$$E(Y) = E[g(X)] = \begin{cases} \sum_{i \geq 1} g(x_i) \cdot f(x_i) & \text{falls } X \text{ diskret} \\ \int_{-\infty}^{\infty} g(x) \cdot f(x)\, dx & \text{falls } X \text{ stetig} \end{cases} \qquad (4.25)$$

Varianz $var(X) = \sigma^2$:

Die Varianz σ^2 kennzeichnet die Streuung der Werte einer Zufallsvariablen X um ihren Erwartungswert $\mu = E(X)$. Sie ist als Mittelwert aller quadrierten Zufallsabweichungen $(X - \mu)$ definiert:

$$var(X) = \sigma^2 = E[(X - \mu)^2] = E(X^2) - \mu^2 \qquad (4.26)$$

Die (positive) Quadratwurzel der Varianz ist die *Standardabweichung*

$$\sigma = {}_{+}\sqrt{\sigma^2} \qquad (4.27)$$

Berechnung der Varianz als gewogenes arithmetisches Mittel aller $(x_i - \mu)^2$:

- mit den Gewichten $f(x_i)$ bei einer *diskreten Zufallsvariablen* X

$$\sigma^2 = \sum_{i=1}^{n} (x_i - \mu)^2 \cdot f(x_i) = \sum_{i=1}^{n} x_i^2 \cdot f(x_i) - \mu^2 \qquad (4.28)$$

- mit den Gewichten $f(x)\, dx$ bei einer *stetigen Zufallsvariablen* X

$$\sigma^2 = \int_{-\infty}^{\infty} (x - \mu)^2 \cdot f(x)\, dx = \int_{-\infty}^{\infty} x^2 \cdot f(x)\, dx - \mu^2 \qquad (4.29)$$

Beispiel 4.11: *Erwartungswert und Varianz einer diskreten Zufallsvariablen*
Es wird mit zwei Würfeln gewürfelt. Die Variable X sei die Augensumme beider Würfel. Die Wahrscheinlichkeit jeder Kombination je Wurf, z. B. zweimal „4", beträgt $\frac{1}{6} \cdot \frac{1}{6} = \frac{1}{36}$. Entsprechend der Anzahl der möglichen Kombinationen je Augensumme x_i ergibt sich deren Wahrscheinlichkeit $f(x_i)$. Beispielsweise kann sich die Augensumme „4" aus den drei

4.3 Parameter einer Wahrscheinlichkeitsverteilung

Kombinationen der Augen (1,3), (2,2) und (3,1) ergeben, sodass deren Wahrscheinlichkeit $\frac{3}{36}$ beträgt. Folglich ergibt sich die Wahrscheinlichkeitsfunktion der Zufallsvariablen X in tabellarischer Form zu:

x_i	2	3	4	5	6	7	8	9	10	11	12
$f(x_i)$	1/36	2/36	3/36	4/36	5/36	6/36	5/36	4/36	3/36	2/36	1/36
$x_i \cdot f(x_i)$	2/36	6/36	12/36	20/36	30/36	42/36	40/36	36/36	30/36	22/36	12/36

$$\text{Erwartungswert } \mu = \sum_{i=1}^{11} x_i \cdot f(x_i) = \frac{252}{36} = 7$$

$$\text{Varianz } \sigma^2 = \sum_{i=1}^{n}(x_i - \mu)^2 \cdot f(x_i) = \frac{210}{36} = 5,83$$

$$\text{Standardabweichung } \sigma = \sqrt{5,83} = 2,4$$

Beispiel 4.12: *Erwartungswert und Varianz einer stetigen Zufallsvariablen*
Die stetige Zufallsvariable X habe die Dichtefunktion

$$f(x) = \begin{cases} 0,025x + 0,1 & \text{für } 4 < x < 8 \\ 0 & \text{sonst.} \end{cases}$$

Normierungsbedingung:

$$\int_{-\infty}^{\infty} f(x)\,dx = \int_{4}^{8} (0,025x + 0,1)\,dx = [0,025\frac{1}{2}x^2 + 0,1x]_4^8 = 1$$

Erwartungswert:

$$\mu = \int_{-\infty}^{\infty} x \cdot f(x)\,dx = \int_{4}^{8} x \cdot (0,025x + 0,1)\,dx = \int_{4}^{8} (0,025x^2 + 0,1x)\,dx$$

$$= [0,025\frac{1}{3}x^3 + 0,1\frac{1}{2}x^2]_4^8 = 6,13$$

Varianz:

$$\sigma^2 = \int_{-\infty}^{\infty} (x - \mu)^2 \cdot f(x)\,dx = \int_{-\infty}^{\infty} x^2 \cdot f(x)\,dx - \mu^2$$

$$= \int_{4}^{8} x^2 \cdot (0,025x + 0,1)\,dx - \mu^2 = \int_{4}^{8} (0,025x^3 + 0,1x^2)\,dx - \mu^2$$

$$= [0,025\frac{1}{4}x^4 + 0,1\frac{1}{3}x^3]_4^8 - 6,13^2 = 38,93 - 37,62 = 1,32$$

Standardabweichung: $\sigma = \sqrt{1,32} = 1,15$

Lineare Transformation:

Wird eine Zufallsvariable Y durch lineare Transformation $Y = aX + b$ aus einer Zufallsvariablen X abgeleitet, ergibt sich deren Varianz zu:

$$\begin{aligned} var(Y) &= var(aX+b) = a^2 \cdot var(X) \\ \sigma_y^2 &= \sigma_{aX+b}^2 = a^2 \cdot \sigma_x^2 \end{aligned} \quad (4.30)$$

Bei *paarweise stochastisch unabhängigen Zufallsvariablen* X_i $(i = 1, \ldots, n)$ ergibt sich die Varianz der linearen Transformation $Y = \sum_{i=1}^{n} a_i \cdot X_i + b$ zu:

$$\begin{aligned} var(Y) &= \sum_{i=1}^{n} a_i^2 \cdot var(X_i) \\ \sigma_y^2 &= \sum_{i=1}^{n} a_i^2 \cdot \sigma_{x_i}^2 \end{aligned} \quad (4.31)$$

Standardisierung einer Zufallsvariablen:

Für jede Zufallsvariable X mit $\mu = E(X)$, $\sigma^2 = var(X)$ ist

$$Z = \frac{X - \mu}{\sigma} \quad (4.32)$$

„das standardisierte X". Es gilt: $E(Z) = 0$, $var(Z) = 1$.

Ungleichung von Tschebyscheff:

Sie ermöglicht die Abschätzung einer Wahrscheinlichkeit ohne Kenntnis der Wahrscheinlichkeitsverteilung. Sei X eine Zufallsvariable mit $\mu = E(X)$, $\sigma^2 = var(X)$, $\varepsilon > 0$ beliebig, dann gilt:

$$P(|X - \mu| > \varepsilon) \leq \frac{\sigma^2}{\varepsilon^2} \quad \text{bzw.} \quad P(|X - \mu| \leq \varepsilon) \geq 1 - \frac{\sigma^2}{\varepsilon^2} \quad (4.33)$$

4.3.2 Momente

Erwartungswert und Varianz sind Spezialfälle der *Momente* einer Zufallsvariablen. Man unterscheidet *Momente um Null* und *zentrale Momente*, wobei letztere auf den Erwartungswert der Zufallsvariablen bezogen werden.

n-tes Moment um Null:

$$E(X^n) = \sum_i x_i^n f(x_i) \quad \text{im diskreten Fall bzw.} \quad (4.34)$$

$$E(X^n) = \int_{-\infty}^{\infty} x^n f(x)\, dx \quad \text{im stetigen Fall.} \quad (4.35)$$

Der Erwartungswert $\mu = E(X)$ ist das erste Moment um Null.

Zentrales Moment n-ter Ordnung (= n-tes Moment um μ):

$$E[(X-\mu)^n] = \sum_i (x_i - \mu)^n f(x_i) \quad \text{falls } X \text{ diskret} \quad (4.36)$$

$$E[(X-\mu)^n] = \int_{-\infty}^{\infty} (x-\mu)^n f(x)\,dx \quad \text{falls } X \text{ stetig.} \quad (4.37)$$

Die Varianz $\sigma^2 = var(X)$ ist das *zentrale Moment zweiter Ordnung*. Es gilt:

$$\begin{aligned}\sigma^2 &= E[(X-\mu)^2] = E[X^2 - 2X\mu + \mu^2] \\ &= E(X^2) - 2E(X)\mu + \mu^2 \\ &= E(X^2) - \mu^2 \end{aligned} \quad (4.38)$$

Die letzte Zeile entspricht Gl. (4.26) und wird *Verschiebungssatz* oder *Satz von Steiner* bezeichnet.

Mit dem *zentralen Moment dritter Ordnung* lässt sich die Asymmetrie einer Verteilung kennzeichnen. Das Maß für die Asymmetrie ist die

$$Schiefe = \frac{E[(X-\mu)^3]}{\sigma^3} \quad (4.39)$$

Falls sich die *Schiefe = 0* ergibt, ist die Verteilung symmetrisch bezüglich des Erwartungswertes. Ansonsten ist die Verteilung positiv bzw. negativ schief, d.h. ihre rechte bzw. linke Flanke ist flacher als die entgegengesetzte Flanke.

Mit dem *zentralen Moment vierter Ordnung* lässt sich die Steilheit einer Verteilung im Vergleich zur Normalverteilungkennzeichnen. Das Maß für die Steilheit ist die *Wölbung*, auch *Exzess* oder *Kurtosis* genannt:

$$\text{Wölbung} = \frac{E[(X-\mu)^4]}{\sigma^4} - 3 \quad (4.40)$$

Bei positiver (negativer) Wölbung ist die Verteilung steiler (flacher) als die Normalverteilung.

4.4 Mehrdimensionale Wahrscheinlichkeitsverteilungen

4.4.1 Wahrscheinlichkeits- und Dichtefunktion mehrdimensionaler Zufallsvariablen

Bisher wurde die Wahrscheinlichkeitsverteilung einer eindimensionalen Zufallsvariablen behandelt. Durch eine *gemeinsame Wahrscheinlichkeitsverteilung* lassen sich die Zusammenhänge zwischen mehreren Zufallsvariablen ausdrücken, die man dann auch als *mehrdimensionale* bzw. *p-dimensionale Zufallsvariable* oder als *Zufallsvektor* $\mathbf{x} = (X_1, \ldots, X_p)'$ bezeichnet, deren Komponenten $X_1, \ldots, X_p$ eindimensionale

Zufallsvariablen sind. Die Wahrscheinlichkeit des Ereignisses $X_1 < x_1, \ldots, X_p < x_p$ wird gekennzeichnet durch die *(gemeinsame) Verteilungsfunktion*

$$F(\mathbf{x}) = F(x_1, \ldots, x_p) = P(X_1 \leq x_1, \ldots, X_p \leq x_p). \qquad (4.41)$$

Bei einer *stetigen p-dimensionalen Zufallsvariablen* ergibt sich mit der *(gemeinsamen) Dichtefunktion*

$$f(\mathbf{x}) = f(x_1, \ldots, x_p) \geq 0 \qquad (4.42)$$

die *Verteilungsfunktion*

$$F(x_1, \ldots, x_p) = \int_{-\infty}^{x_p} \ldots \int_{-\infty}^{x_1} f(\xi_1, \ldots, \xi_p) \, d\xi_1 \ldots d\xi_p \qquad (4.43)$$

Bei einer *diskreten p-dimensionalen Zufallsvariablen* spricht man von der *Wahrscheinlichkeitsfunktion*

$$\begin{aligned} f(x_1, \ldots, x_p) &= P(X_1 = x_1, \ldots, X_j = x_j, \ldots, X_p = x_p) \quad \text{für } j = 1, 2, \ldots \\ f(x) &= 0 \quad \text{sonst.} \end{aligned} \qquad (4.44)$$

Eine *diskrete zweidimensionale Zufallsvariable* (X, Y), die nur endlich viele oder abzählbar unendlich viele Wertepaare (x, y) annehmen kann, wird folglich beschrieben durch die *Wahrscheinlichkeitsfunktion*

$$f(x_i, y_j) = P(X = x_i, Y = y_j) \qquad i = 1, \ldots, m; \quad j = 1, \ldots, r \qquad (4.45)$$

$$\text{mit} \quad f(x_i, y_j) \geq 0 \quad \text{und} \quad \sum_{i=1}^{m} \sum_{j=1}^{r} f(x_i, y_j) = 1.$$

Bei einer *stetigen zweidimensionalen Zufallsvariablen* ist die *Dichtefunktion* $f(x, y)$ eine Funktion von zwei Veränderlichen. Die Wahrscheinlichkeit

$$P(a < X \leq b, \quad c < Y \leq d) = \int_{c}^{d} \int_{a}^{b} f(x, y) \, dx \, dy, \qquad (4.46)$$

dass die Wertepaare (x, y) der Zufallsvariablen X und Y in das durch die Grenzen $a < X \leq b$ und $c < Y \leq d$ gebildete Rechteck fallen, lässt sich anschaulich als das Volumen darstellen, welches die Funktion $f(x, y)$ oberhalb der in der x-y-Ebene gelegenen Rechteckfläche aufspannt. Die Normierungsbedingung lautet:

$$\int_{-\infty}^{\infty} \int_{-\infty}^{\infty} f(x, y) \, dx \, dy = 1.$$

Beispiel 4.13: *Normierungsbedingung einer stetigen zweidimensionalen Zufallsvariablen*

Die stetige zweidimensionale Zufallsvariable mit der Dichtefunktion

$$f(x,y) = \begin{cases} \frac{1}{4} & \text{für } 2 < x < 4 \text{ und } 1 < y < 3 \\ 0 & \text{sonst} \end{cases}$$

erfüllt die Normierungsbedingung

$$\int_{-\infty}^{\infty}\int_{-\infty}^{\infty} f(x,y)\,dx\,dy = \int_{1}^{3}\int_{2}^{4}\frac{1}{4}\,dx\,dy = \int_{1}^{3}\left[\frac{1}{4}x\right]_{2}^{4}dy = \int_{1}^{3}\frac{1}{2}\,dy = \left[\frac{1}{2}y\right]_{1}^{3} = 1.$$

4.4.2 Randverteilungen, bedingte Verteilungen und Unabhängigkeit von Zufallsvariablen

Randverteilungen

Interessiert man sich bei gegebener *diskreter* Verteilung einer zweidimensionalen Zufallsvariablen (X,Y) mit der Wahrscheinlichkeitsfunktion $f(x,y)$ nur für die Verteilung einer der beiden Zufallsvariablen, bleibt die jeweils andere Zufallsvariable unberücksichtigt. Durch die Summation aller Werte von $f(x,y)$ für ein betreffendes x ergibt sich die eindimensionale *Wahrscheinlichkeitsfunktion*

$$f_1(x) = P(X = x, Y \text{ beliebig}) = \sum_{y} f(x,y). \qquad (4.47)$$

Diese *Randverteilung* oder *marginale Verteilung* der Variablen X bezüglich der gegebenen zweidimensionalen Verteilung gibt die Wahrscheinlichkeit an, mit der X einen bestimmten Wert x annimmt, unabhängig davon, welchen Wert Y annimmt. Die fortlaufende Summation der Wahrscheinlichkeitsfunktion $f_1(x)$ liefert die zugehörige *(Rand-) Verteilungsfunktion*

$$F_1(x) = P(X \leq x, Y \text{ beliebig}) = \sum_{x^* \leq x} f_1(x^*). \qquad (4.48)$$

Entsprechend gilt für die *Randverteilung* der Variablen Y die *Wahrscheinlichkeitsfunktion* $f_2(y)$ und die *Verteilungsfunktion* $F_2(y)$

$$f_2(y) = P(X \text{ beliebig}, Y = y) = \sum_{x} f(x,y) \qquad (4.49)$$

$$F_2(y) = P(X \text{ beliebig}, Y \leq y) = \sum_{y^* \leq y} f_2(y^*). \qquad (4.50)$$

Im Falle einer *stetigen* zweidimensionalen Verteilung sind die *Wahrscheinlichkeitsdichten* $f_1(x), f_2(y)$ und die *Verteilungsfunktionen* $F_1(x), F_2(y)$ der *Randverteilungen* der Zufallsvariablen X und Y:

$$f_1(x) = \int_{-\infty}^{\infty} f(x,y)\, dy, \qquad F_1(x) = \int_{-\infty}^{x} f_1(x^*)\, dx^* \qquad (4.51)$$

$$f_2(y) = \int_{-\infty}^{\infty} f(x,y)\, dx, \qquad F_2(y) = \int_{-\infty}^{y} f_2(y^*)\, dy^* \qquad (4.52)$$

Tabelle 4.1: Wahrscheinlichkeitsverteilung $f(x_i, y_j)$ der zweidimensionalen Zufallsvariablen (X, Y) mit ihren Randverteilungen $f_1(x)$ und $f_2(y)$ als Zeilen- bzw. Spaltensummen:

	y_1	y_2	$\cdots$	y_r	Randverteilung für X
x_1	$f(x_1; y_1)$	$f(x_1; y_2)$	$\cdots$	$f(x_1; y_r)$	$f_1(x_1) = \sum_{j=1}^{r} f(x_1; y_j)$
x_2	$f(x_2; y_1)$	$f(x_2; y_2)$	$\cdots$	$f(x_2; y_r)$	$f_1(x_2) = \sum_{j=1}^{r} f(x_2; y_j)$
$\vdots$	$\vdots$	$\vdots$	$\ddots$	$\vdots$	$\vdots$
x_m	$f(x_m; y_1)$	$f(x_m; y_2)$	$\cdots$	$f(x_m; y_r)$	$f_1(x_m) = \sum_{j=1}^{r} f(x_m; y_j)$
Randverteilung für Y	$f_2(y_1) = \sum_{i=1}^{m} f(x_i; y_1)$	$f_2(y_2) = \sum_{i=1}^{m} f(x_i; y_2)$	$\cdots$	$f_2(y_r) = \sum_{i=1}^{m} f(x_i; y_r)$	

Beispiel 4.14: *Wahrscheinlichkeitsverteilungen mit Randverteilungen*
Bezogen auf Beispiel (3.14) sind hier von 100 Abiturienten die Werte $f(x_i; y_j)$ der Wahrscheinlichkeitsverteilung für die Physiknote x_i und für die Mathematiknote y_j mit $(i, j = 1, \ldots, 6)$ angegeben. Die Randverteilungen $f_1(x_i)$ und $f_2(y_j)$ geben die Wahrscheinlichkeit an, dass eine bestimmte Physiknote x_i bzw. Mathematiknote y_j erzielt wird.

	1	2	3	4	5	6	$f_1(x_i)$
1	0,02	0,03	0,04	0,01	0	0	0,10
2	0,04	0,10	0,04	0,03	0,03	0,01	0,25
3	0,04	0,06	0,15	0,06	0,03	0,01	0,35
4	0	0,02	0,07	0,10	0,01	0	0,20
5	0	0,01	0,02	0,04	0	0,01	0,08
6	0	0	0,01	0,01	0	0	0,02
$f_2(y_j)$	0,10	0,22	0,33	0,25	0,07	0,03	$\Sigma = 1$

Bedingte Verteilungen

Gibt man für eine *diskrete* Zufallsvariable einen Wert vor, lässt sich die sogenannte *bedingte Wahrscheinlichkeit* dafür angeben, welche Werte die andere Zufallsvariable unter dieser Voraussetzung (d. h. bei dieser Vorgabe bzw. Bedingung) annehmen kann. Dazu werden die Werte der Wahrscheinlichkeitsverteilung $f(x_i, y_j)$ zeilenweise bzw. spaltenweise durch die Werte $f_1(x)$ bzw. $f_2(y)$ der zugehörigen Randverteilung dividiert.

Bedingte Wahrscheinlichkeit von X für gegebenes Y bzw. von Y für gegebenes X:

$$f(x_i|y_j) = \frac{f(x_i, y_j)}{f_2(y_j)}, \quad f_2(y_j) > 0, \quad \sum_{i=1}^{m} f(x_i|y_j) = 1$$
$$f(y_j|x_i) = \frac{f(x_i, y_j)}{f_1(x_i)}, \quad f_1(x_i) > 0, \quad \sum_{j=1}^{r} f(y_j|x_i) = 1$$
(4.53)

Für *stetige* Zufallsvariablen ergibt sich die *bedingte Dichtefunktion*:

$$f(x|y=c) = \frac{f(x, y=c)}{f_2(y=c)}, \quad f_2(y=c) > 0, \quad \int_{-\infty}^{\infty} f(x|y=c)\,dx = 1$$
$$f(y|x=c) = \frac{f(x=c, y)}{f_1(x=c)}, \quad f_1(x=c) > 0, \quad \int_{-\infty}^{\infty} f(y|x=c)\,dy = 1$$
(4.54)

Beispiel 4.15: *Bedingte Wahrscheinlichkeit*
Von den Abiturnoten in Beispiel (4.14) sollen die bedingten Wahrscheinlichkeiten für die Physiknoten $x_1 = 1$ bis $x_6 = 6$ derjenigen Abiturienten ermittelt werden, welche die Mathematiknote $y_3 = 3$ erreicht haben:
$f(x_1 = 1|y_3 = 3) = 0,04/0,33 = 0,12; \quad f(x_2 = 2|y_3 = 3) = 0,04/0,33 = 0,12$
$f(x_3 = 3|y_3 = 3) = 0,15/0,33 = 0,45; \quad f(x_4 = 4|y_3 = 3) = 0,07/0,33 = 0,21$
$f(x_5 = 5|y_3 = 3) = 0,02/0,33 = 0,06; \quad f(x_6 = 6|y_3 = 3) = 0,01/0,33 = 0,03$

Unabhängigkeit von Zufallsvariablen

Die zweidimensionalen Zufallsvariablen X, Y mit der Verteilungsfunktion $F(x, y)$ und den Verteilungsfunktionen $F_1(x)$ und $F_2(y)$ ihrer Randverteilungen sind genau dann *stochastisch unabhängig*, wenn für alle (x, y) gilt:

$$F(x, y) = F_1(x) \cdot F_2(y) \quad (4.55)$$

Andernfalls heißen die Zufallsvariablen *stochastisch abhängig*. Wenn die Variablen entweder beide diskret oder beide stetig sind, ist es für die Unabhängigkeit notwendig und hinreichend, dass mit den zugehörigen Wahrscheinlichkeitsfunktionen bzw. Dichten $f_1(x)$ und $f_2(y)$ der Randverteilungen für alle (x, y) gilt:

$$f(x, y) = f_1(x) \cdot f_2(y) \quad (4.56)$$

Man bestimmt folglich zunächst die Randverteilungen und multipliziert diese. Ergibt sich die ursprüngliche Verteilung, liegt Unabhängigkeit vor.

Beispiel 4.16: *Unabhängigkeit*
Im Beispiel (4.14) sind für das Ereignis $(x_3 = 3, y_3 = 3)$ der zweidimensionalen Wahrscheinlichkeitsfunktion der Wert $f(x_3 = 3, y_3 = 3) = 0,15$ und die entsprechenden Werte der Randverteilungen $f_1(x_3 = 3) = 0,35$ und $f_2(y_3 = 3) = 0,33$ angegeben. Wegen $0,35 \cdot 0,33 = 0,1155 \neq 0,15$ ist die Bedingung für die Unabhängigkeit in Gl. (4.56) nicht erfüllt. Daher sind die Physiknote x_3 und die Mathematiknote y_3 der Abiturienten stochastisch abhängig.

Die Komponenten $X_1, \ldots, X_p$ einer *p-dimensionalen Zufallsvariablen* sind genau dann (gemeinsam) *stochastisch unabhängig* wenn

$$\begin{aligned} F(x_1, \ldots, x_p) &= F_1(x_1) \cdot F_2(x_2) \cdots F_p(x_p) \quad \text{bzw.} \\ f(x_1, \ldots, x_p) &= f_1(x_1) \cdot f_2(x_2) \cdots f_p(x_p) \end{aligned} \quad (4.57)$$

für alle Werte $x_1, \ldots, x_p$ gilt, wobei $F_i(x_i)$ die Randverteilungsfunktion und $f_i(x_i)$ die Randdichte von X_i bezeichnen. Die Komponenten $X_1, \ldots, X_p$ heißen *paarweise stochastisch unabhängig*, wenn je zwei von ihnen stochastisch unabhängig sind.

4.4.3 Erwartungswerte, Kovarianzen und Korrelationen mehrdimensionaler Zufallsvariablen

Erwartungswerte

Sei $\mathbf{x} = (X_1, \ldots, X_p)'$ ein Zufallsvektor, dann heißt

$$E(\mathbf{x}) = E(X_1, \ldots, X_p)' = (E(X_1), \ldots, E(X_p))' = (\mu_1, \ldots, \mu_p)' = \boldsymbol{\mu} \quad (4.58)$$

Erwartungswert(-vektor) von $(X_1, \ldots, X_p)'$. Die Erwartungswerte werden elementenweise analog Gl. (4.21) und Gl. (4.22) im eindimensionalen Fall gebildet. Beispielsweise ergeben sich für stetige Zufallsvariablen X_i deren Erwartungswerte zu

$$\mu_i = E(X_i) = \int_{-\infty}^{\infty} x_i \cdot f(x_1, \ldots, x_p) \, dx_1 \cdots dx_p = \int_{-\infty}^{\infty} x_i \cdot f_i(x_i) \, dx_i. \quad (4.59)$$

Die Erwartungswerte einer mehrdimensionalen Zufallsvariablen sind gleich den Erwartungswerten der entsprechenden Randverteilungen, sodass sie auch mithilfe der Randdichten $f_i(x_i)$ berechnet werden können. Im Falle einer diskreten Zufallsvariablen erfolgt anstelle der Integration die Summation.

Beispiel 4.17: *Erwartungswerte*
Für die Physiknote x_i und Mathematiknote y_i aus Beispiel (4.14) ergeben sich die Erwartungswerte:

$$\mu_x = E(X) = 0,10 \cdot 1 + 0,25 \cdot 2 + 0,35 \cdot 3 + 0,20 \cdot 4 + 0,08 \cdot 5 + 0,02 \cdot 6 = 2,97$$
$$\mu_y = E(Y) = 0,10 \cdot 1 + 0,22 \cdot 2 + 0,33 \cdot 3 + 0,25 \cdot 4 + 0,07 \cdot 5 + 0,03 \cdot 6 = 3,06$$

Erwartungswert einer Funktion

Analog Gl. (4.25) lässt sich der Erwartungswert einer Funktion der mehrdimensionalen Zufallsvariablen berechnen. Im Falle einer zweidimensionalen Zufallsvariablen (X,Y) mit der Wahrscheinlichkeitsfunktion bzw. Dichte $f(x,y)$ ist der Erwartungswert $E\left(g(X,Y)\right)$ einer gegebenen Funktion $g(X,Y)$ definiert durch

$$E[g(X,Y)] = \begin{cases} \sum_x \sum_y g(x,y) \cdot f(x,y) & \text{(diskreter Fall)} \\ \int_{-\infty}^{\infty} \int_{-\infty}^{\infty} g(x,y) \cdot f(x,y)\, dx\, dy & \text{(stetiger Fall)} \end{cases} \quad (4.60)$$

Es gilt weiterhin

$$E[a \cdot g(X,Y) + b \cdot h(X,Y)] = a \cdot E[g(X,Y)] + b \cdot E[h(X,Y)]. \quad (4.61)$$

Hängt die Funktion g nur von einer einzigen Variablen, z. B. von X ab, ergibt sich im diskreten Fall

$$E[g(X,Y)] = \sum_x g(x) \sum_y f(x,y) = \sum_x g(x) \cdot f_1(x). \quad (4.62)$$

Entsprechendes gilt im stetigen Fall, sodass Übereinstimmung mit Gl. (4.25) im eindimensionalen Fall besteht.

Additionssatz für Erwartungswerte

Der Erwartungswert einer Summe von Zufallsvariablen, deren Erwartungswerte existieren, ist gleich der Summe dieser Erwartungswerte.

$$E(X_1 + X_2 + \ldots + X_p) = E(X_1) + E(X_2) + \ldots + E(X_p) \quad (4.63)$$

Multiplikationssatz für Erwartungswerte

Bei der Multiplikation von Zufallsvariablen ist im Allgemeinen Gl. (4.60) anzuwenden. Bei unabhängigen Zufallsvariablen vereinfacht sich jedoch wegen Gl. (4.57) die Berechnung und es gilt: Der Erwartungswert des Produktes von p *unabhängigen Zufallsvariablen*, deren Erwartungswerte existieren, ist gleich dem Produkt dieser Erwartungswerte.

$$E(X_1 \cdot X_2 \cdots X_p) = E(X_1) \cdot E(X_2) \cdots E(X_p) \quad (4.64)$$

Beispiel 4.18: *Erwartungswert von Produkten*
Es wird der Erwartungswert des Produkts der Physiknoten x_i und der Mathematiknoten y_i aus Beispiel (4.14) mit Gl. (4.60) berechnet. Damit soll verdeutlicht werden, dass der Erwartungswert des Produkts nicht mit dem Produkt der Erwartungswerte aus Beispiel

4.17 übereinstimmt, da die Zufallsvariablen, wie in Beispiel 4.16 verdeutlicht, voneinander abhängig sind.

$$E(X \cdot Y) = \sum_{i=1}^{m} x_i \cdot \left(\sum_{j=1}^{r} y_j \cdot f(x_i, y_j) \right)$$

$$\begin{aligned}
E(X \cdot Y) = & \; 1 \cdot (1 \cdot 0,02 + 2 \cdot 0,03 + 3 \cdot 0,04 + 4 \cdot 0,01 + 5 \cdot 0 + 6 \cdot 0) \\
& + 2 \cdot (1 \cdot 0,04 + 2 \cdot 0,10 + 3 \cdot 0,04 + 4 \cdot 0,03 + 5 \cdot 0,03 + 6 \cdot 0,01) \\
& + 3 \cdot (1 \cdot 0,04 + 2 \cdot 0,06 + 3 \cdot 0,15 + 4 \cdot 0,06 + 5 \cdot 0,03 + 6 \cdot 0,01) \\
& + 4 \cdot (1 \cdot 0 + 2 \cdot 0,02 + 3 \cdot 0,07 + 4 \cdot 0,10 + 5 \cdot 0,01 + 6 \cdot 0) \\
& + 5 \cdot (1 \cdot 0 + 2 \cdot 0,01 + 3 \cdot 0,02 + 4 \cdot 0,04 + 5 \cdot 0 + 6 \cdot 0,01) \\
& + 6 \cdot (1 \cdot 0 + 2 \cdot 0 + 3 \cdot 0,01 + 4 \cdot 0,01 + 5 \cdot 0 + 6 \cdot 0)
\end{aligned}$$

$$E(X \cdot Y) = 9,52 \neq E(X) \cdot E(Y) = 2,97 \cdot 3,06 = 9,09$$

Erwartungswert einer linearen Transformation von Zufallsvektoren

Mit dem $(p,1)$ Zufallsvektor $\mathbf{x} = (X_1, \ldots, X_p)'$ und dem $(o,1)$ Zufallsvektor $\mathbf{y} = (Y_1, \ldots, Y_o)'$ sowie den in der (n,p)-Matrix $\mathbf{A}$, der (n,o)-Matrix $\mathbf{B}$ und dem $(n,1)$-Vektor $\mathbf{c}$ zusammengefassten Konstanten ergibt sich der Erwartungswert der linearen Transformation:

$$E(\mathbf{Ax} + \mathbf{By} + \mathbf{c}) = \mathbf{A}E(\mathbf{x}) + \mathbf{B}E(\mathbf{y}) + \mathbf{c} \qquad (4.65)$$

Erwartungswerte quadratischer Formen

Für den Zufallsvektor $\mathbf{x} \sim (\boldsymbol{\mu}, \boldsymbol{\Sigma})$ mit dem Erwartungswertvektor $\boldsymbol{\mu}$ und der Kovarianzmatrix $\boldsymbol{\Sigma}$ ergibt sich der Erwartungswert der quadratischen Form (Kap. 2.8)

$$E(\mathbf{x}'\mathbf{Ax}) = \mathrm{sp}(\mathbf{A}\boldsymbol{\Sigma}) + \boldsymbol{\mu}'\mathbf{A}\boldsymbol{\mu} \qquad (4.66)$$

Beweis: Es gilt $\mathbf{x}'\mathbf{Ax} = \mathrm{sp}(\mathbf{x}'\mathbf{Ax}) = \mathrm{sp}(\mathbf{Axx}')$, da $\mathbf{x}'\mathbf{Ax}$ skalar ist. Damit wird

$$\begin{aligned}
E(\mathbf{x}'\mathbf{Ax}) &= E[\mathrm{sp}(\mathbf{Axx}')] = \mathrm{sp}[\mathbf{A}E(\mathbf{xx}')] \\
&= \mathrm{sp}(\mathbf{A}\boldsymbol{\Sigma} + \mathbf{A}\boldsymbol{\mu}\boldsymbol{\mu}') = \mathrm{sp}(\mathbf{A}\boldsymbol{\Sigma}) + \boldsymbol{\mu}'\mathbf{A}\boldsymbol{\mu}.
\end{aligned}$$

Kovarianz und Korrelationskoeffizient

Sei $\mathbf{x} = (X_1, \ldots, X_p)'$ ein Zufallsvektor mit der mehrdimensionalen Dichtefunktion $f(x_1, \ldots, x_p)$, dann bezeichnet man analog Gl. (4.26) bis Gl. (4.29) und Gl. (4.38) das zweite zentrale Moment jeder Zufallsvariablen X_i als *Varianz*

$$\begin{aligned}
\sigma_i^2 &= \sigma_{ii} = var(X_i) = cov(X_i, X_i) = E[(X_i - \mu_i)^2] = E(X_i^2) - \mu_i^2 \\
&= \int_{-\infty}^{\infty} \ldots \int_{-\infty}^{\infty} (x_i - \mu_i)^2 f(x_1, \ldots, x_p) \, dx_1 \ldots dx_p
\end{aligned} \qquad (4.67)$$

Die Varianzen σ_i^2 sind jeweils ein Maß für das Streuen der einzelnen Zufallsvariablen X_i um ihren Erwartungswert μ_i.

Eine Beziehung zwischen jeweils zwei Zufallsvariablen X_i und X_j lässt sich durch das zweite zentrale Moment beider Zufallsvariablen ausdrücken, welches als *Kovarianz*

$$\begin{aligned}
\sigma_{ij} &= cov(X_i, X_j) \\
&= E[(X_i - \mu_i)(X_j - \mu_j)] \\
&= E(X_i \cdot X_j) - \mu_i \cdot \mu_j \\
&= \int_{-\infty}^{\infty} \ldots \int_{-\infty}^{\infty} (x_i - \mu_i)(x_j - \mu_j) f(x_1, \ldots, x_p) \, dx_1 \ldots dx_p
\end{aligned} \quad (4.68)$$

bezeichnet wird. Bei diskreten Zufallsvariablen werden die Integrationen durch Summationen ersetzt.

Die Kovarianz besitzt positives (bzw. negatives) Vorzeichen, wenn die Werte der Differenzen $(X_i - \mu_i)$ und $(X_j - \mu_j)$ zu gleichem (bzw. ungleichem) Vorzeichen tendieren. Weil die Kovarianz negatives Vorzeichen annehmen kann, darf das Symbol „σ" nicht wie ein Quadratwert mit der Hochzahl „2" versehen werden, sondern wird mit einem Doppelindex (z. B. „ij" oder „1 2" oder „$x\,y$" oder dgl.) gekennzeichnet, um die Zuordnung zu den betreffenden Variablen anzugeben.

Da die Kovarianzen vom Streuen der zugehörigen Werte der Zufallsvariablen abhängen, sind die Kovarianzen nicht direkt als Maß für deren Abhängigkeit verwendbar. Der Einfluss des Streuens der Zufallsvariablen lässt sich jedoch durch Division der Kovarianz durch das Produkt der zugehörigen Standardabweichungen eliminieren. Eine derart normierte Kovarianz der Zufallsvariablen X_i und X_j heißt *Korrelationskoeffizient*

$$\rho_{ij} = \frac{\sigma_{ij}}{\sigma_i \cdot \sigma_j} \quad \text{mit} \quad -1 \leq \rho_{ij} \leq 1 \,. \quad (4.69)$$

Sowohl die Kovarianzen als auch der Korrelationskoeffizient sind Maße für die *lineare Abhängigkeit von jeweils zwei Zufallsvariablen*. Die dimensionslosen Korrelationskoeffizienten erlauben wegen der Normierung Vergleiche bezüglich der Größe der Abhängigkeiten der betreffenden Zufallsvariablen untereinander. Im Falle $\sigma_{ij} = \rho_{ij} = 0$ heißen die Zufallsvariablen X_i, X_j *unkorreliert*. Sind X_i und X_j stochastisch unabhängig, dann sind sie auch unkorreliert. Umgekehrt lässt sich bei verschwindender Kovarianz, also bei unkorrelierten Zufallsvariablen, im Allgemeinen nicht auf deren Unabhängigkeit schließen, mit Ausnahme bei normalverteilten Zufallsvariablen. Gilt $\rho = \pm 1$, besteht zwischen den Zufallsvariablen X_i und X_j eine *lineare funktionale Beziehung*.

Korrelationsmatrix und Kovarianzmatrix

[a] Ein Zufallsvektor
Für einen Zufallsvektor $\mathbf{x} = (X_1, \ldots, X_p)'$ ergibt sich die *Korrelationsmatrix*

$$\mathbf{R} = (\rho_{ij}) = \begin{pmatrix} 1 & \rho_{12} & \cdots & \rho_{1p} \\ \rho_{21} & 1 & \cdots & \rho_{2p} \\ \vdots & \vdots & \ddots & \vdots \\ \rho_{p1} & \rho_{p2} & \cdots & 1 \end{pmatrix}, \quad (4.70)$$

und die *Kovarianzmatrix* oder *Dispersionsmatrix*

$$\Sigma = (\sigma_{ij}) = (cov(X_i, X_j)) = E[(\mathbf{x} - E(\mathbf{x}))(\mathbf{x} - E(\mathbf{x}))'] \qquad (4.71)$$

$$= \begin{pmatrix} \sigma_1^2 & \sigma_{12} & \cdots & \sigma_{1p} \\ \sigma_{21} & \sigma_2^2 & \cdots & \sigma_{2p} \\ \vdots & \vdots & \ddots & \vdots \\ \sigma_{p1} & \sigma_{p2} & \cdots & \sigma_p^2 \end{pmatrix} = \begin{pmatrix} \sigma_1^2 & \rho_{12}\sigma_1\sigma_2 & \cdots & \rho_{1p}\sigma_1\sigma_p \\ \rho_{21}\sigma_2\sigma_1 & \sigma_2^2 & \cdots & \rho_{2p}\sigma_2\sigma_p \\ \vdots & \vdots & \ddots & \vdots \\ \rho_{p1}\sigma_p\sigma_1 & \rho_{p2}\sigma_p\sigma_2 & \cdots & \sigma_p^2 \end{pmatrix}.$$

Mit $\mathbf{S} = diag(1/\sigma_1, \ldots, 1/\sigma_p)$ besteht zwischen der Kovarianzmatrix Σ und der Korrelationsmatrix $\mathbf{R}$ die Beziehung

$$\mathbf{R} = \mathbf{S}\Sigma\mathbf{S}. \qquad (4.72)$$

Sind die Zufallsvariablen *unabhängig voneinander*, vereinfacht sich die Kovarianzmatrix zur Diagonalmatrix

$$\Sigma = diag(\sigma_1^2, \ldots, \sigma_p^2). \qquad (4.73)$$

Die Kovarianz- und Korrelationsmatrix des Zufallsvektors $\mathbf{x}$ sind stets symmetrische (p,p)-Matrizen, d. h. $\sigma_{ij} = \sigma_{ji}$ und $\rho_{ij} = \rho_{ji}$, und positiv definit oder positiv semidefinit, wenn zwischen den Zufallsvariablen $X_1, \ldots, X_p$ eine lineare Beziehung besteht.

[b] Zwei Zufallsvektoren

Für einen p-dimensionalen *Zufallsvektor* $\mathbf{x}$ und einen q-dimensionalen *Zufallsvektor* $\mathbf{y} = (Y_1, \ldots, Y_q)'$ ergibt sich die $(p \times q)$-*Kovarianzmatrix* von $\mathbf{x}$ und $\mathbf{y}$

$$\Sigma_{\mathbf{xy}} = E\{(\mathbf{x} - \boldsymbol{\mu}_\mathbf{x}) \cdot (\mathbf{y} - \boldsymbol{\mu}_\mathbf{y})'\} = \begin{pmatrix} cov(X_1, Y_1) & \cdots & cov(X_1, Y_q) \\ \vdots & \ddots & \vdots \\ cov(X_p, Y_1) & \cdots & cov(X_p, Y_q) \end{pmatrix} \qquad (4.74)$$

Es gilt:

$$\Sigma_{\mathbf{xx}} = \Sigma_\mathbf{x}, \quad \Sigma_{\mathbf{xy}} = \Sigma_{\mathbf{yx}}' \qquad (4.75)$$

Werden $\mathbf{x}$ und $\mathbf{y}$ zum $(p+q)$-Zufallsvektor $\mathbf{z} = (\mathbf{x}', \mathbf{y}')'$ zusammengefasst, ergibt sich

$$\Sigma_\mathbf{z} = \begin{pmatrix} \Sigma_\mathbf{x} & \Sigma_{\mathbf{xy}} \\ \Sigma_{\mathbf{xy}} & \Sigma_\mathbf{y} \end{pmatrix}. \qquad (4.76)$$

$\mathbf{x}$ und $\mathbf{y}$ sind genau dann unkorreliert, wenn $\Sigma_{\mathbf{xy}} = 0$.

[c] Lineare Transformation

Mit dem Zufallsvektor $\mathbf{x}$ und einer (q,p)-Matrix $\mathbf{A}$ sowie einem $(q,1)$-Vektor $\mathbf{b}$ von Konstanten ergibt sich durch *lineare Transformation* der $(q,1)$-Zufallsvektor $\mathbf{y} = \mathbf{A}\mathbf{x} + \mathbf{b}$, für dessen *Kovarianzmatrix* gilt

$$\Sigma_\mathbf{y} = \Sigma_{\mathbf{A}\mathbf{x}+\mathbf{b}} = \mathbf{A}\Sigma_\mathbf{x}\mathbf{A}'. \qquad (4.77)$$

Für die lineare Transformation zweier Zufallsvektoren gilt:

$$\Sigma_{\mathbf{Ax+a,By+b}} = \mathbf{A}\Sigma_{\mathbf{xy}}\mathbf{B}' \qquad (4.78)$$

Beispiel 4.19: *Kovarianzmatrix einer linearen Transformation*
Für den Zufallsvektor

$$\mathbf{y} = \begin{pmatrix} Y_1 \\ Y_2 \end{pmatrix} = \begin{pmatrix} X_1 + 3X_2 - 2X_3 \\ 3X_1 - 2X_2 \end{pmatrix}$$

ergibt sich mit der Matrix **A** und der Kovarianzmatrix $\Sigma_{\mathbf{x}}$

$$\mathbf{A} = \begin{pmatrix} 1 & 3 & -2 \\ 3 & -2 & 0 \end{pmatrix}, \quad \Sigma_{\mathbf{x}} = \begin{pmatrix} \sigma_1^2 & \sigma_{12} & \sigma_{13} \\ \sigma_{12} & \sigma_2^2 & \sigma_{23} \\ \sigma_{13} & \sigma_{23} & \sigma_3^2 \end{pmatrix}$$

die Kovarianzmatrix $\Sigma_{\mathbf{y}}$ der linearen Transformation zu

$$\Sigma_{\mathbf{y}} = \mathbf{A}\Sigma_{\mathbf{x}}\mathbf{A}' = \begin{pmatrix} \sigma_{y_1}^2 & \sigma_{y_1,y_2} \\ \sigma_{y_1,y_2} & \sigma_{y_2}^2 \end{pmatrix}$$

$$= \begin{pmatrix} \sigma_1^2 + 9\sigma_2^2 + 4\sigma_3^2 + 6\sigma_{12} - 4\sigma_{13} - 12\sigma_{23} & 3\sigma_1^2 - 6\sigma_2^2 + 7\sigma_{12} - 6\sigma_{13} + 4\sigma_{23} \\ 3\sigma_1^2 - 6\sigma_2^2 + 7\sigma_{12} - 6\sigma_{13} + 4\sigma_{23} & 9\sigma_1^2 + 4\sigma_2^2 - 12\sigma_{12} \end{pmatrix}.$$

Es wird deutlich, dass sich die Kovarianzen zwischen X_1, X_2 und X_3 auch auf die Kovarianz zwischen Y_1 und Y_2 auswirken, obwohl X_3 in der Transformationsgleichung für Y_2 nicht explizit enthalten ist. Man kann auch die Kovarianz zwischen Y_2 und X_3 berechnen nach

$$cov(Y_2, X_3) = cov(3X_1 - 2X_2, X_3) = 3cov(X_1, X_3) - 2cov(X_2, X_3) = 3\sigma_{13} - 2\sigma_{23}.$$

Da Gl. (4.77) nur für lineare Transformationen zwischen den Zufallsvariablen **x** und **y** und zwischen ihren Werten $x_1, \ldots, x_p$ und $y_1, \ldots, y_q$ gilt, müssen *nichtlineare Transformationen* mit den reellen differenzierbaren Funktionen $f_i(x_1, \ldots, x_p)$ und den Konstanten b_i

$$\begin{aligned} y_1 &= f_1(x_1, \ldots, x_p) + b_1 \\ y_2 &= f_2(x_1, \ldots, x_p) + b_2 \\ &\ldots \\ y_q &= f_q(x_1, \ldots, x_p) + b_q \end{aligned}$$

mithilfe einer Taylor-Entwicklung linearisiert werden. Entwickelt man die Funktionen anstelle der Erwartungswerte von **x** um geeignete Näherungswerte $\mathbf{x_0}$, ergibt sich als *Koeffizientenmatrix* **A** die Matrix der partiellen Ableitungen, auch *Funktionsmatrix* oder *Jacobische Matrix* genannt,

$$\mathbf{A} = \begin{pmatrix} \left.\frac{\partial f_1}{\partial x_1}\right|_{\mathbf{x}=\mathbf{x_0}} & \cdots & \left.\frac{\partial f_1}{\partial x_p}\right|_{\mathbf{x}=\mathbf{x_0}} \\ \ldots & \ldots & \ldots \\ \left.\frac{\partial f_q}{\partial x_1}\right|_{\mathbf{x}=\mathbf{x_0}} & \cdots & \left.\frac{\partial f_q}{\partial x_p}\right|_{\mathbf{x}=\mathbf{x_0}} \end{pmatrix}, \qquad (4.79)$$

welche in Gl. (4.77) eingesetzt die Kovarianzmatrix der nichtlinearen Transformationen liefert.

Gewichtsmatrix

Für den $(p \times 1)$-Zufallsvektor $\mathbf{x} = (X_1, \ldots, X_p)'$ und seine positiv definite $(p \times p)$-Kovarianzmatrix $\boldsymbol{\Sigma}$ ist definiert als $(p \times p)$-*Gewichtsmatrix*

$$\mathbf{P} = (p_{ij}) = c\boldsymbol{\Sigma}^{-1}, \qquad (4.80)$$

worin c eine Konstante bedeutet. Die Diagonalelemente p_{ii} sind die *Gewichte* der Zufallsvariablen X_i. Mit Gl. (4.73) ergeben sich bei unabhängigen Zufallsvariablen deren Gewichte zu:

$$p_i = p_{ii} = \frac{c}{\sigma_i^2} \qquad (4.81)$$

Je kleiner die Varianzen, umso größer ist die Präzision der Zufallsvariablen X_i, umso größer also deren Gewichte. Weiteres zur Gewichtsmatrix beim allgemeinen linearen Regressionsmodell in Kapitel 6.2.1 auf Seite 139.

4.5 Fortpflanzungsgesetze zufälliger und systematischer Messabweichungen

4.5.1 Varianz-Kovarianzfortpflanzungsgesetz

Die Definition der Kovarianzmatrix linearer Transformationen nach Gl. (4.77) und Gl. (4.78) in Verbindung mit Gl. (4.79) wird in der Ausgleichungsrechnung als *Kovarianzfortpflanzungsgesetz* bezeichnet. Falls zwischen den vorliegenden Zufallsvariablen, die in Gl. (4.77) mit dem Zufallsvektor $\mathbf{x}$ bezeichnet werden, keine Abhängigkeiten bestehen ($\sigma_{ij} = 0$), ist die Kovarianzmatrix Gl. (4.71) nur auf der Hauptdiagonalen mit den Varianzen σ_i^2 besetzt, sodass sich das Kovarianzfortpflanzungsgesetz zum *Varianzfortpflanzungsgesetz* vereinfacht.

Da sich zufällige und systematische Messabweichungen unterschiedlich verhalten, pflanzen sie sich auch unterschiedlich fort. Die Anwendung des Varianz-Kovarianzfortpflanzungsgesetzes und des Fortpflanzungsgesetzes systematischer Messabweichungen soll in den folgenden Beispielen verdeutlicht werden.

Beispiel 4.20: *Varianzfortpflanzungsgesetz beim Sinussatz*
In einem Dreieck seien die Grundseite c und die anliegenden Winkel α und β gemessen und im Zufallsvektor $\mathbf{x} = (c, \alpha, \beta)'$ zusammengefasst. Aufgrund der Genauigkeitsangaben des Herstellers des verwendeten Tachymeters lassen sich die Varianzen der Messelemente σ_c^2, $\sigma_\alpha^2 = \sigma_\beta^2$ ableiten und in der Kovarianzmatrix $\boldsymbol{\Sigma}_\mathbf{x}$ zusammenfassen. Da keine Abhängigkeiten zwischen den Messelementen bestehen, ist nur die Diagonale der Kovarianzmatrix besetzt. Gesucht ist die Kovarianzmatrix $\boldsymbol{\Sigma}_\mathbf{y}$ der im Zufallsvektor $\mathbf{y}$ zusammengefassten beiden Seiten a und b.

4.5 Fortpflanzungsgesetze zufälliger und systematischer Messabweichungen

$$\mathbf{y} = \begin{pmatrix} a \\ b \end{pmatrix} = \begin{pmatrix} c \cdot \dfrac{\sin \alpha}{\sin(\alpha + \beta)} \\ c \cdot \dfrac{\sin \beta}{\sin(\alpha + \beta)} \end{pmatrix}, \quad \mathbf{\Sigma_x} = \begin{pmatrix} \sigma_c^2 & & \\ & (\frac{\sigma_\alpha}{\rho})^2 & \\ & & (\frac{\sigma_\beta}{\rho})^2 \end{pmatrix}$$

Zur Linearisierung werden die Elemente von **y** partiell differenziert und in der Koeffizientenmatrix **A** zusammengefasst.

$$\mathbf{A} = \begin{pmatrix} \dfrac{\partial a}{\partial c} & \dfrac{\partial a}{\partial \alpha} & \dfrac{\partial a}{\partial \beta} \\ \dfrac{\partial b}{\partial c} & \dfrac{\partial b}{\partial \alpha} & \dfrac{\partial b}{\partial \beta} \end{pmatrix} = \begin{pmatrix} \dfrac{a}{c} & a \cdot (\cot \alpha - \cot(\alpha + \beta)) & -a \cdot \cot(\alpha + \beta) \\ \dfrac{b}{c} & -b \cdot \cot(\alpha + \beta) & b \cdot (\cot \beta - \cot(\alpha + \beta)) \end{pmatrix}$$

Mit Gl. (4.77) folgt die Kovarianzmatrix

$$\mathbf{\Sigma_y} = \mathbf{A \Sigma_x A'} = \begin{pmatrix} \sigma_a^2 & \sigma_{ab} \\ \sigma_{ab} & \sigma_b^2 \end{pmatrix}.$$

$$\sigma_a^2 = \left(\frac{a}{c}\right)^2 \cdot \sigma_c^2 + a^2 \cdot (\cot \alpha - \cot(\alpha + \beta))^2 \cdot \left(\frac{\sigma_\alpha}{\rho}\right)^2 + a^2 \cdot (\cot(\alpha + \beta))^2 \cdot \left(\frac{\sigma_\beta}{\rho}\right)^2$$

$$\sigma_b^2 = \left(\frac{b}{c}\right)^2 \cdot \sigma_c^2 + b^2 \cdot (\cot(\alpha + \beta))^2 \cdot \left(\frac{\sigma_\alpha}{\rho}\right)^2 + b^2 \cdot (\cot \beta - \cot(\alpha + \beta))^2 \cdot \left(\frac{\sigma_\beta}{\rho}\right)^2$$

$$\sigma_{ab} = \frac{a}{c} \cdot \frac{b}{c} \cdot \sigma_c^2 - a \cdot b \cdot \cot(\alpha + \beta) \cdot (\cot \alpha - \cot(\alpha + \beta)) \cdot \left(\frac{\sigma_\alpha}{\rho}\right)^2$$
$$- a \cdot b \cdot \cot(\alpha + \beta) \cdot (\cot \beta - \cot(\alpha + \beta)) \cdot \left(\frac{\sigma_\beta}{\rho}\right)^2$$

Weil die Ergebnisvariablen (die Seiten a und b) von den gleichen Ausgangsvariablen abgeleitet werden, sind sie untereinander korreliert mit

$$\rho_{ab} = \frac{\sigma_{ab}}{\sigma_a \cdot \sigma_b},$$

auch wenn die Ausgangsvariablen untereinander nicht korreliert sind.

Bei der praktischen Berechnung einer Kovarianzmatrix mit konkreten Zahlenwerten ist darauf zu achten, dass alle Elemente die gleiche Dimension aufweisen. Bezogen auf das vorangegangene Beispiel bedeutet das:

- Alle Seitenlängen und ihre Standardabweichungen müssen in der gleichen Dimension eingesetzt werden. Zweckmäßigerweise wählt man die Dimension der Standardabweichungen, weil dann die Standardabweichungen der Ergebnisse sich in der gleichen Dimension ergeben. Wenn beispielsweise die Seiten a, b und c die Dimension [m] und die Standardabweichung σ_c die Dimension [cm] aufweisen, sind die Seiten in die Dimension [cm] umzuwandeln.

- Alle Winkel und ihre Standardabweichungen müssen die Einheit [rad] (Radiant) besitzen. Die Umrechnung aus einer anderen Winkeleinheit kann durch Division mit dem Umrechnungsfaktor ρ (nicht zu verwechseln mit dem Korrelationskoeffizient!) erfolgen.

$$\rho\,[\text{gon}] = \frac{200\,[\text{gon}]}{\pi}, \qquad \rho\,[\text{mgon}] = \frac{200000\,[\text{mgon}]}{\pi}$$
$$\rho\,[°] = \frac{180\,[°]}{\pi}, \qquad \rho\,[\text{"}] = \frac{180 \cdot 60 \cdot 60\,[\text{"}]}{\pi} \qquad (4.82)$$

Umrechnungsbeispiel: $\dfrac{15,1234\,[\text{gon}]}{\rho\,[\text{gon}]} = 0,237\,558\,[\text{rad}]$.

Die Winkelumrechnung in [rad] kann entfallen, wenn alle in der Funktion vorkommenden Variablen Winkel sind, wie das nachfolgende Beispiel zeigt.

Beispiel 4.21: *Varianz eines Winkels (Abb. 4.1)*
Mit einem Theodolit werden keine Winkel, sondern Richtungen gemessen. Ein Winkel ergibt sich als Differenz der Richtungsablesungen zum rechten und linken Zielpunkt. Die Richtungen stellen daher die Zufallsvariablen dar. Die vom Instrumentenhersteller angegebene (A-priori-) Standardabweichung σ_r ist gültig für jeweils einen Richtungsmesswert, der von einem fachlich geübten und sorgfältig messenden Beobachter ermittelt wird.

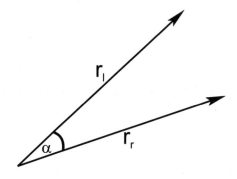

Abbildung 4.1: Winkel als Differenz zweier Richtungen

Funktion: $\quad \alpha = r_r - r_l$
totales Differential: $\quad d\alpha = 1 \cdot dr_r - 1 \cdot dr_l$
Varianzfortpflanzung: $\quad \sigma_\alpha^2 = \sigma_r^2 + \sigma_r^2 = 2 \cdot \sigma_r^2$
Standardabweichung: $\quad \sigma_\alpha = \sqrt{2} \cdot \sigma_r$

4.5 Fortpflanzungsgesetze zufälliger und systematischer Messabweichungen

Beispiel 4.22: *Richtungsmessungen zu mehreren Zielen (Abb. 4.2)*
Aus den Richtungsmessungen zu vier Zielpunkten (Zufallsvektor $\mathbf{x} = (r_1, r_2, r_3, r_4)'$) werden die im Zufallsvektor $\mathbf{y}$ zusammengefassten Winkel α_i zwischen den Richtungen berechnet.

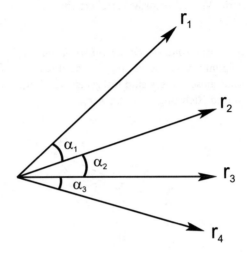

Abbildung 4.2: Richtungsmessungen zu mehreren Zielen

Die a-priori bekannte Standardabweichung σ_r gilt für alle Richtungsmessungen. Gesucht ist die Kovarianzmatrix $\mathbf{\Sigma_y}$.

$$\mathbf{y} = \begin{pmatrix} \alpha_1 \\ \alpha_2 \\ \alpha_3 \end{pmatrix} = \begin{pmatrix} r_2 - r_1 \\ r_3 - r_2 \\ r_4 - r_3 \end{pmatrix}, \quad \mathbf{A} = \begin{pmatrix} -1 & 1 & & \\ & -1 & 1 & \\ & & -1 & 1 \end{pmatrix}$$

$$\mathbf{\Sigma_x} = \begin{pmatrix} \sigma_{r_1}^2 & & & \\ & \sigma_{r_2}^2 & & \\ & & \sigma_{r_3}^2 & \\ & & & \sigma_{r_4}^2 \end{pmatrix} = \sigma_r^2 \begin{pmatrix} 1 & & & \\ & 1 & & \\ & & 1 & \\ & & & 1 \end{pmatrix}$$

$$\begin{aligned}\mathbf{\Sigma_y} &= \mathbf{A}\mathbf{\Sigma_x}\mathbf{A}' = \sigma_r^2 \mathbf{A}\mathbf{A}' \\ &= \sigma_r^2 \begin{pmatrix} 2 & -1 & 0 \\ -1 & 2 & -1 \\ 0 & -1 & 2 \end{pmatrix} = \begin{pmatrix} \sigma_{\alpha_1}^2 & \sigma_{\alpha_1\alpha_2} & \sigma_{\alpha_1\alpha_3} \\ \sigma_{\alpha_1\alpha_2} & \sigma_{\alpha_2}^2 & \sigma_{\alpha_2\alpha_3} \\ \sigma_{\alpha_1\alpha_3} & \sigma_{\alpha_2\alpha_3} & \sigma_{\alpha_3}^2 \end{pmatrix}\end{aligned}$$

Varianzen $\sigma_{\alpha_i}^2 = 2\sigma_r^2$, Standardabweichungen $\sigma_{\alpha_i} = \sqrt{2} \cdot \sigma_r$
Kovarianzen $\sigma_{\alpha_1\alpha_2} = \sigma_{\alpha_2\alpha_3} = -\sigma_r^2$, $\sigma_{\alpha_1\alpha_3} = 0$
Korrelationen $\rho_{\alpha_1\alpha_2} = \rho_{\alpha_2\alpha_3} = -0{,}5$, $\rho_{\alpha_1\alpha_3} = 0$

Benachbarte Winkel haben eine Richtung gemeinsam, im Beispiel die Richtung r_2 für die Winkel α_1 und α_2 sowie die Richtung r_3 für die Winkel α_2 und α_3. Wird diese Richtung nicht für jeden Winkel unabhängig gesondert, sondern nur einmal gemessen, geht dieselbe Zufallsvariable in beide „benachbarten" Winkelberechnungen mit unterschiedlichem Vorzeichen ein, sodass die Winkel negativ korreliert sind.

Beispiel 4.23: *Varianz einer polaren Trassenabsteckung (Abb. 4.3)*
Von einem freien Standpunkt S aus wird eine Trasse mit einem Tachymeter abgesteckt. Zwei Punkte A und B auf dieser Trasse sind festgelegt durch die polaren Absteckelemente: Entfernungen a bzw. b und Richtungen r_A bzw. r_B.

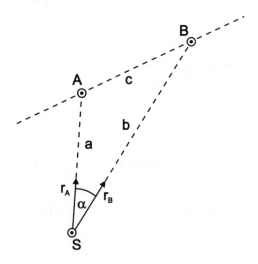

Abbildung 4.3: Polare Trassenabsteckung

Gesucht ist die Varianz σ_c^2 der Trassenlänge $\overline{AB} = c$, wenn die Standardabweichungen σ_a, σ_b, σ_r der Absteckelemente gegeben sind.

Winkel $\alpha = r_B - r_A$, $\quad d\alpha = dr_B - dr_A$, $\quad \sigma_\alpha^2 = 2 \cdot \sigma_r^2$, $\quad \sigma_\alpha = \sqrt{2} \cdot \sigma_r$

$$c^2 = a^2 + b^2 - 2ab\cos\alpha$$
$$2c \cdot dc = (2a - 2b\cos\alpha)\,da + (2b - 2a\cos\alpha)\,db + 2ab\sin\alpha\,d\alpha$$
$$dc = \frac{a - b\cos\alpha}{c}\,da + \frac{b - a\cos\alpha}{c}\,db + \frac{ab\sin\alpha}{c}\,d\alpha$$
$$\sigma_c^2 = \left(\frac{a - b\cos\alpha}{c}\right)^2 \cdot \sigma_a^2 + \left(\frac{b - a\cos\alpha}{c}\right)^2 \cdot \sigma_b^2 + \left(\frac{ab\sin\alpha}{c}\right)^2 \cdot \left(\frac{\sigma_\alpha}{\rho}\right)^2$$

4.5 Fortpflanzungsgesetze zufälliger und systematischer Messabweichungen

Beispiel 4.24: *Varianz einer Rechteckfläche*
Bei einem rechteckigen Grundstück werden die kurze Seite a und die lange Seite b gemessen. Die Standardabweichungen der Messwerte sind mit σ_a und σ_b gegeben, die Messwerte sind unabhängig voneinander ($\sigma_{ab} = 0$).

$$
\begin{aligned}
\text{Funktion:} \quad F &= a \cdot b \\
\text{totales Differential:} \quad dF &= b \cdot da + a \cdot db \\
\text{Varianzfortpflanzung:} \quad \sigma_F^2 &= b^2 \cdot \sigma_a^2 + a^2 \cdot \sigma_b^2 \\
\text{Standardabweichung:} \quad \sigma_F &= \sqrt{b^2 \cdot \sigma_a^2 + a^2 \cdot \sigma_b^2}
\end{aligned}
$$

Beispiel 4.25: *Varianz einer Geschwindigkeit*
Ein(e) Sprinter/Sprinterin läuft eine Strecke $e = 200\ m$ in einer Zeit von $t = 30\ sec$. Die Varianzen der abgesteckten Strecke $\sigma_e^2 = 0,05\ m^2$ sowie der gemessenen Zeit $\sigma_t^2 = 0,1\ sec^2$ sind gegeben. Gesucht sind die Varianz bzw. die Standardabweichung der erreichten Geschwindigkeit v.

$$
\begin{aligned}
\text{Funktion:} \quad v &= \tfrac{e}{t} = 6\tfrac{2}{3}\tfrac{m}{sec} \\
\text{totales Differential:} \quad dv &= \tfrac{\partial v}{\partial e}de + \tfrac{\partial v}{\partial t}dt = \tfrac{1}{t}de + \left(\tfrac{-e}{t^2}\right)dt \\
\text{Varianzfortpflanzung:} \quad \sigma_v^2 &= \tfrac{1}{t^2}\sigma_e^2 + \left(\tfrac{-e}{t^2}\right)^2 \sigma_t^2 \\
&= 0,000056\tfrac{m^2}{sec^2} + 0,004938\tfrac{m^2}{sec^2} = 49,9\tfrac{cm^2}{sec^2} \\
\text{Standardabweichung:} \quad \sigma_v &= 7,07\tfrac{cm}{sec}
\end{aligned}
$$

Man erkennt an den Konstanten in σ_v^2, dass die Zeitmessung den größeren Einfluss auf das Ergebnis hat.

Beispiel 4.26: *Varianz eines Kegelstumpfvolumens*
Ein symmetrischer, konzentrischer Kegelstumpf mit den begrenzenden Kreisflächen F_1 und F_2 habe die Höhe h. Gegeben sind die Standardabweichungen der Kreisradien r_1 und r_2 sowie der Höhe h mit σ_{r_1}, σ_{r_2} und σ_h.

$$
\begin{aligned}
\text{Funktion:} \quad V &= \tfrac{h}{3}\left(F_1 + \sqrt{F_1 F_2} + F_2\right) \\
&\text{mit } F_1 = \pi r_1^2 \quad \text{und} \quad F_2 = \pi r_2^2 \\
V &= \tfrac{\pi \cdot h}{3}\left(r_1^2 + r_1 r_2 + r_2^2\right) \\
\text{totales Differential:} \quad dV &= \tfrac{\pi}{3}\left(r_1^2 + r_1 r_2 + r_2^2\right) \cdot dh \\
&+ \tfrac{\pi h}{3}(2r_1 + r_2) \cdot dr_1 + \tfrac{\pi h}{3}(r_1 + 2r_2) \cdot dr_2 \\
\text{Varianzfortpflanzung:} \quad \sigma_V^2 &= \tfrac{\pi^2}{9}\Big(\left(r_1^2 + r_1 r_2 + r_2^2\right)^2 \sigma_h^2 \\
&+ h^2(2r_1 + r_2)^2 \sigma_{r_1}^2 + + h^2(r_1 + 2r_2)^2 \sigma_{r_2}^2\Big)
\end{aligned}
$$

4.5.2 Komponenten der Genauigkeit

Die *Genauigkeit* eines Messergebnisses setzt sich aus den Komponenten *Präzision* und *Richtigkeit* zusammen. Die Ausgleichungsrechnung fasst die Messgrößen als Zufallsvariable auf, sie bezieht sich folglich ausschließlich auf das Zufallsstreuen der Messwerte. Daher sind Varianz und Standardabweichung nur Maße für die *Präzision der Messwerte bzw. Messergebnisse*.

Am Beispiel 4.24 ist erkennbar, dass sich die Varianz σ_a^2 der kürzeren Seite stärker auf die Präzision des ermittelten Flächeninhaltes σ_F^2 auswirkt, als die Varianz σ_b^2 der längeren Seite, weil σ_a^2 mit dem Quadrat der längeren Seite (b^2) multipliziert wird. Der Einfluss beider Varianzen ist gleich, wenn die Variationskoeffizienten gleich sind ($\frac{\sigma_a}{a} = \frac{\sigma_b}{b}$).

Die *Richtigkeit* wird von den eventuellen „Fehlern" oder von „systematischen Messabweichungen" beeinflusst, mit denen die Messwerte verfälscht bzw. behaftet sein können. Sie lässt sich nur mit dem „Fortpflanzungsgesetz systematischer Messabweichungen" (DIN 18709-4, Nr. 2.9.6) ermitteln. Dies ergibt sich in der Form des totalen Differentials, wenn anstelle der Differentiale die mit Δ bezeichneten Fehler oder systematischen Messabweichungen eingesetzt werden.

4.5.3 Fortpflanzungsgesetz für systematische Messabweichungen

$$\Delta_y = A \Delta_x \tag{4.83}$$

Für das vorige Beispiel 4.24 ergibt sich: $\Delta_F = b \cdot \Delta_a + a \cdot \Delta_b$.

Die Untersuchung, wie sich eventuelle Fehler oder systematische Messabweichungen in den Messwerten der Seiten a und b auf den Flächeninhalt F auswirken, lässt sich nicht nach dem quadratischen Varianzfortpflanzungsgesetz, sondern nur nach dem linearen Fortpflanzungsgesetz Gl. (4.83) durchführen.

Beispiel 4.27: *Varianz eines Mittelwertes*
Eine Distanz (Messgröße X) wird n-mal gemessen (Messwerte x_i). Die Standardabweichung σ einer Einzelmessung mit dem elektrooptischen Distanzmesser ist vom Instrumentenhersteller angegeben. Gesucht ist die Varianz des Mittelwertes $\bar{x}$.

$$\begin{aligned}
\bar{x} &= \frac{1}{n}\sum x_i = \frac{1}{n}(x_1 + x_2 + \ldots + x_n) \\
\sigma_{\bar{x}}^2 &= \frac{1}{n^2}(\sigma_1^2 + \sigma_2^2 + \ldots + \sigma_n^2) = \frac{1}{n^2}(n \cdot \sigma^2) = \frac{\sigma^2}{n} \\
\sigma_{\bar{x}} &= \frac{\sigma}{\sqrt{n}}
\end{aligned}$$

Die Standardabweichung des Mittels verkleinert sich reziprok zur Wurzel der Anzahl der Einzelmessungen. Die Präzision eines Mittelwertes ist folglich höher als die einer Einzelmessung.

Falls der Distanzmesser nicht ausreichend genau kalibriert worden ist und eine unbekannte Maßstabsabweichung Δ aufweist, ist die Richtigkeit jeder Einzelmessung in zwar unbekanntem, jedoch gleich großem Ausmaße beeinträchtigt. Nach Gl. (4.83) ergibt sich für den Mittelwert:

$$\Delta_{\bar{x}} = \frac{1}{n}(\Delta_1 + \Delta_2 + \ldots + \Delta_n) = \frac{1}{n}(n \cdot \Delta) = \Delta$$

Eine unbekannte systematische Messabweichung pflanzt sich in voller Größe auf das Messergebnis fort. Durch mehrfache Messung und Mittelbildung einer Messgröße verbessert sich folglich die *Präzision*, aber *nicht die Richtigkeit* des Mittels.

Beispiel 4.28: *Varianz einer Höhenmessung*
Bei einem Längsnivellement wird aus n Instrumentenaufstellungen der Höhenunterschied ΔH vom Anfangshöhenpunkt zum Neupunkt bestimmt. Aus den Angaben des Nivellierherstellers lässt sich die A-priori-Standardabweichung $\sigma_r = \sigma_v \Rightarrow \sigma$ für eine Ablesung an der Nivellierlatte beim Vorblick und beim Rückblick ermitteln. Gesucht ist die Standardabweichung des Höhenunterschieds.

$$\begin{aligned} \Delta H &= \sum_{i=1}^{n} \Delta h_i = \sum (r_i - v_i) = \sum r_i - \sum v_i \\ &= r_1 + r_2 + \ldots + r_n - (v_1 + v_2 + \ldots + v_n) \end{aligned}$$

$$\begin{aligned} \sigma_H^2 &= \sigma_{r_1}^2 + \sigma_{r_2}^2 + \ldots + \sigma_{r_n}^2 + (\sigma_{v_1}^2 + \sigma_{v_2}^2 + \ldots + \sigma_{v_n}^2) = 2n \cdot \sigma^2 \\ \sigma_H &= \sqrt{2n} \cdot \sigma \end{aligned}$$

Die Standardabweichung einer Lattenablesung pflanzt sich mit dem $\sqrt{2n}$-fachen fort.

Falls eine systematische Messabweichung sich durch die Differenzbildung von Rück- und Vorblick nicht vollständig eliminiert, verfälscht die restliche unbekannte systematische Messabweichung Δ_i nach Gl. (4.83) additiv die Richtigkeit des Ergebnisses:

$$\Delta_{\Delta H} = \sum_{i=1}^{n} \Delta_i$$

Auch unmerklich kleine systematische Messabweichungen Δ_i können sich bei langen Nivellementzügen (z. B. in der Landesvermessung) signifikant verfälschend auswirken.

Beispiel 4.29: *Summe und Differenz von Messgrößen (Abb. 4.4)*
Von einem in einer Geraden liegenden Standpunkt aus werden zur einen Seite die Strecken a und b und zur anderen Seite die Strecke c abgesteckt (Messelemente $\mathbf{x} = (a, b, c)'$).

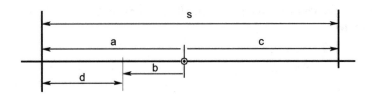

Abbildung 4.4: Summe und Differenz von Strecken

Es soll die Kovarianzmatrix der Differenz d und der Summe s bestimmt werden. Die Varianzen der Strecken sind gegeben.

$$\mathbf{y} = \begin{pmatrix} d \\ s \end{pmatrix} = \begin{pmatrix} a-b \\ a+c \end{pmatrix} = \begin{pmatrix} 1 & -1 & 0 \\ 1 & 0 & 1 \end{pmatrix} \begin{pmatrix} a \\ b \\ c \end{pmatrix} = \mathbf{Ax}$$

$$\mathbf{\Sigma_x} = diag(\sigma_a^2,\ \sigma_b^2,\ \sigma_c^2)$$

$$\mathbf{\Sigma_y} = \mathbf{A \Sigma_x A'} = \begin{pmatrix} \sigma_d^2 & \sigma_{ds} \\ \sigma_{ds} & \sigma_s^2 \end{pmatrix} = \begin{pmatrix} \sigma_a^2 + \sigma_b^2 & \sigma_a^2 \\ \sigma_a^2 & \sigma_a^2 + \sigma_c^2 \end{pmatrix}$$

Die Kovarianz σ_{ds} zwischen der Differenz d und der Summe s der Messgrößen ist gleich der Varianz σ_a^2 der Strecke a, weil nur diese in beiden Funktionen enthalten ist.

Korrelationskoeffizient: $\quad \rho_{ds} = \dfrac{\sigma_a^2}{\sqrt{\sigma_a^2 + \sigma_b^2} \cdot \sqrt{\sigma_a^2 + \sigma_c^2}}$

Wenn $\sigma_a = \sigma_b = \sigma_c$ gilt, ergibt sich: $\quad \rho_{ds} = 0{,}5$.

Falls in den Messwerten der Strecken a, b, c systematische Messabweichungen (oder Fehler) Δ_a, Δ_b, Δ_c enthalten sind, beträgt die Richtigkeit der Differenz und der Summe:

$$\Delta_d = \Delta_a - \Delta_b \quad \text{und} \quad \Delta_s = \Delta_a + \Delta_c \qquad (4.84)$$

Die systematischen Messabweichungen subtrahieren bzw. addieren sich. Falls $\Delta_a = \Delta_b = \Delta_c$ gilt (weil z. B. in allen Messwerten die gleiche Additionskonstante enthalten ist), werden die systematischen Messabweichungen bei der Differenzbildung der Messwerte vollständig eliminiert bzw. verdoppeln sich bei der Addition der Messwerte.

Gl. (4.84) verdeutlicht, dass sich durch geeignete Messungsanordnungen unbekannte systematische Messabweichungen eliminieren lassen. Bekanntlich hebt sich beim Nivellement die Nullpunktabweichung einer Nivellierlatte durch die Differenzbildung von „Rückblick" und „Vorblick" auf, wenn mit nur einer Latte gemessen wird bzw. wenn beim Nivellement mit zwei Latten mit der gleichen Latte an- und abgeschlossen wird.

4.5.4 Korrektionsfunktion als Maß für die Richtigkeit

Gl. (4.83) ist auch gültig für die Berücksichtigung von Korrektionen k_i, wenn diese anstelle der Δ_i eingesetzt werden. Die Parameter einer Korrektionsfunktion werden als Schätzwerte aus speziellen Kalibriermesswerten bestimmt. Die dabei abgeleiteten Varianzen beschreiben das Streuverhalten der Kalibriermesswerte zum Zeitpunkt der Kalibrierung. Die Korrektionsfunktion stellt ein Maß für die *Richtigkeit* der Messwerte eines kalibrierten Instruments dar, nicht jedoch für deren Präzision. Es ist legitim, die Information über die Richtigkeit des Instruments zur Korrektion anderweitiger Messwerte zu benutzen, soweit die Korrektionsfunktion noch zutreffend ist. Auf das Streuverhalten der anderweitigen Messwerte hat die Korrektionsfunktion keinerlei Einfluss.

Die Varianz der Messwerte eines Instruments darf nicht aus den Abweichungen der Kalibriermesswerte zu den Sollwerten der Vergleichstrecke bestimmt werden, da hierbei systematische und zufällige Messabweichungen überlagert sind, was verzerrte Varianz-, Kovarianz- und Korrelationsschätzwerte zur Folge hätte. Die Bestimmung der Varianz geodätischer Messinstrumente als Maß für die *Präzision* der Messwerte erfolgt nach DIN 18723 in freien Netzen ohne Sollwerte.

In der Geodäsie werden die Ergebnisse der Kalibrierung aus der Korrektionsfunktion auf später erfolgte Messungen z. B. in Form von Additionskorrektionen übertragen. Dabei ist diese Korrektion als Zufallsvariable zubehandeln, wie in ([Sch97], [Koc97b], [Sch04], [Sch05], [Koc05]) abschliessend diskutiert wird.

Beispiel 4.30: *Varianz von Höhe und Höhenfußpunkt (Abb. 4.5)*
Bei einer Brückenabsteckung wird von den Endpunkten A und B einer Basis $\overline{AB} = c$ aus der Pfeilerpunkt C durch Messen der Seiten $\overline{BC} = a$ und $\overline{AC} = b$ abgesteckt (Messelemente $\mathbf{x} = (a, b, c)'$). Die Bestimmungsfigur ist folglich ein Dreieck, in dem die zur Grundlinie orthogonalen Elemente, der Fußpunktabschnitt p und die Höhe h, sowie deren Varianzen und Kovarianz berechnet werden sollen. Die Standardabweichungen σ_a, σ_b und σ_c sind gegeben.

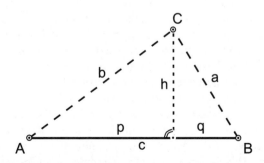

Abbildung 4.5: Höhe und Höhenfußpunkt

$$\mathbf{y} = \begin{pmatrix} p \\ h \end{pmatrix} = \begin{pmatrix} \dfrac{c^2 + b^2 - a^2}{2c} \\ \sqrt{b^2 - \left(\dfrac{c^2 + b^2 - a^2}{2c}\right)^2} \end{pmatrix}$$

$$\mathbf{A} = \begin{pmatrix} -\dfrac{a}{c} & \dfrac{b}{c} & \dfrac{1}{2} \\ \dfrac{p \cdot a}{h \cdot c} & \left(\dfrac{b}{h} - \dfrac{p \cdot b}{h \cdot c}\right) & -\dfrac{p}{2h} \end{pmatrix}, \quad \mathbf{\Sigma_x} = \begin{pmatrix} \sigma_a^2 & & \\ & \sigma_b^2 & \\ & & \sigma_c^2 \end{pmatrix}$$

$$\mathbf{\Sigma_y} = \mathbf{A\Sigma_x A'} = \begin{pmatrix} \sigma_p^2 & \sigma_{ph} \\ \sigma_{ph} & \sigma_h^2 \end{pmatrix}$$

$$\sigma_p^2 = \dfrac{a^2}{c^2} \cdot \sigma_a^2 + \dfrac{b^2}{c^2} \cdot \sigma_b^2 + \dfrac{1}{4} \cdot \sigma_c^2$$

$$\sigma_h^2 = \left(\dfrac{p \cdot a}{h \cdot c}\right)^2 \cdot \sigma_a^2 + \left(\dfrac{b}{h} - \dfrac{p \cdot b}{h \cdot c}\right)^2 \cdot \sigma_b^2 + \dfrac{p^2}{4h^2} \cdot \sigma_c^2$$

$$\sigma_{ph} = -\dfrac{p \cdot a^2}{h \cdot c^2} \cdot \sigma_a^2 + \left(\dfrac{b^2}{h \cdot c} - \dfrac{p \cdot b^2}{h \cdot c^2}\right) \cdot \sigma_b^2 - \dfrac{p}{4h} \cdot \sigma_c^2$$

Falls die Messungen der Seiten a, b, c (z. B. durch eine Maßstabsabweichung des Distanzmessers) mit den systematischen Messabweichungen Δ_a, Δ_b, Δ_c behaftet sind, ist die Lage des Punktes C um Δ_p und Δ_h verfälscht.

$$\Delta_p = -\dfrac{a}{c} \cdot \Delta_a + \dfrac{b}{c} \cdot \Delta_b + \dfrac{1}{2} \cdot \Delta_c$$

$$\Delta_h = \dfrac{p \cdot a}{h \cdot c} \cdot \Delta_a + \left(\dfrac{b}{h} - \dfrac{p \cdot b}{h \cdot c}\right) \cdot \Delta_b - \dfrac{p}{2h} \cdot \Delta_c$$

Die Berechnungen mit dem *Fortpflanzungsgesetz für systematische Messabweichungen* sollen verdeutlichen, welche Bedeutung einer (den Genauigkeitsanforderungen entsprechend) ausreichenden Eliminierung der systematischen Messabweichungen vor Ort und vor Auswertung der Messungen zukommt. Unabhängig von ihrer Größe verursachen unbekannte systematische Messabweichungen systematischen Einfluss auf das Schätzergebnis. Als Beispiel seien Messungswiederholungen unter „Wiederholbedingungen" (d. h. bei Messwiederholungen für ein und dieselbe Messgröße ohne Änderung der systematischen Einflüsse) genannt (siehe Beispiel 4.27).

Bekannte oder unbekannte systematische Messabweichungen (wie z. B. die Maßstabsabweichung eines Distanzmessers) streuen keinesfalls zufällig mit wechselnder Größe und Vorzeichen, sind also keine Zufallsvariablen. Andernfalls ließen sie sich nicht durch geeignete Wahl des Messverfahrens eliminieren, vgl. Gl. (4.84). Folglich dürfen in Theorie und Praxis der Ausgleichsrechnung und Statistik, welche per definitionem allein für die Anwendung auf Zufallsvariablen begründet sind, unbekannte systematische Messabweichungen nicht als Zufallsabweichungen formuliert werden.

Insbesondere Varianzen, Kovarianzen und Korrelationskoeffizienten werden empfindlich durch systematische Einflüsse verfälscht, wenn diese als Zufallsvariable eingeführt würden. Siehe hierzu auch die Ausführungen zu „Verzerrung" in Kapitel 5.2.2.

Beispiel 4.31: *Varianz einer Basislattenmessung (Abb. 4.6)*
Zur Entfernungsmessung mit Basislatte b wird der parallaktische Winkel γ durch repetitionsweise Winkelmessung in sechs bis acht Halbsätzen mit der Standardabweichung σ_γ bestimmt. Die Horizontalentfernung und ihre Varianz werden berechnet nach:

$$e = \frac{b}{2} \cdot \cot \frac{\gamma}{2}$$

$$de = \left(\frac{b}{2}\right) \cdot \left(-\frac{1}{2\sin^2 \gamma/2}\right) \cdot d\gamma$$

$$\sigma_e^2 = \left(\frac{b}{2}\right)^2 \cdot \left(-\frac{1}{2\sin^2 \gamma/2}\right)^2 \cdot \sigma_\gamma^2$$

$$\text{mit } \sigma_\gamma \, [rad] = \frac{\sigma_\gamma \, [mgon]}{\rho \, [mgon]}$$

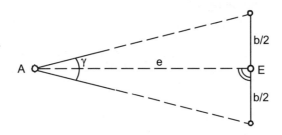

Abbildung 4.6: Entfernungsmessung mit Basislatte

Die Standardabweichung σ_e ist ein Maß für die *Präzision* der Basislattenmessung, die sich aus der Präzision der Winkelmessung ableitet. Die *Richtigkeit* Δe wird durch nicht vollständig eliminierte, also unbekannte systematische Messabweichungen beeinträchtigt. Das sind hauptsächlich:

- Abweichung der Basislattenlänge Δb vom angenommenen Wert, bedingt durch Kalibrierabweichungen und nicht exakt rechtwinklige Ausrichtung der Latte zur Messrichtung (Abb. 4.8),

- Exzentrizität Δe_B der Zielmarken (Abb. 4.7),

- Zentrierungsgenauigkeiten Δz im Stand- und im Zielpunkt, bezogen auf die Messrichtung.

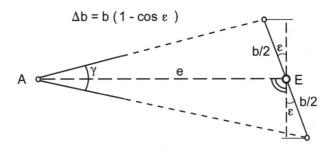

Abbildung 4.7: Verkürzung der Basislattenlänge durch schräge Ausrichtung

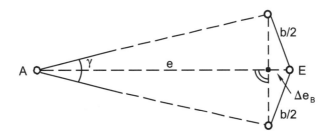

Abbildung 4.8: Exzentrizität der Zielmarken

Diese Einflüsse sind während der Messung einer Entfernung e konstant und addieren sich linear. Sie beeinflussen nicht das Streuverhalten der Messungen des parallaktischen Winkels. Die Richtigkeit der Basislattenmessung wird folglich verfälscht um:

$$\Delta e = \frac{e}{b} \cdot \Delta b + \Delta e_B + \Delta z$$

Beispiel 4.32: *Varianz einer polaren Punktbestimmung (Abb. 4.9)*
Auf einem Standpunkt A wurden mit einem Tachymeter der Winkel β_1 von einer Ausgangsrichtung zu einer Neupunktrichtung sowie die horizontale Entfernung e_1 gemessen. Die Standardabweichungen σ_{e_1} und $\sigma_{\beta_1}[rad]$ der Messelemente lassen sich a-priori aus den Genauigkeitsangaben des Instrumentenherstellers ermitteln. Die Koordinaten y_A, x_A des Standpunktes A und der Anschlussrichtungswinkel t_A seien Konstante ($\sigma_{y_A} = \sigma_{x_A} = \sigma_{t_A} = 0$). Gegeben sind folglich die im Zufallsvektor **x** zusammengefassten Messelemente und deren Kovarianzmatrix $\Sigma_\mathbf{x}$:

$$\mathbf{x} = \begin{pmatrix} e_1 \\ \beta_1 \end{pmatrix}, \quad \Sigma_\mathbf{x} = \begin{pmatrix} \sigma_{e_1}^2 & \\ & \sigma_{\beta_1}^2 \end{pmatrix}, \quad \begin{array}{l} \sigma_{e_1 \beta_1} = 0 \\ e_1 \text{ und } \beta_1 \text{ sind unkorreliert} \end{array}$$

Gesucht sind die im Zufallsvektor **y** zusammengefassten Koordinaten y_1 und x_1 des Neupunktes P_1, die Koeffizientenmatrix **A** und die Kovarianzmatrix $\Sigma_\mathbf{y}$:

$$\mathbf{y} = \begin{pmatrix} y_1 \\ x_1 \end{pmatrix} = \begin{pmatrix} y_A + e_1 \cdot \sin(t_A + 200\text{gon} + \beta_1) \\ x_A + e_1 \cdot \cos(t_A + 200\text{gon} + \beta_1) \end{pmatrix} = \begin{pmatrix} y_A + e_1 \cdot \sin t_1 \\ x_A + e_1 \cdot \cos t_1 \end{pmatrix}$$

4.5 Fortpflanzungsgesetze zufälliger und systematischer Messabweichungen

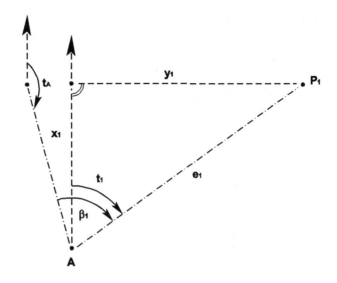

Abbildung 4.9: Polare Punktbestimmung

$$\mathbf{A} = \begin{pmatrix} \sin t_1 & e_1 \cdot \cos t_1 \\ \cos t_1 & -e_1 \cdot \sin t_1 \end{pmatrix}$$

$$\Sigma_y = \mathbf{A}\Sigma_x\mathbf{A}' = \begin{pmatrix} \sigma_{y_1}^2 & \sigma_{x_1,y_1} \\ \sigma_{x_1,y_1} & \sigma_{x_1}^2 \end{pmatrix}$$

$$\sigma_{y_1}^2 = \sin^2 t_1 \cdot \sigma_{e_1}^2 + (e_1 \cdot \cos t_1)^2 \cdot \sigma_{\beta_1}^2$$

$$\sigma_{x_1}^2 = \cos^2 t_1 \cdot \sigma_{e_1}^2 + (e_1 \cdot \sin t_1)^2 \cdot \sigma_{\beta_1}^2$$

$$\sigma_{x_1,y_1} = \sin t_1 \cdot \cos t_1 \cdot \sigma_{e_1}^2 - e_1^2 \cdot \sin t_1 \cdot \cos t_1 \cdot \sigma_{\beta_1}^2$$

$$= \frac{1}{2}\sin 2t_1 \cdot (\sigma_{e_1}^2 - e_1^2 \cdot \sigma_{\beta_1}^2)$$

Schlussfolgerungen:

1. y_1 und x_1 sind **unkorreliert**, wenn $\sigma_{x_1,y_1} = 0$.

    Das ist der Fall, wenn gilt: $\sin 2t_1 = 0$,
    d. h. wenn $t_1 = 0$ gon, 100 gon, 200 gon oder 300 gon ist,

    oder wenn gilt: $\sigma_{e_1}^2 = e_1^2 \cdot \sigma_{\beta_1}^2$,
    d. h. wenn die Richtungs- und die Streckengenauigkeit ausgewogen sind.

2. y_1 und x_1 sind **gleichgenau**, wenn $\sigma_{y_1} = \sigma_{x_1}$.

    $$(\sin^2 t_1 - \cos^2 t_1) \cdot \sigma_{e_1}^2 + (\cos^2 t_1 - \sin^2 t_1) \cdot e_1^2 \cdot \sigma_{\beta_1}^2 = \cos 2t_1 \cdot (e_1^2 \cdot \sigma_{\beta_1}^2 - \sigma_{e_1}^2) = 0$$

    Das ist der Fall, wenn gilt: $\cos 2t_1 = 0$,
    d. h. wenn $t_1 = 50$ gon, 150 gon, 250 gon oder 350 gon ist,

oder wenn gilt: $\sigma_{e_1}^2 = e_1^2 \cdot \sigma_{\beta_1}^2$,
d. h. wenn die Richtungs- und die Streckengenauigkeit ausgewogen sind.

3. y_1 und x_1 sind **gleichgenau** und **unkorreliert**, wenn $\sigma_{e_1}^2 = e_1^2 \cdot \sigma_{\beta_1}^2$ gilt.

Beispiel 4.33: *Präzision und Richtigkeit eines Polygonzugendpunktes (Abb. 4.10)*

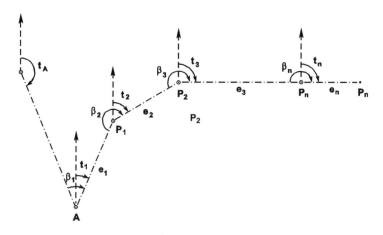

Abbildung 4.10: Einseitig angeschlossener Polygonzug

Das vorige Beispiel wird erweitert auf die n-fache aneinandergehängte polare Punktbestimmung. Dies entspricht einem einseitig koordinaten- und richtungsmäßig angeschlossenen Polygonzug (toter Polygonzug), wie er beim Tunnelbau Verwendung finden könnte. Es geht folglich um die Bestimmung der Kovarianzmatrix des jeweils letzten Punktes beim Tunnelvortrieb, letztendlich um die Durchschlagsprognose. (Wird ein zweiter Polygonzug gelegt und werden beide überbestimmt miteinander verknüpft, erfolgt die Berechnung mithilfe der Ausgleichungsrechnung, die später vorgestellt wird.)

Gegeben sind der Zufallsvektor **x** der Messelemente und dessen Kovarianzmatrix Σ_x:

$$\mathbf{x} = (e_1, \beta_1, e_2, \beta_2, \ldots, e_n, \beta_n)'$$
$$\Sigma_\mathbf{x} = diag(\sigma_{e_1}^2, \sigma_{\beta_1}^2, \sigma_{e_2}^2, \sigma_{\beta_2}^2, \ldots, \sigma_{e_n}^2, \sigma_{\beta_n}^2) \quad \text{mit } \sigma_{\beta_i}[rad]$$

4.5 Fortpflanzungsgesetze zufälliger und systematischer Messabweichungen

Gesucht sind die im Zufallsvektor **y** zusammengefassten Koordinaten y_n und x_n des Endpunktes P_n, die Koeffizientenmatrix **A** und die Kovarianzmatrix $\boldsymbol{\Sigma}_\mathbf{y}$:

$$\mathbf{y} = \begin{pmatrix} y_n \\ x_n \end{pmatrix}$$

$$= \begin{pmatrix} y_A + e_1 \sin(t_A + 200\text{gon} + \beta_1) + e_2 \sin(t_A + 2 \cdot 200\text{gon} + \beta_1 + \beta_2) + \ldots \\ x_A + e_1 \cos(t_A + 200\text{gon} + \beta_1) + e_2 \cos(t_A + 2 \cdot 200\text{gon} + \beta_1 + \beta_2) + \ldots \end{pmatrix}$$

$$= \begin{pmatrix} y_A + \sum_{i=1}^{n}(e_i \cdot \sin(t_A + i \cdot 200\text{gon} + \sum_{j=1}^{i}\beta_j)) \\ x_A + \sum_{i=1}^{n}(e_i \cdot \cos(t_A + i \cdot 200\text{gon} + \sum_{j=1}^{i}\beta_j)) \end{pmatrix} = \begin{pmatrix} y_A + \sum_{i=1}^{n}(e_i \cdot \sin t_i) \\ x_A + \sum_{i=1}^{n}(e_i \cdot \cos t_i) \end{pmatrix}$$

$$\mathbf{A} = \begin{pmatrix} \sin t_1 & \sum_{i=1}^{n} e_i \cos t_i & \sin t_2 & \sum_{i=2}^{n} e_i \cos t_i & \ldots & \sin t_n & e_n \cos t_n \\ \cos t_1 & \sum_{i=1}^{n} -e_i \sin t_i & \cos t_2 & \sum_{i=2}^{n} -e_i \sin t_i & \ldots & \cos t_n & -e_n \sin t_n \end{pmatrix}$$

$$= \begin{pmatrix} \sin t_1 & \sum_{i=1}^{n} \Delta x_i & \sin t_2 & \sum_{i=2}^{n} \Delta x_i & \ldots & \sin t_n & \Delta x_n \\ \cos t_1 & \sum_{i=1}^{n} -\Delta y_i & \cos t_2 & \sum_{i=2}^{n} -\Delta y_i & \ldots & \cos t_n & -\Delta y_n \end{pmatrix}$$

$$= \begin{pmatrix} \sin t_1 & (x_n - x_1) & \sin t_2 & (x_n - x_2) & \ldots & \sin t_n & \Delta x_n \\ \cos t_1 & -(y_n - y_1) & \cos t_2 & -(y_n - y_2) & \ldots & \cos t_n & -\Delta y_n \end{pmatrix}$$

$$\sigma_{x_n}^2 = \sum_{i=1}^{n}(\sin^2 t_i \cdot \sigma_{e_i}^2) + (x_n - x_A)^2 \cdot \sigma_{\beta_1}^2 + (x_n - x_1)^2 \cdot \sigma_{\beta_2}^2 + \ldots + \Delta x_n^2 \cdot \sigma_{\beta_n}^2$$

$$\sigma_{y_n}^2 = \sum_{i=1}^{n}(\cos^2 t_i \cdot \sigma_{e_i}^2) + (y_n - y_A)^2 \cdot \sigma_{\beta_1}^2 + (y_n - y_1)^2 \cdot \sigma_{\beta_2}^2 + \ldots + \Delta y_n^2 \cdot \sigma_{\beta_n}^2$$

$$\sigma_{x_n y_n} = \sum_{i=1}^{n}(\sin t_i \cos t_i \cdot \sigma_{e_i}^2) + (x_n - x_A)(y_n - y_A) \cdot \sigma_{\beta_1}^2 + \ldots + \Delta x_n \Delta y_n \cdot \sigma_{\beta_n}^2$$

Die Varianzen $\sigma_{e_i}^2$ der Strecken e_i wirken sich quasi additiv aus, während die Varianzen $\sigma_{\beta_i}^2$ der Winkel β_i vom jeweiligen Messpunkt aus über die Koordinatendifferenz der Restlänge des Zuges die Präzision des Endpunktes beeinflussen.

Für eine Durchschlagsprognose lässt sich neben der Berechnung der Kovarianzmatrix als *Maß für die Präzision* der Endpunktkoordinaten auch eine *Abschätzung über deren Richtigkeit* nach Gl. (4.83) durchführen. Um auf der sicheren Seite zu sein, sollte man für die unbekannten systematischen Abweichungen Δ_{e_i} und Δ_{β_i} solche Beträge veranschlagen, die mutmaßlich nicht überschritten werden. Dabei kann beispielsweise der vermutete Einfluss der horizontalen Seitenrefraktion berücksichtigt werden. Die Abschätzung der Richtigkeit Δ_{x_n} und Δ_{y_n} der Endpunktkoordinaten erfolgt dann nach:

$$\Delta_{x_n} = \sum_{i=1}^{n}(\sin t_i \cdot \Delta_{e_i}) + (x_n - x_A) \cdot \Delta_{\beta_1} + (x_n - x_1) \cdot \Delta_{\beta_2} + \ldots + \Delta x_n \cdot \Delta_{\beta_n}$$

$$\Delta_{y_n} = \sum_{i=1}^{n}(\cos t_i \cdot \Delta_{e_i}) - (y_n - y_A) \cdot \Delta_{\beta_1} - (y_n - y_1) \cdot \Delta_{\beta_2} - \ldots - \Delta y_n \cdot \Delta_{\beta_n}$$

4.6 Spezielle Wahrscheinlichkeitsverteilungen

4.6.1 Gleichverteilung

Eine der einfachsten Wahrscheinlichkeitsverteilungen ist die *diskrete Gleichverteilung*. Sie ist gültig für eine *diskrete Zufallsvariable* X, welche in einem Intervall $[a, b]$ die äquidistanten Werte $x_1, x_2, \ldots, x_n$, wobei $x_1 = a$ und $x_n = b$ gilt, mit *gleich großer Wahrscheinlichkeit* $f(x_i)$ annimmt:

$$f(x_i) = \begin{cases} \dfrac{1}{n} & \text{für } i = 1, \ldots, n, \\ 0 & \text{sonst} \end{cases} \quad \text{mit } \sum_{i=i}^{n} f(x_i) = \sum_{i=1}^{n} \dfrac{1}{n} = 1 \qquad (4.85)$$

Erwartungswert $E(X) = \mu$ und Varianz $var(X) = \sigma^2$:

$$\mu = \sum_{i=1}^{n} x_i \cdot f(x_i) = \frac{1}{n} \sum_{i=1}^{n} x_i = \frac{b+a}{2} \qquad (4.86)$$

$$\sigma^2 = \sum_{i=1}^{n} (x_i - \mu)^2 \cdot f(x_i) = \frac{n+1}{n-1} \cdot \frac{(b-a)^2}{12} \qquad (4.87)$$

Beispiel 4.34: *Gleichverteilung beim Würfeln*
Werfen mit einem Würfel (X = Augenzahl): $a = 1$, $b = 6$, $n = 6$, $f(x_i) = 1/6$

Erwartungswert $\mu = \dfrac{7}{2}$, Varianz $\sigma^2 = \dfrac{35}{12}$, Standardabweichung $\sigma = 1,7$

Falls die Zufallsvariable X *stetig* und ihre *Dichtefunktion* $f(x)$ im Intervall $[a, b]$ konstant ist, gilt für X die *kontinuierliche Gleich- oder Rechteckverteilung (Abb. 4.11)*:

$$f(x) = \begin{cases} \dfrac{1}{b-a} & \text{für } a < x < b, \\ 0 & \text{sonst} \end{cases} \quad \text{mit } \int_{-\infty}^{\infty} f(x)\, dx = 1 \qquad (4.88)$$

Erwartungswert $E(X) = \mu$ und Varianz $var(X) = \sigma^2$:

$$\mu = \int_{-\infty}^{\infty} x \cdot f(x)\,dx = \int_a^b x \cdot \frac{1}{b-a}\,dx = \frac{b+a}{2} \qquad (4.89)$$

$$\sigma^2 = \int_{-\infty}^{\infty} x^2 \cdot f(x)\,dx - \mu^2 = \frac{(b-a)^2}{12} \qquad (4.90)$$

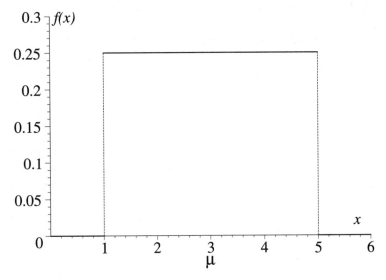

Abbildung 4.11: Dichtefunktion der stetigen Gleichverteilung mit Erwartungswert $\mu = 3$ und Standardabweichung $\sigma = 1,15$

Verteilungsfunktion $F(x)$ der kontinuierlichen Gleichverteilung:

$$F(x) = \begin{cases} 0 & \text{für } x < a \\ \dfrac{x-a}{b-a} & \text{für } a \leq x < b \\ 1 & \text{für } b \leq x \end{cases} \qquad (4.91)$$

Angewandt wird die kontinuierliche Gleichverteilung

- wenn ein beliebiger Wert in einem Wertebereich gleichwahrscheinlich ist,
- zur Approximation relativ kleiner Spannweiten beliebiger kontinuierlicher Verteilungen. Beispielsweise ist die normalverteilte Variable X angenähert gleichverteilt im Bereich $\mu - \sigma/3 < X < \mu + \sigma/3$.
- In der Computersimulation mit gleichverteilten Zufallszahlen.

4.6.2 Binomialverteilung

Die *Binomialverteilung* ist eine *diskrete* Wahrscheinlichkeitsverteilung. Mit ihr lässt sich die Wahrscheinlichkeit für ein wiederholt durchgeführtes Zufallsexperiment berechnen, welches bei der einzelnen Ausführung nur zwei mögliche Ergebnisse hat, wie z. B. beim Werfen einer Münze die Ergebnisse „Kopf" oder „Zahl". Dies sind die Ereignisse A und $\bar{A}$ (= nicht A), die mit der Wahrscheinlichkeit $P(A)$ und $P(\bar{A}) = 1 - P(A)$ auftreten. Bei n unabhängigen Wiederholungen des Zufallsexperimentes tritt x-mal das Ereignis A und $(n-x)$-mal das Ereignis $\bar{A}$ auf („Bernoulli-Experiment"), wofür mit dem Multiplikationssatz für stochastisch unabhängige Ereignisse Gl. (4.13) folgt:

$$P(x\text{-mal } A; (n-x)\text{-mal } \bar{A}) = (P(A))^x \cdot (P(\bar{A}))^{n-x} \tag{4.92}$$

Es gibt insgesamt $\binom{n}{x}$ Möglichkeiten (sprich „n über x")

$$\binom{n}{x} = \frac{n!}{x!(n-x)!} = \frac{n(n-1)\cdots(n-x+1)}{1 \cdot 2 \cdots x},$$

unter den n Experimenten diejenigen x auszuwählen, bei denen A eintritt (Kombination ohne Berücksichtigung der Anordnung und ohne Wiederholung). Daher ergibt sich mit der Wahrscheinlichkeit $P(A) = p$ für das einzelne Ereignis A die *Wahrscheinlichkeitsfunktion der Binomialverteilung*:

$$f(x) = \binom{n}{x} \cdot p^x \cdot (1-p)^{n-x}, \qquad x = 0, 1, \ldots, n \tag{4.93}$$

Die Binomialverteilung hängt von den Parametern n und p ab, weshalb auch definiert wird, X ist $B(n,p)$ bzw. $B(x/n,p)$ verteilt. Es sei $X \sim B(n,p)$ und $Y \sim B(m,p)$ mit $P(X) = P(Y) = p$, dann gilt wegen der *Reproduktivität* der Binomialverteilung $(X+Y) \sim B(n+m,p)$.

Nach Gl. (4.21) ergibt sich

$$E(X) = \mu = \sum_{x=0}^{n} x \cdot f(x) = \sum_{x=0}^{n} x \cdot \binom{n}{x} \cdot p^x \cdot (1-p)^{n-x},$$

woraus durch Umformungen der *Erwartungswert der Binomialverteilung* folgt zu:

$$\mu = n \cdot p \tag{4.94}$$

Dieses Ergebnis folgt auch, wenn bei einmaliger Durchführung des Zufallsexperimentes der Zufallsvariablen X_i die Werte 1 (Ereignis A tritt ein) und 0 (Ereignis A tritt nicht ein) mit $P(1) = p$ und $P(0) = 1 - p$ zugewiesen werden. Es ist $E(X_i) = 1 \cdot p + 0 \cdot (1-p) = p$. Bei n-facher unabhängiger Wiederholung des Experimentes ergibt sich:

Zufallsvariable $X = \sum_{i=1}^{n} X_i$ mit dem Erwartungswert $E(X) = \sum_{i=1}^{n} E(X_i) = n \cdot p$.

Nach Gl. (4.28) folgt für die *Varianz der Binomialverteilung*:

$$var(X) = \sigma^2 = n \cdot p \cdot (1-p) \tag{4.95}$$

Die Varianzformel lässt sich analog zu den vorherigen Überlegungen zum Erwartungswert herleiten. Für das einzelne Experiment beträgt die Varianz: $var(X_i) = (0-p)^2 \cdot (1-p) + (1-p)^2 \cdot p = p \cdot (1-p)$, woraus wegen der Unabhängigkeit der X_i gilt:

$$var(X) = \sum_{i=1}^{n} var(X_i) = n \cdot p \cdot (1-p)$$

Beispiel 4.35: *Binomialverteilung bei der Qualitätskontrolle*
Bei der Endabnahme einer Fertigung hat sich herausgestellt, dass 8 % der gefertigten Stücke den Anforderungen nicht genügen (Ereignisse „brauchbar" oder „nicht brauchbar"). Wie groß ist die Wahrscheinlichkeit, dass von 10 zufällig ausgewählten Prüflingen
a) genau 1 und b) höchstens 3 unbrauchbar sind. Gegeben: $n = 10$, $p = 0,08$.

zu a) Die Wahrscheinlichkeit, dass genau 1 Prüfling unbrauchbar ist, beträgt:

$$f(1) = \binom{10}{1} \cdot 0,08 \cdot (1-0,08)^{10-1} = 0,3777 \hat{=} 37,77\,\%.$$

zu b) Wenn höchstens 3 Prüflinge unbrauchbar sein dürfen, sind vier Ereignisse möglich:

$$x_1 = 0, \quad x_2 = 1, \quad x_3 = 2, \quad x_4 = 3.$$

Die Wahrscheinlichkeit beträgt:

$$F(3) = \sum_{x_j \leq 3} f(x_j)$$

$$= \binom{10}{0} \cdot 0,08^0 \cdot (1-0,08)^{(10-0)} + \binom{10}{1} \cdot 0,08^1 \cdot (1-0,08)^{(10-1)}$$

$$+ \binom{10}{2} \cdot 0,08^2 \cdot (1-0,08)^{(10-2)} + \binom{10}{3} \cdot 0,08^3 \cdot (1-0,08)^{(10-3)}$$

$$= 0,4344 + 0,3777 + 0,1478 + 0,0343 = 0,9942 \hat{=} 99,42\,\%$$

Beispiel 4.36: *Binomialverteilung beim Multiple Choice Test*
In einer schriftlichen Prüfung seien im Multiple Choice Test $n = 80$ Fragen gestellt. Auf jede dieser Fragen gibt es vier mögliche Antworten. Damit beträgt die Wahrscheinlichkeit für das Erraten einer richtigen Antwort jeweils $p = 1/4$. Es soll nun mit 99 % Wahrscheinlichkeit vermieden werden, dass diese Prüfung durch reines Raten bestanden werden kann. Gesucht ist

$$F(x_q) \geq 0,99 = q$$

$k = x_q$ richtig beantwortete Fragen.

Wir setzen
$$f(x) = p_k \quad \text{mit } x = k \in 0, 1, 2, \ldots, 80$$

Es folgt:
$$\sum_{i=0}^{80} p_i = 1$$

oder
$$\sum_{i=0}^{k-1} p_i + \sum_{i=k}^{80} p_i = 1$$

Daraus ergibt sich durch Umformung
$$\sum_{i=0}^{k-1} p_i = 1 - \sum_{i=k}^{80} p_i = F_{(k-1)}$$

das heißt in diesem Beispiel
$$\sum_{i=0}^{k-1} p_i \geq 0,99$$

Durch Aufsummieren folgt:
$$f(0) = p_0 = \binom{80}{0}\left(\frac{1}{4}\right)^0 \left(\frac{3}{4}\right)^{80-0} = 1 \cdot 10^{-10}$$
$$f(1) = p_1 = \ldots$$
$$\vdots$$
$$f(k-1) = p_{29}$$
$$F_{(k-1)} = \sum_{i=0}^{k-1} p_i = 0,99106$$

Somit sind mindestens $k = 30$ richtige Antworten zu fordern, um ein „Zufallsergebnis" zu vermeiden.

Aus dem zentralen Grenzwertsatz kann abgeleitet werden, dass die Binomialverteilung mit einem Stichprobenumfang $n > 30$ asymptotisch in die Normalverteilung übergeht.

Mithilfe einer Variablentransformation der Zufallsvariablen x_i in die standardnormalverteilte Zufallsvariable Z, vgl. Kap. 4.6.5:

$$X = x_1 + x_2 + \ldots + x_n$$
$$Z = \frac{X - \mu}{\sigma}$$

erhalten wir auf elegante Weise

$$E(X) = \mu = n \cdot p = 80 \cdot \frac{1}{4} = 20$$
$$\sigma^2 = n \cdot p \cdot (1-p) = 80 \cdot \frac{1}{4} \cdot \frac{3}{4} = 15$$

und mit $\alpha = 1\%$ sowie dem Quantil der standardnormalverteilten Zufallsvariablen X (vgl. Beispiel 4.40 und Tabelle 4.3):

$$a = Z_{1-\alpha/2} \cdot \sigma = Z_{0,995} \cdot \sigma = 2,58 \cdot \sqrt{15} = 9,99$$

d. h. $(\mu + a) = (20 + 9,99)$ und somit 30 richtige Antworten sind zu fordern, womit die o. a. strenge Lösung bestätigt wird.

4.6.3 Hypergeometrische Verteilung

Die Binomialverteilung entspricht dem n-fachen „Ziehen mit Zurücklegen" beim Urnenmodell, sodass für jede Ziehung die Wahrscheinlichkeit p konstant bleibt. Die diskrete *hypergeometrische Verteilung* entspricht dem „Ziehen *ohne* Zurücklegen". Aus einer endlichen Menge von N Gegenständen weisen M Gegenstände eine bestimmte Eigenschaft A auf, während die restlichen $N - M$ diese Eigenschaft nicht haben. Beispielsweise enthält ein Behälter N gefertigte Stücke, darunter M unbrauchbare („Ausschuss"). Die Wahrscheinlichkeit, dass bei einer zufälligen Entnahme vom Umfang n aus N Gegenständen genau x die Eigenschaft A haben (z. B. Ausschuss sind), wird berechnet mit der *Wahrscheinlichkeitsfunktion der hypergeometrischen Verteilung*:

$$f(x) = \frac{\binom{M}{x}\binom{N-M}{n-x}}{\binom{N}{n}} \tag{4.96}$$

Erwartungswert $E(X) = \mu$ und Varianz $var(X) = \sigma^2$:

$$\mu = n \cdot \frac{M}{N}, \qquad \sigma^2 = \frac{n(N-n)}{N-1} \cdot \frac{M}{N} \cdot \left(1 - \frac{M}{N}\right) \tag{4.97}$$

Die hypergeometrische Verteilung $H(N, M, n)$ bzw. $H(x/N, M, n)$ hängt von den Parametern N, M und n ab. Bezeichnet man $\frac{M}{N} = p$ und sei $X \sim B(n, p)$ und $Y \sim H(N; M, n)$, dann haben X und Y denselben Erwartungswert, aber für ihre Varianzen gilt: $var(Y) = \frac{N-n}{N-1} \cdot var(X)$. Wenn N, M und $N - M$ groß sind und n im Verhältnis dazu klein ist ($\lim_{N \to \infty} \frac{M}{N} = p = const.$), lässt sich die hypergeometrische Verteilung durch die Binomialverteilung approximieren.

Beispiel 4.37: *Hypergeometrische Verteilung*
Zahlenlotto 6 aus 49 Zahlen (Ziehen ohne Zurücklegen beim Urnenmodell, wobei man sich unter den 49 Kugeln 6 markiert vorstellen kann). Es ist daher $N = 49$, $M = 6$, $n = 6$ und $x = 3, 4, 5, 6$.

$$f(x=3) = \frac{\binom{6}{3}\binom{49-6}{6-3}}{\binom{49}{6}} = \frac{20 \cdot 12\,341}{13\,983\,816} = \frac{1}{56,77} \mathrel{\hat{=}} 1,765\,\%$$

$$f(x=4) = \frac{\binom{6}{4}\binom{49-6}{6-4}}{\binom{49}{6}} = \frac{15 \cdot 903}{13\,983\,816} = \frac{1}{1032,40} \mathrel{\hat{=}} 0,097\,\%$$

$$f(x=5) = \frac{\binom{6}{5}\binom{49-6}{6-5}}{\binom{49}{6}} = \frac{6 \cdot 43}{13\,983\,816} = \frac{1}{54\,200,84} \mathrel{\hat{=}} 0,002\,\%$$

$$f(x=6) = \frac{\binom{6}{6}\binom{49-6}{6-6}}{\binom{49}{6}} = \frac{1}{13\,983\,816} \mathrel{\hat{=}} 0,000\,007\,\%$$

4.6.4 Poisson-Verteilung

Wenn bei Bernoulli-Experimenten die Wahrscheinlichkeit für das einzelne Experiment (Ereignis A) sehr klein ($p \to 0$), gleichzeitig die Anzahl n der Ausführungen des Experimentes sehr groß ist ($n \to \infty$) und zwar derart, dass der Erwartungswert $\mu = n \cdot p$ gegen einen endlichen (konstanten) Wert strebt,

$$f(x) = \lim_{\substack{p \to 0 \\ np = const.}} \binom{n}{x} p^x (1-p)^{n-x} = \frac{(np)^x}{x!} e^{-np}$$

ergibt sich mit $np = \mu = const.$ die *Wahrscheinlichkeitsfunktion der Poisson-Verteilung*:

$$f(x) = \frac{\mu^x}{x!} e^{-\mu} \qquad (4.98)$$

Die *diskrete Poisson-Verteilung* $Ps(\mu)$ bzw. $Ps(x/\mu)$ hängt nur vom Parameter μ ab. Der Erwartungswert und die Varianz sind gleich dem Parameter:

$$E(X) = var(X) = \mu \qquad (4.99)$$

Es seien die unabhängigen Zufallsvariablen $X_1, X_2, \ldots, X_n$ poissonverteilt mit den Parametern $\mu_1, \mu_2, \ldots \mu_n$, dann ist $X = \sum X_i$ poissonverteilt mit dem Parameter $\mu = \sum \mu_i$ (*Reproduktivität* der Poisson-Verteilung).

Anwendung findet diese Verteilung bei der Berechnung der Wahrscheinlichkeit relativ seltener Ereignisse, wie beispielsweise die Anzahl von Kraftfahrzeugen, die pro Minute einen bestimmten Zählpunkt passieren. Die Anzahl der Autos pro Tag kann sehr groß sein, die Wahrscheinlichkeit, dass ein Auto innerhalb einer bestimmten Minute vorbeifährt, ist jedoch sehr klein.

Falls $p \leq 0,1$, $n \geq 10$ und $\mu \geq 5$ ist, lässt sich mit der Poisson-Verteilung die Binomialverteilung annähern. Das gilt auch für die Hypergeometrische Verteilung, wenn N „groß" gegenüber n und $p = \frac{M}{N} \leq 0,1$ ist, woraus $\mu = np$ folgt.

Beispiel 4.38: *Poisson-Verteilung in der Verkehrszählung*
Vor einer Bahnschranke kann der Stauraum bis zur nächsten Kreuzung maximal $x = 20$ Fahrzeuge (Fz) aufnehmen. Die Verkehrsstärke betrage $M = 150(Fz/h)$. Die Schranke ist maximal $t = 4$ Minuten geschlossen. Gesucht ist die Wahrscheinlichkeit $P(X \leq 20)$, dass sich Fahrzeuge vor der Bahnschranke nicht bis in den Kreuzungsbereich zurück stauen?

Es ergibt sich eine mittlere Anzahl an Fahrzeugen ($=$ Erwartungswert μ) pro 4 Minuten zu

$$\mu = \frac{M \cdot t}{60} = \frac{150 \cdot 4}{60} = 10(Fz/4\ min)$$

Damit folgt mittels Gl. (4.98)

$$f(20) = \frac{10^{20}}{20!} \cdot e^{-10} = 0,0019$$

sodass

$$P(X \leq 20) = 1 - f(20) = 0,9981\ .$$

Mit 99,8 % Wahrscheinlichkeit reicht der Stauraum aus; oder anders ausgedrückt: Mit 0,2 % Wahrscheinlichkeit stauen sich mehr als 20 Fahrzeuge vor der Bahnschranke, sodass der Verkehr auf der Kreuzung behindert wird.

4.6.5 Normalverteilung

Normalverteilung

Die *Normalverteilung* oder *Gauß-Verteilung* ist die wichtigste *stetige* Verteilung. Viele Zufallsvariable bei Beobachtungen in der Praxis sind normalverteilt oder zumindest genähert normalverteilt. Hat man keine Kenntnis über die Verteilung einer bestimmten Messgröße, aber lässt sich aufgrund von Messwerten erkennen, dass ihre Grundgesamtheit eingipflig ist, dann führt die Annahme einer Normalverteilung zu brauchbaren Ergebnissen. Auch lassen sich gewisse nicht normalverteilte Zufallsvariable in zumindest genähert normalverteilte transformieren.

Die *Dichtefunktion der Normalverteilung*

$$f(x) = \frac{1}{\sigma\sqrt{2\pi}}\, e^{-\frac{1}{2}\left(\frac{x-\mu}{\sigma}\right)^2} \tag{4.100}$$

ist von den zwei Parametern μ und σ abhängig ($e = 2,718282$ und $\pi = 3,141593$ sind mathematische Konstanten). Man bezeichnet daher eine normalverteilte Zufallsvariable mit $X \sim N(\mu; \sigma^2)$.

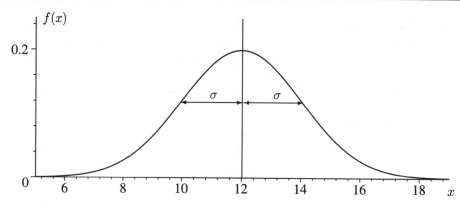

Abbildung 4.12: Dichtefunktion $f(x)$ der Normalverteilung ($\mu = 12$, $\sigma = 2$)

Die Dichtefunktion hat folgende Eigenschaften:

- Der Erwartungswert μ ist der *Lageparameter* der *Gaußschen Glockenkurve*, der die Mitte aller x-Werte und damit die Lage der Kurve auf der x-Achse angibt. Die Standardabweichung σ, die das Streuen der x-Werte um den Erwartungswert μ kennzeichnet, ist der *Formparameter* der Normalverteilung, welcher die Höhe der Kurve festlegt. Je größer σ ist, umso flacher ist der Kurvenverlauf, d. h. umso breiter ist die Kurve und umso niedriger liegt das Maximum.
- Die Kurve ist symmetrisch zur Achse $x = \mu$, d. h. Punkte, die nach links in negativer und nach rechts in positiver Richtung gleichweit von μ entfernt sind, haben die gleiche Dichte $f(\mu - a) = f(\mu + a)$. An der Stelle $x = \mu$ besitzt die Kurve mit $f(\mu) = \dfrac{1}{\sigma \cdot \sqrt{2\pi}} \approx \dfrac{0{,}3989}{\sigma}$ ihr Maximum und fällt zu den Grenzen hin auf $\lim\limits_{x \to -\infty} f(x) = \lim\limits_{x \to \infty} f(x) = 0$ ab.
- Der jeweilige Abstand der Wendepunkte der Kurve von der Symmetrieachse ist gleich der Standardabweichung σ.

Verteilungsfunktion der Normalverteilung:

$$F(x) = \frac{1}{\sigma\sqrt{2\pi}} \int_{-\infty}^{x} e^{-\frac{1}{2}\left(\frac{v-\mu}{\sigma}\right)^2} dv \qquad (4.101)$$

Die Wahrscheinlichkeit, dass eine normalverteilte Zufallsvariable X Werte zwischen x_1 und x_2 annimmt, ergibt sich mit Gl. (4.101) zu:

$$P(x_1 \leq X \leq x_2) = F(x_2) - F(x_1) = \frac{1}{\sigma\sqrt{2\pi}} \int_{x_1}^{x_2} e^{-\frac{1}{2}\left(\frac{v-\mu}{\sigma}\right)^2} dv \qquad (4.102)$$

Summe normalverteilter Zufallsvariablen:
Auch die Normalverteilung besitzt die reproduzierende Eigenschaft. Für die Summe von zwei unabhängigen normalverteilten Zufallsvariablen $X_1 \sim N(\mu_1; \sigma_1^2)$ und $X_2 \sim N(\mu_2; \sigma_2^2)$ gilt

$$X = X_1 + X_2 \sim N(\mu_1 + \mu_2; \sigma_1^2 + \sigma_2^2). \tag{4.103}$$

Eine analoge Formel gilt für die Summe zweier unabhängiger normalverteilter Vektoren.

Unabhängigkeit normalverteilter Zufallsvariablen:
Im Zusammenhang mit Gl. (4.69) wurde bereits ausgeführt, dass stochastisch unabhängige Zufallsvariable auch unkorreliert sind (Kovarianz $\sigma_{ij} = 0$ und Korrelationskoeffizient $\rho_{ij} = 0$). Hier sei noch einmal betont, dass nur bei normalverteilten Zufallsvariablen zusätzlich der Umkehrschluss gilt, wonach unkorrelierte Zufallsvariable auch stochastisch unabhängig sind.

Standardnormalverteilung

Das Integral in Gl. (4.101) und Gl. (4.102) ist mithilfe elementarer Funktionen nicht lösbar. Jedoch besitzt die Normalverteilung die Eigenschaft, dass jede *lineare Transformation* $Z = aX + b$ einer normalverteilten Zufallsvariablen $X \sim N(\mu_x; \sigma_x^2)$ wieder eine normalverteilte Zufallsvariable $Z \sim N(\mu_z; \sigma_z^2)$ ergibt mit den Parametern:

$$\mu_z = E(Z) = a\,E(X) + b = a\mu_x + b$$
$$\sigma_z^2 = var(Z) = a^2\,var(X) = a^2\sigma_x^2$$

Durch Wahl von $E(Z) = 0$ und $var(Z) = 1$ erhält man $a = 1/\sigma$ und $b = -\mu/\sigma$, sodass sich jede $X \sim N(\mu; \sigma^2)$-verteilte Zufallsvariable mit

$$Z = \frac{X - \mu}{\sigma} \tag{4.104}$$

transformieren lässt in die *standardnormalverteilte Zufallsvariable* $Z \sim N(0;1)$ mit dem Erwartungswert $\mu = 0$ und der Varianz $\sigma^2 = 1$ bzw. Standardabweichung $\sigma = 1$.

Dichtefunktion der Standardnormalverteilung:

$$f(z) = \frac{1}{\sqrt{2\pi}}\, e^{-\frac{1}{2}z^2} \tag{4.105}$$

Zwischen den x_i-Werten einer beliebigen Normalverteilung $X \sim N(\mu_x; \sigma_x^2)$ und den z_i-Werten einer Standardnormalverteilung $Z \sim N(0;1)$ gelten die Umrechnungsformeln:

$$z_i = \frac{x_i - \mu_x}{\sigma_x} \qquad x_i = \mu_x + z_i \cdot \sigma_x \tag{4.106}$$

$$f(z_i) = \sigma_x \cdot f(x_i) \qquad f(x_i) = \frac{1}{\sigma_x} \cdot f(z_i) \tag{4.107}$$

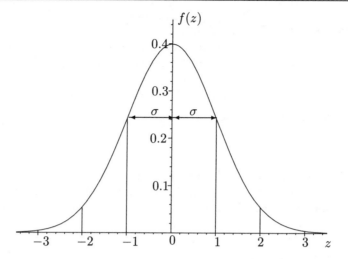

Abbildung 4.13: Dichtefunktion $f(z)$ der Standardnormalverteilung ($\mu = 0, \sigma = 1$)

Verteilungsfunktion der Standardnormalverteilung:

$$F(z) = \frac{1}{\sqrt{2\pi}} \int_{-\infty}^{z} e^{-\frac{1}{2} u^2} du \qquad (4.108)$$

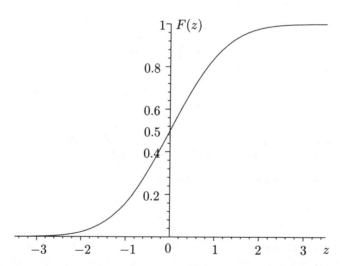

Abbildung 4.14: Verteilungsfunktion $F(z)$ der Standardnormalverteilung

Es gilt:

$$F(x) = F(z) \quad \text{und} \quad P(x_1 \leq X \leq x_2) = P(z_1 \leq Z \leq z_2) \qquad (4.109)$$

Daher kann die Fragestellung von Gl. (4.102) mithilfe der Standardnormalverteilung gelöst werden:

$$P(z_1 \leq Z \leq z_2) = F(z_2) - F(z_1) = \frac{1}{\sqrt{2\pi}} \int_{z_1}^{z_2} e^{-\frac{1}{2}u^2} du \qquad (4.110)$$

Wegen der Symmetrie der Normalverteilung gilt ferner:

$$F(-z) = 1 - F(+z) \qquad (4.111)$$

Die Werte der Dichtefunktion $f(z)$ und der Verteilungsfunktion $F(z)$ für die *Standardnormalverteilung* lassen sich entweder den Tabellen 4.2 und 4.3 entnehmen oder mit verfügbaren Statistikprogrammen berechnen. Beispielsweise ergibt sich nach [AS72] (Nr. 26.2.16) mit Gl. (4.105) für Gl. (4.108) die polynomiale Approximation:

$$F(z) = 1 - f(z) \cdot (a_1 \cdot t + a_2 \cdot t^2 + a_3 \cdot t^3) + \epsilon(z), \quad \text{für} \quad z \geq 0$$

$$t = \frac{1}{1 + p \cdot z}, \qquad p = 0{,}33267, \qquad |\epsilon(z)| < 1 \cdot 10^{-5} \qquad (4.112)$$

$$a_1 = 0{,}4361836, \quad a_2 = -0{,}1201676, \quad a_3 = 0{,}937298$$

Beispiel 4.39: *Wahrscheinlichkeiten von normalverteilten Zufallsvariablen*
Für eine Zufallsvariable $X \sim N(\mu; \sigma^2)$ sind mit der Substitution $z = \frac{x-\mu}{\sigma}$ Wahrscheinlichkeiten für die Wertebereiche zu berechnen, die mit der ein-, zwei- und dreifachen Standardabweichung um den Erwartungswert μ gebildet werden (Konfidenz- oder Vertrauensintervall, siehe Kap. 7.1).

$$
\begin{aligned}
P(x_1 = \mu - \sigma < X < x_2 = \mu + \sigma) &= P(z_1 = -1 < Z < z_2 = +1) \\
&= F(+1) - F(-1) \\
&= F(+1) - (1 - F(+1)) \\
&= 0{,}8413 - (1 - 0{,}8413) \hat{=} 68{,}27\,\% \\
P(x_1 = \mu - 2\sigma < X < x_2 = \mu + 2\sigma) &= F(+2) - F(-2) \hat{=} 95{,}45\,\% \\
P(x_1 = \mu - 3\sigma < X < x_2 = \mu + 3\sigma) &= F(+3) - F(-3) \hat{=} 99{,}73\,\%
\end{aligned}
$$

Bei einer großen Anzahl von Versuchen werden von den beobachteten Werten einer normalverteilten Zufallsvariablen etwa 68,3 % bzw. 95,5 % bzw. 99,7 % (d. h. fast alle) zwischen den 1σ- bzw. 2σ- bzw. 3σ-Grenzen liegen.

Bezeichnet man mit α die Wahrscheinlichkeit (siehe „Irrtumswahrscheinlichkeit" in Kap. 7.1.1), dass ein Wert (eine Realisierung) der Zufallsvariablen außerhalb des Konfidenzintervalls liegt, dann gibt $1 - \alpha$ die Wahrscheinlichkeit (Konfidenzniveau) dafür an, dass ein Wert innerhalb des Konfidenzintervalls liegt. Die mithilfe der Standardnormalverteilung zu bestimmenden Grenzen z_α bzw. $z_{1-\alpha}$ heißen *Quantile* oder auch *Fraktile*. Wegen der Symmetrie der Normalverteilung gilt:

$$z_\alpha = -z_{1-\alpha} \qquad (4.113)$$

Die Quantile lassen sich entweder der Tabelle 4.3 entnehmen oder nach [AS72] (Nr. 26.2.23) berechnen mit:

$$z_{1-\alpha} = t - \frac{c_0 + c_1 t + c_2 t^2}{1 + d_1 t + d_2 t^2 + d_3 t^3} + \epsilon(\alpha), \quad \text{für} \quad 0,5 \leq (1-\alpha) < 1$$

$$t = \sqrt{\ln \frac{1}{\alpha^2}}, \qquad |\epsilon(\alpha)| < 3 \cdot 10^{-4} \qquad (4.114)$$

$$c_0 = 2,515517, \quad c_1 = 0,802853, \quad c_2 = 0,010328$$
$$d_1 = 1,432788, \quad d_2 = 0,189269, \quad d_3 = 0,001308$$

Beispiel 4.40: *Quantile standardnormalverteilter Zufallsvariablen*
Mit $\alpha = 5\%$ bzw. $\alpha = 1\%$ bzw. $\alpha = 0,1\%$ ergeben sich die Quantile $z_{1-\alpha/2}$ zu $z_{0,975} = 1,96$ bzw. $z_{0,995} = 2,58$ bzw. $z_{0,9995} = 3,29$, woraus sich die Konfidenzintervalle für die Wahrscheinlichkeiten $P = 95\%$, $P = 99\%$ und $P = 99,9\%$ ergeben:

$$P(\mu - 1,96\,\sigma < X < \mu + 1,96\,\sigma) = 95\,\%$$
$$P(\mu - 2,58\,\sigma < X < \mu + 2,58\,\sigma) = 99\,\%$$
$$P(\mu - 3,29\,\sigma < X < \mu + 3,29\,\sigma) = 99,9\,\%$$

Die große Bedeutung der Normalverteilung ergibt sich aus dem *zentralen Grenzwertsatz*. Er besagt, dass die Folge der Verteilungsfunktionen von standardisierten Summen der ersten n Glieder einer Folge von unabhängigen Zufallsgrößen $X_1, X_2, \ldots$ mit wachsendem n gegen die Verteilungsfunktion der standardisierten Normalverteilung strebt, wenn die Zufallsgrößen X_i gewissen Bedingungen genügen, die bei praktischen Problemen meistens als erfüllt angenommen werden können.

Zentraler Grenzwertsatz:
Es sei $X_1, X_2, \ldots, X_n$ eine Folge von unabhängigen Zufallsgrößen. Weiter seien a, b, c reelle Zahlen, sodass für alle $i \in I\!N$ die Bedingungen

$$0 < a < var(X_i) < b \quad \text{und} \quad E(|X_i - E(X_i)|^3) < c$$

erfüllt sind. Dann konvergiert die Folge der Verteilungsfunktionen der Zufallsgrößen

$$Y_n = \frac{\sum_{i=1}^{n} X_i - \sum_{i=1}^{n} E(X_i)}{\sqrt{\sum_{i=1}^{n} var(X_i)}} \qquad (4.115)$$

mit wachsendem n gegen die Verteilungsfunktion der Standardnormalverteilung $Z \sim N(0; 1)$.

Bei beliebiger Verteilung von X_i ist bereits bei relativ kleinem n (etwa $n = 30$) eine gute Approximation durch die Normalverteilung möglich. Daher lassen sich gewisse, bei großem n schwierig zu berechnende Verteilungen (wie z. B. die Binomialverteilung, Kap. 4.6.2) durch die Normalverteilung brauchbar annähern.

Beispiel 4.41: *Binomialverteilung und Normalverteilung*
Wie groß ist die Wahrscheinlichkeit, bei $n = 14$ Würfen einer Münze zwischen 6 und 9 mal „Kopf" zu erhalten?

[a] *Binomialverteilung*:
Wie in Kapitel 4.6.2 dargestellt, sind die Wahrscheinlichkeiten mit der diskreten Binomialverteilung zu berechnen. Mit der Wahrscheinlichkeit $p = 0,5$ für das einzelne Ereignis „Kopf" und $n = 14$ ergibt sich:

$$P(6 \leq X \leq 9) = f(6) + f(7) + f(8) + f(9)$$
$$= 0,1833 + 0,2095 + 0,1833 + 0,1222 = 0,6982$$

[b] *Normalverteilung*:
Bei der Berechnung der Wahrscheinlichkeit für Intervalle einer ganzzahligen Zufallsvariablen müssen die Intervallgrenzen beidseitig um 0,5 verlegt werden, was als *Stetigkeitskorrektur* bezeichnet wird. Dem diskreten *Intervall* $6 \leq X \leq 9$ entspricht folglich das stetige *Intervall* $5,5 \leq X \leq 9,5$. Die Binomialverteilung hat den Erwartungswert $\mu = n \cdot p = 7$ und die Standardabweichung $\sigma = \sqrt{n \cdot p \cdot (1-p)} = 1,87$. Somit gilt $X \sim N(7; 1,87^2)$. Die Umrechnung in die Standardnormalverteilung $Z \sim N(0; 1)$ ergibt:

$$z_1 = \frac{5,5 - 7}{1,87} = -0,8018, \quad z_2 = \frac{9,5 - 7}{1,87} = 1,3363,$$

woraus die Wahrscheinlichkeit $P(-0,8018 \leq Z \leq 1,3363)$ für die standardnormalverteilte Variable Z folgt:

$$P(-0,8018 \leq Z \leq 1,3363) = F(1,3363) - F(-0,8018)$$
$$= 0,9093 - 0,2114 = 0,6979$$

Die Wahrscheinlichkeiten nach [a] und nach [b] unterscheiden sich nur um $0,6982 - 0,6979 = 0,0003$. Diese sehr gute Approximation durch die Normalverteilung ist hier bereits bei $n = 14$ Münzwürfen gegeben, da die Binomialverteilung wegen $p = 0,5$ symmetrisch ist. Je mehr die Einzelwahrscheinlichkeit p von dem Mittelwert $0,5$ abweicht, umso schiefer ist die Binomialverteilung und umso größer muss die Anzahl n der Versuche sein, um eine ähnlich gute Übereinstimmung zu erzielen.

Neben der Berechnung von Wahrscheinlichkeiten wird die Standardnormalverteilung vor allem auch als *Testverteilung* benutzt. Mit Hilfe der *Prüfgröße* (auch *Teststatistik* genannt)

$$\hat{z} = \frac{x_i - \mu}{\sigma} \quad \text{bzw.} \quad \hat{z} = \frac{\bar{x} - \mu}{\sigma_{\bar{x}}}, \quad (4.116)$$

die entweder mit einem Einzelwert x_i oder mit dem Messergebnis $\bar{x}$ berechnet werden kann, lässt sich ein *unbekannter Erwartungswert μ testen*, wenn die *Standardabweichung σ der Grundgesamtheit a-priori vorgegeben* ist (siehe Kap. 7.2.1).

Anschließend wird zunächst die mehrdimensionale Normalverteilung und danach werden drei weitere wichtige Testverteilungen (χ^2-Verteilung, t-Verteilung, F-Verteilung) vorgestellt. Diese lassen sich aus der Normalverteilung ableiten, was die Bedeutung der Normalverteilung als zentrale Wahrscheinlichkeitsverteilung unterstreicht.

Mehrdimensionale Normalverteilung

Der Zufallsvektor **x** mit dem *Erwartungswertvektor* $E(\mathbf{x}) = \boldsymbol{\mu}$ und der *Kovarianzmatrix* $\boldsymbol{\Sigma}$ ist *p-dimensional normalverteilt* $\mathbf{x} \sim N_p(\boldsymbol{\mu}; \boldsymbol{\Sigma})$ falls die Dichte gegeben ist durch

$$f(\mathbf{x}) = (2\pi)^{-\frac{p}{2}} |\boldsymbol{\Sigma}|^{-\frac{1}{2}} \exp\{-\frac{1}{2}(\mathbf{x}-\boldsymbol{\mu})'\boldsymbol{\Sigma}^{-1}(\mathbf{x}-\boldsymbol{\mu})\}, \qquad (4.117)$$

wobei $\boldsymbol{\Sigma}$ positiv definit ist.

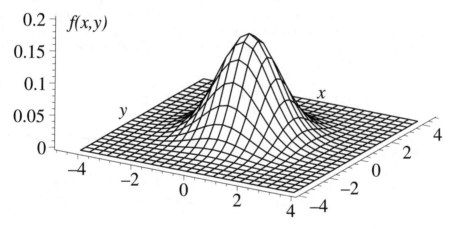

Abbildung 4.15: Dichtefunktion der zweidimensionalen Normalverteilung

Beispiel 4.42: *Zweidimensionale (bivariate) Normalverteilung*
Mit $p = 2$ ist $\mathbf{x} = (x_1, x_2)'$, $\sigma_i^2 = var(x_i)$, $\rho = \rho(x_1, x_2)$ und

$$\boldsymbol{\Sigma} = \begin{pmatrix} \sigma_1^2 & \rho\sigma_1\sigma_2 \\ \rho\sigma_1\sigma_2 & \sigma_2^2 \end{pmatrix}, \quad \boldsymbol{\Sigma}^{-1} = \begin{pmatrix} \dfrac{1}{\sigma_1^2(1-\rho^2)} & -\dfrac{\rho}{\sigma_1\sigma_2(1-\rho^2)} \\ -\dfrac{\rho}{\sigma_1\sigma_2(1-\rho^2)} & \dfrac{1}{\sigma_2^2(1-\rho^2)} \end{pmatrix}.$$

Mit Gl. (4.117) zeigt sich die Dichte:

$$f(x_1, x_2) = \frac{1}{2\pi\sigma_1\sigma_2\sqrt{1-\rho^2}} \cdot \exp\left\{-\frac{1}{2(1-\rho^2)}\left[\left(\frac{x_1-\mu_1}{\sigma_1}\right)^2\right.\right.$$
$$\left.\left. -2\rho\left(\frac{x_1-\mu_1}{\sigma_1}\right)\left(\frac{x_2-\mu_2}{\sigma_2}\right) + \left(\frac{x_2-\mu_2}{\sigma_2}\right)^2\right]\right\} \quad (4.118)$$

Die zugehörigen Randverteilungen (siehe Kap. 4.4.2) haben die Dichten:

$$f_1(x_1) = \frac{1}{\sigma_1\sqrt{2\pi}} \cdot \exp\left\{-\frac{1}{2}\left(\frac{x_1-\mu_1}{\sigma_1}\right)^2\right\}$$
$$f_2(x_2) = \frac{1}{\sigma_2\sqrt{2\pi}} \cdot \exp\left\{-\frac{1}{2}\left(\frac{x_2-\mu_2}{\sigma_2}\right)^2\right\} \quad (4.119)$$

Für $\rho = 0$ gilt:
$$f(x_1, x_2) = f_1(x_1) \cdot f_2(x_2) \quad (4.120)$$

Folglich sind x_1, x_2 genau dann unabhängig nach Gl. (4.56), wenn sie unkorreliert ($\rho = 0$) sind.

Durch die quadratische Form $Q = [\quad]$ im Exponenten der Gl. (4.118) werden Ellipsen (Höhenlinien $Q = const.$) mit dem Mittelpunkt $(\mu_1, \mu_2)'$ definiert.

- Bei $\rho = 0$ sind die Achsen der Ellipsen parallel zu den Koordinatenachsen.
  - Bei $\sigma_1 > \sigma_2$ ist die größere Achse parallel zur x_1-Achse.
  - Bei $\sigma_1 < \sigma_2$ ist die größere Achse parallel zur x_2-Achse.
  - Bei $\sigma_1 = \sigma_2$ ergeben sich konzentrische Kreise.
- Bei $\rho \neq 0$ sind die Achsen der Ellipsen nicht parallel zu den Koordinatenachsen. Ihre genaue Lage kann mithilfe der analytischen Geometrie ermittelt werden.

Wenn $\mathbf{x} \sim N_p(\boldsymbol{\mu}; \boldsymbol{\Sigma})$ linear transformiert wird in $\mathbf{y} = \mathbf{Ax} + \mathbf{b}$, wobei $\mathbf{A}$ eine $(q \times p)$-Matrix mit $\text{rg}(\mathbf{A}) = q \leq p$ ist, dann gilt $\mathbf{y} \sim N_q(\mathbf{A}\boldsymbol{\mu} + \mathbf{b}; \mathbf{A}\boldsymbol{\Sigma}\mathbf{A}')$.

Die Division von $f(\mathbf{y}, \mathbf{x})$ durch $f(\mathbf{x})$ liefert nach Gl. (4.54) die bedingte Verteilungsfunktion von $\mathbf{y}$, gegeben $\mathbf{x}$. Dies ist eine multivariate Normalverteilung mit der Dichte:

$$f(\mathbf{y}|\mathbf{x}) \sim N_q(\boldsymbol{\mu}_{\mathbf{y}|\mathbf{x}}; \boldsymbol{\Sigma}_{\mathbf{y}|\mathbf{x}}) \quad (4.121)$$

$$\boldsymbol{\mu}_{\mathbf{y}|\mathbf{x}} = \boldsymbol{\mu}_{\mathbf{y}} + \boldsymbol{\Sigma}_{\mathbf{yx}}\boldsymbol{\Sigma}_{\mathbf{x}}^{-1}(\mathbf{x} - \boldsymbol{\mu}_{\mathbf{x}}) = E(\mathbf{y}|\mathbf{x}) \quad (4.122)$$

$$\boldsymbol{\Sigma}_{\mathbf{y}|\mathbf{x}} = \boldsymbol{\Sigma}_{\mathbf{y}} - \boldsymbol{\Sigma}_{\mathbf{yx}}\boldsymbol{\Sigma}_{\mathbf{x}}^{-1}\boldsymbol{\Sigma}_{\mathbf{xy}} \quad (4.123)$$

Der bedingte Erwartungswert $\boldsymbol{\mu}_{\mathbf{y}|\mathbf{x}}$ wird auch als *Regressionsfunktion* (siehe Kap. 6.5) bezeichnet. Die $(q \times p)$-Matrix

$$\mathbf{B}' = \boldsymbol{\Sigma}_{\mathbf{yx}}\boldsymbol{\Sigma}_{\mathbf{x}}^{-1} \quad (4.124)$$

ist die Matrix der *Regressionskoeffizienten* von **y** auf **x**.
Wenn y eindimensional ($q = 1$), dann ergibt sich die Partitionierung

$$\mathbf{\Sigma} = \begin{pmatrix} \sigma_y^2 & \boldsymbol{\sigma_{xy}}' \\ \boldsymbol{\sigma_{xy}} & \boldsymbol{\Sigma_x} \end{pmatrix}, \qquad (4.125)$$

und **B** wird zum Spaltenvektor der *multiplen Regressionskoeffizienten*

$$\boldsymbol{\beta} = \boldsymbol{\Sigma_x}^{-1} \boldsymbol{\sigma_{xy}}. \qquad (4.126)$$

Beispiel 4.43: *Regressionsparameter bei der bivariaten Normalverteilung*
Falls $p = q = 1$ ist und $f(y, x)$ in Gl. (4.118) durch

$$f(x) = \frac{1}{\sigma_x \sqrt{2\pi}} \cdot \exp\left\{-\frac{1}{2} \frac{(x - \mu_x)^2}{\sigma_x^2}\right\}$$

dividiert wird, zeigt sich:

$$f(y|x) = \frac{1}{\sigma_y \sqrt{2\pi} \sqrt{1 - \rho^2}} \cdot \exp\left\{-\frac{1}{2} \frac{[y - \mu_y - \rho(\sigma_y/\sigma_x)(x - \mu_x)]^2}{\sigma_y^2 (1 - \rho^2)}\right\} \qquad (4.127)$$

$$\begin{aligned}
\mu_{y|x} &= \mu_y + \rho \frac{\sigma_y}{\sigma_x}(x - \mu_x) \\
\sigma_{y|x}^2 &= \sigma_y^2 (1 - \rho^2) \\
\rho_{y|x} &= \rho, \qquad \beta = \rho \frac{\sigma_y}{\sigma_x}
\end{aligned}$$

4.6.6 χ^2-Verteilung (Helmert-Pearson-Verteilung)

Die χ^2-*Verteilung* (*Chi-Quadrat-Verteilung*) wurde von F. R. Helmert (1876) entdeckt und (nachdem sie zunächst in Vergessenheit geriet) von K. Pearson (1900) wiederentdeckt. Mit ihr lässt sich angeben, mit welcher Wahrscheinlichkeit die Summe der Quadrate standardnormalverteilter Messwerte bestimmte Werte annehmen kann. Da die Varianz σ^2 nach Gl. (4.26) als Mittelwert der quadrierten Abweichungen der Messwerte einer Zufallsvariablen von deren Erwartungswert μ definiert ist, können mithilfe der χ^2-Verteilung Prüfverfahren begründet werden, welche das Streuverhalten normalverteilter Zufallsgrößen untersuchen, wie z. B. die Größe der Varianz σ^2 einer Zufallsvariablen oder das Ausmaß der Anpassung einer Funktion an eine vorgegebene Funktion.

Sind $Z_1, Z_2, \ldots, Z_p$ standardnormalverteilte, stochastisch unabhängige Zufallsvariablen, dann ist die als Zufallsvariable X bezeichnete Summe der Quadrate dieser Variablen

$$X = \sum_{i=1}^{p} Z_i^2 \sim \chi^2(p)$$

χ^2-verteilt mit p *Freiheitsgraden*. Die *Dichtefunktion* der χ^2-Verteilung lautet:

$$f(x) = \frac{1}{2^{p/2} \cdot \Gamma(\frac{p}{2})} \cdot x^{(\frac{p}{2}-1)} \cdot e^{(-\frac{x}{2})} \qquad \text{für } 0 < x < \infty \qquad (4.128)$$

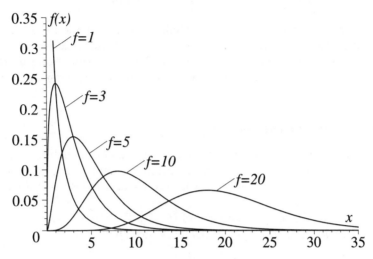

Abbildung 4.16: Dichtefunktionen der χ^2-Verteilung bei den Freiheitsgraden $f = 1$ bis $f = 20$

Da Quadratsummen nicht negativ sein können, ist die χ^2-Verteilung für negative x nicht definiert, d. h. $f(x) = 0$ für $x \leq 0$.

Verteilungsfunktion der χ^2-Verteilung:

$$F(\chi^2; p) = \frac{1}{2^{p/2} \cdot \Gamma(\frac{p}{2})} \int_0^{\chi^2} x^{(\frac{p}{2}-1)} \cdot e^{(-\frac{x}{2})} \, dx \qquad (4.129)$$

Gammafunktion:
Die hier verwendete Gammafunktion $\Gamma(x)$ ist definiert durch

$$\Gamma(x) = \int_0^\infty e^{-t} t^{x-1} \, dt \qquad (x > 0) \qquad (4.130)$$

und hat die Eigenschaften:
1. $\Gamma(x+1) = x \cdot \Gamma(x) \qquad x \in R$[1ex]
2. $\Gamma(\frac{x}{2}) = (\frac{x}{2} - 1)! \qquad (x = 2, 4, \ldots)$[1ex]
3. $\Gamma(\frac{1}{2}) = \sqrt{\pi}$

Für $x = 1$ lässt sich Gl. (4.130) integrieren und man erhält $\Gamma(1) = 1$. Damit ergibt sich fortlaufend weiter:

$$\Gamma(2) = 1 \cdot \Gamma(1) = 1! \quad , \quad \Gamma(3) = 2 \cdot \Gamma(2) = 2!$$
$$\Gamma\left(\tfrac{3}{2}\right) = \tfrac{1}{2} \cdot \Gamma\left(\tfrac{1}{2}\right) = \tfrac{1}{2}\sqrt{\pi} \quad , \quad \Gamma\left(\tfrac{5}{2}\right) = \tfrac{3}{2} \cdot \Gamma\left(\tfrac{3}{2}\right) = \tfrac{3}{4}\sqrt{\pi}$$

Die χ^2-Verteilung ist asymmetrisch. Ihre Form ist bestimmt von ihrem Parameter p, dem Freiheitsgrad. Es gilt:

$$Erwartungswert\ \mu = p,\qquad Varianz\ \sigma^2 = 2p$$

Mit wachsenden p wird die Form der χ^2-Verteilung immer symmetrischer und sie lässt sich für große p durch die Normalverteilung mit dem Erwartungswert $\mu = p$ und der Varianz $\sigma^2 = 2p$ approximieren. Die Werte der Verteilungsfunktion und die Quantile der χ^2-Verteilung lassen sich der Tabelle (4.4) entnehmen oder mit verfügbaren Statistikprogrammen berechnen.

4.6.7 t-Verteilung (Student-Verteilung)

Mit der t-Verteilung lassen sich Prüfverfahren bezüglich des Erwartungswertes μ einer Zufallsvariablen begründen, wenn die Standardabweichung σ der Grundgesamtheit der Zufallsvariablen (im Gegensatz zur Normalverteilung) *nicht* a-priori vorgegeben ist.

Die unabhängigen Zufallsvariablen Z und U seien $Z \sim N(0;1)$ standardnormalverteilt und $U \sim \chi^2(p)$ chiquadratverteilt. Dann ist der Quotient

$$\frac{Z}{\sqrt{U/p}} = \frac{X-\mu}{\hat{\sigma}} \sim t(p) \qquad (4.131)$$

t-verteilt mit p Freiheitsgraden. Es existiert der Erwartungswert für $p \geq 2$ und die Varianz für $p \geq 3$:

$$Erwartungswert\ \mu = 0,\qquad Varianz\ \sigma^2 = \frac{p}{p-2} \qquad (4.132)$$

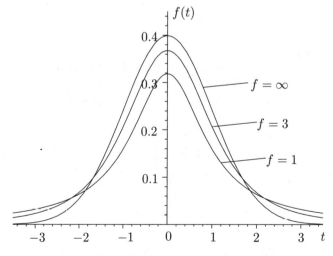

Abbildung 4.17: Dichtefunktion $f(t)$ der t-Verteilung

Die Werte der Verteilungsfunktion und die Quantile der t-Verteilung lassen sich der Tabelle (4.5) entnehmen oder mit verfügbaren Statistikprogrammen berechnen. Die t-Verteilung ist symmetrisch wie die Normalverteilung, aber flacher als diese. Daher sind bei gleicher Wahrscheinlichkeit die Quantile der t-Verteilung größer als die der Normalverteilung. Mit wachsendem Freiheitsgrad wird die t-Verteilung steiler und nähert sich der Normalverteilung an, mit der sie beim Freiheitsgrad ∞ identisch ist. Bereits für $p > 30$ ist die Approximation der t-Verteilung durch die Standardnormalverteilung in der Praxis ausreichend genau.

4.6.8 F-Verteilung

Werden zwei χ^2-verteilte, voneinander unabhängige Zufallsvariable Y_1 und Y_2 durch ihre Freiheitsgrade p_1 und p_2 dividiert und anschließend der Quotient aus beiden gebildet, ist die entstehende Zufallsvariable

$$X = \frac{Y_1/p_1}{Y_2/p_2} = \frac{\hat{\sigma}_1^2/\sigma_1^2}{\hat{\sigma}_2^2/\sigma_2^2} = \frac{\hat{\sigma}_1^2}{\hat{\sigma}_2^2} \cdot \frac{\sigma_2^2}{\sigma_1^2} \sim F(p_1, p_2) \qquad (4.133)$$

F-verteilt mit den Parametern p_1 und p_2. Die F-Verteilung ist unsymmetrisch. Es existiert der Erwartungswert für $p_2 > 2$ und die Varianz für $p_2 > 4$:

$$Erwartungswert\ \mu = \frac{p_2}{p_2 - 2}, \quad Varianz\ \sigma^2 = \frac{2\,p_2^2\,(p_1 + p_2 - 2)}{p_1(p_2 - 2)^2\,(p_2 - 4)} \qquad (4.134)$$

Die Werte der Verteilungsfunktion und die Quantile der F-Verteilung lassen sich der Tabelle (4.6) entnehmen oder mit verfügbaren Statistikprogrammen berechnen. Da die Definition der F-Verteilung sich auf χ^2-verteilte Zufallsvariable und diese wiederum sich auf normalverteilte Zufallsvariable beziehen, lassen sich die Quantile der χ^2-Verteilung und der Standardnormalverteilung sowie die Quantile der ebenfalls aus der Normal- und der χ^2-Verteilung abgeleiteten t-Verteilung aus den Quantilen der F-Verteilung ableiten. Mit der Bezeichnung f = Freiheitsgrad[1] und der Wahrscheinlichkeit = $1-\alpha$ bzw. = $1-\alpha/2$ bezogen auf die Integration von $-\infty$ bis zur Obergrenze x ergeben sich die nachfolgenden Beziehungen.

$$\begin{aligned}
\chi^2\text{-Verteilung} \quad & \chi^2_{f;\,1-\alpha} & = & \ f \cdot F_{f,\infty;\,1-\alpha} \\
\text{Standardnormalverteilung} \quad & z_{1-\alpha/2} & = & \ \sqrt{F_{1,\infty;\,1-\alpha}} \\
t\text{-Verteilung} \quad & t_{f;\,1-\alpha/2} & = & \ \sqrt{F_{1,f;\,1-\alpha}}
\end{aligned} \qquad (4.135)$$

Die ersten beiden Indizes der F-Verteilung kennzeichnen die Freiheitsgrade der Zufallsvariablen Y_1 im Zähler und Y_2 im Nenner der Definitionsgleichung (4.133).

---

[1] Im Ingenieurbereich wird der Freiheitsgrad üblicherweise nicht mit p, sondern mit f bezeichnet. f darf jedoch nicht mit der gleichen Bezeichnung für eine Funktion verwechselt werden.

Tabelle 4.2: Wahrscheinlichkeitsdichte $f(z)$ der Standardnormalverteilung

z	,00	,01	,02	,03	,04	,05	,06	,07	,08	,09
,0	,3989	,3989	,3989	,3988	,3986	,3984	,3982	,3980	,3977	,3973
,1	,3970	,3965	,3961	,3956	,3951	,3945	,3939	,3932	,3925	,3918
,2	,3910	,3902	,3894	,3885	,3876	,3867	,3857	,3847	,3836	,3825
,3	,3814	,3802	,3790	,3778	,3765	,3752	,3739	,3725	,3712	,3697
,4	,3683	,3668	,3653	,3637	,3621	,3605	,3589	,3572	,3555	,3538
,5	,3521	,3503	,3435	,3467	,3448	,3429	,3410	,3391	,3372	,3352
,6	,3332	,3312	,3292	,3271	,3251	,3230	,3209	,3187	,3166	,3144
,7	,3123	,3101	,3079	,3056	,3034	,3011	,2989	,2966	,2943	,2920
,8	,2897	,2874	,2850	,2827	,2803	,2780	,2755	,2732	,2709	,2685
,9	,2661	,2637	,2613	,2589	,2565	,2541	,2515	,2492	,2468	,2444
1,0	,2420	,2396	,2371	,2347	,2323	,2299	,2275	,2251	,2227	,2203
1,1	,2179	,2155	,2131	,2107	,2033	,2059	,2036	,2012	,1989	,1965
1,2	,1942	,1919	,1895	,1872	,1849	,1826	,1804	,1781	,1758	,1736
1,3	,1714	,1691	,1669	,1647	,1626	,1604	,1582	,1561	,1539	,1518
1,4	,1497	,1476	,1456	,1435	,1415	,1394	,1374	,1354	,1334	,1315
1,5	,1295	,1276	,1257	,1238	,1219	,1200	,1182	,1163	,1145	,1127
1,6	,1109	,1092	,1074	,1057	,1040	,1023	,1006	,0989	,0973	,0957
1,7	,0940	,0925	,0909	,0893	,0878	,0863	,0848	,0833	,0818	,0804
1,8	,0790	,0775	,0761	,0748	,0734	,0721	,0707	,0694	,0681	,0669
1,9	,0656	,0644	,0632	,0620	,0608	,0596	,0584	,0573	,0562	,0551
2,0	,0540	,0529	,0519	,0508	,0498	,0488	,0478	,0468	,0459	,0449
2,1	,0440	,0431	,0422	,0413	,0404	,0396	,0387	,0379	,0371	,0363
2,2	,0355	,0347	,0339	,0332	,0325	,0317	,0310	,0303	,0297	,0290
2,3	,0283	,0277	,0270	,0264	,0258	,0252	,0246	,0241	,0235	,0229
2,4	,0224	,0219	,0213	,0208	,0203	,0198	,0194	,0189	,0184	,0180
2,5	,0175	,0171	,0167	,0163	,0158	,0154	,0151	,0147	,0143	,0139
2,6	,0136	,0132	,0129	,0126	,0122	,0119	,0116	,0113	,0110	,0107
2,7	,0104	,0101	,0099	,0096	,0093	,0091	,0088	,0086	,0084	,0081
2,8	,0079	,0077	,0075	,0073	,0071	,0069	,0067	,0065	,0063	,0061
2,9	,0060	,0058	,0056	,0055	,0053	,0051	,0050	,0048	,0047	,0046
3,0	,0044	,0043	,0042	,0040	,0039	,0038	,0037	,0036	,0035	,0034
3,1	,0033	,0032	,0031	,0030	,0029	,0028	,0027	,0026	,0025	,0025
3,2	,0024	,0023	,0022	,0022	,0021	,0020	,0020	,0019	,0018	,0018
3,3	,0017	,0017	,0016	,0016	,0015	,0015	,0014	,0014	,0013	,0013
3,4	,0012	,0012	,0012	,0011	,0011	,0010	,0010	,0010	,0009	,0009
3,5	,0009	,0008	,0008	,0008	,0008	,0007	,0007	,0007	,0007	,0006
3,6	,0006	,0006	,0006	,0005	,0005	,0005	,0005	,0005	,0005	,0004
3,7	,0004	,0004	,0004	,0004	,0004	,0004	,0003	,0003	,0003	,0003
3,8	,0003	,0003	,0003	,0003	,0003	,0002	,0002	,0002	,0002	,0002
3,9	,0002	,0002	,0002	,0002	,0002	,0002	,0002	,0002	,0001	,0001

Tabelle 4.3: Verteilungsfunktion $F(z)$ der Standardnormalverteilung

z	,00	,01	,02	,03	,04	,05	,06	,07	,08	,09
,0	,5000	,5040	,5080	,5120	,5160	,5199	,5239	,5279	,5319	,5359
,1	,5398	,5438	,5478	,5517	,5557	,5596	,5636	,5675	,5714	,5753
,2	,5793	,5832	,5871	,5910	,5940	,5987	,6026	,6064	,6103	,6141
,3	,6179	,6217	,6255	,6293	,6331	,6368	,6406	,6443	,6480	,6517
,4	,6554	,6591	,6628	,6664	,6700	,6736	,6772	,6808	,6844	,6879
,5	,6915	,6950	,6985	,7019	,7054	,7088	,7123	,7157	,7190	,7224
,6	,7257	,7291	,7324	,7357	,7389	,7422	,7454	,7486	,7517	,7549
,7	,7580	,7611	,7642	,7673	,7704	,7734	,7764	,7794	,7823	,7852
,8	,7881	,7910	,7939	,7967	,7995	,8023	,8051	,8078	,8106	,8133
,9	,8159	,8186	,8212	,8238	,8264	,8289	,8315	,8340	,8365	,8389
1,0	,8413	,8438	,8461	,8485	,8508	,8531	,8554	,8577	,8599	,8621
1,1	,8543	,8665	,8685	,8708	,8729	,8749	,8770	,8790	,8810	,8830
1,2	,8849	,8869	,8888	,8907	,8925	,8944	,8962	,8980	,8997	,9015
1,3	,9032	,9049	,9066	,9082	,9099	,9115	,9131	,9147	,9162	,9177
1,4	,9192	,9207	,9222	,9236	,9251	,9265	,9279	,9292	,9306	,9319
1,5	,9332	,9345	,9357	,9370	,9382	,9394	,9406	,9418	,9429	,9441
1,6	,9452	,9463	,9474	,9484	,9495	,9505	,9515	,9525	,9535	,9545
1,7	,9554	,9564	,9573	,9582	,9591	,9599	,9608	,9616	,9625	,9633
1,8	,9641	,9649	,9656	,9664	,9671	,9678	,9686	,9693	,9699	,9706
1,9	,9713	,9719	,9726	,9732	,9738	,9744	,9750	,9756	,9761	,9767
2,0	,9772	,9778	,9783	,9788	,9793	,9798	,9803	,9808	,9812	,9817
2,1	,9821	,9826	,9830	,9834	,9838	,9842	,9846	,9850	,9854	,9857
2,2	,9861	,9864	,9868	,9871	,9875	,9878	,9881	,9884	,9887	,9890
2,3	,9893	,9896	,9898	,9901	,9904	,9906	,9909	,9911	,9913	,9916
2,4	,9918	,9920	,9922	,9925	,9927	,9929	,9931	,9932	,9934	,9936
2,5	,9938	,9940	,9941	,9943	,9945	,9946	,9948	,9949	,9951	,9952
2,6	,9953	,9955	,9956	,9957	,9959	,9960	,9961	,9962	,9963	,9964
2,7	,9965	,9966	,9967	,9968	,9969	,9970	,9971	,9972	,9973	,9974
2,8	,9974	,9975	,9976	,9977	,9977	,9978	,9979	,9979	,9980	,9981
2,9	,9981	,9982	,9982	,9983	,9984	,9984	,9985	,9985	,9986	,9986
3,0	,9987	,9987	,9987	,9983	,9988	,9989	,9989	,9989	,9990	,9990
3,1	,9990	,9991	,9991	,9991	,9992	,9992	,9992	,9992	,9993	,9993
3,2	,9993	,9993	,9994	,9994	,9994	,9994	,9994	,9995	,9995	,9995
3,3	,9995	,9995	,9995	,9996	,9996	,9996	,9996	,9996	,9996	,9997
3,4	,9997	,9997	,9997	,9997	,9997	,9997	,9997	,9997	,9997	,9998

Tabelle 4.4: Verteilungsfunktion $F(x)$ der χ^2-Verteilung, Freiheitsgrad f

f \ F	0,005	0,010	0,025	0,050	0,100	0,250	0,500	0,750	0,900	0,950	0,975	0,990	0,995
1	,0^{4}393	,0^{3}157	,0^{3}982	,0^{2}393	,0158	,102	,455	1,32	2,71	3,84	5,02	6,63	7,88
2	,0100	,0201	,0506	,103	,211	,575	1,39	2,77	4,61	5,99	7,38	9,21	10,6
3	,0717	,115	,216	,352	,584	1,21	2,37	4,11	6,25	7,81	9,35	11,3	12,8
4	,207	,297	,484	,711	1,06	1,92	3,36	5,39	7,78	9,49	11,1	13,3	14,9
5	,412	,554	,831	1,15	1,61	2,67	4,35	6,63	9,24	11,1	12,8	15,1	16,7
6	,676	,872	1,24	1,64	2,20	3,45	5,35	7,84	10,6	12,6	14,4	16,8	18,5
7	,989	1,24	1,69	2,17	2,83	4,25	6,35	9,04	12,0	14,1	16,0	18,5	20,3
8	1,34	1,65	2,18	2,73	3,49	5,07	7,34	10,2	13,4	15,5	17,5	20,1	22,0
9	1,73	2,09	2,70	3,33	4,17	5,90	8,34	11,4	14,7	16,9	19,0	21,7	23,6
10	2,16	2,56	3,25	3,94	4,87	6,74	9,34	12,5	16,0	18,3	20,5	23,2	25,2
11	2,60	3,05	3,82	4,57	5,58	7,58	10,3	13,7	17,3	19,7	21,9	24,7	26,8
12	3,07	3,57	4,40	5,23	6,30	8,44	11,3	14,8	18,5	21,0	23,3	26,2	28,3
13	3,57	4,11	5,01	5,89	7,04	9,30	12,3	16,0	19,8	22,4	24,7	27,7	29,8
14	4,07	4,66	5,63	6,57	7,79	10,2	13,3	17,1	21,1	23,7	26,1	29,1	31,3
15	4,60	5,23	6,26	7,26	8,55	11,0	14,3	18,2	22,3	25,0	27,5	30,6	32,8
16	5,14	5,81	6,91	7,96	9,31	11,9	15,3	19,1	23,5	26,3	28,8	32,0	34,3
17	5,70	6,41	7,56	8,67	10,1	12,8	16,3	20,5	24,8	27,6	30,2	33,4	35,7
18	6,26	7,01	8,23	9,39	10,9	13,7	17,3	21,6	26,0	28,9	31,5	34,8	37,2
19	6,84	7,63	8,91	10,1	11,7	14,6	18,3	22,7	27,2	30,1	32,9	36,2	38,6
20	7,43	8,26	9,59	10,9	12,4	15,5	19,3	23,8	28,4	31,4	34,2	37,6	40,0
21	8,03	8,90	10,3	11,6	13,2	16,3	20,3	24,9	29,6	32,7	35,5	38,9	41,4
22	8,64	9,54	11,0	12,3	14,0	17,2	21,3	26,0	30,8	33,9	36,8	40,3	42,8
23	9,26	10,2	11,7	13,1	14,8	18,1	22,3	27,1	32,0	35,2	38,1	41,6	44,2
24	9,89	10,9	12,4	13,8	15,7	19,0	23,3	28,2	33,2	36,4	39,4	43,0	45,6
25	10,5	11,5	13,1	14,6	16,5	19,9	24,3	29,3	34,4	37,7	40,6	44,3	46,9
26	11,2	12,2	13,8	15,4	17,3	20,8	25,3	30,4	35,6	38,9	41,9	45,6	48,3
27	11,8	12,9	14,6	16,2	18,1	21,7	26,3	31,5	36,7	40,1	43,2	47,0	49,6
28	12,5	13,6	15,3	16,9	18,9	22,7	27,3	32,6	37,9	41,3	44,5	48,3	51,0
29	13,1	14,3	16,0	17,7	19,8	23,6	28,3	33,7	39,1	42,6	45,7	49,6	52,3
30	13,8	15,0	16,8	18,5	20,6	24,5	29,3	34,8	40,3	43,8	47,0	50,9	53,7

Tabelle 4.5: Verteilungsfunktion $F(t)$ der t-Verteilung, Freiheitsgrad f

f \ F	0,75	0,90	0,95	0,975	0,99	0,995	0,9995
1	1,000	3,078	6,314	12,706	31,821	63,657	636,619
2	,816	1,886	2,920	4,303	6,965	9,925	31,598
3	,765	1,638	2,353	3,182	4,541	5,841	12,941
4	,741	1,533	2,132	2,776	3,747	4,604	8,610
5	,727	1,476	2,015	2,571	3,365	4,032	6,859
6	,718	1,440	1,943	2,447	3,143	3,707	5,959
7	,711	1,415	1,895	2,365	2,998	3,499	5,405
8	,706	1,397	1,860	2,306	2,896	3,355	5,041
9	,703	1,383	1,833	2,262	2,821	3,250	4,781
10	,700	1,372	1,812	2,228	2,764	3,169	4,587
11	,697	1,363	1,796	2,201	2,718	3,106	4,437
12	,695	1,356	1,782	2,179	2,681	3,055	4,318
13	,694	1,350	1,771	2,160	2,650	3,012	4,221
14	,692	1,345	1,761	2,145	2,624	2,977	4,140
15	,691	1,341	1,753	2,131	2,602	2,947	4,073
16	,609	1,337	1,746	2,120	2,583	2,921	4,015
17	,689	1,333	1,740	2,110	2,567	2,898	3,965
18	,688	1,330	1,734	2,101	2,552	2,878	3,922
19	,688	1,328	1,729	2,093	2,539	2,861	3,883
20	,687	1,325	1,725	2,086	2,528	2,845	3,850
21	,686	1,323	1,721	2,080	2,518	2,831	3,819
22	,686	1,321	1,717	2,074	2,508	2,819	3,792
23	,685	1,319	1,714	2,069	2,500	2,807	3,767
24	,685	1,318	1,711	2,064	2,492	2,797	3,745
25	,684	1,316	1,708	2,060	2,485	2,787	3,725
26	,684	1,315	1,706	2,056	2,479	2,779	3,707
27	,684	1,314	1,703	2,052	2,473	2,771	3,690
28	,683	1,313	1,701	2,048	2,467	2,763	3,674
29	,683	1,311	1,699	2,045	2,462	2,756	3,659
30	,683	1,310	1,697	2,042	2,457	2,750	3,646
40	,681	1,303	1,684	2,021	2,423	2,704	3,551
60	,679	1,296	1,671	2,000	2,390	2,660	3,460
120	,677	1,289	1,658	1,980	2,358	2,617	3,373
∞	,674	1,282	1,645	1,960	2,326	2,576	3,291

Tabelle 4.6: Verteilungsfunktion $G(F)$ der F-Verteilung (Freiheitsgrad f_1 im Zähler, Freiheitsgrad f_2 im Nenner)

f_2	G	1	2	3	4	5	6	7	8	9	10	12	15	20	30	60	120	∞
1	0,90	39,9	49,5	53,6	55,8	57,2	58,2	58,9	59,4	59,9	60,2	60,7	61,2	61,7	62,3	62,8	63,1	63,3
	0,95	161	200	216	225	230	234	237	239	241	242	244	246	248	250	252	253	254
	0,975	648	800	864	900	922	937	948	957	963	969	977	985	993	1000	1010	1010	1020
	0,99	4050	5000	5400	5620	5760	5860	5930	5980	6020	6000	6110	6160	6210	6260	6310	6340	6378
	0,995	16200	20000	21600	22500	23100	23400	23700	23900	24100	24200	24400	24600	24800	25000	25200	25400	25500
2	0,90	8,53	9,00	9,16	9,24	9,29	9,33	9,35	9,37	9,38	9,39	9,41	9,42	9,44	9,46	9,47	9,48	9,49
	0,95	18,5	19,0	19,2	19,2	19,3	19,3	19,4	19,4	19,4	19,4	19,4	19,4	19,5	19,5	19,5	19,5	19,5
	0,975	38,5	39,0	39,2	39,2	39,3	39,3	39,4	39,4	39,4	39,4	39,4	39,4	39,4	39,5	39,5	39,5	39,5
	0,99	98,5	99,0	99,2	99,2	99,3	99,3	99,4	99,4	99,4	99,4	99,4	99,4	99,4	99,5	99,5	99,5	99,5
	0,995	199	199	199	199	199	199	199	199	199	199	199	199	199	199	199	199	199
3	0,90	5,54	5,46	5,39	5,34	5,31	5,28	5,27	5,25	5,24	5,23	5,22	5,20	5,18	5,17	5,15	5,14	5,13
	0,95	10,1	9,55	9,28	9,12	9,01	8,94	8,89	8,85	8,81	8,79	8,74	8,70	8,66	8,62	8,57	8,55	8,53
	0,975	17,4	16,0	15,4	15,1	14,9	14,7	14,6	14,5	14,5	14,4	14,3	14,3	14,2	14,1	14,0	13,9	13,9
	0,99	34,1	30,8	29,5	28,7	28,2	27,9	27,7	27,5	27,3	27,2	27,1	26,9	26,7	26,5	26,3	26,2	26,1
	0,995	55,6	49,8	47,5	46,2	45,4	44,8	44,4	44,1	43,9	43,7	43,4	43,1	42,8	42,5	42,1	42,0	41,8
4	0,90	4,54	4,32	4,19	4,11	4,05	4,01	3,98	3,95	3,93	3,92	3,90	3,87	3,84	3,82	3,79	3,78	3,76
	0,95	7,71	6,94	6,59	6,39	6,26	6,16	6,09	6,04	6,00	5,96	5,91	5,86	5,80	5,75	5,69	5,66	5,63
	0,975	12,2	10,6	9,98	9,60	9,36	9,20	9,07	8,98	8,90	8,84	8,75	8,66	8,56	8,46	8,36	8,31	8,26
	0,99	21,2	18,0	16,7	16,0	15,5	15,2	15,0	14,8	14,7	14,5	14,4	14,2	14,0	13,8	13,7	13,6	13,5
	0,995	31,3	26,3	24,3	23,2	22,5	22,0	21,6	21,4	21,1	21,0	20,7	20,4	20,2	19,9	19,6	19,5	19,3
5	0,90	4,06	3,78	3,62	3,52	3,45	3,40	3,37	3,34	3,32	3,30	3,27	3,24	3,21	3,17	3,14	3,12	3,11
	0,95	6,61	5,79	5,41	5,19	5,05	4,95	4,88	4,82	4,77	4,74	4,68	4,62	4,56	4,50	4,43	4,40	4,37
	0,975	10,0	8,43	7,76	7,39	7,15	6,98	6,85	6,76	6,68	6,62	6,52	6,43	6,33	6,23	6,12	6,07	6,02
	0,99	16,3	13,3	12,1	11,4	11,0	10,7	10,5	10,3	10,2	10,1	9,89	9,72	9,55	9,38	9,20	9,11	9,02
	0,995	22,8	18,3	16,5	15,6	14,9	14,5	14,2	14,0	13,8	13,6	13,4	13,1	12,9	12,7	12,4	12,3	12,1
6	0,90	3,78	3,46	3,29	3,18	3,11	3,05	3,01	2,98	2,96	2,94	2,90	2,87	2,84	2,80	2,76	2,74	2,72
	0,95	5,99	5,14	4,76	4,53	4,39	4,28	4,21	4,15	4,10	4,06	4,00	3,94	3,87	3,81	3,74	3,70	3,67
	0,975	8,81	7,26	6,60	6,23	5,99	5,82	5,70	5,60	5,52	5,46	5,37	5,27	5,17	5,07	4,96	4,90	4,85
	0,99	13,7	10,9	9,78	9,15	8,75	8,47	8,26	8,10	7,98	7,87	7,72	7,56	7,40	7,23	7,06	6,97	6,88
	0,995	18,6	14,5	12,9	12,0	11,5	11,1	10,8	10,6	10,4	10,2	10,0	9,81	9,59	9,36	9,12	9,00	8,88
7	0,90	3,59	3,26	3,07	2,96	2,88	2,83	2,78	2,75	2,72	2,70	2,67	2,63	2,59	2,56	2,51	2,49	2,47
	0,95	5,59	4,74	4,35	4,12	3,97	3,87	3,79	3,73	3,68	3,64	3,57	3,51	3,44	3,38	3,30	3,27	3,23
	0,975	8,07	6,54	5,89	5,52	5,29	5,12	4,99	4,90	4,82	4,76	4,67	4,57	4,47	4,36	4,25	4,20	4,14
	0,99	12,2	9,55	8,45	7,85	7,46	7,19	6,99	6,84	6,79	6,62	6,47	6,31	6,16	5,99	5,82	5,74	5,65
	0,995	16,2	12,4	10,9	10,1	9,52	9,16	8,89	8,68	8,51	8,38	8,18	7,97	7,75	7,53	7,31	7,19	7,08

Tabelle 4.6: (Fortsetzung)

f_2	G	1	2	3	4	5	6	7	8	9	10	12	15	20	30	60	120	∞
8	0,90	3,46	3,11	2,92	2,81	2,73	2,67	2,62	2,59	2,56	2,54	2,50	2,46	2,42	2,33	2,34	2,31	2,29
	0,95	5,32	4,46	4,07	3,84	3,69	3,58	3,50	3,44	3,39	3,35	3,28	3,22	3,15	3,08	3,01	2,97	2,93
	0,975	7,57	6,06	5,42	5,05	4,82	4,65	4,53	4,43	4,36	4,30	4,20	4,10	4,00	3,89	3,73	3,73	3,67
	0,99	11,3	8,65	7,59	7,01	6,63	6,37	6,18	6,03	5,91	5,81	5,67	5,52	5,36	5,20	5,03	4,95	4,86
	0,995	14,7	11,0	9,60	8,81	8,30	7,95	7,69	7,50	7,34	7,21	7,01	6,81	6,61	6,40	6,18	6,06	5,95
9	0,90	3,36	3,01	2,81	2,69	2,61	2,55	2,51	2,47	2,44	2,42	2,38	2,34	2,30	2,25	2,21	2,18	2,16
	0,95	5,12	4,26	3,86	3,63	3,48	3,37	3,29	3,23	3,18	3,14	3,07	3,01	2,94	2,86	2,79	2,75	2,71
	0,975	7,21	5,71	5,08	4,72	4,48	4,32	4,20	4,10	4,03	3,96	3,87	3,77	3,67	3,56	3,45	3,39	3,33
	0,99	10,6	8,02	6,99	6,42	6,06	5,80	5,61	5,47	5,35	5,26	5,11	4,96	4,81	4,65	4,48	4,40	4,31
	0,995	13,6	10,1	8,72	7,96	7,47	7,13	6,88	6,69	6,54	6,42	6,23	6,03	5,83	5,62	5,41	5,30	5,19
10	0,90	3,29	2,92	2,73	2,61	2,52	2,46	2,41	2,38	2,35	2,32	2,28	2,24	2,20	2,15	2,11	2,08	2,06
	0,95	4,96	4,10	3,71	3,48	3,33	3,22	3,14	3,07	3,02	2,98	2,91	2,85	2,77	2,70	2,62	2,58	2,54
	0,975	6,94	5,46	4,83	4,47	4,24	4,07	3,95	3,85	3,78	3,72	3,62	3,52	3,42	3,31	3,20	3,14	3,08
	0,99	10,0	7,56	6,55	5,99	5,64	5,39	5,20	5,06	4,94	4,85	4,71	4,56	4,41	4,25	4,08	4,00	3,91
	0,995	12,8	9,43	8,08	7,34	6,87	6,54	6,30	6,12	5,97	5,85	5,66	5,47	5,27	5,07	4,86	4,75	4,64
12	0,90	3,18	2,81	2,61	2,48	2,39	2,33	2,28	2,24	2,21	2,19	2,15	2,10	2,06	2,01	1,96	1,93	1,90
	0,95	4,75	3,89	3,49	3,26	3,11	3,00	2,91	2,85	2,80	2,75	2,69	2,62	2,54	2,47	2,38	2,34	2,30
	0,975	6,55	5,10	4,47	4,12	3,89	3,73	3,61	3,51	3,44	3,37	3,28	3,18	3,07	2,96	2,85	2,79	2,72
	0,99	9,33	6,93	5,95	5,41	5,06	4,82	4,64	4,50	4,39	4,30	4,16	4,01	3,86	3,70	3,54	3,45	3,36
	0,995	11,8	8,51	7,23	6,52	6,07	5,76	5,52	5,35	5,20	5,09	4,91	4,72	4,53	4,33	4,12	4,01	3,90
15	0,90	3,07	2,70	2,49	2,36	2,27	2,21	2,16	2,12	2,09	2,06	2,02	1,97	1,92	1,87	1,82	1,79	1,76
	0,95	4,54	3,68	3,29	3,06	2,90	2,79	2,71	2,64	2,59	2,54	2,48	2,40	2,33	2,25	2,16	2,11	2,07
	0,975	6,20	4,77	4,15	3,80	3,58	3,41	3,29	3,20	3,12	3,06	2,96	2,86	2,76	2,64	2,52	2,46	2,40
	0,99	8,68	6,36	5,42	4,89	4,56	4,32	4,14	4,00	3,89	3,80	3,67	3,52	3,37	3,21	3,05	2,96	2,87
	0,995	10,8	7,70	6,48	5,80	5,37	5,07	4,85	4,67	4,54	4,42	4,25	4,07	3,88	3,69	3,48	3,37	3,26
20	0,90	2,97	2,59	2,38	2,25	2,16	2,09	2,04	2,00	1,96	1,94	1,89	1,84	1,79	1,74	1,68	1,64	1,61
	0,95	4,35	3,49	3,10	2,87	2,71	2,60	2,51	2,45	2,39	2,35	2,28	2,20	2,12	2,04	1,95	1,90	1,84
	0,975	5,87	4,46	3,86	3,51	3,29	3,13	3,01	2,91	2,84	2,77	2,68	2,57	2,46	2,35	2,22	2,16	2,09
	0,99	8,10	5,85	4,94	4,43	4,10	3,87	3,70	3,56	3,46	3,37	3,23	3,09	2,94	2,78	2,61	2,52	2,42
	0,995	9,94	6,99	5,82	5,17	4,76	4,47	4,26	4,09	3,96	3,85	3,68	3,50	3,32	3,12	2,92	2,31	2,69
30	0,90	2,88	2,49	2,28	2,14	2,05	1,98	1,93	1,88	1,85	1,82	1,77	1,72	1,67	1,61	1,54	1,50	1,46
	0,95	4,17	3,32	2,92	2,69	2,53	2,42	2,33	2,27	2,21	2,16	2,09	2,01	1,93	1,84	1,74	1,68	1,62
	0,975	5,57	4,18	3,59	3,25	3,03	2,87	2,75	2,65	2,57	2,51	2,41	2,31	2,20	2,07	1,94	1,87	1,79
	0,99	7,56	5,39	4,51	4,02	3,70	3,47	3,30	3,17	3,07	2,98	2,84	2,70	2,55	2,39	2,21	2,11	2,01
	0,995	9,18	6,35	5,24	4,62	4,23	3,95	3,74	3,58	3,45	3,34	3,18	3,01	2,82	2,63	2,42	2,30	2,18

Tabelle 4.6: (Fortsetzung)

f_2 \ f_1	G	1	2	3	4	5	6	7	8	9	10	12	15	20	30	60	120	∞
60	0,90	2,79	2,39	2,18	2,04	1,95	1,87	1,82	1,77	1,74	1,71	1,66	1,60	1,54	1,48	1,40	1,35	1,29
	0,95	4,00	3,15	2,76	2,53	2,37	2,25	2,17	2,10	2,04	1,99	1,92	1,84	1,75	1,65	1,53	1,47	1,39
	0,975	5,29	3,93	3,34	3,01	2,79	2,63	2,51	2,41	2,33	2,27	2,17	2,06	1,94	1,82	1,67	1,58	1,48
	0,99	7,08	4,98	4,13	3,65	3,34	3,12	2,95	2,82	2,72	2,63	2,50	2,35	2,20	2,03	1,84	1,73	1,60
	0,995	8,49	5,80	4,73	4,14	3,76	3,49	3,29	3,13	3,01	2,90	2,74	2,57	2,39	2,19	1,96	1,83	1,69
120	0,90	2,75	2,35	2,13	1,99	1,90	1,82	1,77	1,72	1,68	1,65	1,60	1,54	1,48	1,41	1,32	1,26	1,19
	0,95	3,92	3,07	2,68	2,45	2,29	2,18	2,09	2,02	1,96	1,91	1,83	1,75	1,66	1,55	1,43	1,35	1,25
	0,975	5,15	3,80	3,23	2,89	2,67	2,52	2,39	2,30	2,22	2,16	2,05	1,94	1,82	1,69	1,53	1,43	1,31
	0,99	6,85	4,79	3,95	3,48	3,17	2,96	2,79	2,66	2,56	2,47	2,34	2,19	2,03	1,86	1,66	1,53	1,38
	0,995	8,18	5,54	4,50	3,92	3,55	3,28	3,09	2,93	2,81	2,71	2,54	2,37	2,19	1,98	1,75	1,61	1,43
∞	0,90	2,71	2,30	2,08	1,94	1,85	1,77	1,72	1,67	1,63	1,60	1,55	1,49	1,42	1,34	1,24	1,17	1,00
	0,95	3,84	3,00	2,60	2,37	2,21	2,10	2,01	1,94	1,88	1,83	1,75	1,67	1,57	1,46	1,32	1,22	1,00
	0,975	5,02	3,69	3,12	2,79	2,57	2,41	2,29	2,19	2,11	2,05	1,94	1,83	1,71	1,57	1,39	1,27	1,00
	0,99	6,63	4,61	3,78	3,32	3,02	2,80	2,64	2,51	2,41	2,32	2,18	2,04	1,88	1,70	1,47	1,32	1,00
	0,995	7,88	5,30	4,28	3,72	3,35	3,09	2,90	2,74	2,62	2,52	2,36	2,19	2,00	1,79	1,53	1,36	1,00

5 Induktive Statistik

5.1 Stichprobenverfahren

Die in Kapitel 3 vorgestellte deskriptive Statistik befasst sich ausschließlich mit der Untersuchung und Beschreibung des Datenmaterials. Eine jeweils gegebene Datenmenge (statistische Masse) soll im Rahmen einer statistischen Untersuchung vollständig erfasst und untersucht werden. Alle Aussagen über Verteilungen, Mittelwerte, Streuungsmaße beziehen sich nur auf die gegebene Masse.

Demgegenüber stellt die im folgenden vorgestellte *induktive (schließende) Statistik*, auch *statistische Inferenz* genannt, *Stichprobenverfahren* zur Verfügung, mit denen trotz der Ungewissheit der Einzelwerte Schlussfolgerungen auf die Grundgesamtheit gezogen werden können. Die wichtigsten Stichprobenverfahren sind die Schätzverfahren und die Testverfahren. Die *Schätzverfahren* befassen sich mit der Ermittlung von Schätzwerten für

- Parameter (Erwartungswert μ, Varianz σ^2) oder
- Verteilungen,

wobei vor allem die *Parameterschätzung* vorgestellt werden soll. Diese lässt sich unterteilen in

- *Punktschätzung*: Als Schätzwert für den unbekannten Parameter wird eine Zahl bestimmt, die auf einer Zahlengeraden aufgetragen einen „Punkt" ergibt.
- *Intervallschätzung*: Es wird ein Intervall bestimmt, in dem der unbekannte Parameter mit einer bestimmten Wahrscheinlichkeit liegt.

Da die Ergebnisse der Punktschätzung und die Grenzen der Intervallschätzung mit den Stichprobenwerten berechnet werden, sind sie Realisationen von Zufallsvariablen.

Statistische Testverfahren werden angewandt, wenn Annahmen bzw. Hypothesen über Parameter oder Verteilungen einer Grundgesamtheit durch eine Stichprobenuntersuchung überprüft werden sollen.

Nachfolgend wird zunächst die Erläuterung der Begriffe *Grundgesamtheit* und *Stichprobe* von Kapitel 3.1 erweitert.

Grundgesamtheit

Als Grundgesamtheit bezeichnet man die statistische Masse, die zu untersuchen ist. Ein *Merkmal X* der Elemente der Grundgesamtheit besitzt *Merkmalsausprägungen* x_i. Die (geordneten) Merkmalsausprägungen und die Häufigkeiten, mit denen sie auftreten, bilden die *Verteilung der Grundgesamtheit*, die durch Angabe der Häufigkeitsverteilung oder Summenhäufigkeitsverteilung beschrieben werden kann. Weiterhin lassen sich Lage- und Streuungsparameter bestimmen.

Kann in einer Grundgesamtheit das interessierende Merkmal nur zwei mögliche Ausprägungen haben bzw. interessiert man sich nur dafür, ob die Elemente der Grundgesamtheit eine bestimmte Eigenschaft besitzen oder nicht, spricht man von einer *dichotomen Grundgesamtheit* (z. B. bei der Qualitätsprüfung die Eigenschaften „einwandfrei" mit der Ausprägung „1"oder „defekt" mit der Ausprägung „0").

Eine Grundgesamtheit wird als *endlich* bezeichnet, wenn sie nur endlich viele Elemente (Anzahl N) enthält. Von einer *unendlichen Grundgesamtheit*, die (zumindest theoretisch) unendlich viele Elemente enthält, geht man aus wenn:

- die Anzahl der Elemente in einer (sehr großen) endlichen Grundgesamtheit nicht bestimmt werden kann. Dies bezieht sich auf Grundgesamtheiten, die keine in sich geschlossene Menge darstellen, bei denen ein laufender Zugang und Abgang stattfindet, wie z. B. bei einer laufenden Produktion oder bei der Bevölkerung.
- die Anzahl der Elemente in einer endlichen Grundgesamtheit so groß ist, dass eine unendliche Grundgesamtheit unterstellt werden kann, um auf diese Weise einfachere Formeln und Rechenverfahren anwenden zu können.
- für ein Zufallsexperiment unendlich viele Versuche möglich sind, wie z. B. unendlich viele mögliche Würfe mit einem Würfel (diskrete Zufallsvariable) oder unendliche Anzahl möglicher Messungen einer Distanz (stetige Zufallsvariable). Die unendliche Grundgesamtheit ist hier eine Modellvorstellung.

Mit den Mitteln der deskriptiven Statistik kann eine unendliche Grundgesamtheit nicht beschrieben werden. Es lässt sich jedoch für das Ergebnis X des Zufallsexperiments „Ziehen eines einzelnen Elements aus der Grundgesamtheit" angeben, mit welcher Wahrscheinlichkeit ein bestimmtes Ergebnis eintritt. Folglich wird der Zufallsvariablen X eine Wahrscheinlichkeitsverteilung zugewiesen, die das Ergebnis bei zufälliger Entnahme eines Elements aus der Grundgesamtheit beschreibt.

Stichprobe

Die Anzahl n der Elemente (*Beobachtungen, Messwerte*) einer Stichprobe heißt *Stichprobenumfang*. Die Stichprobe wird als aus der Grundgesamtheit entnommen aufgefasst, welche aus verschiedenen Gründen nicht vollständig erfasst werden kann:

- Die Kosten oder der Zeitaufwand sind zu hoch.
- Die Elemente werden bei der Prüfung zerstört (z. B. bei der Materialprüfung).
- Die Grundgesamtheit umfasst auch Elemente, die erst in der Zukunft auftreten (z. B. bei einer laufenden Produktion).
- Die (nur theoretisch existierende) Grundgesamtheit ist unendlich groß.

Sichere Rückschlüsse von Ergebnissen einer Stichprobenuntersuchung auf die übergeordnete Grundgesamtheit sind nicht möglich. Den Ergebnissen haftet immer eine gewisse Unsicherheit bzw. „Wahrscheinlichkeit" an. Da die Stichprobenverfahren auf der Wahrscheinlichkeitstheorie beruhen und sich der Methoden der Wahrscheinlichkeitsrechnung bedienen, muss die Stichprobe eine Zufallsauswahl darstellen. Von einer *einfachen Zufallsstichprobe* spricht man, wenn die Elemente der Stichprobe:

- zufällig ausgewählt werden. Jedes (noch) in der Grundgesamtheit befindliche Element muss die gleiche Chance (Wahrscheinlichkeit) haben, in die Stichprobe zu gelangen.
- unabhängig voneinander der Grundgesamtheit entnommen werden.

Diese Voraussetzungen treffen bei der Entnahme aus einer *endlichen Grundgesamtheit* nur im Fall „Ziehen mit Zurücklegen" zu, da hier die Verteilung der relativen Häufigkeiten in der Grundgesamtheit und damit auch die Wahrscheinlichkeitsverteilung für den Merkmalswert X bei den einzelnen Entnahmen unverändert bleibt. Beim „Ziehen ohne Zurücklegen" ändert sich nach jedem Zug die Zusammensetzung der Grundgesamtheit. Bei einer *unendlichen Grundgesamtheit* ist diese Unterscheidung nicht erforderlich, da nach den einzelnen Entnahmen die Zusammensetzung der Grundgesamtheit (wie beim „Ziehen mit Zurücklegen") unverändert bleibt.

Wenn aus einer Grundgesamtheit mit gegebener Verteilung der relativen Häufigkeiten eines Merkmals X eine einfache Zufallsstichprobe vom Umfang n entnommen wird, entspricht das der n-maligen Wiederholung eines Zufallsexperiments. Die Wahrscheinlichkeitsverteilung des Merkmals entspricht der Verteilung der relativen Häufigkeiten in der Grundgesamtheit. Die Stichprobe mit den Werten $(x_1, x_2, \ldots, x_n)$ entspricht der Realisation einer n-dimensionalen Zufallsvariablen.

Häufig geht man von normalverteilten oder annähernd normalverteilten Grundgesamtheiten aus. Da man in der Realität aber immer nur eine endliche Anzahl von Daten verfügbar hat, lässt sich die stetige Normalverteilung in der Realität nicht exakt beobachten. Häufig besitzen Grundgesamtheiten jedoch eine Häufigkeitsverteilung, die sich näherungsweise durch eine Normalverteilung beschreiben lässt. Den Beweis liefert der *zentrale Grenzwertsatz* nach Gl. (4.115): Wird ein statistisches Merkmal von sehr vielen unabhängigen Einflussgrößen beeinflusst, von denen keines besonders dominiert, und können diese Einflussgrößen als Zufallsvariablen angesehen werden, ergibt die Summe aller zufälligen Einflüsse näherungsweise eine Normalverteilung. Dies entspricht auch der bereits im 19. Jahrhundert von BESSEL und HAGEN aufgestellten *Theorie der Elementarfehler*, nach der die zufällige Messabweichung einer Messgröße als Summe sehr kleiner „Elementarfehler" aufgefasst werden kann, die dem Betrage nach sämtlich gleich groß sind und nur im Vorzeichen variieren, wobei positive und negative Vorzeichen gleichwahrscheinlich sind.

5.2 Methoden der Parameterschätzung

5.2.1 Schätzfunktionen

Die Aufgabe der *Parameterschätzung* besteht darin, mithilfe einer *Stichprobenfunktion* eine „möglichst gute" *Schätzung für einen unbekannten Parameter der Grundgesamtheit* ($\mu, \sigma^2, \ldots$) zu ermitteln, weshalb die für die Schätzung verwendete Stichprobenfunktion auch *Schätzfunktion* genannt wird. Dabei werden die Stichprobenwerte $x_1, x_2, \ldots, x_n$ nicht als n beobachtete Werte (Realisierungen) einer einzelnen Zufallsvariablen X, sondern als einzelne Werte von n Zufallsvariablen $X_1, X_2, \ldots, X_n$ aufgefasst, welche alle dieselbe Verteilungsfunktion haben (nämlich diejenige von X) und unabhängig sind. Die *Schätzfunktion* wird folglich aus den (mit *großen* Buchstaben bezeichneten) Zufallsvariablen abgeleitet und ist somit selbst eine Zufallsvariable.

Werden anstelle der Zufallsvariablen die (mit *kleinen* Buchstaben bezeichneten) Stichprobenwerte eingesetzt, ergibt sich als Zahl der *Schätzwert* des Parameters. Daraus wird deutlich, dass der Schätzwert die Realisierung der Schätzfunktion darstellt.

Nachfolgend werden zunächst einige Schätzfunktionen und die aufgrund dieser Funktionen zu berechnenden Schätzwerte vorgestellt. Danach wird erläutert, welche Eigenschaften und Verzerrungen Schätzfunktionen besitzen können.

[a] Schätzfunktion und Schätzwert für den Mittelwert (Parameter μ) der Grundgesamtheit:

$$\begin{aligned} \text{Schätzfunktion} \quad \bar{X} &= \frac{1}{n}\sum_{i=1}^{n} X_i \\ \text{Schätzwert} \quad \bar{x} &= \frac{1}{n}\sum_{i=1}^{n} x_i \end{aligned} \qquad (5.1)$$

Voraussetzung ist, dass die Zufallsvariablen $X_1, X_2, \ldots, X_n$ paarweise stochastisch unabhängig sind und alle denselben Erwartungswert $\mu = E(X_i)$ und dieselbe Varianz $var(X_i) = \sigma^2$ besitzen.

[b] Schätzfunktion für die Varianz (Parameter σ^2) der Grundgesamtheit (Voraussetzung wie unter [a]):

Hierzu lassen sich drei unterschiedliche Schätzfunktionen angeben, deren Eigenschaften im weiteren Verlauf noch untersucht werden. Der Varianzschätzwert wird in der Statistik entweder mit dem Symbol s^2 oder mit $\hat{\sigma}^2$ bezeichnet, wobei hier letzteres verwandt wird.

[b1] Varianzschätzung bei bekanntem Erwartungswert μ

$$\begin{aligned} \text{Schätzfunktion} \quad S^2 &= \frac{1}{n}\sum_{i=1}^{n}(X_i - \mu)^2 \\ \text{Schätzwert} \quad \hat{\sigma}^2 &= \frac{1}{n}\sum_{i=1}^{n}(x_i - \mu)^2 \end{aligned} \qquad (5.2)$$

Freiheitsgrad $f = n$

[b2] Varianzschätzung bei unbekanntem Erwartungswert μ

$$\begin{aligned} \text{Schätzfunktion} \quad S^2 &= \frac{1}{n}\sum_{i=1}^{n}(X_i - \bar{X})^2 = \frac{1}{n}\sum_{i=1}^{n} X_i^2 - \bar{X}^2 \\ &= \frac{1}{n}\left(\sum_{i=1}^{n} X_i^2 - \frac{1}{n}\left(\sum_{i=1}^{n} X_i\right)^2\right) \\ \text{Schätzwert} \quad \tilde{\sigma}^2 &= \frac{1}{n}\left(\sum_{i=1}^{n} x_i^2 - \frac{1}{n}\left(\sum_{i=1}^{n} x_i\right)^2\right) \end{aligned} \qquad (5.3)$$

Freiheitsgrad $f = n$

[b3] Varianzschätzung bei unbekanntem Erwartungswert μ

$$\text{Schätzfunktion} \quad S^2 = \frac{1}{n-1} \sum_{i=1}^{n}(X_i - \bar{X})^2$$

$$= \frac{1}{n-1}\left(\sum_{i=1}^{n} X_i^2 - \frac{1}{n}\left(\sum_{i=1}^{n} X_i\right)^2\right) \quad (5.4)$$

$$\text{Schätzwert} \quad \hat{\sigma}^2 = \frac{1}{n-1}\left(\sum_{i=1}^{n} x_i^2 - \frac{1}{n}\left(\sum_{i=1}^{n} x_i\right)^2\right)$$

Freiheitsgrad $f = n - 1$

Die Umformung der Summe $\sum_{i=1}^{n}(X_i - \bar{X})^2$ ist im Anschluss an Gl. (3.19) dargestellt.

[c] Schätzfunktion und Schätzwert für den Anteilswert Θ einer dichotomen Grundgesamtheit bzw. für die Wahrscheinlichkeit für das Auftreten des Ereignisses A

$$\text{Schätzfunktion} \quad P = \frac{1}{n} \sum_{i=1}^{n} X_i \quad \text{mit } X_i = \begin{cases} 0 \text{ für „} A \text{ tritt nicht ein"} \\ 1 \text{ für „} A \text{ tritt ein"} \end{cases}$$

$$\text{Schätzwert} \quad p = \frac{1}{n} \sum_{i=1}^{n} x_i$$

(5.5)

5.2.2 Eigenschaften von Schätzfunktionen

Damit eine Schätzfunktion brauchbare Ergebnisse liefert, sollte sie bestimmte Eigenschaften besitzen. Die Schätzfunktion für einen gesuchten Parameter $(\mu, \Theta, \sigma^2, \ldots)$ ist:

- *erwartungstreu (unverzerrt)*, wenn der Erwartungswert der Schätzfunktion gleich dem Parameter der Grundgesamtheit ist.
- *konsistent (übereinstimmend)*, wenn mit der Wahrscheinlichkeit von Eins die Folge der Schätzwerte bei unbegrenzt anwachsendem Stichprobenumfang n gegen den Parameter der Grundgesamtheit strebt.
- *effizient (wirksam)*, wenn die Schätzfunktion *minimale Varianz* besitzt, d. h. keine andere Schätzfunktion darf eine kleinere Varianz aufweisen. Die beiden gemeinsamen Forderungen *erwartungstreu* und *effizient* führen zu einer *besten erwartungstreuen* Schätzung.
- *erschöpfend (hinreichend)*, wenn keine andere Schätzfunktion aus den Stichprobenwerten weitergehende Informationen über den Parameter liefert. Beispielsweise ist eine Schätzfunktion, welche nur jeden zweiten Stichprobenwert berücksichtigt, nicht erschöpfend.
- *robust*, wenn die Wahrscheinlichkeitsverteilung der Schätzfunktion unempfindlich gegenüber kleinen Änderungen der Verteilung der Stichprobe ist.

Nachweis der Erwartungstreue bzw. der Verzerrung von Schätzfunktionen

[a] Die Schätzfunktion Gl. (5.1) für den Erwartungswert μ ist erwartungstreu!

$$E(\bar{X}) = E\left(\frac{1}{n}\sum_{i=1}^{n} X_i\right) = \frac{1}{n}\sum_{i=1}^{n} E(X_i) = \frac{1}{n} \cdot n \cdot \mu = \mu \qquad (5.6)$$

[b] Die Schätzfunktion Gl. (5.2) für die Varianz σ^2 ist erwartungstreu!

$$E(S^2) = E\left(\frac{1}{n}\sum_{i=1}^{n}(X_i - \mu)^2\right) = \frac{1}{n}\sum_{i=1}^{n} E[(X_i - \mu)^2] = \frac{1}{n} \cdot n \cdot \sigma^2 = \sigma^2 \qquad (5.7)$$

[c] Die Schätzfunktion Gl. (5.3) für die Varianz σ^2 ist *nicht* erwartungstreu, sondern lediglich *asymptotisch erwartungstreu*!

Mit der Beziehung $\sigma^2 = E(X_i^2) - \mu^2$ bzw. $E(X_i^2) = \sigma^2 + \mu^2$ ergibt sich:

$$\begin{aligned}
E(S^2) &= E\left(\frac{1}{n}\sum_{i=1}^{n}(X_i - \bar{X})^2\right) \\
&= E\left(\frac{1}{n}\sum_{i=1}^{n} X_i^2 - \frac{2}{n}\bar{X}\sum_{i=1}^{n} X_i + \frac{1}{n}\sum_{i=1}^{n} \bar{X}^2\right) \\
&= E\left(\frac{1}{n}\sum_{i=1}^{n} X_i^2 - \frac{2}{n}\bar{X}\cdot n\bar{X} + \frac{1}{n} n \bar{X}^2\right) \\
&= \frac{1}{n}\left(\sum_{i=1}^{n} E(X_i^2) - n E(\bar{X}^2)\right) \\
&= \frac{1}{n}\left(n(\sigma^2 + \mu^2) - n(\sigma_{\bar{X}}^2 + \mu^2)\right) \\
&= \frac{1}{n}\left(n\sigma^2 + n\mu^2 - n\frac{\sigma^2}{n} - n\mu^2\right) \\
&= \frac{n-1}{n}\sigma^2 \qquad (5.8)
\end{aligned}$$

[d] Gl. (5.8) impliziert auch, dass die Schätzfunktion Gl. (5.4) für die Varianz σ^2 *erwartungstreu* ist!

[e] Verzerrte Schätzung für den Erwartungswert:
Falls die Zufallsvariablen X_i durch eine (bekannte oder unbekannte) *systematische Messabweichung* δ verfälscht sind, ergibt sich analog Gl. (5.6) mit

$$E\left(\frac{1}{n}\sum_{i=1}^{n}(X_i + \delta)\right) = \frac{1}{n}\sum_{i=1}^{n} E(X_i + \delta) = \frac{1}{n} \cdot n \cdot (\mu + \delta) = \mu + \delta \qquad (5.9)$$

eine *verzerrte Schätzung* für den Erwartungswert. Die systematische Messabweichung δ wird in diesem Zusammenhang als *Bias* oder *Verzerrung* bezeichnet.

[f] Verzerrte Varianzschätzung:
Falls die Varianzberechnung durch eine *systematische Messabweichung* δ verzerrt wird, erhält man anstelle der Varianz den

mittleren quadratischen Fehler (mean squared error = MSE),

der sich analog Gl. (5.7) mit $E(X_i - \mu) = 0$ ableiten lässt:

$$E\left(\frac{1}{n}\sum_{i=1}^{n}(X_i + \delta - \mu)^2\right) = \frac{1}{n}\sum_{i=1}^{n}E[(X_i - \mu)^2 + 2(X_i - \mu)\cdot\delta + \delta^2]$$

$$MSE = \sigma^2 + \delta^2 = Varianz + (Bias)^2 \qquad (5.10)$$

Diese Verzerrung kann beispielsweise auftreten, wenn man mit Gl. (5.2) einen Varianzschätzwert berechnet, anstelle des unbekannten Erwartungswertes μ jedoch einen *richtigen Wert (quasi-wahren Wert)* benutzt. Ein *richtiger Wert* ist ein (zumeist mit einem Vergleichnormal bestimmter) Ersatzwert für den unbekannten *wahren Wert* einer Messgröße.

Der Begriff „wahrer Wert" ist kein Begriff der Statistik, sondern der Messtechnik (Metrologie). Man bezeichnet damit den *tatsächlichen Wert* einer Messgröße unter den bei der Ermittlung herrschenden Bedingungen. Das Messergebnis repräsentiert den tatsächlichen Wert nur dann, wenn alle systematischen Messabweichungen vor der Auswertung eliminiert worden sind. Falls Messwerte mit systematischen Messabweichungen behaftet sind, stimmen der Erwartungswert der Messwerte und der wahre Wert der Messgröße nicht überein. Je höher die geforderte Messgenauigkeit ist und je präziser die Messungen durchzuführen sind, umso sorgfältiger muss auf die ausreichende Eliminierung systematischer Messabweichungen geachtet werden, da sich ansonsten verzerrte Schätzwerte ergeben. Die Wahrscheinlichkeitsfunktionen und die darauf gründenden Schätzverfahren der Statistik beziehen sich ausschließlich auf Zufallsabweichungen. Siehe hierzu auch die Anmerkungen zum Begriff „Genauigkeit" in Kapitel 4.5.

5.2.3 Erwartungstreue Varianzschätzung zusammengesetzter Stichproben

Varianz einer homogenen Gesamtstichprobe

Mit Gl. (5.1) und Gl. (5.4) ergeben sich aus einer Stichprobe das arithmetische Mittel $\bar{x}$ und die empirische Varianz $\hat{\sigma}^2$ als Schätzwerte des Erwartungswertes μ und der Varianz σ^2 der Zufallsvariable X. Falls mehrere Stichproben gleiche Erwartungswerte und Varianzen aufweisen,

$$E(X_{ij}) = E(E(X_i)_j) = \mu \qquad (5.11)$$

$$var(X_{ij}) = E[(X_{ij} - \mu)^2] = \sigma^2 \qquad (5.12)$$

können sie als Teile der Gesamtstichprobe einer Messgröße aufgefasst werden. Mit den Mittelwerten und empirischen Varianzen der Teilstichproben lassen sich die Schätzwerte für die Gesamtstichprobe auch dann berechnen, wenn die Einzelmesswerte nicht mehr verfügbar sind. Dieser Fall ist beispielsweise gegeben, wenn die Messwerte für ein und dieselbe Messgröße jeweils mehrfach an mehreren aufeinanderfolgenden Tagen ermittelt und die Messdaten täglich ausgewertet, aber die Einzelwerte nicht dokumentiert werden. Ein anderer Anwendungsfall ist die Berechnung und Dokumentierung von Teilergebnissen, wenn die ursprüngliche Datenmenge sehr groß ist.

Anzahl der Teilstichproben $j = 1, \ldots, k$
Anzahl der Messwerte in den Teilstichproben $i = 1, \ldots, n_j$
Einzelmesswerte x_{ij}

$$\text{Mittelwerte} \quad \bar{x}_j = \frac{1}{n_j} \sum_{i=1}^{n_j} x_{ij}$$

$$\text{Varianzen} \quad \hat{\sigma}_j^2 = \frac{1}{n_j - 1} \left(\sum_{i=1}^{n_j} x_{ij}^2 - n_j \cdot \bar{x}_j^2 \right)$$

$$\text{Freiheitsgrade} \quad f_j = n_j - 1$$

Von den Ergebnissen der Teilstichproben wird auf die Gesamtstichprobe geschlossen.

$$\sum_{j=1}^{k} \sum_{i=1}^{n_j} x_{ij} = \sum_{j=1}^{k} n_j \cdot \bar{x}_j$$

$$\sum_{j=1}^{k} \sum_{i=1}^{n_j} x_{ij}^2 = \sum_{j=1}^{k} (f_j \cdot \hat{\sigma}_j^2 + n_j \cdot \bar{x}_j^2)$$

Damit ergeben sich die Schätzwerte der Gesamtstichprobe:

$$\text{Mittelwert} \quad \bar{x} = \frac{\sum_{j=1}^{k} n_j \cdot \bar{x}_j}{n}, \quad n = \sum_{j=1}^{k} n_j \quad (5.13)$$

$$\text{Varianz} \quad \hat{\sigma}^2 = \frac{1}{n-1} \left(\sum_{j=1}^{k} f_j \cdot \hat{\sigma}_j^2 + \sum_{j=1}^{k} n_j \cdot \bar{x}_j^2 - n \cdot \bar{x}^2 \right) \quad (5.14)$$

$$\text{Freiheitsgrad} \quad f = n - 1$$

Wenn eine Teilstichprobe nur aus einem einzigen Wert besteht, ist in der ersten Summe der Gl. (5.14) der entsprechende Summand gleich Null. Man kann diese Formel folglich auch einsetzen, wenn zu einer bereits ausgewerteten Stichprobe ein weiterer Stichprobenwert hinzukommt.

Voraussetzung ist, dass alle Messungen unter „Wiederholbedingungen" durchgeführt werden, d. h. die *systematischen Messabweichungen*, mit denen die Messwerte behaftet sein können, dürfen sich sowohl innerhalb der als auch zwischen den Teilstichproben nicht ändern. Falls die Messwerte von unterschiedlichen systematischen Messabweichungen beeinflusst werden, ergeben sich unterschiedliche Erwartungswerte für die Zufallsvariablen, was verzerrte Schätzwerte zur Folge hat.

Beispiel 5.1: *Schätzwerte einer zusammengesetzten homogenen Stichprobe*

1. Teilstichprobe: $n_1 = 20$; $f_1 = 19$; $\bar{x}_1 = 20,1$; $\hat{\sigma}_1^2 = 8,95$
2. Teilstichprobe: $n_2 = 30$; $f_2 = 29$; $\bar{x}_2 = 22,3$; $\hat{\sigma}_2^2 = 9,68$

Gesamtmittel $\bar{x} = \dfrac{1}{50}(20 \cdot 20,1 + 30 \cdot 22,3) = 21,42$

$$\text{Varianz} \quad \hat{\sigma}^2 = \frac{1}{49}(19 \cdot 8,95 + 29 \cdot 9,68 + 20 \cdot 20,1^2 + 30 \cdot 22,3^2 - 50 \cdot 21,42^2)$$
$$= 10,3847$$

Standardabweichung $\hat{\sigma} = 3,22$, Freiheitsgrad $f = 50 - 1 = 49$.

Varianzen bei Verschiebungen zwischen den Teilstichproben

Wenn von systematischen Verschiebungen zwischen den Teilstichproben ausgegangen werden muss, sind deren Erwartungswerte unterschiedlich, sodass die Teilstichproben nicht in einer Gesamtstichprobe zusammengefasst werden können. Das ist beispielsweise generell bei Deformationsbeobachtungen zu vermuten, die zur Aufdeckung von Deformationen und Verschiebungen an gefährdeten Bauwerken in zeitlich getrennten Messepochen durchgeführt werden. Diese Erscheinungen können jedoch auch bei kontinuierlich durchgeführten Messreihen auftreten, wenn sich die systematischen Einflussgrößen während des Beobachtungszeitraumes ändern. Beispielsweise betrifft dies kontinuierlich durchgeführte Zenitwinkelmessungen bei veränderlichen Refraktionseinflüssen.

Falls jedoch von homogenen Messbedingungen innerhalb der Teilstichproben und gleichen Varianzen in allen Teilstichproben ausgegangen werden kann, lässt sich ein gemeinsamer Varianzschätzwert berechnen. Die Annahme gleicher Varianzen ist beispielsweise bei Deformationsbeobachtungen begründet, die mit demselben Messverfahren und Instrumentarium sowie gleicher Sorgfalt durchgeführt werden. Für die $j = 1, \ldots, k$ Teilstichproben ergeben sich mit den Messwerten x_{ij}, $(i = 1, \ldots, n_j)$ deren

$$\text{Varianzen} \quad \hat{\sigma}_j^2 = \frac{1}{n_j - 1}\left(\sum_{i=1}^{n_j} x_{ij}^2 - \frac{1}{n_j}\left(\sum_{i=1}^{n_j} x_{ij}\right)^2\right),$$

Freiheitsgrade $f_j = n_j - 1$.

Gemeinsame Varianz aller Teilstichproben:

$$\text{Varianz} \quad \hat{\sigma}^2 = \frac{\sum_{j=1}^{k} f_j \cdot \hat{\sigma}_j^2}{\sum_{j=1}^{k} f_j} \tag{5.15}$$

$$\text{Freiheitsgrad} \quad f = \sum_{j=1}^{k} f_j \tag{5.16}$$

Gl. (5.15) und Gl. (5.16) können beispielsweise zum Testen auf signifikante Verschiebungen bei Deformationsuntersuchungen verwendet werden, siehe Konfidenzintervall bzw. Test der Differenz zweier Erwartungswerte auf Seite 194 bzw. 222.

5.2.4 Erwartungstreue Varianzschätzung bei Doppelbeobachtungen

Zufallsvariable mit paarweise gleichen Erwartungswerten

[a] **Zufallsvariable mit gleicher Varianz σ^2**
Gegeben seien Paare von Zufallsvariablen X_{1i}, X_{2i}, welche die gleiche Varianz σ^2 und paarweise gleiche Erwartungswerte μ_i aufweisen, d. h. die Erwartungswerte müssen von Paar zu Paar nicht notwendigerweise identisch sein. Beispielsweise gilt bei n Paaren normalverteilter Zufallsvariablen:

$$X_{1i} \sim N(\mu_i, \sigma^2), \quad X_{2i} \sim N(\mu_i, \sigma^2), \quad (i = 1, \ldots, n) \tag{5.17}$$

Mit $\mu_d = \mu_{1i} - \mu_{2i} = 0$ ergibt sich die Normalverteilung der Paardifferenzen zu

$$d_i := X_{1i} - X_{2i} \sim N(0, \sigma_d^2) \tag{5.18}$$

mit $\sigma_d^2 = var(X_{1i}) + var(X_{2i}) = 2\sigma^2$, falls X_{1i}, X_{2i} unkorreliert sind. Da der Erwartungswert jeder Paardifferenz mit $\mu_d = 0$ bekannt ist, ergeben sich analog Gl. (5.2) mit den Messwertdifferenzen

$$\begin{aligned} d_1 &= x_{11} - x_{21} \\ d_2 &= x_{12} - x_{22} \\ &\vdots \\ d_n &= x_{1n} - x_{2n} \end{aligned}$$

die erwartungstreuen Varianzschätzungen $\hat{\sigma}_d^2$ der Differenzen d_i sowie $\hat{\sigma}^2$ der einzelnen Zufallsvariablen X_{1i} und X_{2i} beim *Freiheitsgrad* $f = n$ zu

$$\hat{\sigma}_d^2 = \frac{1}{n} \sum_{i=1}^n d_i^2 \tag{5.19}$$

$$\hat{\sigma}^2 = \frac{1}{2} \hat{\sigma}_d^2 = \frac{1}{2n} \sum_{i=1}^n d_i^2 \tag{5.20}$$

Beispiel 5.2: *Varianzberechnung doppelt gemessener Polygonzugwinkel*
Auf sechs Punkten eines Polygonzuges wurde jeder Brechungswinkel β in zwei Sätzen gemessen. Während der Messungen wurde auf jedem Standpunkt darauf geachtet, dass keine Verfälschung der Messwerte durch Änderung eventuell vorhandener systematischer Messabweichungen auftreten konnte (z. B. keine veränderte Aufstellung und Zentrierung des Theodolits und der Zielzeichen zwischen den

Sätzen). Daher kann von gleichen Erwartungswerten der Winkel je Standpunkt ausgegangen werden. Da die Varianz eines Winkels von seinem Wert unabhängig ist, weisen alle Winkelmessungen die gleiche Varianz σ_β^2 auf.

Punkt	Polygonwinkel [gon]		d_1	d_i^2
Nr.	1. Satz	2. Satz	[mgon]	[mgon]
1	151,5495	151,5510	-1,5	2,25
2	103,3486	103,3469	1,7	2,89
3	146,6509	146,6475	3,4	11,56
4	122,2498	122,2529	-3,1	9,61
5	144,4057	144,4034	2,3	5,29
6	153,6087	153,6102	-1,5	2,25

$$\sum_{i=1}^{6} d_i = 1,3 \ mgon$$

$$\sum_{i=1}^{6} d_i^2 = 33,85 \ mgon^2$$

$$n = 6, \quad 2n = 12$$

$$\hat{\sigma}_\beta^2 = \frac{33,85}{12} = 2,82 \ mgon^2$$

$$\hat{\sigma}_\beta = 1,7 \ mgon$$

An den wechselnden Vorzeichen und Größen der d_i ist das Zufallsstreuen der Messwerte erkennbar. Außerdem weicht ihre Summe nur im Rahmen des Zufallsstreuens vom Erwartungswert $E(\sum d_i) = \sum E(d_i) = 0$ ab, sodass keine systematische Messabweichung zwischen den jeweiligen beiden Messwerten erkennbar ist. Daher kann die Voraussetzung „Zufallsvariable mit paarweise gleichen Erwartungswerten" als erfüllt angesehen werden.

Da sich ein Winkel als Differenz zweier Richtungen ergibt (siehe Beispiel 4.21 auf Seite 78), ergibt sich der Schätzwert $\hat{\sigma}_r$ der Standardabweichung einer Richtungsmessung zu:

$$\hat{\sigma}_r = \frac{\hat{\sigma}_\beta}{\sqrt{2}} = 1,2 \ mgon$$

Den gleichen Wert weist die Standardabweichung der Winkelmittelwerte $\bar{\beta}_i$ aus beiden Sätzen auf (Standardabweichung des Satzmittels $\hat{\sigma}_{\bar{\beta}} = 1,2 \ mgon$, siehe Beispiel 4.27 auf Seite 82).

[b] **Zufallsvariable mit paarweise ungleicher Varianz σ_i^2**
Sind sowohl die Erwartungswerte als auch die Varianzen der Paare von Zufallsvariablen nicht notwendigerweise identisch, gilt bei n Paaren normalverteilter Zufallsvariablen:

$$X_{1i} \sim N(\mu_i, \sigma_i^2), \quad X_{2i} \sim N(\mu_i, \sigma_i^2), \quad (i = 1, \ldots, n) \quad (5.21)$$

Beispielsweise vergrößern sich die Varianzen von Distanzmessungen mit der Zunahme der Länge der Distanzen. Durch Multiplikation mit zutreffenden *Gewichten* p_i lassen sich die Messwertdifferenzen d_i normieren, d. h. in Messwerte gleicher Varianz umformen.

Die Gewichte werden entweder als Quotient aus einem fest vorgegebenen Faktor σ_0^2, der als *Varianz der Gewichtseinheit* bezeichnet wird, und den a-priori vorgegebenen Varianzen σ_i^2 der Variablen

$$p_i = \frac{\sigma_0^2}{\sigma_i^2} \quad (5.22)$$

oder durch vorgegebene Verhältniszahlen ausgedrückt, welche die Genauigkeitsunterschiede berücksichtigen. (Weiteres zur Gewichtsproblematik siehe Kap. 6.2.1 ab Seite 139).

Der erwartungstreue Schätzwert $\hat{\sigma}_0^2$ der Varianz der Gewichtseinheit, d. h. der Schätzwert der Varianz einer (gedachten) Einzelmessung mit dem Gewicht „1", ergibt sich beim *Freiheitsgrad* $f = n$ zu:

$$\hat{\sigma}_0^2 = \frac{1}{2n} \sum_{i=1}^{n} p_i \cdot d_i^2 \qquad (5.23)$$

Die Division mit dem betreffenden Gewicht p_i liefert dann den Schätzwert der *Varianz der Zufallsvariablen* X_{1i} und X_{2i}:

$$\hat{\sigma}_i^2 = \frac{\hat{\sigma}_0^2}{p_i} \qquad (5.24)$$

Beispiel 5.3: *Gewichtete Varianzberechnung aus Doppelmessungen*
Aus sechs Hin- und Rücknivellements ergaben sich die Höhenunterschiede h_{1i} [m] und h_{2i} [m] bei Nivellementlängen e_i [km]. Da die Varianzen proportional zu den Nivellementlängen anwachsen, wird der Gewichtsansatz

$$p_i = \frac{1 \ [km]}{e_i \ [km]} \qquad (5.25)$$

verwandt.

Nr.	Hinmessung	Rückmessung	d_i [mm]	e_i [km]	$p_i \cdot d_i$	$p_i \cdot d_i^2$
1	+11,826 m	+11,820 m	+6	2,5	+2,40	14,40
2	-24,195 m	-24,191 m	-4	1,8	-2,22	8,89
3	-13,299 m	-13,287 m	-12	1,5	-8,00	96,00
4	+18,562 m	+18,554 m	+8	3,2	+2,50	20,00
5	+18,296 m	+18,297 m	-1	3,9	-0,26	0,26
6	-4,243 m	-4,245 m	-2	2,1	-0,95	1,90

$n = 6, \quad 2n = 12, \quad \sum_{i=1}^{6} p_i \cdot d_i = -6,53 \ mgon, \quad \sum_{i=1}^{6} p_i \cdot d_i^2 = 141,45 \ mgon^2$

An den wechselnden Vorzeichen und Größen der normierten Differenzen $p_i \cdot d_i$ ist das Zufallsstreuen der Messwerte erkennbar. Außerdem weicht ihre Summe nur im Rahmen des Zufallsstreuens vom Erwartungswert $E(\sum(p_i \cdot d_i)) = \sum E(p_i \cdot d_i) = 0$ ab, sodass keine systematische Messabweichung zwischen den jeweiligen beiden Messwerten erkennbar ist. Daher kann die Voraussetzung „Zufallsvariable mit paarweise gleichen Erwartungswerten" als erfüllt angesehen werden.

Varianz der Gewichtseinheit $\hat{\sigma}_0^2 = \dfrac{141,45}{12} = 11,79 mm^2$

5.2 Methoden der Parameterschätzung

	Varianzen der Einzelmesswerte	Standardabweichungen der Mittel aus Hin- und Rückmessung:
Nr. 1	$\hat{\sigma}^2_{h_1} = 2,5 \cdot 11,79 = 29,47\ mm^2$	$\hat{\sigma}_{\bar{h}_1} = \sqrt{\frac{29,47}{2}} = 3,8\ mm$
Nr. 2	$\hat{\sigma}^2_{h_2} = 1,8 \cdot 11,79 = 21,22\ mm^2$	$\hat{\sigma}_{\bar{h}_2} = \sqrt{\frac{21,22}{2}} = 3,3\ mm$
⋮		
Nr. 6	$\hat{\sigma}^2_{h_6} = 2,1 \cdot 11,79 = 24,75\ mm^2$	$\hat{\sigma}_{\bar{h}_6} = \sqrt{\frac{24,75}{2}} = 3,5\ mm$

Zufallsvariable mit paarweise konstanter Abweichung zwischen den Erwartungswerten

[a] **Zufallsvariable mit gleicher Varianz** σ^2

Falls zwischen den Erwartungswerten der beiden Zufallsvariablen von Beobachtungspaaren eine konstante Differenz besteht und alle Zufallsvariable gleiche Varianz aufweisen, gilt bei n Paaren normalverteilter Zufallsvariablen:

$$X_{1i} \sim N(\mu_{1i}, \sigma^2), \quad X_{2i} \sim N(\mu_{2i}, \sigma^2), \quad (i = 1, \ldots, n) \tag{5.26}$$

Mit $\mu_d = \mu_{1i} - \mu_{2i} \neq 0$ folgt die Normalverteilung der Paardifferenzen zu

$$d_i := X_{1i} - X_{2i} \ \sim N(\mu_d, \sigma_d^2) \tag{5.27}$$

Eine Differenz zwischen den Erwartungswerten zeigt sich, wenn die jeweiligen beiden Zufallsvariablen mit einer systematischen Abweichung mit entgegengesetztem Vorzeichen behaftet sind. Dies kann sich beispielsweise bei Messungen zeigen, die im Hin- und Rückgang erfolgen. Bei der Mittelbildung der Messwerte fällt die systematische Messabweichung zwar heraus, in den Differenzen $d_i = x_{1i} - x_{2i}$ ist sie jedoch mit doppeltem Betrag enthalten. Voraussetzung für eine unverzerrte Varianzschätzung ist, dass diese systematische Abweichung zwischen den beiden Variablen und von Paar zu Paar *gleich groß* ist. Dies ist besonders bei Doppelmessungen zu beachten, die von einem sogenannten „Schleppfehler" verfälscht sind.

Da das Zufallsstreuen von der systematischen Abweichung überlagert ist, lässt sich eine *erwartungstreue Varianzschätzung* $\hat{\sigma}_d^2$ der Differenzen nur analog Gl. (5.4) beim *Freiheitsgrad* $f = n - 1$ durchführen. Aus den Differenzen der d_i zum Mittelwert $\bar{d} = \sum d_i / n$ ist die systematische Abweichung eliminiert.

$$\hat{\sigma}_d^2 = \frac{1}{n-1}\sum_{i=1}^n (d_i - \bar{d})^2 = \frac{1}{n-1}\left(\sum_{i=1}^n d_i^2 - \frac{1}{n}\left(\sum_{i=1}^n d_i\right)^2\right) \tag{5.28}$$

Damit folgt die Varianzschätzung $\hat{\sigma}^2$ der einzelnen Zufallsvariablen X_{1i} und X_{2i} nach Gl. (5.20). Mit $\bar{d}/2$ erhält man zudem einen Schätzwert für die systematische Abweichung.

Beispiel 5.4: *Varianzberechnung bei der Zenitwinkelmessung*
Auf einem Standpunkt wurden zu sechs Zielen die Zenitwinkel in zwei Lagen gemessen. Die durch ungenaue Justierung der Messeinrichtung entstehende und sich in beiden Lagen mit entgegengesetztem Vorzeichen auswirkende systematische *Indexabweichung* v_z ist zu ermitteln. Mit ihr sollen weitere, nur in der ersten Lage durchzuführende Messungen verbessert werden. Weiterhin sollen die Standardabweichung der Einzelmessungen in beiden Lagen sowie die Standardabweichung der Mittelwerte berechnet werden.

Ziel Nr.	Ablesung z_1 [gon]	Ablesung z_2 [gon]	d_i [$mgon$] = $(400 - z_2) - z_1$	d_i^2 [$mgon^2$]
1	126,7418	273,2508	+7,4	54,76
2	76,4954	323,4984	+6,2	38,44
3	113,1070	286,8844	+8,6	73,96
4	88,0094	311,9856	+5,0	25,00
5	91,4844	308,5097	+5,9	34,81
6	102,4266	297,5683	+5,1	26,01

Anzahl $n = 6$, Freiheitsgrad $f = n - 1 = 5$

$$\sum_{i=1}^{6} d_i = 38,2 \; mgon, \quad \sum_{i=1}^{6} d_i^2 = 252,98 \; mgon^2$$

An den gleichen Vorzeichen der d_i und deren stark von Null abweichender Summe ist die systematische Verfälschung der Zenitwinkelmessungen erkennbar. Die Indexabweichung zur Verbesserung der Messwerte beträgt:

$$v_z = \frac{1}{2}\bar{d} = \frac{1}{2}\frac{\sum d_i}{n} = 3,2 \; mgon$$

Die Varianz $\hat{\sigma}_d^2$ der Differenzen sowie die Standardabweichungen $\hat{\sigma}_z$ der Einzelmesswerte und $\hat{\sigma}_{\bar{z}}$ für die Mittelwerte aus beiden Lagen ergeben sich zu:

$$\hat{\sigma}_d^2 = \frac{1}{5}\left(252,98 - \frac{1}{6}(-38,2)^2\right) = 1,95 \; mgon^2$$

$$\hat{\sigma}_z = \sqrt{\frac{1,95}{2}} = 1,0 \; mgon, \quad \hat{\sigma}_{\bar{z}} = \frac{1,0}{\sqrt{2}} = 0,7 \; mgon$$

[b] Zufallsvariable mit paarweise ungleicher Varianz σ_i^2
Falls zwischen den Erwartungswerten der beiden Zufallsvariablen von Beobachtungspaaren eine konstante Differenz besteht und die Zufallsvariable paarweise ungleiche Varianz aufweisen, gilt bei n Paaren normalverteilter Zufallsvariablen:

$$X_{1i} \sim N(\mu_{1i}, \sigma_i^2), \quad X_{2i} \sim N(\mu_{2i}, \sigma_i^2), \quad (i = 1, \ldots, n) \quad (5.29)$$

Mit $\mu_{d_i} = \mu_{1i} - \mu_{2i} \neq 0$ folgt die Normalverteilung der Paardifferenzen zu

$$d_i := X_{1i} - X_{2i} \quad \sim N(\mu_{d_i}, \sigma_{d_i}^2) \quad (5.30)$$

Unter der Voraussetzung, dass die mit dem Gewichtsansatz nach Gl. (5.22) normierten Differenzen gleichen Erwartungswert haben, ergibt sich der erwartungstreue Schätzwert $\hat{\sigma}_0^2$ der Varianz der Gewichtseinheit einer Einzelmessung beim *Freiheitsgrad* $f = n - 1$ zu:

$$\begin{aligned} \hat{\sigma}_0^2 &= \frac{1}{2(n-1)} \sum_{i=1}^n p_i \cdot (d_i - \bar{d})^2 \\ &= \frac{1}{2(n-1)} \left(\sum_{i=1}^n p_i \cdot d_i^2 - \frac{1}{\sum_{i=1}^n p_i} \left(\sum_{i=1}^n p_i \cdot d_i \right)^2 \right) \end{aligned} \qquad (5.31)$$

Nach Gl. (5.24) folgt die *Varianz der Zufallsvariablen* X_{1i} und X_{2i}.

5.2.5 Schätzfunktionen nach der Maximum-Likelihood-Methode

Schätzfunktionen lassen sich nach verschiedenen Prinzipien herleiten, welche zu gleichen Schätzern führen können. Nachfolgend und in Kapitel 6.2.2 werden die Maximum-Likelihood-Methode und in Kapitel 6.2.3 die Methode der kleinsten Quadrate vorgestellt.

Bei der *Maximum-Likelihood-Methode (Methode der maximalen Mutmaßlichkeit)* geht man von einer Zufallsvariablen X aus, deren Dichtefunktion bzw. Wahrscheinlichkeitsfunktion $f(x)$ im einfachsten Fall von *einem* Parameter, hier mit θ bezeichnet, abhängt: $f(x; \theta)$. Werden die Werte $x_1, \ldots, x_n$ einer einfachen Zufallsstichprobe als n unabhängige Realisationen der Zufallsvariablen $X_1, \ldots, X_n$ aufgefasst, hat dieser Zufallsvektor (n-dimensionale Zufallsvariable) die Dichtefunktion

$$L(x_1, \ldots, x_n; \theta) = \prod_{i=1}^n f(x_i; \theta), \qquad (5.32)$$

welche als *Likelihood-Funktion* bezeichnet wird. Als *Maximum-Likelihood-Schätzung (ML-Schätzer)* für den Parameter θ wird derjenige Wert $\hat{\theta}$ angesehen, bei dem die Likelihood-Funktion maximal wird. Von allen möglichen Werten des Parameters θ wird derjenige mit maximaler Dichte für die beobachtete Stichprobe ausgewählt. Obwohl man daher folgert, dass die Stichprobe mit größter Wahrscheinlichkeit aus einer Grundgesamtheit mit $\hat{\theta}$ entstammt, gilt, dass der Parameter θ der Grundgesamtheit *allem Anschein nach* $\hat{\theta}$ ist. Deshalb benutzt man den Ausdruck *likely* im Sinne von *anscheinend* statt *probable (wahrscheinlich)*.

Zur Bestimmung des Maximums kann man jedoch auch statt der Likelihood-Funktion Gl. (5.32) die logarithmierte Likelihood-Funktion benutzen, welche beim gleichen Schätzwert maximal ist.

$$LL(x_1, \ldots, x_n; \theta) = \sum_{i=1}^n \ln\left(f(x_i; \theta) \right) \qquad (5.33)$$

Werden Gl. (5.32) oder Gl. (5.33) nach θ differenziert und die erste Ableitung gleich Null gesetzt, ergibt sich durch Auflösung nach θ die Schätzfunktion.

Beispiel 5.5: *ML-Schätzer für einen Parameter*
Gesucht ist die Schätzfunktion für die Wahrscheinlichkeit p des Eintreffens eines binomialverteilten Ereignisses. Es liegt eine Stichprobe vom Umfang n vor, die sich als eine Abfolge der Werte 0 und 1 darstellt. Die Likelihood-Funktion sowie die Log-Likelihood-Funktion sind:

$$L(x_1, \ldots, x_n; p) = \prod_{i=1}^{n} p^{x_i} \cdot (1-p)^{1-x_i} = p^{\sum x_i} \cdot (1-p)^{n-\sum x_i} \quad (5.34)$$

$$LL(x_1, \ldots, x_n; p) = \sum_{i=1}^{n} x_i \cdot \ln p + \left(n - \sum_{i=1}^{n} x_i\right) \cdot \ln(1-p) \quad (5.35)$$

Differenzieren nach p liefert:

$$\frac{dLL(x_1, \ldots, x_n; p)}{dp} = \frac{\sum x_i}{p} - \frac{n - \sum x_i}{1-p} \quad (5.36)$$

Die Ableitung zu Null setzen und nach p auflösen ergibt die ML-Schätzfunktion:

$$\hat{p} = \frac{1}{n} \sum_{i=1}^{n} x_i = \bar{x} \quad (5.37)$$

Wie intuitiv bereits zu vermuten, ist dies gerade die relative Häufigkeit des Eintreffens des Ereignisses bei n Versuchen.

Enthält die Likelihood-Funktion k Parameter θ_i

$$LL(x_1, \ldots, x_n; \theta_1, \ldots, \theta_k) = \sum_{i=1}^{n} \ln(f(x_i; \theta_1, \ldots, \theta_k)), \quad (5.38)$$

ergeben sich die ML-Schätzer durch Auflösung der k Gleichungen

$$\begin{aligned}
\frac{\partial LL(x_i; \theta_1, \ldots, \theta_k)}{\partial \theta_1} &= 0 \\
\frac{\partial LL(x_i; \theta_1, \ldots, \theta_k)}{\partial \theta_2} &= 0 \\
&\vdots \\
\frac{\partial LL(x_i; \theta_1, \ldots, \theta_k)}{\partial \theta_k} &= 0.
\end{aligned} \quad (5.39)$$

Beispiel 5.6: *ML-Schätzer für zwei Parameter*
Es wird angenommen, dass die Daten $x_1, \ldots, x_n$ einer Normalverteilung entstammen. Gesucht sind die Schätzfunktionen für den Erwartungswert μ und Varianz σ^2 der Normalverteilung.

$$L(x_1,\ldots,x_n;\mu,\sigma^2) = \prod_{i=1}^{n} \frac{1}{\sqrt{2\pi}\sigma} e^{-(1/2\sigma^2)(x_i-\mu)^2}$$

$$= \left(\frac{1}{2\pi\sigma^2}\right)^{n/2} exp\left[-\frac{1}{2\sigma^2}\sum(x_i-\mu)^2\right]$$

$$LL(x_1,\ldots,x_n;\mu,\sigma^2) = -\frac{n}{2}\ln 2\pi - \frac{n}{2}\ln\sigma^2 - \frac{1}{2\sigma^2}\sum(x_i-\mu)^2$$

$$\frac{\partial LL(x_i;\mu,\sigma^2)}{\partial \mu} = \frac{1}{\sigma^2}\sum(x_i-\mu)$$

$$\frac{\partial LL(x_i;\mu,\sigma^2)}{\partial \sigma^2} = -\frac{n}{2}\frac{1}{\sigma^2} + \frac{1}{2\sigma^4}\sum(x_i-\mu)^2$$

Beide Ableitungen zu Null setzen und nach μ und σ^2 auflösen ergibt die ML-Schätzfunktionen:

$$\hat{\mu} = \frac{1}{n}\sum x_i = \bar{x} \tag{5.40}$$

$$\tilde{\sigma}^2 = \frac{1}{n}\sum(x_i-\bar{x})^2 \tag{5.41}$$

Die Schätzung Gl. (5.40) für den Erwartungswert μ entspricht der erwartungstreuen Schätzfunktion Gl. (5.1). Die Schätzung Gl. (5.41) für die Varianz σ^2 entspricht jedoch nur der *asymptotisch* erwartungstreuen Schätzfunktion Gl. (5.3).

6 Regressionsanalyse

6.1 Lineares Modell

6.1.1 Modelldefinition

Ein *lineares statistisches Modell* ist ein System von n Zufallsvariablen Y_i, $i = 1, \ldots, n$, der Form

$$
\begin{aligned}
Y_1 &= \beta_0 + x_{11}\beta_1 + x_{12}\beta_2 + \ldots + x_{1p}\beta_p + e_1 \\
Y_2 &= \beta_0 + x_{21}\beta_1 + x_{22}\beta_2 + \ldots + x_{2p}\beta_p + e_2 \\
&\vdots \\
Y_n &= \beta_0 + x_{n1}\beta_1 + x_{n2}\beta_2 + \ldots + x_{np}\beta_p + e_n,
\end{aligned}
\tag{6.1}
$$

wobei

1. e_i ($i = 1, \ldots, n$) Zufallsvariablen mit den Erwartungswerten $E(e_i) = 0$

2. $\beta_0 + x_{i1}\beta_1 + x_{i2}\beta_2 + \ldots + x_{ip}\beta_p$ ($i = 1, \ldots, n$) Linearformen mit (im Allgemeinen) unbekannten Parametern $\beta_0, \ldots, \beta_p$ (Anzahl $u = p + 1$) und vorgegebenen Koeffizienten $x_{i1}, x_{i2}, \ldots, x_{ip}$ ($i = 1, \ldots, n$)

sind.

Wird zusätzlich eine Hilfsvariable x_0 mit $x_{i0} = 1$ eingeführt, ergibt sich mit dem Zufallsvektor **y**, der Koeffizientenmatrix **X**, dem Parametervektor $\boldsymbol{\beta}$ und dem Zufallsvektor **e**

$$
\mathbf{y} = \begin{pmatrix} Y_1 \\ Y_2 \\ \vdots \\ Y_n \end{pmatrix}, \quad \mathbf{X} = \begin{pmatrix} x_{10} & x_{11} & \ldots & x_{1p} \\ x_{20} & x_{21} & \ldots & x_{2p} \\ \vdots & & & \vdots \\ x_{n0} & x_{n1} & \ldots & x_{np} \end{pmatrix}, \quad \boldsymbol{\beta} = \begin{pmatrix} \beta_0 \\ \beta_1 \\ \vdots \\ \beta_p \end{pmatrix}, \quad \mathbf{e} = \begin{pmatrix} e_1 \\ e_2 \\ \vdots \\ e_n \end{pmatrix}
$$

Gl. (6.1) in Matrizenschreibweise zu:

$$
\mathbf{y} = \mathbf{X}\boldsymbol{\beta} + \mathbf{e}, \quad E(\mathbf{e}) = \mathbf{0}
\tag{6.2}
$$

Das Wort „linear" drückt aus, dass zwischen den u unbekannten Modellparametern β_j, $j = 0, \ldots, p$, eine lineare Beziehung unterstellt wird. Man geht davon aus, dass zwischen den beobachtbaren Größen Y_i, $x_{i1}, \ldots, x_{ip}$ ein funktionaler, modellierbarer Zusammenhang vorliegt, der sich „im Prinzip" durch eine lineare Funktionsgleichung beschreiben lässt. In der Realität (d. h. bei den Beobachtungen dieser Größen) kommt es jedoch zu Abweichungen von diesem funktionalen Zusammenhang. Diese Abweichungen werden in das Modell einbezogen, in dem vorausgesetzt wird, dass die lineare funktionale Beziehung durch eine hinzuaddierte (nicht beobachtbare) Zufallsvariable e_i, als *Störvariable* bezeichnet, überlagert („gestört") wird.

Die Zufallsvariable Y_i wird als *abhängige Variable* (auch *Zielvariable, endogene Variable, Regressand*) bezeichnet, $x_{i1}, \ldots, x_{ip}$ als *unabhängige Variablen* (auch *exogene Variablen, Regressoren*).

Um die u unbekannten Modellparameter β_j statistisch schätzen zu können, benötigt man je eine Datenreihe der Länge n für den Regressanden (Messwerte y_i, $i = 1, \ldots, n$) und für jeden der p Regressoren (Werte x_{ij}, $i = 1, \ldots, n$, $j = 1, \ldots, p$). Als Realisierungen der Gl. (6.1) erhält man bei $p = 1$ die Wertepaare y_1, x_1 ; y_2, x_2 ; $\ldots$; y_n, x_n, woraus sich die *einfache lineare* Regression

$$\begin{aligned} \hat{y}(x_i) &= \hat{\beta}_0 + \hat{\beta}_1 x_i \\ \hat{e}_i &= y_i - \hat{y}(x_i), \quad i = 1, \ldots n \end{aligned} \tag{6.3}$$

berechnen lässt. Hierbei sind $\hat{\beta}_0$ der *Achsabschnitt* auf der y-Achse und $\hat{\beta}_1$ der *Regressionskoeffizient*, d. h. die Steigung der Regressionsgeraden. Die Realisierungen $\hat{e}_i$ der (nicht beobachtbaren) Störvariablen werden als *Residuen* bezeichnet.

Bei $p > 1$ lässt sich mit den Wertetupeln $y_1, x_{11}, x_{12}, \ldots, x_{1p}$; $y_2, x_{21}, x_{22}, \ldots, x_{2p}$; $\ldots$; $y_n, x_{n1}, x_{n2}, \ldots, x_{np}$ die *multiple lineare Regression*

$$\begin{aligned} \hat{y}(x_i) &= \hat{\beta}_0 + \hat{\beta}_1 x_{i1} + \hat{\beta}_2 x_{i2} + \ldots + \hat{\beta}_p x_{ip} \\ \hat{e}_i &= y_i - \hat{y}(x_i), \quad i = 1, \ldots n \end{aligned} \tag{6.4}$$

berechnen.

6.1.2 Linearisierung und Gauß-Newton-Verfahren

Vielfach lassen sich die Anwendungen der Praxis nicht mit einem linearen Modell beschreiben, sondern nur durch Regressionsfunktionen, bei denen die Parameter nichtlinear eingehen. Mit der Notation von Gl. (6.2) lässt sich eine *nichtlineare Regressionsfunktion* darstellen in der Form:

$$\mathbf{y} = \mathbf{g}(\boldsymbol{\beta}) + \mathbf{e}, \quad E(\mathbf{e}) = \mathbf{0}, \tag{6.5}$$

mit $\mathbf{y} = (Y_1, \ldots, Y_n)'$, $\mathbf{g}(\boldsymbol{\beta}) = (g_1(\boldsymbol{\beta}), \ldots, g_n(\boldsymbol{\beta}))'$, $\mathbf{e} = (e_1, \ldots, e_n)'$.

Damit die Schätzmethoden der linearen Modelle angewandt werden können, müssen die nichtlinearen Ansätze linearisiert werden. Dazu werden ausgehend von einer bekannten Startlösung $\boldsymbol{\beta}^{(0)}$ für die Parameter iterativ Näherungen $\boldsymbol{\beta}^{(1)}, \boldsymbol{\beta}^{(2)}, \ldots$, konstruiert. Diese Folge erhält man mit dem *Gauß-Newton-Verfahren* durch Linearisieren von $\mathbf{g}(\boldsymbol{\beta})$. Die *Taylorentwicklung* um $\boldsymbol{\beta}^{(k)}$ wird nach dem linearen Term abgebrochen. Voraussetzung ist natürlich, dass $\mathbf{g}(\boldsymbol{\beta})$ wenigstens einmal stetig differenzierbar nach $\boldsymbol{\beta}$ ist. Im ersten Iterationsschritt zeigt sich die Parameterdarstellung $\beta_0 \approx \beta_0^{(0)} + \Delta\beta_0^{(0)}$, $\beta_1 \approx \beta_1^{(0)} + \Delta\beta_1^{(0)}, \ldots, \beta_p \approx \beta_p^{(0)} + \Delta\beta_p^{(0)}$, mit den bekannten Näherungswerten $\beta_j^{(0)}$ und den unbekannten Korrekturen $\Delta\beta_j^{(0)}$.

Allgemein gilt:

$$\mathbf{g}(\boldsymbol{\beta}) \approx \mathbf{g}(\boldsymbol{\beta}^{(k)}) + \mathbf{Z}_k \cdot \boldsymbol{\Delta\beta}^{(k)} \tag{6.6}$$

mit
$$\mathbf{Z}_k = \begin{pmatrix} \dfrac{\partial g_1(\boldsymbol{\beta}^{(k)})}{\partial \beta_0} & \dfrac{\partial g_1(\boldsymbol{\beta}^{(k)})}{\partial \beta_1} & \cdots & \dfrac{\partial g_1(\boldsymbol{\beta}^{(k)})}{\partial \beta_p} \\ \dfrac{\partial g_2(\boldsymbol{\beta}^{(k)})}{\partial \beta_0} & \dfrac{\partial g_2(\boldsymbol{\beta}^{(k)})}{\partial \beta_1} & \cdots & \dfrac{\partial g_2(\boldsymbol{\beta}^{(k)})}{\partial \beta_p} \\ \vdots & & & \vdots \\ \dfrac{\partial g_n(\boldsymbol{\beta}^{(k)})}{\partial \beta_0} & \dfrac{\partial g_n(\boldsymbol{\beta}^{(k)})}{\partial \beta_1} & \cdots & \dfrac{\partial g_n(\boldsymbol{\beta}^{(k)})}{\partial \beta_p} \end{pmatrix} \quad (6.7)$$

und $\quad k = 0, 1, 2, \ldots$

Identifiziert man in Gl. (6.2)

$$\begin{aligned} \mathbf{y} &\quad \text{mit} \quad \mathbf{y} - \mathbf{g}(\boldsymbol{\beta}^{(k)}) \\ \boldsymbol{\beta} &\quad \text{mit} \quad \Delta \boldsymbol{\beta}^{(k)} \\ \mathbf{X} &\quad \text{mit} \quad \mathbf{Z}_k \end{aligned} \quad (6.8)$$

ergibt sich eine Darstellung im linearen Modell.

Beispiel 6.1: *Linearisierung einer nichtlinearen Regressionsfunktion*
Bei der polaren Punktbestimmung oder bei der Punktbestimmung durch Bogenschnitt werden jeweils von einem Festpunkt F aus die horizontale Strecke s zum Neupunkt N gemessen, um mit dieser Strecke und weiteren Messelementen die Koordinaten y_N, x_N zu berechnen. Die Koordinaten y_F, x_F des Festpunktes werden als gegeben vorausgesetzt. Da die Erwartungswerte von Messgrößen (hier die als Zufallsvariable mit großem Buchstaben bezeichnete Strecke S) als Funktion der gesuchten Parameter (hier y_N und x_N) und gegebener Koeffizienten dargestellt werden, ergibt sich die nichtlineare Regressionsfunktion

$$\begin{aligned} E(S) &= \sqrt{(y_N - y_F)^2 + (x_N - x_F)^2} \quad \text{bzw.} \\ S &= \sqrt{(y_N - y_F)^2 + (x_N - x_F)^2} + e, \end{aligned}$$

wobei e die Störvariable ist. Da mit $\Delta y, \Delta x$ üblicherweise die Koordinatenunterschiede zwischen zwei Punkten bezeichnet werden, sollen im Falle der Koordinatenausgleichung die unbekannten Koordinatenzuschläge mit $\delta y, \delta x$ bezeichnet werden. Die linearisierte Beobachtungsgleichung zur nichtlinearen Regressionsfunktion lautet damit

$$\begin{aligned} S - s^{(0)} &= \begin{pmatrix} \dfrac{\partial s^{(0)}}{\partial y_N} & \dfrac{\partial s^{(0)}}{\partial x_N} \end{pmatrix} \begin{pmatrix} \delta y_N^{(0)} \\ \delta x_N^{(0)} \end{pmatrix} + e \\ &= \begin{pmatrix} \dfrac{y_N^{(0)} - y_F}{s^{(0)}} & \dfrac{x_N^{(0)} - x_F}{s^{(0)}} \end{pmatrix} \begin{pmatrix} \delta y_N^{(0)} \\ \delta x_N^{(0)} \end{pmatrix} + e \\ &= \dfrac{y_N^{(0)} - y_F}{s^{(0)}} \cdot \delta y_N^{(0)} + \dfrac{x_N^{(0)} - x_F}{s^{(0)}} \cdot \delta x_N^{(0)} + e, \end{aligned}$$

wobei der Näherungswert für die Strecke

$$s^{(0)} = \sqrt{(y_N^{(0)} - y_F)^2 + (x_N^{(0)} - x_F)^2}$$

sowie die partiellen Ableitungen mithilfe der Näherungskoordinaten $y_N^{(0)}, x_N^{(0)}$ berechnet werden. Werden im anschließenden Ausgleichungsprozess für die jeweilige Zufallsvariable S deren Realisierungen, also die Messwerte s_i, eingesetzt, dann bilden die Streckendifferenzen $s_i - s_i^{(0)}$ zusammen mit den entsprechenden Differenzen anderer Messelemente (wie z. B. Richtungsdifferenzen $r_i - r_i^{(0)}$) nach der Notation der Gl. (6.2) den Beobachtungsvektor **y**. Die partiellen Ableitungen sind in der Koeffizientenmatrix **X** zusammengefasst und die $\delta y_N^{(0)}, \delta x_N^{(0)}$ stellen den unbekannten Parametervektor $\boldsymbol{\beta}$ dar. Mit den sich ergebenden Näherungskoordinaten $y_N^{(1)}, x_N^{(1)}$ kann eine weitere Iteration erfolgen.

6.2 Klassisches und allgemeines lineares Regressionsmodell

6.2.1 Modellbeschreibung

Durch unterschiedliche Annahmen über **y**, **X**, $\boldsymbol{\beta}$, **e** im linearen Modell Gl. (6.2) ergeben sich unterschiedliche Regressionsmodelle. Die Annahmen für das *klassische* und das *allgemeine lineare Regressionsmodell* lauten:

y: beobachtbare Zufallsvariablen Y_i

X: beobachtbare vorgegebene (deterministische) Variablen. Diese Variablen sind keine Zufallsvariablen, d. h. die Werte x_{ij} lassen sich systematisch oder „kontrolliert" variieren. Bei wiederholter Messung der Zufallsvariable Y_i können die Werte x_{ij} konstant gehalten werden.

$\boldsymbol{\beta}$: fester, unbekannter Parametervektor

e: nicht beobachtbare Zufallsvariable mit $E(\mathbf{e}) = \mathbf{0}$ und

- beim *klassischen linearen Regressionsmodell*:

$$\boldsymbol{\Sigma} = \sigma^2 \mathbf{I}, \quad \text{d. h.} \quad var(e_i) = \sigma^2, \quad cov(e_i, e_k) = 0, \quad i \neq k \qquad (6.9)$$

σ^2 ist ein weiterer, im Allgemeinen unbekannter Parameter.

- beim *allgemeinen linearen Regressionsmodell*:

$$\boldsymbol{\Sigma} = \begin{pmatrix} var(e_1) & cov(e_1, e_2) & \dots & cov(e_1, e_n) \\ cov(e_2, e_1) & var(e_2) & \dots & cov(e_2, e_n) \\ \vdots & & \ddots & \vdots \\ cov(e_n, e_1) & cov(e_n, e_2) & \dots & var(e_n) \end{pmatrix}$$

$$= \begin{pmatrix} \sigma_1^2 & \sigma_{12} & \dots & \sigma_{1n} \\ \sigma_{21} & \sigma_2^2 & \dots & \sigma_{2n} \\ \vdots & & \ddots & \vdots \\ \sigma_{n1} & \sigma_{n2} & \dots & \sigma_n^2 \end{pmatrix} \qquad (6.10)$$

Die *Kovarianzmatrix* $\boldsymbol{\Sigma}$ der Zufallsvariablen (Messgrößen) lässt sich auch durch das Produkt des Parameters σ^2 mit der Inversen $\mathbf{P}^{-1}$ der *Gewichtsmatrix* $\mathbf{P}$ nach Gl. (4.80) auf Seite 76 darstellen.

$$\boldsymbol{\Sigma} = \sigma^2 \mathbf{P}^{-1} = \sigma^2 \begin{pmatrix} \frac{\sigma_1^2}{\sigma^2} & \frac{\sigma_{12}}{\sigma^2} & \cdots & \frac{\sigma_{1n}}{\sigma^2} \\ \frac{\sigma_{21}}{\sigma^2} & \frac{\sigma_2^2}{\sigma^2} & \cdots & \frac{\sigma_{2n}}{\sigma^2} \\ \vdots & & \ddots & \vdots \\ \frac{\sigma_{n1}}{\sigma^2} & \frac{\sigma_{n2}}{\sigma^2} & \cdots & \frac{\sigma_n^2}{\sigma^2} \end{pmatrix} \qquad (6.11)$$

Die aus der Kovarianzmatrix faktorisierte Varianz σ^2 nennt man *Varianz der Gewichtseinheit*. Die Inverse $\mathbf{P}^{-1}$ wird als *Matrix der Gewichtskoeffizienten* bezeichnet.

Wenn die Zufallsvariablen *unkorreliert* sind, ist die Kovarianzmatrix $\boldsymbol{\Sigma}$ und sind folglich auch $\mathbf{P}^{-1}$ und $\mathbf{P}$ diagonal, alle Elemente außerhalb der Diagonalen sind Null. Die Diagonalelemente von $\mathbf{P}^{-1}$ heißen *Gewichtsreziproke* und dementsprechend werden die Diagonalelemente von $\mathbf{P}$ als *Gewichte* bezeichnet.
In diesem Falle ergibt sich die *Gewichtsmatrix*:

$$\mathbf{P} = (p_{ii}) = \begin{pmatrix} \frac{\sigma^2}{\sigma_1^2} & 0 & 0 & \cdots & 0 \\ 0 & \frac{\sigma^2}{\sigma_2^2} & 0 & \cdots & 0 \\ \vdots & & & \ddots & \vdots \\ 0 & 0 & 0 & \cdots & \frac{\sigma^2}{\sigma_n^2} \end{pmatrix} \qquad (6.12)$$

Hier ist erkennbar, dass einer Zufallsvariablen beim Ausgleichungsprozess umso größeres Gewicht p_{ii} zukommt, je kleiner ihre Varianz σ_i^2 ist. Die Begriffe „Gewicht" und „Präzision" stehen folglich in reziproker Beziehung zueinander. Der Begriff „Gewicht" sollte nur bezogen auf die Diagonalelemente der Gewichtsmatrix benutzt werden, er besitzt seine völlige Gültigkeit nur bei nichtkorrelierten Zufallsvariablen. Im allgemeinen Fall sind die Diagonalelemente p_{ii} der Gewichtsmatrix nicht die Reziprokwerte der entsprechenden Elemente der Matrix der Gewichtskoeffizienten $\mathbf{P}^{-1}$. Im Falle völliger Korrelation ($\rho = \pm 1$) zwischen den Zufallsvariablen lassen sich zwar die Kovarianzmatrix $\boldsymbol{\Sigma}$ bzw. die Matrix der Gewichtskoeffizienten $\mathbf{P}^{-1}$ angeben, jedoch nicht die Gewichtsmatrix $\mathbf{P}$.

In Gl. (6.9) besitzen alle Zufallsvariablen gleiche, konstante Varianz σ^2, was als *Homoskedastizität* bezeichnet wird. Falls in Gl. (6.11) $\mathbf{P}^{-1}$ diagonal, aber $\neq \mathbf{I}$ ist, spricht man von *Heteroskedastizität*.

Da die „kontrollierten" deterministischen Variablen x_{ij} nicht dem Zufall unterliegen, lassen sich Funktionen von ihnen als zusätzliche Variablen in den linearen Ansatz hineinnehmen. So lässt sich z. B. die sogenannte *polynomiale Regression*

$$Y_i = \beta_0 + \beta_1 x_i + \beta_2 x_i^2 + \beta_3 x_i^3 + e_i \qquad (6.13)$$

mit der Transformation

$$x_{i1}{}' = x_i, \quad x_{i2}{}' = x_i^2, \quad x_{i3}{}' = x_i^3 \qquad (6.14)$$

als lineare Beziehung darstellen:

$$Y_i = \beta_0 + \beta_1 x_{i1}{}' + \beta_2 x_{i2}{}' + \beta_3 x_{i3}{}' + e_i \qquad (6.15)$$

Damit Wahrscheinlichkeitsaussagen (Konfidenzintervalle und Hypothesentests) möglich sind, wird zusätzlich die Störvariable als *normalverteilt* angenommen:

$$\mathbf{e} \sim N(\mathbf{0}, \sigma^2 \mathbf{I}) \qquad (6.16)$$

Aus Gl. (6.9), (6.10), (6.12), (6.16) folgt

$$E(\mathbf{y}) = \mathbf{X}\boldsymbol{\beta}, \quad \boldsymbol{\Sigma}_\mathbf{y} = \sigma^2 \mathbf{I} \quad \text{bzw.} \ = \sigma^2 \mathbf{P}^{-1} \qquad (6.17)$$

$$\mathbf{y} \sim N(\mathbf{X}\boldsymbol{\beta}, \sigma^2 \mathbf{I}) \quad \text{bzw.} \quad \mathbf{y} \sim N(\mathbf{X}\boldsymbol{\beta}, \sigma^2 \mathbf{P}^{-1}) \qquad (6.18)$$

Beispiel 6.2: *Klassische bzw. allgemeine lineare Regression*
Die Bestimmung der Additionskorrektion eines elektrooptischen Distanzmessers erfolgt auf einer Vergleichstrecke, welche aus einer bestimmten Anzahl von Messpfeilern besteht, die mit unterschiedlichen Abständen zum ersten Pfeiler hintereinander angeordnet sind. Die Messpfeiler werden an den Stellen errichtet, an denen es zum Zwecke der Prüfung sinnvoll ist, d. h. die Abstände sind „kontrollierbar veränderlich". Da die Messung der Abstände (Variable x) mit einem als Eichnormal dienenden Distanzmesser übergeordneter Genauigkeit erfolgt, können zum Zwecke der Überprüfung von Distanzmessern geringerer Genauigkeit die Werte x_i der Variablen x jeweils als „konstant" angenommen werden.

Bei den Prüfmessungen wird jeder der Abstände mit dem Prüfling gemessen. Die Messungen lassen sich zu jedem der Pfeiler beliebig häufig wiederholen, an jeder Stelle x_i der Variablen x ist folglich eine Zufallsvariable Y_{x_i} definiert. Falls die Varianz der Zufallsvariablen Y_{x_i} (d. h. die Varianz der mit dem Prüfling ermittelten Messwerte) im Bereich der Prüfstrecke als konstant angesehen werden kann ($var(Y_{x_i}) = \sigma^2 = const.$), sind die Voraussetzungen für das *klassische lineare Regressionsmodell* erfüllt. Bei unterschiedlichen Varianzen $var(Y_{x_i}) = \sigma_i^2$ gilt das *allgemeine lineare Regressionsmodell*.

Die Voraussetzung „kontrollierbarer" x-Variablen beinhaltet einerseits, dass sie *nichtstochastische Größen* sind, folglich bei Wiederholung des Experimentes konstant gehalten werden können. Andererseits wird verlangt, dass alle systematischen Einflussgrößen modelliert sind. Wenn die Modellparameter nicht „passend" gewählt werden, wenn z. B. ein Geraden- anstelle eines Parabelansatzes verwendet wird oder bei der Netzausgleichung eine Bezugsebene anstelle eines Bezugsellipsoids zugrunde gelegt wird usw., sind die zufälligen Störvariablen e_i von *funktional-systematischen Modellabweichungen* überlagert. Dies führt zu verzerrten Schätzungen.

Die systematischen *Modell*abweichungen sind zu unterscheiden von den systematischen *Mess*abweichungen. Systematische *Mess*abweichungen verfälschen die Messwerte y_i. Sie überlagern den Einfluss der Zufallsabweichungen und der systematischen *Modell*abweichungen zusätzlich. Zudem treten die systematischen *Mess*abweichungen bei jeder Messgröße sehr komplex auf und es liegen für sie keine speziellen Messwerte vor. Daher lassen sie sich durch die Berücksichtigung eines oder mehrerer Parameter im Modellansatz häufig nicht trennen oder bestimmen. Folglich sollten systematische *Mess*abweichungen durch eine geeignete Messungsanordnung, durch die Anbringung von Korrektionen usw. vor der Ausgleichung in ausreichendem und erforderlichen Umfang aus den Messwerten eliminiert werden, um diesbezüglich verzerrte Schätzwerte zu vermeiden.

Die Schätzfunktionen für die unbekannten Parameter β_j werden nachfolgend mit der in Kapitel 5.2.5 vorgestellten *Maximum-Likelihood-Methode* sowie anschließend mit der *Methode der kleinsten Quadrate* ermittelt. Letztere wird als *Schätzung im Gauß-Markoff-Modell* bzw. in der Ausgleichungsrechnung als *Ausgleichung nach vermittelnden Beobachtungen* bezeichnet. Hierzu ist (bei den Ausführungen zu Gl. (6.3, 6.4)) vorausgesetzt, dass Messwertpaare y_i, x_i bzw. Messwerttupel $y_i, x_{i1}, x_{i2}, \ldots, x_{ip}$ gegeben sind.

Falls keine Messwertpaare bzw. -tupel, sondern nur Messwerte y_i gegeben sind, beinhaltet die Koeffizientenmatrix **X** in Gl. (6.2) lediglich die Hilfsvariable x_0 mit $x_{i0} = 1$ und der Parametervektor $\boldsymbol{\beta}$ den „Achsabschnitt" β_0. Die Schätzfunktionen liefern hier den Mittelwert bzw. den gewogenen Mittelwert der Messwerte y_i und deren Varianzen. Die Ausgleichungsrechnung bezeichnet diesen Fall als *Ausgleichung von direkten Beobachtungen*.

6.2.2 Parameterschätzung nach der Maximum-Likelihood-Methode

Die Schätzung der u unbekannten Parameter β_j mit der Maximum-Likelihood-Methode sei am Beispiel der Regressionsgerade erläutert. Hierbei seien die Zufallsvariablen $Y_1, Y_2, \ldots, Y_n$ unabhängig normalverteilt mit den Mittelwerten $\beta_0 + \beta_1 x_1$, $\beta_0 + \beta_1 x_2$, $\ldots$, $\beta_0 + \beta_1 x_n$ und den Varianzen σ^2. Mit den Messwerten $y_1, y_2, \ldots, y_n$ ergeben sich die Likelihood-Funktion

$$L(\beta_0, \beta_1, \sigma^2) = L(\beta_0, \beta_1, \sigma^2; y_1, y_2, \ldots, y_n)$$
$$= \prod_{i=1}^{n} \left\{ \left(\frac{1}{2\pi\sigma^2} \right)^{1/2} exp\left[-\frac{1}{2} \left(\frac{y_i - \beta_0 - \beta_1 x_1}{\sigma} \right)^2 \right] \right\} \quad (6.19)$$

und die Log-Likelihood-Funktion

$$LL(\beta_0, \beta_1, \sigma^2) = -\frac{n}{2} \ln 2\pi - \frac{n}{2} \ln \sigma^2 - \frac{1}{2\sigma^2} \sum_{i=1}^{n} (y_i - \beta_0 - \beta_1 x_i)^2. \quad (6.20)$$

Partielle Differentiation der Log-Likelihood-Funktion bezüglich β_0, β_1 und σ^2 und gleich Null setzen, liefert für die Lösungen $\hat{\beta}_0, \hat{\beta}_1, \tilde{\sigma}^2$ die drei Gleichungen

$$\sum_{i=1}^{n}(y_i - \hat{\beta}_0 - \hat{\beta}_1 x_i) = 0$$

$$\sum_{i=1}^{n}(y_i - \hat{\beta}_0 - \hat{\beta}_1 x_i)x_i = 0 \qquad (6.21)$$

$$\sum_{i=1}^{n}(y_i - \hat{\beta}_0 - \hat{\beta}_1 x_i)^2 = n\tilde{\sigma}^2.$$

Die beiden ersten Gleichungen werden als *Normalgleichungen* bezeichnet. Sie sind linear in $\hat{\beta}_0$ und $\hat{\beta}_1$ und eindeutig lösbar.

$$\hat{\beta}_1 = \frac{\sum(y_i - \bar{y})(x_i - \bar{x})}{\sum(x_i - \bar{x})^2} \qquad (6.22)$$

$$\hat{\beta}_0 = \bar{y} - \hat{\beta}_1 \bar{x} \qquad (6.23)$$

Damit der Nenner von Gl. (6.22) ungleich Null ist, müssen mindestens zwei der Werte x_i unterschiedlich sein.

Wie in Kapitel (5.2.5) bereits dargelegt, ist der Schätzwert $\tilde{\sigma}^2$ für die Varianz der Residuen der Regressionsgeraden

$$\tilde{\sigma}^2 = \frac{1}{n}\sum_{i=1}^{n}(y_i - \hat{\beta}_0 - \hat{\beta}_1 x_i)^2 \qquad (6.24)$$

nur asymptotisch erwartungstreu. Der erwartungstreue Schätzwert ergibt sich (mit $u = 2$) zu:

$$\hat{\sigma}^2 = \frac{n}{n-2}\tilde{\sigma}^2 = \frac{1}{n-2}\sum_{i=1}^{n}(y_i - \hat{\beta}_0 - \hat{\beta}_1 x_i)^2 \qquad (6.25)$$

6.2.3 Parameterschätzung nach der Methode der kleinsten Quadrate (Ausgleichungsrechnung)

Die Parameterschätzung nach der Methode der kleinsten Quadrate ist die klassische Aufgabe der *geodätischen Ausgleichungsrechnung*.

Schätzung im klassischen linearen Modell

Die Schätzung der u unbekannten Parameter β_j nach der *Methode der kleinsten Quadrate (MkQ)* sei am Beispiel der Regressionsgerade erläutert. Im Gegensatz zur Maximum-Likelihood-Methode ist die Kenntnis der den Messwerten zugrunde liegende Wahrscheinlichkeitsverteilung nicht erforderlich. Es wird lediglich vorausgesetzt, die $Y_1, Y_2, \ldots, Y_n$ seien paarweise unkorrelierte Zufallsvariablen mit den Mittelwerten $\beta_0 + \beta_1 x_1$, $\beta_0 + \beta_1 x_2$, $\ldots$, $\beta_0 + \beta_1 x_n$ und den für alle Zufallsvariablen gleichen Varianzen σ^2. Gegeben seien n Beobachtungspaare (y_i, x_i), $i = 1, 2, \ldots, n$, welche der Definition des linearen Modells in Gl. (6.1) bzw. Gl. (6.2) entsprechen.

Als *kQ-Schätzer* der Regressionsgerade werden diejenigen Werte $\hat{\beta}_0, \hat{\beta}_1$ von β_0 und β_1 bezeichnet, welche die Quadratsumme der Störvariablen minimieren.

$$\sum_{i=1}^{n} e_i^2 = \sum_{i=1}^{n} (y_i - \beta_0 - \beta_1 x_i)^2 \quad \to \quad \min_{\beta_0, \beta_1} \quad (6.26)$$

Werden die partiellen Ableitungen nach den unbekannten Parametern gebildet und gleich Null gesetzt,

$$\begin{aligned}\frac{\partial(\sum e_i^2)}{\partial \beta_0} &= -2\sum(y_i - \beta_0 - \beta_1 x_i) \quad := \quad 0 \\ \frac{\partial(\sum e_i^2)}{\partial \beta_1} &= -2\sum(y_i - \beta_0 - \beta_1 x_i)x_i \quad := \quad 0 \end{aligned} \quad (6.27)$$

ergeben sich die *Normalgleichungen*

$$\hat{\beta}_0 n + \hat{\beta}_1 \sum_{i=1}^{n} x_i = \sum_{i=1}^{n} y_i \quad (6.28)$$

$$\hat{\beta}_0 \sum_{i=1}^{n} x_i + \hat{\beta}_1 \sum_{i=1}^{n} x_i^2 = \sum_{i=1}^{n} x_i y_i \quad (6.29)$$

mit den Lösungen Gl. (6.22) für $\hat{\beta}_1$ und Gl. (6.23) für $\hat{\beta}_0$.

Die Methode der kleinsten Quadrate liefert keinen direkten Schätzer für σ^2, sondern einen Schätzer von σ^2 *basierend* auf den kQ-Schätzern von β_0 und β_1 (Anzahl $u = 2$):

$$\hat{\sigma}^2 = \frac{1}{n-2} \left[\sum_{i=1}^{n} (y_i - \hat{\beta}_0 - \hat{\beta}_1 x_i)^2 \right] \quad (6.30)$$

Im *klassischen linearen Modell* nach Gl. (6.2) und Gl. (6.9)

$$\mathbf{y} = \mathbf{X}\boldsymbol{\beta} + \mathbf{e} \quad \text{mit} \quad E(\mathbf{e}) = \mathbf{0}, \quad E(\mathbf{y}) = \mathbf{X}\boldsymbol{\beta}, \quad \boldsymbol{\Sigma} = \sigma^2 \mathbf{I} \quad (6.31)$$

zeigt sich die Methode der kleinsten Quadrate in der Form:

$$Quadratsumme \quad \mathbf{e}'\mathbf{e} = (\mathbf{y} - \mathbf{X}\boldsymbol{\beta})'(\mathbf{y} - \mathbf{X}\boldsymbol{\beta}) \to \min_{\boldsymbol{\beta}} \quad (6.32)$$

Das Minimum dieser Funktion wird dann und nur dann erreicht, wenn deren erste Ableitung nach den Unbekannten zu Null gesetzt wird:

$$\begin{aligned}\mathbf{e}'\mathbf{e} &= (\mathbf{y}' - \boldsymbol{\beta}'\mathbf{X}')(\mathbf{y} - \mathbf{X}\boldsymbol{\beta}) & (6.33) \\ &= \mathbf{y}'\mathbf{y} - \boldsymbol{\beta}'\mathbf{X}'\mathbf{y} - \mathbf{y}'\mathbf{X}\boldsymbol{\beta} + \boldsymbol{\beta}'\mathbf{X}'\mathbf{X}\boldsymbol{\beta} & (6.34) \\ &= \boldsymbol{\beta}'\mathbf{X}'\mathbf{X}\boldsymbol{\beta} - 2\boldsymbol{\beta}'\mathbf{X}'\mathbf{y} + \mathbf{y}'\mathbf{y} & (6.35)\end{aligned}$$

Abgeleitet nach $\boldsymbol{\beta}$ ergibt:

$$\begin{aligned}d(\mathbf{e}'\mathbf{e}) &= d\boldsymbol{\beta}'\mathbf{X}'\mathbf{X}\boldsymbol{\beta} + \boldsymbol{\beta}'\mathbf{X}'\mathbf{X}d\boldsymbol{\beta} - 2d\boldsymbol{\beta}'\mathbf{X}'\mathbf{y} & (6.36) \\ &= 2d\boldsymbol{\beta}'(\mathbf{X}'\mathbf{X}\boldsymbol{\beta} - \mathbf{X}'\mathbf{y}) & (6.37)\end{aligned}$$

6.2 Klassisches und allgemeines lineares Regressionsmodell

Gl.(6.37) hat den Wert Null, wenn der Klammerausdruck zu Null wird:

$$Normalgleichungen \quad (\mathbf{X'X})\hat{\boldsymbol{\beta}} = \mathbf{X'y} \qquad (6.38)$$

Gl. (6.38) werden die Normalgleichungen des Systems genannt. Dementsprechend folgt als Normalgleichungsmatrix:

$$Normalgleichungsmatrix \quad \mathbf{N} = (\mathbf{X'X}) \qquad (6.39)$$

Voraussetzung für die kQ-Schätzung ist, dass die Anzahl n der Messwerttupel $(y_i, x_{i1}, \ldots, x_{ip}; i = 1, \ldots, n)$ größer als die Anzahl $u = p + 1$ der unbekannten Parameter $(\beta_0, \ldots, \beta_p)$ ist und die Regressormatrix $\mathbf{X}$ vollen Rang hat, d. h.

$$\mathbf{X}_{(n, p+1)} \quad \text{mit} \quad rg(\mathbf{X}) = p + 1 = u\,.$$

Durch Linksmultiplikation der Normalgleichungen mit $(\mathbf{X'X})^{-1}$ erhält man das für die Parameter $\hat{\boldsymbol{\beta}}$ zu lösende Gleichungssystem:

$$
\begin{aligned}
kQ - Schätzer \quad \hat{\boldsymbol{\beta}} &= (\mathbf{X'X})^{-1}\mathbf{X'y} = \mathbf{N}^{-1}\mathbf{X'y} & (6.40)\\
Schätzwerte \quad \hat{\mathbf{y}} &= \mathbf{X}\hat{\boldsymbol{\beta}} & \\
(\hat{y}_1, \ldots, \hat{y}_n) &= (\mathbf{x_1'}\hat{\boldsymbol{\beta}}, \ldots, \mathbf{x_n'}\hat{\boldsymbol{\beta}}) & (6.41)\\
Residuen \quad \hat{\mathbf{e}} &= \mathbf{y} - \hat{\mathbf{y}} = \mathbf{y} - \mathbf{X}\hat{\boldsymbol{\beta}} & \\
&= (\mathbf{I} - \mathbf{X}(\mathbf{X'X})^{-1}\mathbf{X'})\mathbf{y} & (6.42)\\
Probe: \quad \mathbf{X'}\hat{\mathbf{e}} &= \mathbf{0} & (6.43)
\end{aligned}
$$

Die *Residuenquadratsumme*

$$
\begin{aligned}
\sum_{i=1}^{n} \hat{e}_i^2 = \hat{\mathbf{e}}'\hat{\mathbf{e}} &= (\mathbf{y} - \hat{\mathbf{y}})'(\mathbf{y} - \hat{\mathbf{y}}) \\
&= \mathbf{y'}(\mathbf{I} - \mathbf{X}(\mathbf{X'X})^{-1}\mathbf{X'})\mathbf{y} \\
&= \mathbf{y'y} - \mathbf{y'X}\hat{\boldsymbol{\beta}} \qquad (6.44)
\end{aligned}
$$

ist das in Gl. (6.26) bzw. Gl. (6.32) geforderte und mit den kQ-Schätzern nach Gl. (6.40) erreichte Minimum. Es ist ein Maß dafür, wie gut die Variabilität der y-Werte durch die Regressoren erklärt wird, d. h. wie eng sich die Messdaten der zugrunde gelegten Regressionsfunktion anpassen. Sie wird meist mit RSS (residual sum of squares) bezeichnet.

Die *Residuenvarianz* $\hat{\sigma}^2$ als Schätzer für die *Störvarianz* σ^2 wird berechnet mit

$$\hat{\sigma}^2 = \frac{\hat{\mathbf{e}}'\hat{\mathbf{e}}}{n - u}\,. \qquad (6.45)$$

Im Gegensatz zur Maximum-Likelihood-Methode wird bei der Methode der kleinsten Quadrate die Wahrscheinlichkeitsverteilung der Zufallsvariablen Y_i als unbekannt angenommen, weshalb die Voraussetzungen weniger streng sind. Daher schränkt man bei der MkQ die Klasse der Schätzfunktionen ein:

- Zur Schätzung der Parameter β_j betrachtet man nur die Klasse von solchen Schätzern, welche *lineare Funktionen* der Zufallsvariablen Y_i sind.
- In dieser Klasse betrachtet man nur die Unterklasse von Schätzern, welche *unverzerrt, erwartungstreu* bezüglich der Parameter β_j sind.
- Wenn in dieser Unterklasse ein Schätzer für β_j existiert, der eine kleinere Varianz als jeder andere Schätzer für β_j in dieser Klasse aufweist, wird er als *bester linearer unverzerrter Schätzer* (**b**est **l**inear **u**nbiased **e**stimator, BLUE) von β_j definiert. „Bester" bezieht sich auf minimale Varianz.

Gauß-Markoff-Theorem

Im *Gauß-Markoff-Theorem* sind die Eigenschaften der kQ-Schätzfunktionen zusammengefasst. Danach gilt für das *klassische lineare Modell* nach Gl. (6.31)

[a] Der Parameterschätzer $\hat{\boldsymbol{\beta}}$ ist erwartungstreu:

$$\begin{aligned} E(\hat{\boldsymbol{\beta}}) &= E[(\mathbf{X'X})^{-1}\mathbf{X'y}] = E[((\mathbf{X'X})^{-1}\mathbf{X'}(\mathbf{X}\boldsymbol{\beta}+\mathbf{e})] \\ &= \boldsymbol{\beta} + (\mathbf{X'X})^{-1}\mathbf{X'}E(\mathbf{e}) = \boldsymbol{\beta} \end{aligned} \quad (6.46)$$

Entsprechendes lässt sich für die Schätzfunktionen $\hat{\mathbf{y}}$ der Erwartungswerte der Beobachtungen und $\hat{\mathbf{e}}$ der Residuen nachweisen.

[b] Die Kovarianzmatrizen von $\hat{\boldsymbol{\beta}}$, $\hat{\mathbf{y}}$ und $\hat{\mathbf{e}}$ ergeben sich wegen $\boldsymbol{\Sigma}_\mathbf{y} = \sigma^2 \mathbf{I}$ und der Varianzdefinition einer linearen Transformation Gl. (4.77) zu:

$$\begin{aligned} \boldsymbol{\Sigma}_{\hat{\boldsymbol{\beta}}} &= (\mathbf{X'X})^{-1}\mathbf{X'}(\sigma^2\mathbf{I})\mathbf{X}(\mathbf{X'X})^{-1} \\ &= \sigma^2(\mathbf{X'X})^{-1} = \sigma^2\mathbf{N}^{-1} \end{aligned} \quad (6.47)$$

$$\begin{aligned} \boldsymbol{\Sigma}_{\hat{\mathbf{y}}} &= \mathbf{X}(\mathbf{X'X})^{-1}\mathbf{X'}(\sigma^2\mathbf{I})\mathbf{X}(\mathbf{X'X})^{-1}\mathbf{X'} \\ &= \sigma^2 \mathbf{X}(\mathbf{X'X})^{-1}\mathbf{X'} = \sigma^2 \mathbf{X}\mathbf{N}^{-1}\mathbf{X'} \end{aligned} \quad (6.48)$$

$$\begin{aligned} \boldsymbol{\Sigma}_{\hat{\mathbf{e}}} &= (\mathbf{I} - \mathbf{X}(\mathbf{X'X})^{-1}\mathbf{X'})(\sigma^2\mathbf{I})(\mathbf{I} - \mathbf{X}(\mathbf{X'X})^{-1}\mathbf{X'}) \\ &= \sigma^2(\mathbf{I} - \mathbf{X}(\mathbf{X'X})^{-1}\mathbf{X'}) = \sigma^2(\mathbf{I} - \mathbf{X}\mathbf{N}^{-1}\mathbf{X'}) \end{aligned} \quad (6.49)$$

[c] $\hat{\boldsymbol{\beta}}$ ist bester unverzerrter Schätzer (BLUE), da $\hat{\boldsymbol{\beta}}$ unter allen linearen unverzerrten Schätzern der Form $\tilde{\boldsymbol{\beta}} = \mathbf{Ay}$ mit $E(\tilde{\boldsymbol{\beta}}) = \boldsymbol{\beta}$ minimale Varianz besitzt:

$$var(\hat{\beta}_i) \leq var(\tilde{\beta}_i), \quad i = 0, \ldots, p \quad (6.50)$$

Auch für jede Linearkombination $\mathbf{c'}\tilde{\boldsymbol{\beta}}$ gilt:

$$var(\mathbf{c'}\hat{\boldsymbol{\beta}}) \leq var(\mathbf{c'}\tilde{\boldsymbol{\beta}}) \quad (6.51)$$

Beweis: Wegen $E(\tilde{\beta}) = \mathbf{A}E(\mathbf{y}) = \mathbf{AX}\beta$ muss $\mathbf{AX} = \mathbf{I}$ gelten, weil nach a), S. 146) Erwartungstreue gefordert ist.

$var(\mathbf{c}'\tilde{\beta}) = var(\mathbf{c}'\mathbf{Ay}) = var(\mathbf{c}'\mathbf{Ae}) = \sigma^2 \mathbf{c}'\mathbf{AA}'\mathbf{c}$.

Wegen b), S. 146 ist $var(\mathbf{c}'\hat{\beta}) = \sigma^2 \mathbf{c}'(\mathbf{X}'\mathbf{X})^{-1}\mathbf{c}$.

Folglich genügt es zu zeigen, dass $\mathbf{AA}' - (\mathbf{X}'\mathbf{X})^{-1}$ positiv semidefinit ist, was aus $\mathbf{AA}' - (\mathbf{X}'\mathbf{X})^{-1} = [\mathbf{A} - (\mathbf{X}'\mathbf{X})^{-1}\mathbf{X}'][\mathbf{A} - (\mathbf{X}'\mathbf{X})^{-1}\mathbf{X}']'$ unter Beachtung von $\mathbf{AX} = \mathbf{I}$ folgt.

Falls $\mathbf{y}$ normalverteilt ist, dann ist $\hat{\beta}$ nicht nur besser als alle linearen, sondern auch besser als alle nichtlinearen unverzerrten Schätzer.

Entsprechendes lässt sich für die Schätzfunktionen $\hat{\mathbf{y}}$ der Erwartungswerte der Beobachtungen und $\hat{\mathbf{e}}$ der Residuen nachweisen.

[d] $E(\hat{\sigma}^2) = \sigma^2$, d. h. $\hat{\sigma}^2$ nach Gl. (6.45) ist erwartungstreu.

Beweis: Mit Gl. (6.44) gilt $E[\hat{\mathbf{e}}'\hat{\mathbf{e}}] = E[\mathbf{y}'(\mathbf{I} - \mathbf{X}(\mathbf{X}'\mathbf{X})^{-1}\mathbf{X}')\mathbf{y}]$.

Wird $\mathbf{A} = \mathbf{I} - \mathbf{X}(\mathbf{X}'\mathbf{X})^{-1}\mathbf{X}'$, $\Sigma = \sigma^2\mathbf{I}$, $\mu = \mathbf{X}\beta$ in Gl. (4.66) eingesetzt, zeigt sich der Erwartungswert der quadratischen Form nach kurzer Rechnung zu:

$$\begin{aligned} E[\hat{\mathbf{e}}'\hat{\mathbf{e}}] &= \mathrm{sp}(\sigma^2(\mathbf{I} - \mathbf{X}(\mathbf{X}'\mathbf{X})^{-1}\mathbf{X}')) \\ &= (\mathrm{sp}(\mathbf{I}) - \mathrm{sp}(\mathbf{X}(\mathbf{X}'\mathbf{X})^{-1}\mathbf{X}'))\sigma^2 \end{aligned} \quad (6.52)$$

Für die $(n \times n)$-Einheitsmatrix $\mathbf{I}$ gilt $\mathrm{sp}(\mathbf{I}_n) = n$ und weil
$\mathrm{sp}(\mathbf{X}(\mathbf{X}'\mathbf{X})^{-1}\mathbf{X}') = \mathrm{sp}(\mathbf{X}'\mathbf{X}(\mathbf{X}'\mathbf{X})^{-1}) = \mathrm{sp}(\mathbf{I}_{p+1}) = p + 1 = u$,
gilt

$$\mathrm{sp}(\sigma^2(\mathbf{I} - \mathbf{X}(\mathbf{X}'\mathbf{X})^{-1}\mathbf{X}')) = n - u \quad (6.53)$$

sowie
$$E[\hat{\mathbf{e}}'\hat{\mathbf{e}}] = (n - u)\sigma^2 \quad \text{und} \quad E(\hat{\sigma}^2) = \sigma^2. \quad (6.54)$$

Normalverteilungsannahme

Wie bereits ausgeführt, werden bei der Methode der kleinsten Quadrate keine Annahmen über die Wahrscheinlichkeitsverteilung der Zufallsvariablen vorausgesetzt. Falls jedoch die Zufallsvariablen als normalverteilt angenommen werden können, lassen sich auch Aussagen über die Verteilungseigenschaften der Schätzer machen. Wenn $\mathbf{y} = \mathbf{X}\beta + \mathbf{e}$ mit $\mathbf{e} \sim N(\mathbf{0}, \sigma^2\mathbf{I})$ gilt, dann folgt:

[a] Die Schätzer $\hat{\beta}$ sind u-dimensional normalverteilt, da $\hat{\beta}$ nach Gl. (6.40) aus $\mathbf{y} \sim N(X\beta, \sigma^2\mathbf{I})$ durch lineare Transformation hervorgeht.

$$\hat{\beta} \sim N_u(\beta, \sigma^2(\mathbf{X}'\mathbf{X})^{-1}) \quad (6.55)$$

Erwartungswert und Kovarianzmatrix siehe Gl. (6.46) und Gl. (6.47).

[b] Aus [a] folgt: Die Differenz eines Parameterschätzwertes zu seinem Erwartungswert dividiert durch die Standardabweichung des Schätzwertes ist *standardnormalverteilt*.

$$\frac{\hat{\beta}_i - \beta_i}{\sigma_{\hat{\beta}_i}} \sim N(0,1) \qquad (6.56)$$

Verallgemeinert folgt daraus: Wird die Quadratsumme der Differenzen aller u Parameterschätzwerte $\hat{\boldsymbol{\beta}}$ zu ihren Erwartungswerten $\boldsymbol{\beta}$ durch die Kovarianzmatrix der Schätzwerte $\sigma^2 (\mathbf{X}'\mathbf{X})^{-1}$ dividiert, ist der Quotient u-dimensional χ^2-verteilt.

$$(\hat{\boldsymbol{\beta}} - \boldsymbol{\beta})' \mathbf{X}'\mathbf{X} (\hat{\boldsymbol{\beta}} - \boldsymbol{\beta}) / \sigma^2 \sim \chi^2(u) \qquad (6.57)$$

[c] $\hat{\boldsymbol{\beta}}$ nach Gl. (6.40) ist unabhängig von $\hat{\sigma}^2$ nach Gl. (6.44, 6.45), da

$$((\mathbf{X}'\mathbf{X})^{-1}\mathbf{X}') \cdot (\mathbf{I} - \mathbf{X}(\mathbf{X}'\mathbf{X})^{-1}\mathbf{X}') = 0 \, .$$

[d] Die normierte Residuenquadratsumme ist f-dimensional χ^2-verteilt, wobei mit $f = n - u$ der Freiheitsgrad bezeichnet wird.

$$\frac{\hat{\mathbf{e}}'\hat{\mathbf{e}}}{\sigma^2} = f \frac{\hat{\sigma}^2}{\sigma^2} \sim \chi^2(f) \qquad (6.58)$$

Auf der Grundlage dieser Verteilungseigenschaften lassen sich Konfidenzintervalle angeben und Hypothesentests durchführen.

Schätzung im allgemeinen linearen Modell

Im *allgemeinen linearen Modell* gilt mit Gl. (6.2) und Gl. (6.10)

$$\mathbf{y} = \mathbf{X}\boldsymbol{\beta} + \mathbf{e}, \quad E(\mathbf{e}) = \mathbf{0}, \quad E(\mathbf{y}) = \mathbf{X}\boldsymbol{\beta}, \quad \boldsymbol{\Sigma} = \sigma^2 \mathbf{P}^{-1}, \qquad (6.59)$$

wobei die Gewichtsmatrix $\mathbf{P}$ als bekannte, positiv definite Matrix vorausgesetzt wird. Sie lässt sich daher durch *Cholesky-Faktorisierung* zerlegen in

$$\mathbf{P} = \mathbf{G}\mathbf{G}', \qquad (6.60)$$

wobei $\mathbf{G}$ eine reguläre *untere Dreiecksmatrix* ist. Mit der Transformation

$$\bar{\mathbf{y}} = \mathbf{G}'\mathbf{y}, \quad \bar{\mathbf{X}} = \mathbf{G}'\mathbf{X}, \quad \bar{\mathbf{e}} = \mathbf{G}'\mathbf{e} \qquad (6.61)$$

geht das allgemeine lineare Modell Gl. (6.59) über in das *klassische (homoskedastische) lineare Modell*

$$\bar{\mathbf{y}} = \bar{\mathbf{X}}\boldsymbol{\beta} + \bar{\mathbf{e}} \quad \text{mit} \quad \boldsymbol{\Sigma}_{\bar{\mathbf{y}}} = \sigma^2 \mathbf{I}, \qquad (6.62)$$

6.2 Klassisches und allgemeines lineares Regressionsmodell

in dem die Gauß-Markoff-Eigenschaften gelten. Daher ergibt sich als Lösung der allgemeinen kQ-Forderung analog Gl. (6.32)

$$\bar{\mathbf{e}}'\bar{\mathbf{e}} = (\bar{\mathbf{y}} - \bar{\mathbf{X}}\beta)'(\bar{\mathbf{y}} - \bar{\mathbf{X}}\beta) = (\mathbf{y} - \mathbf{X}\beta)'\mathbf{P}(\mathbf{y} - \mathbf{X}\beta) = \mathbf{e}'\mathbf{Pe} = \rightarrow \min_{\beta} \quad (6.63)$$

der *allgemeine kQ-Schätzer*:

$$\hat{\boldsymbol{\beta}}_a = (\bar{\mathbf{X}}'\bar{\mathbf{X}})^{-1}\bar{\mathbf{X}}'\bar{\mathbf{y}} = (\mathbf{X}'\mathbf{P}\mathbf{X})^{-1}\mathbf{X}'\mathbf{P}\mathbf{y} = \mathbf{N}^{-1}\mathbf{X}'\mathbf{P}\mathbf{y} \quad (6.64)$$

mit der *(gewichteten) Normalgleichungsmatrix*:

$$\mathbf{N} = (\mathbf{X}'\mathbf{P}\mathbf{X}) \quad (6.65)$$

Entsprechend der Transformation Gl. (6.61) folgt die *Kovarianzmatrix der allgemeinen kQ-Schätzer*:

$$\boldsymbol{\Sigma}_{\hat{\boldsymbol{\beta}}_a} = \sigma^2(\mathbf{X}'\mathbf{P}\mathbf{X})^{-1} = \sigma^2 \mathbf{N}^{-1} \quad (6.66)$$

Die oben genannten Eigenschaften des Gauß-Markoff-Theorems gelten hier mit entsprechenden Modifikationen ebenfalls, wobei insbesondere $\hat{\boldsymbol{\beta}}_a$ wieder BLUE-Schätzer ist. Zwar ist der „klassische" kQ-Schätzer $\hat{\boldsymbol{\beta}} = (\mathbf{X}'\mathbf{X})^{-1}\mathbf{X}'\mathbf{y}$ auch unter $\boldsymbol{\Sigma}_\mathbf{y} = \sigma^2 \mathbf{P}^{-1}$ unverzerrt, jedoch ist wegen $\boldsymbol{\Sigma}_{\hat{\boldsymbol{\beta}}} = \sigma^2 (\mathbf{X}'\mathbf{X})^{-1}\mathbf{X}'\mathbf{P}^{-1}\mathbf{X}(\mathbf{X}'\mathbf{X})^{-1}$ nach dem Gauß-Markoff-Theorem der „allgemeine" kQ-Schätzer $\hat{\boldsymbol{\beta}}_a$ der „bessere" Schätzer.

Im allgemeinen linearen Modell beträgt die *gewogene Residuenquadratsumme*

$$\sum_{i=1}^{n} p_i \cdot \hat{e}_i^2 = \hat{\mathbf{e}}'\mathbf{P}\hat{\mathbf{e}} = (\mathbf{y} - \hat{\mathbf{y}})'\mathbf{P}(\mathbf{y} - \hat{\mathbf{y}})$$
$$= \mathbf{y}'(\mathbf{P} - \mathbf{P}\mathbf{X}(\mathbf{X}'\mathbf{P}\mathbf{X})^{-1}\mathbf{X}'\mathbf{P})\mathbf{y}$$
$$= \mathbf{y}'\mathbf{P}\mathbf{y} - \mathbf{y}'\mathbf{P}\mathbf{X}\hat{\boldsymbol{\beta}}. \quad (6.67)$$
$$Probe: \quad \mathbf{X}'\mathbf{P}\hat{\mathbf{e}} = 0 \quad (6.68)$$

Damit ergibt sich der *Schätzer der Varianz der Gewichtseinheit*:

$$\hat{\sigma}^2 = \frac{\hat{\mathbf{e}}'\mathbf{P}\hat{\mathbf{e}}}{n-u} \quad (6.69)$$

Schätzfunktionen der Kovarianzmatrizen und der Redundanzmatrizen im klassischen und im allgemeinen linearen Modell

Wird zur Berechnung der Kovarianzmatrizen der Beobachtungen, der Parameterschätzer usw. anstelle der Störvarianz σ^2 deren Schätzwert, die Residuenvarianz $\hat{\sigma}^2$ nach Gl. (6.45) bzw. Gl. (6.69) verwendet, ergeben sich die Schätzfunktionen der Kovarianzmatrizen:

- Schätzfunktion $\hat{\Sigma}_y$ der Kovarianzmatrix der Beobachtungen

$$\hat{\Sigma}_y = \hat{\sigma}^2 \mathbf{I} \quad \text{bzw.} \quad \hat{\Sigma}_y = \hat{\sigma}^2 \mathbf{P}^{-1} \tag{6.70}$$

- Schätzfunktion $\hat{\Sigma}_{\hat{\beta}}$ der Kovarianzmatrix der Parameterschätzer

$$\hat{\Sigma}_{\hat{\beta}} = \hat{\sigma}^2 \mathbf{N}^{-1} \tag{6.71}$$

mit der *Normalgleichungsmatrix* nach Gl. (6.39) bzw. Gl. (6.65):

$$\mathbf{N} = (\mathbf{X}'\mathbf{X}) \quad \text{bzw.} \quad \mathbf{N} = (\mathbf{X}'\mathbf{P}\mathbf{X})$$

- Schätzfunktion $\hat{\Sigma}_{\hat{y}}$ der Kovarianzmatrix der Schätzwerte der Beobachtungen

$$\hat{\Sigma}_{\hat{y}} = \hat{\sigma}^2 \mathbf{X} \mathbf{N}^{-1} \mathbf{X}' \tag{6.72}$$

- Schätzfunktion $\hat{\Sigma}_{\hat{e}}$ der Kovarianzmatrix der Residuen

$$\hat{\Sigma}_{\hat{e}} = \hat{\sigma}^2 (\mathbf{I} - \mathbf{X} \mathbf{N}^{-1} \mathbf{X}') \quad \text{bzw.} \quad \hat{\Sigma}_{\hat{e}} = \hat{\sigma}^2 (\mathbf{P}^{-1} - \mathbf{X} \mathbf{N}^{-1} \mathbf{X}') \tag{6.73}$$

- Redundanz- oder Freiheitsgradmatrix $\hat{\mathbf{F}}_{\hat{y}}$ der Beobachtungen

$$\begin{aligned} \hat{\mathbf{F}}_{\hat{y}} &= (\mathbf{I} - \mathbf{X}\mathbf{N}^{-1}\mathbf{X}') \quad \text{bzw.} \\ \hat{\mathbf{F}}_{\hat{y}} &= (\mathbf{P}^{-1} - \mathbf{X}\mathbf{N}^{-1}\mathbf{X}')\mathbf{P} = \mathbf{I} - \mathbf{X}\mathbf{N}^{-1}\mathbf{X}'\mathbf{P} \end{aligned} \tag{6.74}$$

Die Matrix $\hat{\mathbf{F}}_{\hat{y}}$ enthält auf der Hauptdiagonalen für jeden Beobachtungswert den zugehörigen Redundanz- bzw. Freiheitsgradanteil f_{ii}, den diese Beobachtung zur Gesamtredundanz bzw. zum Freiheitsgrad $f = n - u$ beiträgt. In Praxis beinhaltet diese Größe ein *Kontrollierbarkeitsmaß*. Wird nämlich das einzelne Diagonalelement f_{ii} mit der Prozentzahl 100 multipliziert, erhält man eine Prozentzahl, die in geodätischen Auswerteprogrammen mit

$$EV_i = f_{ii} \cdot 100 \, [\%] \tag{6.75}$$

bezeichnet wird. Sie stellt eine Schätzung für den Einfluss einer Änderung in y_i auf das Residuum e_i dar, d.h. die i-te Beobachtung y_i ist zu EV_i-Prozent durch die übrigen Beobachtungen kontrolliert. Es gilt die strenge numerische *Kontrolle der Parameterschätzung*:

$$\sum f_{ii} = f = n - u \tag{6.76}$$

6.2.4 Zusammenfassende Darstellung aller Beobachtungen und Schätzwerte sowie deren Kovarianzmatrizen

Gemeinsame Kovarianzmatrix:

Alle im allgemeinen linearen Modell vorkommenden Beobachtungen $\mathbf{y}$, Parameterschätzwerte $\hat{\boldsymbol{\beta}}$, ausgeglichenen Beobachtungen $\hat{\mathbf{y}}$ und Residuen $\hat{\mathbf{e}}$ seien im Vektor $\mathbf{f}$ zusammengefasst:

6.2 Klassisches und allgemeines lineares Regressionsmodell

$$\underset{(3n+u,\,1)}{\mathbf{f}} = \begin{pmatrix} \mathbf{y} \\ \hat{\boldsymbol{\beta}} \\ \hat{\mathbf{y}} \\ \hat{\mathbf{e}} \end{pmatrix} = \begin{pmatrix} \mathbf{I} \\ \mathbf{N}^{-1}\mathbf{X}'\mathbf{P} \\ \mathbf{X}\mathbf{N}^{-1}\mathbf{X}'\mathbf{P} \\ \mathbf{I} - \mathbf{X}\mathbf{N}^{-1}\mathbf{X}'\mathbf{P} \end{pmatrix} \mathbf{y} = \mathbf{B}\,\mathbf{y} \tag{6.77}$$

Analog Gl. (4.77) folgt die Kovarianzmatrix $\hat{\boldsymbol{\Sigma}}_\mathbf{f}$ der linearen Transformation $\mathbf{f} = \mathbf{B}\mathbf{y}$ zu:

$$\underset{(3n+u,\,3n+u)}{\hat{\boldsymbol{\Sigma}}_\mathbf{f}} = \mathbf{B}\hat{\boldsymbol{\Sigma}}_\mathbf{y}\mathbf{B}' = \hat{\sigma}^2 \mathbf{B}\mathbf{P}^{-1}\mathbf{B}' \tag{6.78}$$

$$\mathbf{B}\mathbf{P}^{-1}\mathbf{B}' = \begin{pmatrix} \mathbf{I} \\ \mathbf{N}^{-1}\mathbf{X}'\mathbf{P} \\ \mathbf{X}\mathbf{N}^{-1}\mathbf{X}'\mathbf{P} \\ \mathbf{I} - \mathbf{X}\mathbf{N}^{-1}\mathbf{X}'\mathbf{P} \end{pmatrix} \mathbf{P}^{-1} \begin{pmatrix} \mathbf{I} & \mathbf{P}\mathbf{X}\mathbf{N}^{-1} & \mathbf{P}\mathbf{X}\mathbf{N}^{-1}\mathbf{X}' & \mathbf{I} - \mathbf{P}\mathbf{X}\mathbf{N}^{-1}\mathbf{X}' \end{pmatrix}$$

$$= \begin{pmatrix} \mathbf{P}^{-1} & \mathbf{X}\mathbf{N}^{-1} & \mathbf{X}\mathbf{N}^{-1}\mathbf{X}' & \mathbf{P}^{-1} - \mathbf{X}\mathbf{N}^{-1}\mathbf{X}' \\ \mathbf{N}^{-1}\mathbf{X}' & \mathbf{N}^{-1}\mathbf{X}'\mathbf{P}\mathbf{X}\mathbf{N}^{-1} & \mathbf{N}^{-1}\mathbf{X}'\mathbf{P}\mathbf{X}\mathbf{N}^{-1}\mathbf{X}' & \mathbf{N}^{-1}\mathbf{X}' - \mathbf{N}^{-1}\mathbf{X}'\mathbf{P}\mathbf{X}\mathbf{N}^{-1}\mathbf{X}' \\ \mathbf{X}\mathbf{N}^{-1}\mathbf{X}' & \mathbf{X}\mathbf{N}^{-1}\mathbf{X}'\mathbf{P}\mathbf{X}\mathbf{N}^{-1} & \mathbf{X}\mathbf{N}^{-1}\mathbf{X}'\mathbf{P}\mathbf{X}\mathbf{N}^{-1}\mathbf{X}' & \mathbf{X}\mathbf{N}^{-1}\mathbf{X}' - \mathbf{X}\mathbf{N}^{-1}\mathbf{X}'\mathbf{P}\mathbf{X}\mathbf{N}^{-1}\mathbf{X}' \\ \mathbf{P}^{-1} - \mathbf{X}\mathbf{N}^{-1}\mathbf{X}' & \mathbf{X}\mathbf{N}^{-1} - \mathbf{X}\mathbf{N}^{-1}\mathbf{X}'\mathbf{P}\mathbf{X}\mathbf{N}^{-1} & \mathbf{X}\mathbf{N}^{-1}\mathbf{X}' - \mathbf{X}\mathbf{N}^{-1}\mathbf{X}'\mathbf{P}\mathbf{X}\mathbf{N}^{-1}\mathbf{X}' & \mathbf{P}^{-1} - 2\cdot\mathbf{X}\mathbf{N}^{-1}\mathbf{X}' + \mathbf{X}\mathbf{N}^{-1}\mathbf{X}'\mathbf{P}\mathbf{X}\mathbf{N}^{-1}\mathbf{X}' \end{pmatrix}$$

Mit $\mathbf{X}'\mathbf{P}\mathbf{X} = \mathbf{N}$, $\mathbf{X}\mathbf{N}^{-1}\mathbf{X}' = \mathbf{X}'\mathbf{N}^{-1}\mathbf{X}$, $\mathbf{X}'\mathbf{P}\mathbf{X}\mathbf{N}^{-1}\mathbf{X}' = \mathbf{X}'$ und $\mathbf{X}\mathbf{N}^{-1}\mathbf{X}'\mathbf{P}\mathbf{X}\mathbf{N}^{-1}\mathbf{X}' = \mathbf{X}\mathbf{N}^{-1}\mathbf{X}'$ folgt:

$$\mathbf{B}\mathbf{P}^{-1}\mathbf{B}' = \begin{pmatrix} \underset{(n,n)}{\mathbf{P}^{-1}} & \underset{(n,u)}{\mathbf{X}\mathbf{N}^{-1}} & \underset{(n,n)}{\mathbf{X}\mathbf{N}^{-1}\mathbf{X}'} & \underset{(n,n)}{\mathbf{P}^{-1} - \mathbf{X}\mathbf{N}^{-1}\mathbf{X}'} \\ \underset{(u,n)}{\mathbf{N}^{-1}\mathbf{X}'} & \underset{(u,u)}{\mathbf{N}^{-1}} & \underset{(u,n)}{\mathbf{N}^{-1}\mathbf{X}'} & \underset{(u,n)}{\mathbf{0}} \\ \underset{(n,n)}{\mathbf{X}\mathbf{N}^{-1}\mathbf{X}'} & \underset{(n,u)}{\mathbf{X}\mathbf{N}^{-1}} & \underset{(n,n)}{\mathbf{X}\mathbf{N}^{-1}\mathbf{X}'} & \underset{(n,n)}{\mathbf{0}} \\ \underset{(n,n)}{\mathbf{P}^{-1} - \mathbf{X}\mathbf{N}^{-1}\mathbf{X}'} & \underset{(n,u)}{\mathbf{0}} & \underset{(n,n)}{\mathbf{0}} & \underset{(n,n)}{\mathbf{P}^{-1} - \mathbf{X}\mathbf{N}^{-1}\mathbf{X}'} \end{pmatrix} \tag{6.79}$$

Gl. (6.79) mit der Residuenvarianz $\hat{\sigma}^2$ multipliziert liefert auf der Hauptdiagonalen die Kovarianzmatrizen der Elemente des Vektors $\mathbf{f}$ nach Gl. (6.78):

$$\hat{\boldsymbol{\Sigma}}_\mathbf{y} = \hat{\sigma}^2 \mathbf{P}^{-1}; \quad \hat{\boldsymbol{\Sigma}}_{\hat{\boldsymbol{\beta}}} = \hat{\sigma}^2 \mathbf{N}^{-1}; \quad \hat{\boldsymbol{\Sigma}}_{\hat{\mathbf{y}}} = \hat{\sigma}^2 \mathbf{X}\mathbf{N}^{-1}\mathbf{X}'; \quad \hat{\boldsymbol{\Sigma}}_{\hat{\mathbf{e}}} = \hat{\boldsymbol{\Sigma}}_\mathbf{y} - \hat{\boldsymbol{\Sigma}}_{\hat{\mathbf{y}}} \tag{6.80}$$

Außerhalb der Hauptdiagonalen ergeben sich die Kovarianzmatrizen zwischen den Elementen des Vektors $\mathbf{f}$:

$$\hat{\boldsymbol{\Sigma}}_{\mathbf{y}\hat{\boldsymbol{\beta}}} = \hat{\boldsymbol{\Sigma}}_{\hat{\mathbf{y}}\hat{\boldsymbol{\beta}}} = \hat{\sigma}^2 \mathbf{X} \mathbf{N}^{-1} \, ; \qquad \hat{\boldsymbol{\Sigma}}_{\hat{\boldsymbol{\beta}}\hat{\mathbf{e}}} = \mathbf{0} \, ; \qquad \hat{\boldsymbol{\Sigma}}_{\hat{\mathbf{y}}\hat{\mathbf{e}}} = \mathbf{0}$$
$$\hat{\boldsymbol{\Sigma}}_{\mathbf{y}\hat{\mathbf{y}}} = \hat{\boldsymbol{\Sigma}}_{\hat{\mathbf{y}}} \, ; \qquad \hat{\boldsymbol{\Sigma}}_{\mathbf{y}\hat{\mathbf{e}}} = \hat{\boldsymbol{\Sigma}}_{\hat{\mathbf{e}}}$$
(6.81)

Kovarianzellipse:

Die Abhängigkeit von je zwei Zufallsvariablen des Vektors **f** untereinander, beispielsweise die Abhängigkeit zwischen der zweiten Zufallsvariable Y_2 des $(n \times 1)$-Beobachtungsvektors $\mathbf{y} = (Y_1, Y_2, \ldots, Y_n)'$ und dem dritten Schätzwert $\hat{\beta}_2$ des $(u \times 1)$-Parametervektors $\hat{\boldsymbol{\beta}} = (\hat{\beta}_0, \hat{\beta}_1, \hat{\beta}_2, \ldots, \hat{\beta}_p)'$ mit $(u = p+1)$, lässt sich durch eine *Kovarianzellipse* in einem rechtwinkligen Koordinatensystem verdeutlichen. Trägt man die Werte der beiden Variablen auf den Koordinatenachsen ab, legen die Koordinaten den Ellipsenmittelpunkt in der Koordinatenebene fest. Die Halbachsen $a_{i,j}$ der Kovarianzellipse ergeben sich analog Gl. (7.32) als die Quadratwurzeln derjenigen Eigenwerte $\lambda_{i,j}$ der Kovarianzmatrix $\hat{\boldsymbol{\Sigma}}_{\mathbf{f}}$, welche den beiden Variablen i, j des Vektors **f** zugeordnet sind:

$$a_{i,j} = \sqrt{\lambda_{i,j}} = \sqrt{\frac{1}{2}\left(\hat{\sigma}_i^2 + \hat{\sigma}_j^2 \pm \sqrt{(\hat{\sigma}_i^2 - \hat{\sigma}_j^2)^2 + 4\hat{\sigma}_{ij}^2}\right)} \qquad (6.82)$$

Der Richtungswinkel θ der großen Halbachse (im Koordinatendrehsinn von der i-Achse aus abgetragen) folgt nach Gl. (7.33) aus:

$$\tan 2\theta = \frac{2\hat{\sigma}_{ij}}{\hat{\sigma}_i^2 - \hat{\sigma}_j^2} \qquad (6.83)$$

Die Kovarianzellipse veranschaulicht das Streuverhalten der beiden jeweils betrachteten Zufallsvariablen. Eine identische Ableitung erfolgt in Kapitel 7.1 für die *Konfidenzellipse*, die mithilfe der Eigenwerte und der Quantile der Wahrscheinlichkeitsverteilung der beiden Zufallsvariablen berechnet werden kann. Die Theorie und Beispiele zu den Konfidenzellipsen und den mehrdimensionalen *Konfidenzhyperellipsen* sind in Kapitel 7.1.3 und Kapitel 7.1.5 erläutert.

6.2.5 Kovarianzmatrizen von Funktionen

Kovarianzmatrix von Funktionen der Parameterschätzwerte:

Gegeben sei eine lineare oder linearisierte Funktion g, die aus gegebenen Faktoren h_i und den $(u = p+1)$ Parameterschätzwerten $\hat{\boldsymbol{\beta}}$ gebildet wird:

$$g = h_0 \cdot \hat{\beta}_0 + h_1 \cdot \hat{\beta}_1 + h_2 \cdot \hat{\beta}_2 + h_3 \cdot \hat{\beta}_3 + \ldots = \underset{(1,u)}{\mathbf{h}'} \underset{(u,1)}{\hat{\boldsymbol{\beta}}} \qquad (6.84)$$

Sollen bestimmte Parameterschätzwerte $\hat{\beta}_i$ in die Berechnung *nicht* einbezogen werden, weisen die entsprechenden Faktoren den Wert $h_i = 0$ auf. Mit der $(u \times u)$ Kovarianzmatrix $\hat{\boldsymbol{\Sigma}}_{\hat{\boldsymbol{\beta}}}$ folgt die Varianz des Funktionswertes zu:

$$\hat{\sigma}_g^2 = \mathbf{h}' \hat{\boldsymbol{\Sigma}}_{\hat{\boldsymbol{\beta}}} \mathbf{h} \qquad (6.85)$$

Für eine Gruppe von m linearen Funktionen

$$\underset{(m,1)}{\mathbf{g}} = \underset{(m,u)}{\mathbf{H}'}\underset{(u,1)}{\hat{\boldsymbol{\beta}}} \quad , \quad (u = p+1) \tag{6.86}$$

mit

$$\mathbf{H} = (\mathbf{h_0}, \mathbf{h_1}, \dots, \mathbf{h_{m-1}}) = \begin{pmatrix} h_{00} & h_{10} & \dots & h_{m-1,0} \\ h_{01} & h_{11} & \dots & h_{m-1,1} \\ \vdots & \vdots & \dots & \vdots \\ h_{0p} & h_{1p} & \dots & h_{m-1,p} \end{pmatrix},$$

folgt die $(m \times m)$ Kovarianzmatrix

$$\hat{\boldsymbol{\Sigma}}_g = \mathbf{H}'\hat{\boldsymbol{\Sigma}}_{\hat{\boldsymbol{\beta}}}\mathbf{H} \tag{6.87}$$

Kovarianzmatrix der Funktionen von Beobachtungen und Schätzwerten:

Im Vektor $\mathbf{f}$ nach Gl. (6.77) sind alle im allgemeinen linearen Modell vorkommenden Beobachtungen $\mathbf{y}$, Parameterschätzwerte $\hat{\boldsymbol{\beta}}$, ausgeglichenen Beobachtungen $\hat{\mathbf{y}}$ und Residuen $\hat{\mathbf{e}}$ zusammengefasst und in Gl. (6.78) bis (6.81) deren Kovarianzmatrix dargestellt. Hiermit lassen sich die Kovarianzmatrizen von Funktionen berechnen, die sich auf zwei oder mehr der im Vektor $\mathbf{f}$ enthaltenen Teilvektoren beziehen.

Beispielsweise gilt für eine lineare oder linearisierte Funktion g, die aus gegebenen Faktoren h_i und den Beobachtungen $\mathbf{y}$ sowie den Parameterschätzwerten $\hat{\boldsymbol{\beta}}$ gebildet wird, analog Gl. (6.84):

$$g = \underset{(1,n+u)}{\mathbf{h}'} \underset{(n+u,1)}{\begin{pmatrix} \mathbf{y} \\ \hat{\boldsymbol{\beta}} \end{pmatrix}} \tag{6.88}$$

Sollen bestimmte Werte y_i, $\hat{\beta}_i$ in die Berechnung *nicht* einbezogen werden, weisen die entsprechenden Faktoren den Wert $h_i = 0$ auf. Wird der Anteil der Kovarianzmatrix $\hat{\boldsymbol{\Sigma}}_\mathbf{f}$, der sich auf die Beobachtungen $\mathbf{y}$ und die Parameterschätzwerte $\hat{\boldsymbol{\beta}}$ bezieht, mit $\hat{\boldsymbol{\Sigma}}_{\mathbf{f}_{y\hat{\beta}}}$ bezeichnet, dann gilt:

$$\underset{(n+u,n+u)}{\hat{\boldsymbol{\Sigma}}_{\mathbf{f}_{y\hat{\beta}}}} = \begin{pmatrix} \underset{(n,n)}{\hat{\boldsymbol{\Sigma}}_\mathbf{y}} & \underset{(n,u)}{\hat{\boldsymbol{\Sigma}}_{\mathbf{y}\hat{\beta}}} \\ \underset{(u,n)}{\hat{\boldsymbol{\Sigma}}_{\hat{\beta}\mathbf{y}}} & \underset{(u,u)}{\hat{\boldsymbol{\Sigma}}_{\hat{\beta}}} \end{pmatrix} = \hat{\sigma}^2 \begin{pmatrix} \underset{(n,n)}{\mathbf{P}^{-1}} & \underset{(n,u)}{\mathbf{X}\mathbf{N}^{-1}} \\ \underset{(u,n)}{\mathbf{N}^{-1}\mathbf{X}'} & \underset{(u,u)}{\mathbf{N}^{-1}} \end{pmatrix} \tag{6.89}$$

Hiermit folgt die Varianz des Funktionswertes g zu:

$$\hat{\sigma}_g^2 = \mathbf{h}'\hat{\boldsymbol{\Sigma}}_{\mathbf{f}_{y\hat{\beta}}}\mathbf{h} \tag{6.90}$$

Für eine Gruppe von m linearen Funktionen $\mathbf{g}$ analog Gl. (6.86)

$$\underset{(m,1)}{\mathbf{g}} = \underset{(m,n+u)}{\mathbf{H}'} \underset{(n+u,1)}{\begin{pmatrix} \mathbf{y} \\ \hat{\boldsymbol{\beta}} \end{pmatrix}} \tag{6.91}$$

mit $\mathbf{H} = (\mathbf{h_0}, \mathbf{h_1}, \ldots, \mathbf{h_{m-1}})$, folgt analog Gl. (6.87) mit der Kovarianzmatrix $\hat{\boldsymbol{\Sigma}}_{f_y\hat{\beta}}$ die Kovarianzmatrix der linearen Funktionen

$$\underset{(m,n+u)}{\hat{\boldsymbol{\Sigma}}_g} = \mathbf{H}'\hat{\boldsymbol{\Sigma}}_{f_y\hat{\beta}}\mathbf{H} \tag{6.92}$$

6.3 Design- und Varianzanalyse

Aus Gl. (6.70) bis Gl. (6.74) wird ersichtlich, dass man die Varianz-Kovarianzmatrizen der Beobachtungen, der unbekannten Parameter, der Residuen sowie die Redundanzmatrix losgelöst vom Beobachtungsvektor $\mathbf{y}$, also ohne jegliche Ausführung von Beobachtungen berechnen kann. Die Präzision der Schätzwerte der Parameter hängt allein von der Designmatrix $\mathbf{X}$ sowie der Gewichtsmatrix $\mathbf{P}$ ab. Mit anderen Worten: Ist das Funktional der unbekannten Parameter in Abhängigkeit von den Beobachtungen bekannt (Gl. 6.2), und ist darüber hinaus die Gewichtsmatrix $\mathbf{P}$ gegeben, so sind die o. a. Kovarianzmatrizen ohne jegliche Messung bestimmbar. Damit liegen Werte vor, um das Ergebnis der Schätzung vorweg zu analysieren. Als Beispiel: Man nehme die Redundanzanteile f_{ii} aus Gl. (6.75) und kann für jede Beobachtung y_i beurteilen, ob diese durch die übrigen Beobachtungen genügend kontrolliert ist. Anderenfalls müsste das Design des Beobachtungskonstrukts lokal verbessert werden, z. B. durch Hinzufügen weiterer Beobachtungen, um die Kontrolliertheit einzelner Beobachtungen lokal und partiell zu verbessern.

Andererseits können die Kovarianzmatrizen (Gl. (6.70) bis Gl. (6.74)) genutzt werden, um vorab die Präzision der Beobachtungen festzulegen, damit eine bestimmte Genauigkeit des Ergebnisses der Parameterschätzung gewährleistet wird. Aus Gl. (6.66) folgt durch Multiplikation mit $\mathbf{N}$:

$$\boldsymbol{\Sigma}_{\hat{\beta}_a}\mathbf{N} = \sigma^2\mathbf{I} \tag{6.93}$$

Falls man identische Beobachtungsgewichte für alle Beobachtungen annimmt, ist σ^2 aus Gl. (6.93) zu bestimmen und für die auszuführenden Messungen als einzuhalten zu fordern.

Als einfaches Beispiel seien Betonplatten in Fertigteilbauweise im Werk herzustellen. Die Einstellgenauigkeit für die Länge a, Breite b und Dicke c der Platten sei identisch und ist zu bestimmen.

Die Präzision des Volumens der einzelnen Platten soll mit einem relativen Fehler σ_V/V von $2\,\%$ eingehalten werden. Wie genau müssen bei Näherungswerten $a_0 = 2,5\,m$, $b_0 = 1,0\,m$ und $c_0 = 0,1\,m$ diese Werte an der Fertigungsmaschine eingestellt werden, damit die Varianz σ_V^2 eingehalten wird, mit $\sigma_a = \sigma_b = \sigma_c = \sigma$?

$$\text{Funktional:} \quad V = a \cdot b \cdot c \tag{6.94}$$

Näherungswerte: $\quad a_0 = 2,5\,m \quad\quad b_0 = 1,5\,m \quad\quad c_0 = 0,1\,m \quad;\quad V_0 = 0,25\,m^3$

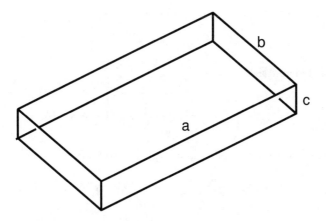

Abbildung 6.1: Betonplatte

relativer Fehler: $\sigma_V/V \leq 2\,\%$,

daraus folgt:

$$\sigma_V \leq 0,005\,m^3 \quad ; \quad \sigma_V^2 \leq 0,25 \cdot 10^{-4} m^6$$

totales Differential: $dV = a \cdot b \cdot dc + a \cdot c \cdot db + b \cdot c \cdot da$ \hfill (6.95)

Varianzfortpflanzung: $\sigma_V^2 = a^2 b^2 \sigma_c^2 + a^2 c^2 \sigma_b^2 + b^2 c^2 \sigma_a^2$ \hfill (6.96)

Es folgt:

$$\sigma^2 = \frac{\sigma_V^2}{(a^2 b^2 + a^2 c^2 + b^2 c^2)} \tag{6.97}$$

In Zahlen:

$$\sigma^2 = \frac{0,25 \cdot 10^{-4}}{6,3225} = 3,954 \cdot 10^{-6} m^2$$

Damit berechnet sich die gesuchte Einstellgenauigkeit für Länge, Breite und Dicke der Platten zu

$$\sigma = 0,002\,m.$$

In Matrixschreibweise folgt mit Gl. (6.94)

$$\mathbf{y} = V$$

sowie der Kovarianzmatrix

$$\Sigma_x = \begin{pmatrix} \sigma^2 & & \\ & \sigma^2 & \\ & & \sigma^2 \end{pmatrix} = \sigma^2 \mathbf{I} = \sigma^2 \mathbf{P}^{-1}$$

aus der Varianz-Kovarianzfortpflanzung, vgl. Kapitel 4.5.1:

$$\mathbf{A} = \begin{pmatrix} \frac{\partial V}{\partial a} & \frac{\partial V}{\partial b} & \frac{\partial V}{\partial c} \end{pmatrix} = \begin{pmatrix} b \cdot c & a \cdot c & a \cdot b \end{pmatrix} \tag{6.98}$$

und schließlich:

$$\Sigma_y = \mathbf{A}\Sigma_x\mathbf{A}' = \sigma_V^2 = (b \cdot c)^2 \sigma^2 + (a \cdot c)^2 \sigma^2 + (a \cdot b)^2 \sigma^2 \tag{6.99}$$

womit Gl. (6.97) bestätigt ist.

6.4 Beispiele zur linearen Regression

Beispiel 6.3: *Ausgleichung gleichgenauer direkter Beobachtungen*
Mit einem Distanzmesser wird eine bestimmte Strecke n-mal unter „Wiederholbedingungen" (d. h. ohne Änderung der systematischen Messeinflüsse) gemessen. Daher ist die Annahme berechtigt, dass die Zufallsvariablen Y_i, deren Realisierungen die Messwerte y_i darstellen, den identischen Erwartungswert haben. (Bei erneuter Stativaufstellung während der Messungen ist diese Annahme nur dann berechtigt, wenn die Zentrierung mit so hohem Aufwand durchgeführt wird, dass der Einfluss der veränderten systematischen Stehachsschiefe als vernachlässigbar angesehen werden kann.) Da die Messungen mit der gleichen Sorgfalt und dem gleichen Distanzmesser durchgeführt werden, ist die Annahme gleicher Varianzen für die Messwerte berechtigt. Die Beobachtungen sind voneinander unabhängig.

Es liegt hier der am Ende von Abschnitt 6.2.1 angesprochene Sonderfall einer Regression vor, bei der nur Werte für den Zufallsvektor $\mathbf{y} = (Y_1, Y_2, \ldots, Y_n)$ vorliegen. Die Matrix $\mathbf{X}$ der deterministischen Variablen enthält lediglich die Hilfsvariable x_0 mit $x_{i0} = 1$ und der Parametervektor β nur den „Achsabschnitt" β_0.

$$\begin{array}{rcl} E(Y_1) & = & \beta_0 \\ E(Y_2) & = & \beta_0 \\ & \vdots & \\ E(Y_n) & = & \beta_0 \end{array} \quad \text{bzw.} \quad \begin{array}{rcl} Y_1 & = & \beta_0 + e_1 \\ Y_2 & = & \beta_0 + e_2 \\ & \vdots & \\ Y_n & = & \beta_0 + e_n \end{array} \quad \text{mit } cov\begin{pmatrix} Y_1 \\ Y_2 \\ \vdots \\ Y_n \end{pmatrix} = \sigma^2 \begin{pmatrix} 1 & 0 & \ldots & 0 \\ 0 & 1 & & 0 \\ \vdots & & \ddots & \vdots \\ 0 & 0 & \ldots & 1 \end{pmatrix}$$

$$E(\mathbf{y}) = \mathbf{X}\beta \quad \text{bzw.} \quad \mathbf{y} = \mathbf{X}\beta + \mathbf{e} \quad \text{wobei} \quad \mathbf{X} = \begin{pmatrix} 1 \\ 1 \\ \vdots \\ 1 \end{pmatrix} \quad \text{mit} \quad \Sigma = \sigma^2 \mathbf{I}$$

In diesem Sonderfall stimmt der Parameterschätzwert $\hat{\beta}_0$ nach Gl. (6.40) mit dem Schätzwert $\hat{y}$ der Erwartungswerte der Beobachtungen nach Gl. (6.41) überein und es ergibt sich das in Gl. (5.1) bereits vorgestellte einfache arithmetische Mittel $\bar{y}$:

$$\hat{\beta}_0 = \hat{y} = \bar{y} = \frac{1}{n}\sum_{i=1}^{n} y_i$$

Gleichfalls stimmen die Varianz $\sigma^2_{\hat{\beta}_0}$ des Parameterschätzwertes nach Gl. (6.47) und die Varianz $\sigma^2_{\hat{y}}$ der Erwartungswertschätzer nach Gl. (6.48) mit der in Beispiel 4.27 (Varianzfortpflanzung) bereits vorgestellten Varianz $\sigma^2_{\bar{y}}$ eines Mittelwertes überein:

$$\sigma^2_{\hat{\beta}_0} = \sigma^2_{\hat{y}} = \sigma^2_{\bar{y}} = \frac{\sigma^2}{n}$$

Die Residuenvarianz $\hat{\sigma}^2$ als Schätzer für die Varianz σ^2 der Einzelmessungen wird nach Gl. (6.45) berechnet, der Schätzer $\hat{\sigma}^2_{\hat{\beta}_0}$ für die Varianz des Parameterschätzwertes nach Gl. (6.71), welcher in diesem Beispiel wiederum mit dem Schätzer $\hat{\sigma}^2_{\hat{y}}$ nach Gl. (6.72) und dem Schätzer $\hat{\sigma}^2_{\bar{y}}$ eines Mittelwertes übereinstimmt.

$$\hat{\sigma}^2 = \frac{\hat{\mathbf{e}}'\hat{\mathbf{e}}}{n-1} = \frac{1}{n-1}\sum_{i=1}^{n}(y_i - \bar{y})^2 \quad \text{und} \quad \hat{\sigma}^2_{\hat{\beta}_0} = \hat{\sigma}^2_{\hat{y}} = \hat{\sigma}^2_{\bar{y}} = \frac{\hat{\sigma}^2}{n}$$

Beispiel 6.4: *Ausgleichung verschieden-genauer direkter Beobachtungen*
Das vorige Beispiel sei dahingehend abgeändert, dass bei ansonsten gleichen Bedingungen nunmehr von unterschiedlichen Varianzen für die Zufallsvariablen ausgegangen wird.

$$\boldsymbol{\Sigma} = \sigma^2 \mathbf{P}^{-1}$$

$$\mathrm{cov}\begin{pmatrix} Y_1 \\ Y_2 \\ \vdots \\ Y_n \end{pmatrix} = \begin{pmatrix} \sigma_1^2 & 0 & \cdots & 0 \\ 0 & \sigma_2^2 & & 0 \\ \vdots & & \ddots & \vdots \\ 0 & 0 & \cdots & \sigma_n^2 \end{pmatrix} = \sigma^2 \begin{pmatrix} 1/p_1 & 0 & \cdots & 0 \\ 0 & 1/p_2 & & 0 \\ \vdots & & \ddots & \vdots \\ 0 & 0 & \cdots & 1/p_n \end{pmatrix}$$

Mit Gl. (6.64) und Gl. (6.66)

$$\hat{\boldsymbol{\beta}} = (\mathbf{X}'\mathbf{P}\mathbf{X})^{-1}\mathbf{X}'\mathbf{P}\mathbf{y}, \quad \boldsymbol{\Sigma}_{\hat{\boldsymbol{\beta}}} = \sigma^2(\mathbf{X}'\mathbf{P}\mathbf{X})^{-1},$$

und $\mathbf{X}'\mathbf{P} = (p_1, p_2, \ldots, p_n)$ mit $p_i = \dfrac{\sigma^2}{\sigma_i^2}$, ergibt sich als Schätzwert das *gewogene arithmetische Mittel* $\bar{y}$ mit der *Varianz* $\sigma^2_{\bar{y}}$ *des Mittelwertes*:

$$\hat{\beta}_0 = \bar{y} = \frac{\sum_{i=1}^{n} p_i \cdot y_i}{\sum_{i=1}^{n} p_i} \quad \text{und} \quad \sigma^2_{\hat{\beta}_0} = \sigma^2_{\bar{y}} = \frac{\sigma^2}{\sum_{i=1}^{n} p_i} \qquad (6.100)$$

Der Schätzer $\hat{\sigma}^2$ für die *Varianz* σ^2 *der Gewichtseinheit* wird nach Gl. (6.69) berechnet und damit der *Schätzwert* $\hat{\sigma}_{\bar{y}}^2$ *der Varianz des Mittelwertes*.

$$\hat{\sigma}^2 = \frac{\hat{e}'P\hat{e}}{n-1} = \frac{1}{n-1}\sum_{i=1}^{n} p_i \cdot (y_i - \bar{y})^2 \quad \text{und} \quad \hat{\sigma}_{\hat{\beta}_0}^2 = \hat{\sigma}_{\bar{y}}^2 = \frac{\hat{\sigma}^2}{\sum_{i=1}^{n} p_i}$$

Beispiel 6.5: *Regressionsgerade und Regressionsparabel*
Zur thermischen Überwachung eines Bauwerks ist der Einsatz eines Widerstandsthermometers vorgesehen. Dieses hat die Eigenschaft, dass sich sein elektrischer Widerstand in Abhängigkeit von der Umgebungstemperatur ändert. Bei Versuchsmessungen im Labor wurden für verschiedene Temperaturen $x_i\,[\,^\circ C]$ die Widerstandswerte $y_i\,[kOhm]$ gemessen.

Messwerte:

Temperatur $x_i\,[C]$	14,3	16,3	19,3	22,3	25,2	27,2	29,2	32,2
Widerstand $y_i[kOhm]$	3,66	3,34	2,91	2,54	2,23	2,05	1,88	1,65

Regressionsgerade:
Zunächst sollen die Parameterschätzwerte $\hat{\beta}_0$ und $\hat{\beta}_1$ der Regressionsgerade

$$\hat{y}(x_i) = \hat{\beta}_0 + \hat{\beta}_1 \cdot x_i$$

berechnet werden. Mit

$$\mathbf{y} = \begin{pmatrix} y_1 \\ \vdots \\ y_8 \end{pmatrix} \quad \text{und} \quad \mathbf{X} = \begin{pmatrix} 1 & x_1 \\ \vdots & \vdots \\ 1 & x_8 \end{pmatrix}$$

ergeben sich nach Gl. (6.40) die Lösungen $\hat{\boldsymbol{\beta}} = (\mathbf{X}'\mathbf{X})^{-1}\mathbf{X}'\mathbf{y}$ bezogen auf die Regressionsgerade nach Gl. (6.22, 6.23) zu:

$$\hat{\beta}_1 = \frac{\sum(y_i - \bar{y})(x_i - \bar{x})}{\sum(x_i - \bar{x})^2} = \frac{\sum x_i y_i - n\bar{x}\bar{y}}{\sum x_i^2 - n\bar{x}^2} \tag{6.101}$$

$$\hat{\beta}_0 = \frac{\sum y_i - \hat{\beta}_1 \sum x_i}{n} = \bar{y} - \hat{\beta}_1 \cdot \bar{x} \tag{6.102}$$

$n = 8, \quad \sum_{i=1}^{8} x_i = 186, \quad \sum_{i=1}^{8} y_i = 20,26, \quad \bar{x} = \frac{186}{8} = 23,25, \quad \bar{y} = \frac{20,26}{8} = 2,5325$

$\sum_{i=1}^{8} x_i^2 = 4604,32, \quad \sum_{i=1}^{8} y_i^2 = 54,9032, \quad \sum_{i=1}^{8} x_i y_i = 439,567$

$$\hat{\beta}_1 = \frac{439,567 - 8 \cdot 23,25 \cdot 2,5325}{4604,32 - 8 \cdot 23,25^2} = -0,1125$$

$$\hat{\beta}_0 = 2,5325 - (-0,1125) \cdot 23,25 = 5,148$$

$$\hat{y}(x_i) = 5,148 - 0,1125 \cdot x_i$$

Messwerte x_i, y_i, Schätzwerte $\hat{y}(x_i)$ und Residuen $\hat{e}_i = y_i - \hat{y}(x_i)$:

Temperatur x_i [C]	14,3	16,3	19,3	22,3	25,2	27,2	29,2	32,2
Widerstand $y_i[kOhm]$	3,66	3,34	2,91	2,54	2,23	2,05	1,88	1,65
Widerst. $\hat{y}(x_i)[kOhm]$	3,539	3,314	2,977	2,639	2,313	2,088	1,863	1,526
Residuen $\hat{e}_i[kOhm]$	0,121	0,026	-0,067	-0,099	-0,083	-0,038	0,017	0,124

Residuenquadratsumme $\sum_{i=1}^{8} \hat{e}_i^2 = 0,053672 \; [kOhm]^2$

Freiheitsgrad $f = n - u = 8 - 2 = 6$

Residuenvarianz $\hat{\sigma}^2 = \dfrac{\sum \hat{e}_i^2}{n - u} = \dfrac{0,053672}{6} = 0,0089 \; [kOhm]^2$

Die empirische Kovarianzmatrix der Parameterschätzer $\hat{\boldsymbol{\Sigma}}_{\hat{\beta}} = \hat{\sigma}^2 (\mathbf{X}'\mathbf{X})^{-1}$ nach Gl. (6.71) ergibt für $\hat{\beta}_1$ und $\hat{\beta}_0$ der Regressionsgerade:

$$\text{Varianz} \quad \hat{\sigma}^2_{\hat{\beta}_1} = \frac{\hat{\sigma}^2}{\sum (x_i - \bar{x})^2} = \frac{\hat{\sigma}^2}{\sum x_i^2 - n\bar{x}^2} \qquad (6.103)$$

$$\text{Varianz} \quad \hat{\sigma}^2_{\hat{\beta}_0} = \hat{\sigma}^2 \left(\frac{1}{n} + \frac{\bar{x}^2}{\sum (x_i - \bar{x})^2} \right) = \frac{\hat{\sigma}^2}{n} + \bar{x}^2 \cdot \hat{\sigma}^2_{\hat{\beta}_1} \qquad (6.104)$$

$$\text{Kovarianz} \quad \hat{\sigma}_{\hat{\beta}_0 \hat{\beta}_1} = -\frac{\bar{x} \cdot \hat{\sigma}^2}{\sum (x_i - \bar{x})^2} = -\bar{x} \cdot \hat{\sigma}^2_{\hat{\beta}_1} \qquad (6.105)$$

Varianz $\quad \hat{\sigma}^2_{\hat{\beta}_1} = 0,000032,\quad$ Standardabweichung $\quad \hat{\sigma}_{\hat{\beta}_1} = 0,00565$

Varianz $\quad \hat{\sigma}^2_{\hat{\beta}_0} = 0,0184,\quad$ Standardabweichung $\quad \hat{\sigma}_{\hat{\beta}_0} = 0,1356$

Kovarianz $\quad \hat{\sigma}_{\hat{\beta}_0 \hat{\beta}_1} = -0,000743$

Aus der empirischen Kovarianzmatrix $\hat{\boldsymbol{\Sigma}}_{\hat{\mathbf{y}}} = \hat{\sigma}^2 \mathbf{X}(\mathbf{X}'\mathbf{X})^{-1}\mathbf{X}'$ der Beobachtungsschätzwerte nach Gl. (6.72) ergibt sich die Varianz eines Schätzwertes $\hat{y}(x_j)$ der Regressionsgerade an der Stelle x_j zu:

$$\hat{\sigma}^2_{\hat{y}(x_j)} = \frac{\hat{\sigma}^2}{n} + (x_j - \bar{x})^2 \cdot \hat{\sigma}^2_{\hat{\beta}_1} \qquad (6.106)$$

Da an der Stelle $x_j = 0$ der Schätzwert $\hat{y}(0)$ mit dem Achsabschnitt $\hat{\beta}_0$ identisch ist, geht hier Gl. (6.106) in Gl. (6.104) über.

Alle theoretisch möglichen Messdaten streuen zufällig um die unbekannte Regressionsfunktion der Grundgesamtheit, deren Verlauf durch die Schätzfunktion möglichst gut approximiert werden soll. Werte und Vorzeichen der angegebenen Residuen $\hat{e}_i$ lassen jedoch erkennen, dass diese systematisch ab- und zunehmen. Die Zufallsabweichungen sind von systematischen Modellabweichungen überlagert, sodass die Approximation durch die

Regressionsgerade als nicht ausreichend anzusehen ist. Falls die Residuen jedoch innerhalb des geforderten Genauigkeitsbereiches der Schätzwerte liegen, kann die ausgleichende Gerade trotzdem akzeptiert werden. Anderenfalls ist der Ansatz zu erweitern.

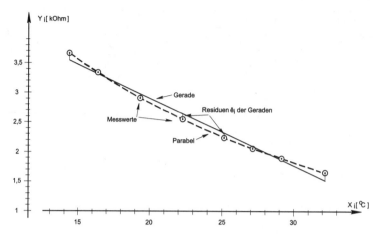

Abbildung 6.2: Regressionsgerade und Regressionsparabel

Regressionsparabel:

Wählt man als Regressionsfunktion die Parabel

$$\hat{y}(x_i) = \hat{\beta}_0 + \hat{\beta}_1 \cdot x_i + \hat{\beta}_2 \cdot x_i^2 \,,$$

Zu minimieren ist die Funktion $\mathbf{e'e}$ mit $\mathbf{e} = \mathbf{y} - \hat{\mathbf{y}}$, sowie gemäß Gl. (6.31) mit $\mathbf{y} = \mathbf{X}\beta + \mathbf{e}$.

Die Koeffizientenmatrix $\mathbf{X}$ ergibt sich direkt aus der Regressionsfunktion der Parabel. Sie wird im Vergleich zur Regressionsgeraden um eine dritte Spalte x_i^2 erweitert:

$$\mathbf{X} = \begin{pmatrix} 1 & x_1 & x_1^2 \\ 1 & x_2 & x_2^2 \\ & \cdots & \\ 1 & x_n & x_n^2 \end{pmatrix}$$

Damit folgt in Zahlen:

$$\mathbf{y} = \begin{pmatrix} 3,66 \\ 3,34 \\ 2,91 \\ 2,54 \\ 2,23 \\ 2,05 \\ 1,88 \\ 1,65 \end{pmatrix}, \quad \mathbf{X} = \begin{pmatrix} 1 & 14,3 & 204,49 \\ 1 & 16,3 & 265,69 \\ 1 & 19,3 & 372,49 \\ 1 & 22,3 & 497,29 \\ 1 & 25,2 & 497,29 \\ 1 & 27,2 & 739,84 \\ 1 & 29,2 & 852,64 \\ 1 & 32,2 & 1036,84 \end{pmatrix}$$

6.4 Beispiele zur linearen Regression

$$\mathbf{N} = \mathbf{X'X} = \begin{pmatrix} 8 & 186,0 & 4604,32 \\ 186,0 & 4604,32 & 119943,570 \\ 4604,32 & 119943,570 & 3251124,6628 \end{pmatrix}$$

$$\mathbf{N}^{-1} = (\mathbf{X'X})^{-1} = \begin{pmatrix} 36,749402 & -3,3075950 & 0,069981551 \\ -3,3075950 & 0,30327580 & -0,0065044434 \\ 0,069981551 & -0,0065044434 & 0,00014116614 \end{pmatrix}$$

$$\mathbf{X'y} = \begin{pmatrix} 20,26 \\ 439,567 \\ 10229,4609 \end{pmatrix}, \quad \hat{\boldsymbol{\beta}} = \mathbf{N}^{-1}\mathbf{X'y} = \begin{pmatrix} 6,5068 \\ -0,23879 \\ 0,002741 \end{pmatrix} = \begin{pmatrix} \hat{\beta}_0 \\ \hat{\beta}_1 \\ \hat{\beta}_2 \end{pmatrix}$$

$$\hat{y}(x_i) = 6,5068 - 0,23879 \cdot x_i + 0,002741 \cdot x_i^2$$

Residuen $\hat{e}_i = y_i - \hat{y}(x_i)$

$\hat{e}_i = 0,0074\,;\ -0,0029\,;\ -0,0092\,;\ -0,0049\,;\ 0,0001\,;\ 0,0104\,;\ 0,0088\,;\ -0,0098$

Residuenquadratsumme $\quad \sum\limits_{i=1}^{8} \hat{e}_i^2 = 0,00045\ [kOhm]^2$

Freiheitsgrad $\quad f = n - u = 8 - 3 = 5$

Residuenvarianz $\quad \hat{\sigma}^2 = \dfrac{\sum \hat{e}_i^2}{n - u} = \dfrac{0,00045}{5} = 0,000090\ [kOhm]^2$

Die Residuen sind bei der Parabel kleiner als die letzte Stelle der Messwerte y_i, sodass die Parabel als ausreichend angepasste Regressionsfunktion gelten kann. Das zeigt sich auch bei der Residuenvarianz, die deutlich kleiner als die Residuenvarianz der Geraden ist. Empirische Kovarianzmatrix der Parameterschätzwerte nach Gl. (6.71):

$$\hat{\boldsymbol{\Sigma}}_{\hat{\boldsymbol{\beta}}} = \hat{\sigma}^2 \mathbf{N}^{-1} = \begin{pmatrix} \hat{\sigma}_{\beta_0}^2 & \hat{\sigma}_{\beta_0\beta_1} & \hat{\sigma}_{\beta_0\beta_2} \\ \hat{\sigma}_{\beta_0\beta_1} & \hat{\sigma}_{\beta_1}^2 & \hat{\sigma}_{\beta_1\beta_2} \\ \hat{\sigma}_{\beta_0\beta_2} & \hat{\sigma}_{\beta_1\beta_2} & \hat{\sigma}_{\beta_2}^2 \end{pmatrix}$$

$$= \begin{pmatrix} 3,30 \cdot 10^{-3} & -2,97 \cdot 10^{-4} & 6,29 \cdot 10^{-6} \\ -2,97 \cdot 10^{-4} & 2,73 \cdot 10^{-5} & -5,85 \cdot 10^{-7} \\ 6,29 \cdot 10^{-6} & -5,85 \cdot 10^{-7} & 1,27 \cdot 10^{-8} \end{pmatrix}$$

Standardabweichungen der Parameterschätzwerte:

$$\hat{\sigma}_{\hat{\beta}_0} = 0,057\,, \quad \hat{\sigma}_{\hat{\beta}_1} = 0,0052\,, \quad \hat{\sigma}_{\hat{\beta}_2} = 0,00011$$

Die Standardabweichungen der Parameterschätzwerte der Parabel sind kleiner als die entsprechenden Standardabweichungen der Gerade, was eine präzisere Bestimmung der Schätzwerte verdeutlicht. Dieser Eindruck wird verstärkt durch die Quotienten der Schätzwerte dividiert durch ihre Standardabweichungen, die bei der Parabel deutlich größer ausfallen.

Beispiel 6.6: *Bestimmung der Additionskorrektion eines Distanzmessinstruments*
Die Abstände der Messpfeiler einer Vergleichstrecke sind mit übergeordneter Genauigkeit (im Verhältnis zur Genauigkeit der Prüflinge) bestimmt worden und werden daher im Folgenden als gegebene konstante Sollwerte x_i aufgefasst (siehe Beispiel 6.2). Mit dem zu kalibrierenden Distanzmessinstrument wurden die Pfeilerabstände in allen Kombinationen gemessen. Die korrigierten und reduzierten Ist-Messwerte werden von den Sollwerten subtrahiert und die Soll-Ist Differenzen als Messwerte y_i in die Ausgleichung eingeführt. Weiterhin werden die in der Tabelle in der Einheit $[m]$ angegebenen Werte x_i zur Ausgleichungsrechnung in die Einheit $[km]$ umgewandelt. Die ausgeglichene Regressionsfunktion liefert dann direkt die Verbesserungswerte für die Additionskorrektion in $[mm]$ bezüglich der gemessenen Distanzen in $[km]$.

Messwerte: Sollwerte x_i $[m]$ und Soll-Ist Differenzen y_i $[mm]$

Nr.	von-nach	x_i $[m]$	y_i $[mm]$	Nr.	von-nach	x_i $[m]$	y_i $[mm]$
1	1 - 2	219,9336	-3,3	9	2 - 3	40,0091	-0,8
2	1 - 3	259,9427	-2,7	10	2 - 4	109,9033	-1,4
3	1 - 4	329,8369	-2,4	11	2 - 5	180,0000	-1,4
4	1 - 5	399,9336	-2,5	12	2 - 6	240,0589	-2,9
5	1 - 6	459,9925	-4,6	13	2 - 7	340,0466	-4,1
6	1 - 7	559,9802	-5,1	14	2 - 8	390,0345	-4,2
7	1 - 8	609,9681	-2,9	15	2 - 9	420,0346	-4,4
8	1 - 9	639,9682	-4,0				

Nr.	von-nach	x_i $[m]$	y_i $[mm]$	Nr.	von-nach	x_i $[m]$	y_i $[mm]$
16	3 - 4	69,8942	-1,9	22	4 - 5	70,0967	-0,4
17	3 - 5	139,9909	-1,0	23	4 - 6	130,1556	-1,9
18	3 - 6	200,0498	-0,6	24	4 - 7	230,1615	-4,1
19	3 - 7	300,0375	-3,6	25	4 - 8	280,1312	-4,2
20	3 - 8	350,0254	-3,8	26	4 - 9	310,1313	-4,3
21	3 - 9	380,0255	-3,9				

Nr.	von-nach	x_i $[m]$	y_i $[mm]$	Nr.	von-nach	x_i $[m]$	y_i $[mm]$
27	5 - 6	60,0589	-1,8	31	6 - 7	99,9877	-2,6
28	5 - 7	160,0466	-4,0	32	6 - 8	149,9756	-2,7
29	5 - 8	210,0345	-4,2	33	6 - 9	179,9757	-2,9
30	5 - 9	240,0346	-4,3				

Nr.	von-nach	x_i $[m]$	y_i $[mm]$	Nr.	von-nach	x_i $[m]$	y_i $[mm]$
34	7 - 8	49,9879	-0,5	36	8 - 9	30,0001	-0,5
35	7 - 9	79,9880	-0,7				

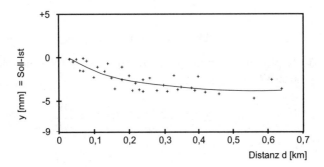

Abbildung 6.3: Messwerte und berechnete Kalibrierfunktion (Additionskorrektion) eines Distanzmessinstruments

Dem Datenplot zufolge erscheint eine Exponentialfunktion zur Approximation der Daten geeignet. Die Datenpaare, welche den kleinsten bzw. den größten x-Wert beinhalten, sind (x_{36}, y_{36}) und (x_8, y_8). Damit die Parameterwerte rechentechnisch handlich bleiben, wird der kleinste Wert x_{36} von allen x_i-Werten subtrahiert, sodass der Nullpunkt der x-Werte in den kleinsten Messwert verschoben wird. Die gesuchte Regressionsfunktion lautet dann:

$$Y_i = \beta_0 + \beta_1 \cdot e^{-\beta_2 \cdot (x_i - x_{36})}$$

Es müssen zunächst Näherungswerte für die gesuchten Parameter bestimmt werden. Diese lassen sich unter der Annahme ermitteln, die Funktion verlaufe beim kleinsten x-Wert durch den Nullpunkt $y = 0$ sowie durch den Messpunkt des größten x-Wertes. Die Funktion besitzt eine horizontale Asymptote, der sie sich mit wachsenden x-Wert ($x \to \infty$) annähert. Da β_0 die Asymptote festlegt, wird der Näherungswert mit $\beta_0^{(0)} = -4,1$ geringfügig kleiner als $y_8 = -4,0 \ [mm]$ angenommen. Mit den Daten des Nullpunktes $(x_{36} = 0,03 \ [km], \ y = 0 \ [mm])$ ergibt sich die Funktion zu $0 = -4,1 + \beta_1^{(0)} \cdot e^0$, woraus $\beta_1^{(0)} = 4,1$ folgt. Aus

$$\ln(y_8 - \beta_0^{(0)}) = \ln \beta_1^{(0)} - \beta_2^{(0)} \cdot (x_8 - x_{36})$$
$$\ln(-4,0 + 4,1) = \ln 4,1 - \beta_2^{(0)} \cdot (0,64 - 0,03)$$

ergibt sich $\beta_2^{(0)} = 6,1$. Die Startwerte des Parametervektors sind somit:

$$\boldsymbol{\beta}^{(0)} = \begin{pmatrix} \beta_0^{(0)} \\ \beta_1^{(0)} \\ \beta_2^{(0)} \end{pmatrix} = \begin{pmatrix} -4,1 \\ 4,1 \\ 6,1 \end{pmatrix}$$

Mit der Näherungsgleichung

$$Y_i^{(0)} = -4,1 + 4,1 \cdot e^{-6,1 \cdot (x_i - 0,030)}$$

werden die Werte $\Delta y_i^{(0)}$, d. h. die Realisationen der Variablengleichung

$$\Delta Y_i^{(0)} = Y_i - Y_i^{(0)}$$

berechnet. Gemäß Kapitel 6.1.2 ist die gesuchte Funktion mithilfe der Näherungswerte der Parameter zu linearisieren.

$$\Delta Y_i^{(0)} = \frac{\partial Y_i^{(0)}}{\partial \beta_0} \cdot \Delta \beta_0^{(0)} + \frac{\partial Y_i^{(0)}}{\partial \beta_1} \cdot \Delta \beta_1^{(0)} + \frac{\partial Y_i^{(0)}}{\partial \beta_2} \cdot \Delta \beta_2^{(0)}$$

$$\frac{\partial Y_i^{(0)}}{\partial \beta_0} = 1, \qquad \frac{\partial Y_i^{(0)}}{\partial \beta_1} = e^{-\beta_2^{(0)} \cdot (x_i - x_{36})}$$

$$\frac{\partial Y_i^{(0)}}{\partial \beta_2} = -\beta_1^{(0)} \cdot (x_i - x_{36}) \cdot e^{-\beta_2^{(0)} \cdot (x_i - x_{36})}$$

Analog Gl. (6.8) folgen der Zufallsvektor **y** und die Koeffizientenmatrix **X** für die erste Iteration der Ausgleichung (gekürzt angegeben):

$$\mathbf{y} = \begin{pmatrix} -0,49 \\ 0,39 \\ 0,56 \\ 1,17 \\ -0,80 \\ -1,16 \\ 1,08 \\ 0,00 \\ \vdots \\ 0,03 \\ 0,38 \\ -0,50 \end{pmatrix}, \quad \mathbf{X} = \begin{pmatrix} 1 & 0,3139 & -0,2445 \\ 1 & 0,2459 & -0,2319 \\ 1 & 0,1606 & -0,1974 \\ 1 & 0,1047 & -0,1588 \\ 1 & 0,0726 & -0,1280 \\ 1 & 0,0394 & -0,0857 \\ 1 & 0,0291 & -0,0691 \\ 1 & 0,0242 & -0,0606 \\ \vdots & \vdots & \vdots \\ 1 & 0,8852 & -0,0725 \\ 1 & 0,7372 & -0,1511 \\ 1 & 1,0000 & 0,0000 \end{pmatrix}$$

Nach Gl. (6.40) ergeben sich mit der Inversen der Normalgleichungsmatrix $\mathbf{N}^{-1} = (\mathbf{X}'\mathbf{X})^{-1}$ nach dem ersten Iterationsschritt die Verbesserungen $\Delta \beta_i^{(0)}$ der Näherungsparameter $\beta_i^{(0)}$

$$\boldsymbol{\Delta \beta}^{(0)} = \begin{pmatrix} \Delta \beta_0^{(0)} \\ \Delta \beta_1^{(0)} \\ \Delta \beta_2^{(0)} \end{pmatrix} = \mathbf{N}^{-1} \mathbf{X}' \mathbf{y} = \begin{pmatrix} -0,1605 \\ -0,1474 \\ 0,6037 \end{pmatrix}$$

und durch Addition der Verbesserungen folgen die neuen Näherungsparameter $\beta_i^{(1)}$ und die neue Näherungsgleichung $Y_i^{(1)}$ für den zweiten Iterationsschritt.

$$\boldsymbol{\beta}^{(1)} = \begin{pmatrix} \beta_0^{(1)} \\ \beta_1^{(1)} \\ \beta_2^{(1)} \end{pmatrix} = \begin{pmatrix} \beta_0^{(0)} + \Delta \beta_0^{(0)} \\ \beta_1^{(0)} + \Delta \beta_1^{(0)} \\ \beta_2^{(0)} + \Delta \beta_2^{(0)} \end{pmatrix} = \begin{pmatrix} -4,2605 \\ 3,9526 \\ 6,7037 \end{pmatrix}$$

$$Y_i^{(1)} = -4,2605 + 3,9526 \cdot e^{-6,7037 \cdot (x_i - 0,030)}$$

6.4 Beispiele zur linearen Regression

Mit dem verbesserten Zufallsvektor **y** und der verbesserten Koeffizientenmatrix **X** wird eine zweite Iteration durchgeführt. Die Iteration der Lösung wird solange fortgesetzt, bis die Verbesserungen der Parameterschätzwerte einen signifikant kleinen Schwellwert unterschreiten. Es ergeben sich die folgenden Iterationsergebnisse:

$$\Delta\boldsymbol{\beta}^{(2)} = \begin{pmatrix} -0,0299 \\ 0,0163 \\ -0,0931 \end{pmatrix}, \quad \Delta\boldsymbol{\beta}^{(3)} = \begin{pmatrix} 0,0031 \\ -0,0007 \\ 0,0199 \end{pmatrix}, \quad \Delta\boldsymbol{\beta}^{(4)} = \begin{pmatrix} -0,0007 \\ 0,0002 \\ -0,0041 \end{pmatrix}$$

Nach viermaliger Iteration ist ausreichende Konvergenz erreicht. Die endgültigen Parameterschätzwerte berechnen sich zu:

$$\hat{\beta}_0 = -4,3, \quad \hat{\beta}_1 = 4,0, \quad \hat{\beta}_2 = 6,6$$

Somit lautet die ausgleichende Funktion der Additionskorrektion k_A [mm] für eine Ablesung d [km] am Distanzmesser:

$$k_A = -4,3 + 4,0 \cdot e^{-6,6 \cdot (d-0,030)}$$

Mit dieser Regressionsfunktion wird der Residuenvektor **ê** berechnet. Da die Messwerte y_i als Verbesserungswerte definiert sind, entspricht der Residuenvektor dem Zufallsvektor **y**, der für eine weitere Iteration (hier die 5. Iteration) erforderlich wäre. Weiterhin wird die endgültige Koeffizientenmatrix **X** benötigt.

$$\hat{\mathbf{e}} = \begin{pmatrix} -0,14 \\ 0,72 \\ 0,90 \\ 1,45 \\ -0,54 \\ -0,93 \\ 1,30 \\ 0,22 \\ \vdots \\ 0,31 \\ 0,74 \\ -0,18 \end{pmatrix}, \quad \mathbf{X} = \begin{pmatrix} 1 & 0,2840 & -0,2141 \\ 1 & 0,2179 & -0,1988 \\ 1 & 0,1371 & -0,1631 \\ 1 & 0,0862 & -0,1265 \\ 1 & 0,0579 & -0,0987 \\ 1 & 0,0298 & -0,0517 \\ 1 & 0,0214 & -0,0493 \\ 1 & 0,0176 & -0,0425 \\ \vdots & \vdots & \vdots \\ 1 & 0,8759 & -0,0695 \\ 1 & 0,7180 & -0,1424 \\ 1 & 1,0000 & 0,0000 \end{pmatrix}$$

Nach Gl. (6.45) lässt sich mit dem Residuenvektor die Residuenvarianz $\hat{\sigma}^2$ berechnen. Der Freiheitsgrad beträgt $n - u = 36 - 3 = 33$.

$$Residuenvarianz\ \hat{\sigma}^2 = \frac{\hat{\mathbf{e}}'\hat{\mathbf{e}}}{n-u} = \frac{20,4826}{33} = 0,62\ [mm^2]$$

$$Standardabweichung\ \hat{\sigma} = 0,79\ [mm]$$

Die Schätzfunktion $\hat{\boldsymbol{\Sigma}}_{\hat{\beta}}$ der Kovarianzmatrix der Parameterschätzer folgt mit Gl. (6.71). Zur Definition der Kovarianzmatrix siehe Gl. (4.71).

$$\hat{\boldsymbol{\Sigma}}_{\hat{\boldsymbol{\beta}}} = \hat{\sigma}^2 \mathbf{N}^{-1} = 0,62 \cdot \begin{pmatrix} 0,2925 & -0,1856 & 1,2821 \\ -0,1856 & 0,3635 & -0,3471 \\ 1,2821 & -0,3471 & 7,5145 \end{pmatrix}$$

$$= \begin{pmatrix} \hat{\sigma}_{\hat{\beta}_0}^2 & \hat{\rho}_{\hat{\beta}_0\hat{\beta}_1} \cdot \hat{\sigma}_{\hat{\beta}_0}\hat{\sigma}_{\hat{\beta}_1} & \hat{\rho}_{\hat{\beta}_0\hat{\beta}_2} \cdot \hat{\sigma}_{\hat{\beta}_0}\hat{\sigma}_{\hat{\beta}_2} \\ \hat{\rho}_{\hat{\beta}_0\hat{\beta}_1} \cdot \hat{\sigma}_{\hat{\beta}_0}\hat{\sigma}_{\hat{\beta}_1} & \hat{\sigma}_{\hat{\beta}_1}^2 & \hat{\rho}_{\hat{\beta}_1\hat{\beta}_2} \cdot \hat{\sigma}_{\hat{\beta}_1}\hat{\sigma}_{\hat{\beta}_2} \\ \hat{\rho}_{\hat{\beta}_0\hat{\beta}_2} \cdot \hat{\sigma}_{\hat{\beta}_0}\hat{\sigma}_{\hat{\beta}_2} & \hat{\rho}_{\hat{\beta}_1\hat{\beta}_2} \cdot \hat{\sigma}_{\hat{\beta}_1}\hat{\sigma}_{\hat{\beta}_2} & \hat{\sigma}_{\hat{\beta}_2}^2 \end{pmatrix}$$

$$= \begin{pmatrix} 0,182 & -0,57 \cdot \hat{\sigma}_{\hat{\beta}_0}\hat{\sigma}_{\hat{\beta}_1} & 0,86 \cdot \hat{\sigma}_{\hat{\beta}_0}\hat{\sigma}_{\hat{\beta}_2} \\ -0,57 \cdot \hat{\sigma}_{\hat{\beta}_0}\hat{\sigma}_{\hat{\beta}_1} & 0,226 & -0,11 \cdot \hat{\sigma}_{\hat{\beta}_1}\hat{\sigma}_{\hat{\beta}_2} \\ 0,86 \cdot \hat{\sigma}_{\hat{\beta}_0}\hat{\sigma}_{\hat{\beta}_2} & -0,11 \cdot \hat{\sigma}_{\hat{\beta}_1}\hat{\sigma}_{\hat{\beta}_2} & 4,664 \end{pmatrix}$$

Standardabweichungen der Parameterschätzwerte:

$$\hat{\sigma}_{\hat{\beta}_0} = 0,43, \qquad \hat{\sigma}_{\hat{\beta}_1} = 0,48, \qquad \hat{\sigma}_{\hat{\beta}_2} = 2,16$$

Die Standardabweichung des Parameters $\hat{\beta}_2$, welcher die Krümmung der Funktion kennzeichnet, ist größer als die der beiden anderen Parameter, weil die Regressionsfunktion nur leicht gekrümmt ist. Dieser Parameter wird daher durch die Messwerte vergleichsweise weniger präzise bestimmt. Das heißt, eine Änderung dieses Parameters hat keinen so großen Einfluss auf den Verlauf der Funktion, wie eine entsprechende Änderung der anderen Parameter hätte. Da durch den Parameter $\hat{\beta}_0$ die Asymptote der Funktion festgelegt wird, ist die Korrelation zwischen $\hat{\beta}_0$ und $\hat{\beta}_2$ besonders groß.

Beispiel 6.7: *Ausgleichender Kreisbogen*
Von insgesamt neun Punkten wird angenommen, dass sie auf einem Kreisbogenstück liegen. In einem lokalen Koordinatensystem werden die Ordinaten y_i der neun Punkte mit einer Genauigkeit von $\sigma_y = 0,01\ m$ gemessen, wobei die Abszissen fest vorgegeben sind. Durch die neun Punkte soll ein ausgleichender Kreisbogen gelegt werden.

Gegebene Koordinaten:

	P_1	P_2	P_3	P_4	P_5	P_6	P_7	P_8	P_9
$y_i\ [m]$	64,55	111,90	146,44	170,51	187,29	196,56	199,97	196,53	187,34
$x_i\ [m]$	0,00	50,00	100,00	150,00	200,00	250,00	300,00	350,00	400,00

Gesucht sind:

- Die Schätzwerte für die unbekannten Parameter, d. h. die Koordinaten des Kreismittelpunktes $\hat{x}_M, \hat{y}_M$ und der Kreisradius $\hat{r}$.

- Die Residuen $\hat{e}_i = y_i - \hat{y}(x_i)$, d. h. die Differenzen zwischen den gemessenen Koordinaten (Beobachtungen) y_i und den ausgeglichenen Koordinaten $\hat{y}(x_i)$.

- Die geschätzte Varianz der Gewichtseinheit $\hat{\sigma}^2$.

- Die geschätzten Standardabweichungen
  - $\hat{\sigma}_{\hat{y}_M}$, $\hat{\sigma}_{\hat{x}_M}$, $\hat{\sigma}_{\hat{r}}$ der Unbekannten $\hat{y}_M$, $\hat{x}_M$ und $\hat{r}$
  - $\hat{\sigma}_{\hat{y}(x_i)}$ der ausgeglichenen Beobachtungen $\hat{y}(x_i)$
  - $\hat{\sigma}_{\hat{e}_i}$ der Residuen $\hat{e}_i$
  - $\hat{\sigma}_{\hat{s}_{2M}}$ der Strecke $\hat{s}_{2M}$ zwischen dem Mittelpunkt M und dem gemessenen Punkt P_2, also einer Funktion der Unbekannten

Als Näherungswerte für die unbekannten Größen ergeben sich:

- Mittelpunkt M bei $y_M^{(0)} = -200,00\ m$ und $x_M^{(0)} = 300,00\ m$
- Radius $r^{(0)} = 400,00\ m$

Eine derartige Ausgleichungsaufgabe könnte zum Beispiel bei der Digitalisierung von Katasterkarten auftreten, speziell bei der Erfassung von Kreisbögen. Allerdings muss in diesem Zusammenhang darauf hingewiesen werden, dass hierbei im allgemeinen beide Punktkoordinaten (y und x) stochastische Größen sind und demzufolge ein anderes Ausgleichungsmodell erforderlich ist, nämlich ein „Regressionsmodell mit Fehlern-in-den-Variablen", welches in Kapitel 6.6 kurz vorgestellt wird.

In diesem Beispiel wird die x-Koordinate (Rechtswert) als vorgegebene (deterministische) Variable aufgefasst und das klassische Gauß-Markoff-Modell angewandt.

Mathematisches Modell:
Der funktionale Zusammenhang zwischen den Beobachtungen y_i und den Unbekannten x_M, y_M und r beruht in diesem Beispiel auf der Kreisgleichung.

$$(y_i - y_M)^2 + (x_i - x_M)^2 = r^2$$

Beobachtungsgleichungen (6.2):

$$\begin{aligned}
\mathbf{y} &= \mathbf{X}\boldsymbol{\beta} &&+ \mathbf{e} \\
Y_1 &= y_M + \sqrt{r^2 - (x_1 - x_M)^2} &&+ e_1 \\
&\vdots \\
Y_9 &= y_M + \sqrt{r^2 - (x_9 - x_M)^2} &&+ e_9
\end{aligned}$$

Mit den Näherungsgleichungen

$$Y_i^{(0)} = -200 + \sqrt{400^2 - (x_i - 300)^2}$$

werden die Werte $\delta y_i^{(0)}$, d.h. die Realisierungen der Variablengleichung

$$\delta Y_i^{(0)} = Y_i - Y_i^{(0)}$$

berechnet. Diese Realisierungen $\delta y_i^{(0)}$ stellen im Folgenden die „Beobachtungen" dar, die im Zufallsvektor **y** zusammengefasst sind. Gemäß Kapitel 6.1.2 sind die nichtlinearen

Beobachtungsgleichungen mithilfe der Näherungswerte zu linearisieren. Mit den Bezeichnungen $\delta y_M^{(0)}$, $\delta x_M^{(0)}$ und $\delta r^{(0)}$ für die Zuschläge zu den Koordinaten und zum Radius entstehen die linearisierten Beobachtungsgleichungen:

$$\delta Y_i^{(0)} = \frac{\partial Y_i^{(0)}}{\partial y_M} \cdot \delta y_M^{(0)} + \frac{\partial Y_i^{(0)}}{\partial x_M} \cdot \delta x_M^{(0)} + \frac{\partial Y_i^{(0)}}{\partial r} \cdot \delta r^{(0)} + e_i$$

Mit den gegebenen Zahlenwerten lassen sich die partiellen Ableitungen

$$\frac{\partial Y_i^{(0)}}{\partial y_M} = 1 \; ; \quad \frac{\partial Y_i^{(0)}}{\partial x_M} = \frac{(x_i - x_M^{(0)})}{\sqrt{r^{(0)2} - (x_i - x_M^{(0)})^2}} \; ; \quad \frac{\partial Y_i^{(0)}}{\partial r} = \frac{r^{(0)}}{\sqrt{r^{(0)2} - (x_i - x_M^{(0)})^2}}$$

als Elemente der Koeffizientenmatrix **X** berechnen. Somit erhalten wir für den Zufallsvektor **y** und die Koeffizientenmatrix **X** des linearisierten Modells:

$$\mathbf{y} = \begin{pmatrix} -0,0251 \\ -0,3499 \\ 0,0298 \\ -0,2999 \\ -0,0083 \\ -0,3027 \\ -0,0300 \\ -0,3327 \\ 0,0417 \end{pmatrix} \; ; \quad \mathbf{X} = \begin{pmatrix} 1 & -1,1339 & 1,5119 \\ 1 & -0,8006 & 1,2810 \\ 1 & -0,5774 & 1,1547 \\ 1 & -0,4045 & 1,0787 \\ 1 & -0,2582 & 1,0328 \\ 1 & -0,1260 & 1,0079 \\ 1 & 0,0000 & 1,0000 \\ 1 & 0,1260 & 1,0079 \\ 1 & 0,2582 & 1,0328 \end{pmatrix}$$

Stochastisches Modell:

Die Beobachtungen y_i seien unkorreliert und mit der A-priori-Standardabweichung $\sigma_{y_i} = 0,01\ m$ gleichgenau bestimmt worden, sodass die Gewichtsmatrix $\mathbf{P} = \mathbf{I}$ die Einheitsmatrix ist und die Parameterschätzung im *klassischen linearen Modell* nach Kapitel 6.2.3 erfolgt.

Aufstellung der Normalgleichungen:

Mit der Normalgleichungsmatrix $\mathbf{N} = \mathbf{X}'\mathbf{X}$ ergeben sich die Normalgleichungen nach Gl. (6.38):

$$\begin{matrix} (\mathbf{X}'\mathbf{X}) & \cdot & \hat{\boldsymbol{\beta}} & = & \mathbf{X}'\mathbf{y} \end{matrix}$$

$$\begin{pmatrix} 9 & -2,9164 & 10,1077 \\ -2,9164 & 2,5888 & -3,8430 \\ 10,1077 & -3,8430 & 11,5888 \end{pmatrix} \cdot \begin{pmatrix} \delta \hat{y}_M^{(0)} \\ \delta \hat{x}_M^{(0)} \\ \delta \hat{r}^{(0)} \end{pmatrix} = \begin{pmatrix} -1,2772 \\ 0,4219 \\ -1,4113 \end{pmatrix}$$

6.4 Beispiele zur linearen Regression

Auflösung des Normalgleichungssystems:
Mittels der Inversen der Normalgleichungsmatrix $\mathbf{N}^{-1} = (\mathbf{X'X})^{-1}$ folgen die Zuschläge zu den Näherungswerten der Unbekannten nach Gl. (6.40):

$$
\begin{array}{ccccc}
\hat{\boldsymbol{\beta}} & = & (\mathbf{X'X})^{-1} & \cdot & \mathbf{X'y} \\
\begin{pmatrix} \delta\hat{y}_M^{(0)} \\ \delta\hat{x}_M^{(0)} \\ \delta\hat{r}^{(0)} \end{pmatrix} & = & \begin{pmatrix} 25,0881 & -8,3106 & -24,6376 \\ -8,3106 & 3,5137 & 8,4136 \\ -24,6376 & 8,4136 & 24,3652 \end{pmatrix} & \cdot & \begin{pmatrix} -1,2772 \\ 0,4219 \\ -1,4113 \end{pmatrix} \\
& = & \begin{pmatrix} -0,7769 \\ 0,2223 \\ 0,6296 \end{pmatrix} & &
\end{array}
$$

Lösung: $\hat{y}_M^{(1)} = -200,7769\ m$, $\quad \hat{x}_M^{(1)} = 300,2223\ m$, $\quad \hat{r}^{(1)} = 400,6296\ m$.

Notwendige Bedingung für eine exakte Lösung ist $\mathbf{X'\hat{e}} = \mathbf{0}$. Dies wird mit der ersten Lösung nicht realisiert, weil die ursprünglichen Beobachtungsgleichungen nicht linear sind, hier:

$$\mathbf{X'\hat{e}} = \begin{pmatrix} -0,56 \cdot 10^{-9} \\ 0,58 \cdot 10^{-9} \\ -0,73 \cdot 10^{-9} \end{pmatrix}.$$

Der Ausgleichungsprozess muss iterativ mit den verbesserten Näherungswerten wiederholt werden. Die Unbekanntenzuschläge werden im Regelfall mit jedem Iterationsschritt kleiner und der Vorgang ist abzubrechen, wenn diese Zuschläge eine vorgegebene Grenze unterschreiten.

2. Berechnungsdurchlauf:

$$\mathbf{y} = \begin{pmatrix} 0,0520 \\ -0,2015 \\ 0,2081 \\ -0,1122 \\ +0,1758 \\ -0,1323 \\ 0,1174 \\ -0,2183 \\ 0,1110 \end{pmatrix}; \quad \mathbf{X} = \begin{pmatrix} 1 & -1,1317 & 1,5102 \\ 1 & -0,7997 & 1,2805 \\ 1 & -0,5770 & 1,1545 \\ 1 & -0,4045 & 1,0787 \\ 1 & -0,2584 & 1,0328 \\ 1 & -0,1264 & 1,0080 \\ 1 & -0,0006 & 1,0000 \\ 1 & 0,1252 & 1,0078 \\ 1 & 0,2572 & 1,0325 \end{pmatrix}$$

$$
\begin{array}{ccccc}
(\mathbf{X'X}) & \cdot & \hat{\boldsymbol{\beta}} & = & \mathbf{X'y} \\
\begin{pmatrix} 9 & -2,9159 & 10,1051 \\ -2,9159 & 2,5815 & -3,8388 \\ 10,1051 & -3,8388 & 11,5815 \end{pmatrix} & \cdot & \begin{pmatrix} \delta\hat{y}_M^{(1)} \\ \delta\hat{x}_M^{(1)} \\ \delta\hat{r}^{(1)} \end{pmatrix} & = & \begin{pmatrix} -3,190 \cdot 10^{-7} \\ 4,422 \cdot 10^{-6} \\ -1,262 \cdot 10^{-5} \end{pmatrix}
\end{array}
$$

$$\hat{\boldsymbol{\beta}} = (\mathbf{X'X})^{-1} \cdot \mathbf{X'y}$$

$$\begin{pmatrix} \delta\hat{y}_M^{(1)} \\ \delta\hat{x}_M^{(1)} \\ \delta\hat{r}^{(1)} \end{pmatrix} = \begin{pmatrix} 25,2813 & -8,3724 & -24,8335 \\ -8,3724 & 3,5366 & 8,4773 \\ -24,8335 & 8,4773 & 24,5639 \end{pmatrix} \cdot \begin{pmatrix} -3,190 \cdot 10^{-7} \\ 4,422 \cdot 10^{-6} \\ -1,262 \cdot 10^{-5} \end{pmatrix}$$

$$= \begin{pmatrix} 0,0003 \\ -0,0001 \\ -0,0003 \end{pmatrix}$$

Nach der zweiten Iteration kann hier der Rechenvorgang bereits beendet werden und die gesuchten Kreisparameter werden geschätzt zu:

$$\hat{y}_M = -200,7767\ m \qquad \hat{x}_M = 300,2222\ m \qquad \hat{r} = 400,6293\ m$$

Ausgeglichene Beobachtungen (y-Koordinaten der Punkte auf dem Kreisbogen), *Residuen* und *Residuenquadratsumme* nach Gl. (6.41, 6.42, 6.44):

$$\hat{\mathbf{y}} = \begin{pmatrix} 64,498 \\ 112,101 \\ 146,232 \\ 170,622 \\ 187,114 \\ 196,692 \\ 199,853 \\ 196,748 \\ 187,229 \end{pmatrix}, \quad \hat{\mathbf{e}} = \begin{pmatrix} 0,052 \\ -0,201 \\ 0,208 \\ -0,112 \\ 0,176 \\ -0,132 \\ 0,117 \\ -0,218 \\ 0,111 \end{pmatrix}, \quad \hat{\mathbf{e}}'\hat{\mathbf{e}} = 0,2214$$

Residuenvarianz (Varianz der Gewichtseinheit) nach Gl. (6.45):

Anzahl der Beobachtungen $n = 9$, Anzahl der Unbekannten $u = 3$

$$\hat{\sigma}^2 = \frac{\hat{\mathbf{e}}'\hat{\mathbf{e}}}{n-u} = \frac{0,2214}{6} = 0,0369\ m^2$$
$$\hat{\sigma} = 0,192\ m$$

Kovarianzmatrix und Standardabweichungen der Unbekannten:

Nach Gl. (6.71) zeigt sich:

$$\hat{\boldsymbol{\Sigma}}_{\hat{\boldsymbol{\beta}}} = \hat{\sigma}^2 \mathbf{N}^{-1} = \begin{pmatrix} \hat{\sigma}_{\hat{y}_M}^2 & \hat{\sigma}_{\hat{y}_M \hat{x}_M} & \hat{\sigma}_{\hat{y}_M \hat{r}} \\ \hat{\sigma}_{\hat{y}_M \hat{x}_M} & \hat{\sigma}_{\hat{x}_M}^2 & \hat{\sigma}_{\hat{x}_M \hat{r}} \\ \hat{\sigma}_{\hat{y}_M \hat{r}} & \hat{\sigma}_{\hat{x}_M \hat{r}} & \hat{\sigma}_{\hat{r}}^2 \end{pmatrix} = \begin{pmatrix} 0,933 & -0,309 & -0,916 \\ -0,309 & 0,130 & 0,313 \\ -0,916 & 0,313 & 0,906 \end{pmatrix}$$

$$\hat{\sigma}_{\hat{y}_M} = 0,966\ m \quad ; \quad \hat{\sigma}_{\hat{x}_M} = 0,361\ m \quad ; \quad \hat{\sigma}_{\hat{r}} = 0,952\ m$$

Die Korrelationen zwischen den Unbekannten aufgrund der Ausgleichung sind nach Gl. (4.69) definiert:

$$\rho_{ij} = \frac{\sigma_{ij}}{\sigma_i \cdot \sigma_j} \qquad \text{mit} \quad -1 \leq \rho_{ij} \leq 1$$

Deren Schätzwerte ergeben sich mit den Schätzwerten der Varianzen bzw. Standardabweichungen und der Kovarianzen:

$$\hat{\rho}_{ij} = \frac{\hat{\sigma}_{ij}}{\hat{\sigma}_i \cdot \hat{\sigma}_j} \qquad \text{mit} \quad -1 \leq \hat{\rho}_{ij} \leq 1 \tag{6.107}$$

Korrelationsmatrix:

$$\hat{\mathbf{R}} = \begin{pmatrix} 1 & \hat{\rho}_{\hat{y}_M \hat{x}_M} & \hat{\rho}_{\hat{y}_M \hat{r}} \\ \hat{\rho}_{\hat{y}_M \hat{x}_M} & 1 & \hat{\rho}_{\hat{x}_M \hat{r}} \\ \hat{\rho}_{\hat{y}_M \hat{r}} & \hat{\rho}_{\hat{x}_M \hat{r}} & 1 \end{pmatrix} = \begin{pmatrix} 1 & -0,885 & -0,997 \\ -0,885 & 1 & 0,910 \\ -0,997 & 0,910 & 1 \end{pmatrix}$$

Da sich der Kreismittelpunkt M in y-Richtung unterhalb der 9 Messpunkte befindet, bedeutet eine Änderung von $\hat{y}_M$ eine fast lineare Änderung des Radius $\hat{r}$ mit entgegengesetztem Vorzeichen. Demzufolge besitzen diese beiden Unbekannten den betragsmäßig größten, aber negativen Korrelationswert $-0,997$. Die positive Korrelation zwischen $\hat{x}_M$ und $\hat{r}$ ist mit $+0,910$ etwas kleiner, d. h. eine Änderung der x-Koordinate bewirkt ebenfalls eine quasi lineare Änderung des Radius mit gleichem Vorzeichen. Die negative Korrelation $-0,885$ zwischen $\hat{y}_M$ und $\hat{x}_M$ beinhaltet die konsekutive Zunahme des einen Wertes, wenn der andere abnimmt.

Schätzwerte der Standardabweichungen der Beobachtungen:

Die Wurzel aus der Residuenvarianz $\hat{\sigma}^2$ ist die a-posteriori-Standardabweichung einer *ursprünglichen* Beobachtung mit dem Gewicht 1; da in diesem Beispiel alle Beobachtungen mit dem Einheitsgewicht eingeführt worden sind, kann die Standardabweichung der ursprünglichen y-Koordinaten nach Gl. (6.70) angegeben werden mit $\hat{\sigma}_{y_i} = \sqrt{\hat{\sigma}^2} = 0,192\ m$. Das heißt, die vorgegebene A-priori-Standardabweichung von $\sigma_{y_i} = 0,01\ m$ ist entschieden zu optimistisch. Oder aber, das stochastische Modell „Kreisbogen" passt nicht zum Beobachtungsmaterial, welches einen Kreisbogen nur mit einer Residuenvarianz von etwa $\hat{\sigma}_{y_i} = 0,2\ m$ realisiert.

Nach Gl. (6.72) ergibt sich die Kovarianzmatrix der *ausgeglichenen* Beobachtungen $\hat{y}_i$:

$$\hat{\mathbf{\Sigma}}_{\hat{\mathbf{y}}} = \hat{\sigma}^2 \mathbf{X} \mathbf{N}^{-1} \mathbf{X}'$$

Die Wurzeln ihrer Diagonalelemente sind die Standardabweichungen $\hat{\sigma}_{\hat{y}_i}$ der ausgeglichenen Beobachtungen:

$\hat{\sigma}_{\hat{y}_1} = 0,172\ ;\quad \hat{\sigma}_{\hat{y}_2} = 0,096\ ;\quad \hat{\sigma}_{\hat{y}_3} = 0,091\ ;\quad \hat{\sigma}_{\hat{y}_4} = 0,094\ ;\quad \hat{\sigma}_{\hat{y}_5} = 0,091\ ;$

$\hat{\sigma}_{\hat{y}_6} = 0,083\ ;\quad \hat{\sigma}_{\hat{y}_7} = 0,081\ ;\quad \hat{\sigma}_{\hat{y}_8} = 0,101\ ;\quad \hat{\sigma}_{\hat{y}_9} = 0,151$

Standardabweichung einer linearen Funktion:

Die Strecke zwischen dem geschätzten Mittelpunkt des Kreises M und dem Punkt P_2 soll berechnet und – was hier vor allem interessiert – deren Standardabweichung bestimmt werden.

$$Funktion: \quad s = \sqrt{(y_2 - \hat{y}_M)^2 + (x_2 - \hat{x}_M)^2}$$

Die stochastischen Größen in dieser Gleichung sind die Zufallsvariable Y_2, deren Realisation der Messwert y_2 ist, und die ausgeglichenen Mittelpunktkoordinaten (x_M, y_M). Dies ist der Fall der Varianzberechnung einer (noch zu linearisierenden) Funktion aus Beobachtungen **y** und Parameterschätzwerten $\hat{\beta}$, der in Kapitel 6.2.5 durch die Gl. (6.89) und (6.90) definiert ist.

$$Funktionswert: \quad s = \sqrt{(111,90 - (-200,777))^2 + (50 - 300,222)^2} = 400,472 \ m$$

Zur Bestimmung der in Gl. (6.90) benötigten Faktoren h_i sind die partiellen Ableitungen der Funktion nach den Variablen zu bilden:

$$\begin{aligned}
\frac{\partial s}{\partial y_2} &= \frac{y_2 - y_M}{s} = 0,78077 = h_{y_2} = h_2 \\
\frac{\partial s}{\partial y_M} &= -\frac{y_2 - y_M}{s} = -0,78077 = h_{y_M} = h_{10} \\
\frac{\partial s}{\partial x_M} &= -\frac{x_2 - x_M}{s} = 0,62482 = h_{x_M} = h_{11}
\end{aligned} \qquad (6.108)$$

Die Faktoren bezüglich der übrigen Beobachtungen $y_1, y_3, \ldots, y_9$ und des dritten Parameters, dem Radius r, werden zu Null gesetzt

$$h_1 = h_3 = \ldots = h_9 = 0, \qquad h_r = h_{12} = 0$$

und alle Faktoren im Vektor

$$\mathbf{h}' = (\ 0\ ;\ 0,7808\ ;\ 0\ ;\ 0\ ;\ 0\ ;\ 0\ ;\ 0\ ;\ 0\ ;\ 0\ ;\ -0,7808\ ;\ 0,6248\ ;\ 0\ )$$

zusammengefasst. Bei $n = 9$ Beobachtungen und $u = 3$ unbekannten Parametern hat der Vektor **h** die Dimension $(1, n+u) = (1, 12)$. Analog Gl. (6.90) wird die Varianz des Funktionswertes s berechnet durch:

$$\hat{\sigma}_s^2 = \mathbf{h}' \hat{\boldsymbol{\Sigma}}_{\mathbf{f}_y\beta} \mathbf{h}$$

Über die Faktoren mit dem Wert „0" im Vektor **h** lassen sich aus der Kovarianzmatrix $\hat{\boldsymbol{\Sigma}}_{\mathbf{f}_y\beta}$ diejenigen Elemente eliminieren, welche keinen funktionalen Zusammenhang zum Messwert y_2 und den Schätzwerten $\hat{y}_M$ und $\hat{x}_M$ besitzen, sodass folgt:

$$\begin{aligned}
\hat{\sigma}_s^2 &= \begin{pmatrix} h_2 & h_{10} & h_{11} \end{pmatrix} \begin{pmatrix} \hat{\sigma}^2 & \hat{\sigma}_{y_2\hat{y}_M} & \hat{\sigma}_{y_2\hat{x}_M} \\ \hat{\sigma}_{y_2\hat{y}_M} & \hat{\sigma}_{\hat{y}_M}^2 & \hat{\sigma}_{\hat{y}_M\hat{x}_M} \\ \hat{\sigma}_{y_2\hat{x}_M} & \hat{\sigma}_{\hat{y}_M\hat{x}_M} & \hat{\sigma}_{\hat{x}_M}^2 \end{pmatrix} \begin{pmatrix} h_2 \\ h_{10} \\ h_{11} \end{pmatrix} \\
&= h_2^2 \cdot \hat{\sigma}^2 + h_{10}^2 \cdot \hat{\sigma}_{\hat{y}_M}^2 + h_{11}^2 \cdot \hat{\sigma}_{\hat{x}_M}^2 + \\
&\quad 2 \cdot (h_2 \cdot h_{10} \cdot \hat{\sigma}_{y_2\hat{y}_M} + h_2 \cdot h_{11} \cdot \hat{\sigma}_{y_2\hat{x}_M} + h_{10} \cdot h_{11} \cdot \hat{\sigma}_{\hat{y}_M\hat{x}_M})
\end{aligned}$$

Die Varianzen und die Kovarianz der Parameterschätzwerte $\hat{y}_m$ und $\hat{x}_M$ können der Kovarianzmatrix $\hat{\boldsymbol{\Sigma}}_{\hat{\beta}}$ entnommen werden. Die Kovarianzen $\hat{\sigma}_{y_2\hat{y}_M} = 0,0066$ und $\hat{\sigma}_{y_2\hat{x}_M} = -0,0128$ sind in der Kovarianzmatrix $\hat{\boldsymbol{\Sigma}}_{\mathbf{y}\hat{\beta}} = \hat{\sigma}^2 \mathbf{X} \mathbf{N}^{-1} = \mathbf{X}\hat{\boldsymbol{\Sigma}}_{\hat{\beta}}$ enthalten.

$$\hat{\sigma}_s^2 = \begin{pmatrix} 0,7808 \\ -0,7808 \\ 0,6248 \end{pmatrix}' \begin{pmatrix} 0,0369 & 0,0066 & -0,0128 \\ 0,0066 & 0,9328 & -0,3089 \\ -0,0128 & -0,3089 & 0,1305 \end{pmatrix} \begin{pmatrix} 0,7808 \\ -0,7808 \\ 0,6248 \end{pmatrix}$$

$$= 0,923\ m^2\,, \qquad \hat{\sigma}_s = 0,96\ m$$

6.5 Lineares Modell mit stochastischen Regressoren

Falls die im vorigen Kapitel unterstellte „Kontrollierbarkeit" der x-Variablen nicht vorliegt, ist zu untersuchen, unter welchen Bedingungen die Theorie des linearen Modells im Falle stochastischer Regressoren verwandt werden kann. Werden beispielsweise bei einer bestimmten Anzahl von Personen sowohl deren Höhe y als auch deren Gewicht x gemessen, besteht zwischen x und y *kein funktionaler* sondern ein *stochastischer Zusammenhang*. Beide Messgrößen sind Zufallsvariablen, sodass (X, Y) als zweidimensionale Normalverteilung (siehe Beispiele 4.42 und 4.43) aufgefasst werden kann.

$$(X,Y) \sim N_2 \left\{ \begin{pmatrix} \mu_x \\ \mu_y \end{pmatrix}, \begin{pmatrix} \sigma_x^2 & \sigma_{xy} \\ \sigma_{xy} & \sigma_y^2 \end{pmatrix} \right\} \qquad (6.109)$$

Der Erwartungswert von Y für einen gegebenen Wert x von X ist

$$E(Y|X = x) = \beta_0 + \beta_1 x\,, \qquad (6.110)$$

wobei β_0 und β_1 Funktionen der Parameter in einer zweidimensionalen Normalverteilung sind. In diesem Fall der stochastischen Regressoren lässt sich ebenso der Erwartungswert von X für einen gegebenen Wert y von Y angeben. Die nachfolgenden Gleichungen gelten mit entsprechend vertauschten Indizes auch für die Zufallsvariable X.

Obwohl zwischen Y und X kein funktionaler Zusammenhang besteht, gibt es unter der Annahme der mehrdimensionalen Normalverteilung einen *linearen funktionalen Zusammenhang* zwischen den Werten für das *Gewicht* und dem *Mittelwert der Höhen*. (Umgekehrt besteht ein linearer funktionaler Zusammenhang zwischen den Werten für die Höhe und dem Mittelwert der Gewichte). Alle Wahrscheinlichkeitsaussagen und Ergebnisse des klassischen linearen Modells gelten bedingt (unter der Bedingung $X = x$), sofern dessen Voraussetzungen unter dieser Bedingung erfüllt sind. Die Zufallsvariable Y folgt der bedingten Normalverteilung

$$(Y|X = x) \sim N_1 \left\{ E(Y|X = x),\ var(Y|X = x) \right\} \qquad (6.111)$$

mit

$$E(Y|X = x) = \mu_y + \rho_{xy} \frac{\sigma_y}{\sigma_x}(x - \mu_x) \quad \text{(bedingter Erwartungswert)}$$

$$var(Y|X = x) = \sigma_y^2(1 - \rho_{xy}^2) = \sigma_{bed}^2\,. \quad \text{(bedingte Varianz)}$$

Korrelationskoeffizient $\rho_{xy} = \dfrac{\sigma_{xy}}{\sigma_x \cdot \sigma_y}$ nach Gl. (4.69).

Man kann auch schreiben

$$Y_x = \beta_0 + \beta_1 x + e \quad \text{mit} \quad e \sim N_1(0, \sigma^2), \text{ wobei } \sigma^2 = \sigma_{bed}^2. \tag{6.112}$$

Geht man von der Vorstellung aus, dass **X** eine Zufallsvariable ist und aus n Beobachtungen des Zufallsvektors $\mathbf{x} = (x_1, \ldots, x_p)'$ resultiert, folgt entsprechend der Modellannahme Gl. (6.2)

$$\mathbf{y} = \mathbf{X}\boldsymbol{\beta} + \mathbf{e}, \quad E(\mathbf{e}) = \mathbf{0}$$

die Verteilung von **Y** aus der gemeinsamen Verteilung von **X** und **e**. Dabei wird (anstelle der Kontrollierbarkeit von **X** im klassischen Modell) hier angenommen

$$\mathbf{e} \text{ und } \mathbf{X} \text{ sind stochastisch unabhängig.} \tag{6.113}$$

Daraus folgen die schwächeren Annahmen

$$E(\mathbf{e}|\mathbf{X}) = \mathbf{0}, \quad \Sigma_{(\mathbf{e}|\mathbf{X})} = \sigma^2 \mathbf{I} \quad \text{bzw.} \quad = \sigma^2 \mathbf{P}^{-1}. \tag{6.114}$$

Mit Bezug auf das *Gauß-Markoff-Theorem* im klassischen linearen Modell gelten im Falle stochastischer Regressoren die Aussagen (s. Seite 146ff) [a] und [d] weiterhin, während [b] modifiziert werden muss zu $\Sigma_{\hat{\boldsymbol{\beta}}} = \sigma^2 E\{(\mathbf{X}'\mathbf{X})^{-1}\}$. Die BLUE-Eigenschaft von [c] geht verloren, da $\hat{\boldsymbol{\beta}}$ bei stochastischen Regressoren nichtlinear in den Zufallsvariablen ist. Die auf die *Normalverteilungsannahme* im klassischen linearen Modell begründeten Aussagen gelten bei gegebenem **X** auch für stochastische Regressoren.

6.6 Regression mit „Fehlern" in den Variablen

Im klassischen und allgemeinen linearen Modell werden die Variablen **X** als deterministische, kontrollierbare Größen aufgefasst. In Beispiel 6.2 wird dies an Hand der Abstände x_i der Messpfeiler einer Vergleichstrecke verdeutlicht. Die mit übergeordneter Genauigkeit mit Eichnormalen bestimmten Pfeilerabstände werden zwecks Überprüfung von Distanzmessern geringerer Genauigkeit als feste Werte aufgefasst. Falls aber Distanzmesser überprüft werden sollen, deren Genauigkeit an die Genauigkeit der Eichmessungen der Prüfstrecke heranreicht, kann das Streuverhalten der Eichmessungen nicht mehr mit gutem Gewissen als vernachlässigbar eingestuft werden.

Neben der abhängigen Variablen Y ist auch die unabhängige Variable X mit Zufallsabweichungen ε und δ behaftet, sodass am klassischen linearen Modell zum Teil erhebliche Änderungen vorgenommen werden müssen. Man kann dann das sogenannte „Fehler-in-den-Variablen-Modell" (FVM) anwenden, wobei unter „Fehler" hier Zufallsabweichungen zu verstehen sind (für $p = 1$ siehe z. B. [SS78], Kap. 2.7; [Sch86]; [WS11], Kap. 2.5.3.5; für $p > 1$ siehe [GV79]). Man unterscheidet „FVM mit stochastischer Beziehung" und „FVM mit funktionaler Beziehung". Das oben genannte Beispiel der Prüfstrecke fällt in das letztgenannte Modell. Der Abstand der Messpfeiler ist fest, jedoch sind auch die Eichmessungen von Zufallsabweichungen überlagert. Die unbekannten Messpfeilerabstände stellen „inzidentelle" Parameter dar.

$$
\begin{aligned}
E(\varepsilon_i) &= E(\delta_i) = 0 \\
var(\varepsilon_i) &= \sigma_\varepsilon^2 = const. > 0 \\
var(\delta_i) &= \sigma_\delta^2 = const. > 0 \\
cov(\varepsilon_i, \varepsilon_j) &= cov(\delta_i, \delta_j) = 0 \quad (i \neq j) \\
cov(\varepsilon_i, \delta_j) &= 0 \quad (i, j = 1, \ldots, n)
\end{aligned}
\tag{6.115}
$$

Ist das Verhältnis λ der Störvarianzen bekannt

$$\lambda = \frac{\sigma_\varepsilon^2}{\sigma_\delta^2}, \tag{6.116}$$

lassen sich Schätzer für die Parameter β_0, β_1 der Regression von Y aus X:

$$Y_i = \beta_0 + \beta_1 \cdot (x_i - \delta_i) + \varepsilon_i \tag{6.117}$$

angeben. Bei gleichen Varianzen ergibt sich mit $\lambda = 1$ die sogenannte *orthogonale Regression*, bei der die Quadratsumme der orthogonalen Lotabstände von den Stichprobenpunkten auf die Regressionsgerade minimiert wird.

Mit den Kurzbezeichnungen

$$
\begin{aligned}
A &= \sum_{i=1}^{n}(y_i - \bar{y})^2 = \sum_{i=1}^{n} y_i^2 - \frac{1}{n}(\sum_{i=1}^{n} y_i)^2 \\
B &= \sum_{i=1}^{n}(x_i - \bar{x})^2 = \sum_{i=1}^{n} x_i^2 - \frac{1}{n}(\sum_{i=1}^{n} x_i)^2 \\
C &= \sum_{i=1}^{n}(x_i - \bar{x})(y_i - \bar{y}) = \sum_{i=1}^{n} x_i \cdot y_i - \frac{1}{n}\sum_{i=1}^{n} x_i \cdot y_i
\end{aligned}
\tag{6.118}
$$

ergeben sich die Parameterschätzwerte

$$\hat{\beta}_1 = \frac{(A - \lambda \cdot B) + \sqrt{(A - \lambda \cdot B)^2 + \lambda \cdot (2 \cdot C)^2}}{2 \cdot C} \tag{6.119}$$

$$\hat{\beta}_0 = \bar{y} - \hat{\beta}_1 \cdot \bar{x} \tag{6.120}$$

und die Regressionsgerade von Y aus X:

$$\hat{y}(x_i) = \hat{\beta}_0 + \hat{\beta}_1 \cdot x_i \tag{6.121}$$

Da diese Regression *mathematisch umkehrbar* ist, lässt sich mit diesen Schätzwerten auch die Regression von X aus Y berechnen:

$$\hat{x}(y_i) = -\frac{\hat{\beta}_0}{\hat{\beta}_1} + \frac{1}{\hat{\beta}_1} \cdot y_i \tag{6.122}$$

Je mehr die Richtung der Regressionsgeraden der y-Achse oder der x-Achse angenähert ist, umso mehr wird die Regression entweder im Modell Gl. (6.121) oder im Modell Gl. (6.122) unbestimmbar. Da beide Variablen jedoch Zufallsvariablen sind, lässt sich das Problem durch Vertauschung der X und Y und Berechnung im jeweils anderen Modell beheben. Im klassischen linearen Modell ist diese Vorgehensweise nicht zulässig.

6.7 Bestimmtheitsmaß und Korrelationskoeffizient

Die Residuenvarianz $\hat{\sigma}^2$ nach Gl. (6.45) bzw. Gl. (6.69) ist ein Maß für die Streuung der Datenpunkte um die Regressionslinie (bzw. um die Regressionsfläche bei der multiplen Regression).

Die Streuung eines individuellen Wertes y_i vom Mittelwert $\bar{y} = \sum_{i=1}^{n} y_i/n$ aller y-Werte lässt sich zerlegen in:

$$\underbrace{y_i - \bar{y}}_{Gesamtstreuung} = \underbrace{y_i - \hat{y}(x_i)}_{Unerklärte\ Reststreuung} + \underbrace{\hat{y}(x_i) - \bar{y}}_{Erklärte\ Streuung} \quad (6.123)$$

Die Differenz zwischen dem Schätzwert $\hat{y}(x_i)$ der Regressionslinie und dem Mittelwert $\bar{y}$ wird als *erklärter Anteil der Streuung* bezeichnet, weil nach Anpassung der Regressionslinie an die Punkte sich die Gesamtstreuung um diesen Anteil vermindert. Die übrigbleibende *unerklärte Reststreuung* ist das Residuum $\hat{e}_i = y_i - \hat{y}(x_i)$, die Realisierung der Störvariable e. Vorausgesetzt, dass das konstante Glied $x_{i0} = 1$ vorhanden ist, also der inhomogene Fall vorliegt, gilt die Quadratsummenzerlegung:

$$\underbrace{\sum_{i=1}^{n}(y_i - \bar{y})^2}_{Gesamtquadratsumme} = \underbrace{\sum_{i=1}^{n}(y_i - \hat{y}(x_i))^2}_{Unerklärte\ Quadratsumme} + \underbrace{\sum_{i=1}^{n}(\hat{y}(x_i) - \bar{y})^2}_{Erklärte\ Quadratsumme} \quad (6.124)$$

Nach Division durch die Gesamtquadratsumme zeigt sich:

$$1 = \frac{\sum_{i=1}^{n}(y_i - \hat{y}(x_i))^2}{\sum_{i=1}^{n}(y_i - \bar{y})^2} + \frac{\sum_{i=1}^{n}(\hat{y}(x_i) - \bar{y})^2}{\sum_{i=1}^{n}(y_i - \bar{y})^2} \quad (6.125)$$

Definiert man den zweiten Summanden als *Bestimmtheitsmaß*, welches in der Literatur sowohl mit B als auch mit r^2 bezeichnet wird,

$$B = r^2 = \frac{\sum_{i=1}^{n}(\hat{y}(x_i) - \bar{y})^2}{\sum_{i=1}^{n}(y_i - \bar{y})^2} = \frac{Erklärte\ Quadratsumme}{Gesamtquadratsumme} \quad (6.126)$$

gibt r^2 die durch die Anpassung einer Regressionsfunktion an die Stichprobendaten entstehende relative Reduzierung der Gesamtquadratsumme der y-Werte und somit das Ausmaß der Anpassung an. Beispielsweise bedeutet $r^2 = 0{,}80$ eine 80 %ige Reduzierung der Gesamtquadratsumme, sodass die unerklärte Quadratsumme 20 % der Gesamtquadratsumme ausmacht. Das Bestimmtheitsmaß liegt im Bereich:

$$0 \leq r^2 \leq 1 \quad (6.127)$$

Bei $r^2 = 1$ besteht ein funktionaler Zusammenhang zwischen der abhängigen und den unabhängigen Variablen, d. h. alle Stichprobenpunkte liegen auf der Regressionslinie. Je näher r^2 bei 1 liegt, desto mehr wird die abhängige Variable durch die unabhängigen Variablen „bestimmt".

Bei $r^2 = 0$ liefern die unabhängigen Variablen keinen Beitrag zur Variabilität der abhängigen Variablen.

Mit Gl. (6.125) und Gl. (6.126) lässt sich r^2 auch ausdrücken in der Form:

$$r^2 = 1 - \frac{\sum_{i=1}^{n}(y_i - \hat{y}(x_i))^2}{\sum_{i=1}^{n}(y_i - \bar{y})^2} = 1 - \frac{Unerklärte\ Quadratsumme}{Gesamtquadratsumme} \qquad (6.128)$$

Mit $\hat{\mathbf{y}} = \mathbf{X}\hat{\boldsymbol{\beta}}$ nach Gl. (6.41) und mit dem im Vektor $\bar{\mathbf{y}} = (\bar{y}, \ldots, \bar{y})'$ n-fach aufgeführten arithmetischen Mittel $\bar{y}$ aller y_i ($i = 1, \ldots, n$) zeigt sich die Quadratsummenzerlegung Gl. (6.124) in Matrizenschreibweise in der Form

$$(\mathbf{y} - \bar{\mathbf{y}})'(\mathbf{y} - \bar{\mathbf{y}}) = (\hat{\mathbf{y}} - \mathbf{y})'(\hat{\mathbf{y}} - \mathbf{y}) + (\hat{\mathbf{y}} - \bar{\mathbf{y}})'(\hat{\mathbf{y}} - \bar{\mathbf{y}}) \qquad (6.129)$$

und das *Bestimmtheitsmaß* nach Gl. (6.126) und Gl. (6.128) zu

$$r^2 = \frac{(\hat{\mathbf{y}} - \bar{\mathbf{y}})'(\hat{\mathbf{y}} - \bar{\mathbf{y}})}{(\mathbf{y} - \bar{\mathbf{y}})'(\mathbf{y} - \bar{\mathbf{y}})} = \frac{\hat{\mathbf{y}}'\hat{\mathbf{y}} - n\bar{y}^2}{\mathbf{y}'\mathbf{y} - n\bar{y}^2} \qquad (6.130)$$

$$r^2 = 1 - \frac{\hat{\mathbf{e}}'\hat{\mathbf{e}}}{(\mathbf{y} - \bar{\mathbf{y}})'(\mathbf{y} - \bar{\mathbf{y}})} \qquad (6.131)$$

mit $r^2 = 1 \Leftrightarrow \hat{\mathbf{e}}'\hat{\mathbf{e}} = 0$ und $r^2 = 0 \Leftrightarrow (\mathbf{y} - \bar{\mathbf{y}})'(\mathbf{y} - \bar{\mathbf{y}}) = \hat{\mathbf{e}}'\hat{\mathbf{e}}$.

Im *Modell mit stochastischen Regressoren* (Kap. 6.5), bei dem $y, x_1, \ldots, x_p$ gemeinsam multivariat normalverteilt sind, ergibt sich eine weitere Interpretation von r^2. Da $\bar{y} = \bar{\hat{y}}$ ist, lässt sich mit Gl. (6.129) zeigen, dass

$$\sqrt{r^2} = \hat{\rho} = \frac{\sum(y_i - \bar{y})(\hat{y}(x_i) - \bar{\hat{y}})}{\sqrt{\sum(y_i - \bar{y})^2 \sum(\hat{y}(x_i) - \bar{\hat{y}})^2}} \qquad (6.132)$$

als *empirischer multipler Korrelationskoeffizient* $\hat{\rho}$ zwischen den Messwerten (Beobachtungen) $\mathbf{y}$ und den geschätzten Erwartungswerten $\hat{\mathbf{y}} = \mathbf{X}\hat{\boldsymbol{\beta}}$ der Messwerte aufgefasst werden kann.

6.8 Ausgleichung im Gauß-Helmert-Modell

Das Gauß-Markoff-Modell nach Gl. (6.59) geht davon aus, dass die Beobachtungen $\mathbf{y}$ explizit als Funktion der unbekannten Parameter $\boldsymbol{\beta}$ ausgedrückt werden. In jeder Zufallsvariablengleichung y_i kommt jeweils nur eine Beobachtung vor. Im Allgemeinfall kann jedoch eine funktionale Beziehung derart vorliegen, dass in den Gleichungen simultan mehrere Beobachtungen neben den Unbekannten vorhanden sind und die Überführung in die explizite Form Gl. (6.59) nicht möglich ist. Wir haben dann stattdessen die implizite Beziehung

$$f_j(\mathbf{y},\boldsymbol{\beta}) = 0 \qquad (j = 1, \ldots, r) \quad . \tag{6.133}$$

Man spricht in diesem Fall vom Allgemeinfall der Ausgleichung, auch *Gauß-Helmert-Modell* genannt. Für die Durchführung der Ausgleichung ist eine Linearisierung von Gl. (6.133) nach den Unbekannten und Beobachtungen erforderlich. Zunächst betrachten wir die „wahren" Werte $\tilde{y}_i$ und $\tilde{\beta}_k$, die Gl. (6.133) exakt erfüllen mit $(i = 1, \ldots, n)$ und $(k = 1, \ldots, u)$.

$$\mathbf{f}(\mathbf{y},\boldsymbol{\beta}) = 0 \tag{6.134}$$

Die „wahren" Beobachtungen $\tilde{\mathbf{y}}$ und die ursprünglichen Beobachtungen $\mathbf{y}$ unterscheiden sich durch die Residuen e_i:

$$\tilde{\mathbf{y}} = \mathbf{y} + \mathbf{e} \tag{6.135}$$

Von den Beobachtungen und Unbekannten seien Näherungswerte $\mathbf{y}_0$ und $\boldsymbol{\beta}_0$ gegeben, wobei die $\mathbf{y}_0$ nicht notwendigerweise mit den urspünglichen Beobachtungen $\mathbf{y}$ identisch sind.

$$\tilde{\mathbf{y}} = \mathbf{y}_0 + \Delta\tilde{\mathbf{y}} \tag{6.136}$$
$$\tilde{\boldsymbol{\beta}} = \boldsymbol{\beta}_0 + \Delta\tilde{\boldsymbol{\beta}} \tag{6.137}$$

Damit kann die Linearisierung von Gl. (6.134) an der Stelle $(\mathbf{y}_0, \boldsymbol{\beta}_0)$ durchgeführt werden:

$$\mathbf{f}(\tilde{\mathbf{y}},\tilde{\boldsymbol{\beta}}) = \mathbf{f}(\mathbf{y}_0,\boldsymbol{\beta}_0) + \frac{\partial \mathbf{f}(\mathbf{y}_0,\boldsymbol{\beta}_0)}{\partial \boldsymbol{\beta}} \cdot \Delta\tilde{\boldsymbol{\beta}} + \frac{\partial \mathbf{f}(\mathbf{y}_0,\boldsymbol{\beta}_0)}{\partial \mathbf{y}} \cdot \Delta\tilde{\mathbf{y}} = 0 \tag{6.138}$$

$$\mathbf{f}(\mathbf{y}_0,\boldsymbol{\beta}_0) + \mathbf{X} \cdot \Delta\tilde{\boldsymbol{\beta}} + \mathbf{Z} \cdot \Delta\tilde{\mathbf{y}} = 0 \tag{6.139}$$

Zwischen den Näherungswerten der Beobachtungen $\mathbf{y}_0$ und den ursrpünglichen Beobachtungen $\mathbf{y}$ besteht die Differenz $\mathbf{e}_0$, sodass gilt:

$$\mathbf{y}_0 = \mathbf{y} + \mathbf{e}_0 \tag{6.140}$$

Fasst man Gl. (6.140) und Gl. (6.136) sowie Gl. (6.135) zusammen, erhält man

$$\Delta\tilde{\mathbf{y}} = \tilde{\mathbf{y}} - \mathbf{y}_0 = (\tilde{\mathbf{y}} - \mathbf{y}) - \mathbf{e}_0 = \mathbf{e} - \mathbf{e}_0 \tag{6.141}$$

womit in Gl. (6.139) der Übergang von den „wahren" Werten zu den beobachteten Größen erfolgen kann. Aus Gl. (6.139) wird somit

$$\mathbf{f}(\mathbf{y}_0,\boldsymbol{\beta}_0) + \mathbf{X} \cdot \Delta\boldsymbol{\beta} + \mathbf{Z} \cdot (\mathbf{e} - \mathbf{e}_0) = 0 \tag{6.142}$$

Nach weiteren Umformungen erhält man schließlich das linearisierte Gauß-Helmert-Modell (siehe auch [Koc02], [LL04]):

$$\mathbf{X} \cdot \boldsymbol{\beta} + \mathbf{Z} \cdot \mathbf{e} = -\mathbf{f}(\mathbf{y}_0,\boldsymbol{\beta}_0) + \mathbf{Z} \cdot \mathbf{e}_0 \tag{6.143}$$
$$\mathbf{X} \cdot \boldsymbol{\beta} + \mathbf{Z} \cdot \mathbf{e} = \mathbf{w} \tag{6.144}$$

6.8 Ausgleichung im Gauß-Helmert-Modell

Hier wurde zwecks Wahrung einer einheitlichen Notation die Bezeichnung des Unbekanntenvektors von $\Delta\beta$ in β geändert: $\beta := \Delta\beta$. In den Gl. (6.143) bzw. (6.144) ist β also wie gewohnt der Vektor der Unbekanntenzuschläge $\beta = (\Delta\beta_1, \Delta\beta_2, \ldots, \Delta\beta_u)$.

In Gl. (6.144) ist **Z** eine $r \times n$-Matrix, die aus den partiellen Ableitungen der Funktionen f_j nach den n Beobachtungen y_i gebildet wird. r ist die Anzahl der Funktionsgleichungen nach Gl. (6.133).

$$\mathbf{Z} = \begin{pmatrix} \frac{\partial f_1}{\partial y_1} & \frac{\partial f_1}{\partial y_2} & \cdots & \frac{\partial f_1}{\partial y_n} \\ \frac{\partial f_2}{\partial y_1} & \frac{\partial f_2}{\partial y_2} & \cdots & \frac{\partial f_2}{\partial y_n} \\ \vdots & \vdots & \vdots & \vdots \\ \frac{\partial f_r}{\partial y_1} & \frac{\partial f_r}{\partial y_2} & \cdots & \frac{\partial f_r}{\partial y_n} \end{pmatrix} \tag{6.145}$$

Der $r \times 1$ Vektor **w** bildet das Restglied nach der Linearisierung, der auch als Widerspruchsvektor bezeichnet wird:

$$\mathbf{w} = -\mathbf{f}(\mathbf{y}_0, \boldsymbol{\beta}_0) + \mathbf{Z} \cdot \mathbf{e}_0 \tag{6.146}$$

Die partiellen Ableitungen **X** nach den u unbekannten Parametern β gehen in das Gauß-Helmert-Modell gemäß Gl. (6.59) ein. Für den Erwartungswert der Residuen **e** wird unterstellt $E(\mathbf{e}) = \mathbf{0}$ und als Ansatz für die A-priori-Genauigkeit gilt wie im Gauß-Markoff-Modell

$$\mathbf{\Sigma}_{yy} = \sigma_0^2 \mathbf{P}^{-1} = \sigma_0^2 \mathbf{Q}_{yy} \quad . \tag{6.147}$$

Die Ausgleichung wird iterativ bis zum Erreichen des Konvergenzzieles durchgeführt. Zu beachten ist bei der numerischen Bestimmung von **X**, **Z** und **w**, dass bei jedem Schritt die verbesserten Beobachtungen $\mathbf{y}_0 = \mathbf{y} + \mathbf{e}_0$ einzusetzen sind (nicht also die ursprünglichen Beobachtungen **y** wie sonst). Hierbei werden für $\mathbf{e}_0$ die Residuen **e** gemäß Gl. (6.151) aus der vorherigen Iterationsstufe übernommen, wobei der Startwert $\mathbf{e}_0 = \mathbf{0}$ ist.

6.8.1 Lösung der Ausgleichungsaufgabe

Im *Gauß-Helmert-Modell* gilt gleichermaßen als Schätzprinzip die Minimierung der Verbesserungsquadratsumme, wobei im Rahmen dieser Optimierungsaufgabe nun Gl. (6.143) als Nebenbedingung fungiert. Die Lösung dieser Ausgleichungsaufgabe macht nach *Lagrange* die Einführung von Korrelaten **k** erforderlich. Zu minimieren ist dann (der Faktor 2 wird an dieser Stelle formal eingeführt, er kürzt sich später heraus):

$$\mathbf{e}'\mathbf{P}\mathbf{e} + 2\mathbf{k}'(\mathbf{X}\boldsymbol{\beta} + \mathbf{Z}\mathbf{e} - \mathbf{w}) \Rightarrow \text{Min.} \tag{6.148}$$

Die Minimumsaufgabe fordert die ersten Ableitungen nach den Variablen **e** und β zu Null zu setzen, vgl. Kapitel 6.2.3:

$$2\mathbf{Pe} - 2\mathbf{Z'k} = \mathbf{0} \qquad (6.149)$$
$$2\mathbf{X'k} = \mathbf{0} \qquad (6.150)$$

Gl. (6.149) wird durch 2 dividiert und von links mit $\mathbf{P^{-1}}$ multipliziert:

$$\mathbf{e} = \mathbf{P^{-1}Z'k} = \mathbf{Q}_{yy}\mathbf{Z'k} \qquad (6.151)$$

Gl. (6.151) eingesetzt in Gl. (6.144) und kombiniert mit Gl. (6.150) ergibt schließlich das zu lösende Gleichungssystem (die Normalgleichungen) (siehe z. B. [Koc97a], [Nie02]):

$$\begin{aligned} \mathbf{ZP^{-1}Z'k} + \mathbf{X}\hat{\boldsymbol{\beta}} &= \mathbf{w} \\ \mathbf{X'k} &= \mathbf{0} \end{aligned} \qquad (6.152)$$

oder in Blockmatrizenschreibweise, vgl. Kapitel 2.4:

$$\begin{pmatrix} \mathbf{0} & \mathbf{X'} \\ (u,u) & (u,r) \\ \mathbf{X} & \mathbf{ZP^{-1}Z'} \\ (r,u) & (r,r) \end{pmatrix} \begin{pmatrix} \hat{\boldsymbol{\beta}} \\ (u,1) \\ \mathbf{k} \\ (r,1) \end{pmatrix} = \begin{pmatrix} \mathbf{0} \\ (u,1) \\ \mathbf{w} \\ (r,1) \end{pmatrix} \qquad (6.153)$$

Hieraus sind die Parameter $\hat{\boldsymbol{\beta}}$ und $\mathbf{k}$ zu bestimmen.

$$\begin{pmatrix} \hat{\boldsymbol{\beta}} \\ \mathbf{k} \end{pmatrix} = \begin{pmatrix} \mathbf{0} & \mathbf{X'} \\ \mathbf{X} & \mathbf{ZP^{-1}Z'} \end{pmatrix}^{-1} \begin{pmatrix} \mathbf{0} \\ \mathbf{w} \end{pmatrix} = \begin{pmatrix} \mathbf{Q}_{11} & \mathbf{Q}_{12} \\ \mathbf{Q}_{21} & \mathbf{Q}_{22} \end{pmatrix} \begin{pmatrix} \mathbf{0} \\ \mathbf{w} \end{pmatrix} \qquad (6.154)$$

Die Inverse ist, so sie existiert, symmetrisch. Sie berechnet sich nach [FF76] bzw. nach Kapitel 2.4.2, Gl. (2.58) zu:

$$\begin{aligned} \mathbf{Q}_{11} &= -(\mathbf{X'}(\mathbf{ZP^{-1}Z'})^{-1}\mathbf{X})^{-1} \\ \mathbf{Q}_{12} &= -\mathbf{Q}_{11}\mathbf{X'}(\mathbf{ZP^{-1}Z'})^{-1} \\ \mathbf{Q}_{21} &= \mathbf{Q}'_{12} \\ \mathbf{Q}_{22} &= (\mathbf{ZP^{-1}Z'})^{-1}(\mathbf{I} - \mathbf{X}\mathbf{Q}_{12}) \end{aligned} \qquad (6.155)$$

Damit folgen als Bestimmungsgleichungen für die Schätzwerte der Unbekannten und der Korrelaten:

$$\begin{aligned} \hat{\boldsymbol{\beta}} &= \mathbf{Q}_{12}\mathbf{w} & (6.156) \\ \mathbf{k} &= \mathbf{Q}_{22}\mathbf{w} & (6.157) \end{aligned}$$

oder:

$$\begin{aligned} \hat{\boldsymbol{\beta}} &= (\mathbf{X'}(\mathbf{ZP^{-1}Z'})^{-1}\mathbf{X})^{-1}\mathbf{X'}(\mathbf{ZP^{-1}Z'})^{-1}\mathbf{w} & (6.158) \\ \mathbf{k} &= ((\mathbf{ZP^{-1}Z'})^{-1} - (\mathbf{ZP^{-1}Z'})^{-1}\mathbf{X}(\mathbf{X'}(\mathbf{ZP^{-1}Z'})^{-1}\mathbf{X})^{-1}\mathbf{X'}(\mathbf{ZP^{-1}Z'})^{-1})\mathbf{w} & (6.159) \end{aligned}$$

6.8 Ausgleichung im Gauß-Helmert-Modell

Wenn die Linearisierung der funktionalen Beziehung (6.133) erforderlich ist, muss die Berechnung iterativ erfolgen. Nach der ersten Bestimmung der Unbekannten β nach Gl. (6.158) werden diese sowie die verbesserten Beobachtungen **y** als neue Näherungswerte für die Aufstellung der Jacobimatrizen **X** und **Z** sowie des Restgliedes **w** in Gl. (6.143) benutzt. Der Vorgang wird solange wiederholt, bis ausreichende Konvergenz erzielt ist, sodass sich die Unbekannten nicht mehr ändern.

6.8.2 Genauigkeitsmaße und Kovarianzmatrizen

Die Varianz der Gewichtseinheit wird nach

$$\hat{\sigma}^2 = \frac{\hat{\mathbf{e}}'\mathbf{P}\hat{\mathbf{e}}}{r-u} \tag{6.160}$$

berechnet. Die Residuenquadratsumme kann mit Gl. (6.151) umgeformt werden zu:

$$\hat{\mathbf{e}}'\mathbf{P}\hat{\mathbf{e}} = \mathbf{k}'\mathbf{Z}\mathbf{P}^{-1}\mathbf{P}\hat{\mathbf{e}} = \mathbf{k}'\mathbf{Z}\hat{\mathbf{e}} \tag{6.161}$$

und mit Gl. (6.143) folgt für $\mathbf{Z}\hat{\mathbf{e}}$:

$$\mathbf{Z}\hat{\mathbf{e}} = \mathbf{w} - \mathbf{X}\hat{\boldsymbol{\beta}}, \tag{6.162}$$

sodass sich die Varianz der Gewichtseinheit

$$\hat{\sigma}^2 = \frac{\mathbf{k}'(\mathbf{w} - \mathbf{X}\hat{\boldsymbol{\beta}})}{r-u} \tag{6.163}$$

aus den Unbekannten $\hat{\boldsymbol{\beta}}$ und **k** sowie der Designmatrix **X** berechnen lässt.

Um das Varianz-Kovarianz-Fortpflanzungsgesetz vermittels $\mathbf{Q}_{yy} = \mathbf{P}^{-1}$ anwenden zu können, sind die Vektoren $\hat{\mathbf{e}}$, $\hat{\mathbf{y}}$ und $\hat{\boldsymbol{\beta}}$ zunächst als Funktion der Beobachtungen **y** auszudrücken. Dies führt nach wenigen Matrizenoperationen für die Residuen über die Gl. (6.151) zu

$$\hat{\mathbf{e}} = \mathbf{Q}_{yy}\mathbf{Z}'\mathbf{k} = \mathbf{Q}_{yy}\mathbf{Z}'\mathbf{Q}_{22}\mathbf{Z}\mathbf{y} \tag{6.164}$$

mit

$$\mathbf{Q}_{22} = (\mathbf{Z}\mathbf{Q}_{yy}\mathbf{Z}')^{-1} \cdot (\mathbf{I} - \mathbf{X} \cdot (\mathbf{X}'(\mathbf{Z}\mathbf{Q}_{yy}\mathbf{Z}')^{-1} \cdot \mathbf{X})^{-1}\mathbf{X}'(\mathbf{Z}\mathbf{Q}_{yy}\mathbf{Z}')^{-1})$$

in zusammengefasster Form zu:

$$\mathbf{Q}_{\hat{e}\hat{e}} = \mathbf{Q}_{yy}\mathbf{Z}'\mathbf{Q}_{22}\mathbf{Z}\mathbf{Q}_{yy}\mathbf{Z}'\mathbf{Q}_{22}\mathbf{Z}\mathbf{Q}_{yy} \tag{6.165}$$

Es folgt nach einigen Matrizenoperationen, vgl. [Nie02]:

$$\mathbf{Q}_{\hat{e}\hat{e}} = \mathbf{Q}_{yy}\mathbf{Z}'\mathbf{Q}_{22}\mathbf{Z}\mathbf{Q}_{yy} \tag{6.166}$$

Wegen

$$\hat{\mathbf{y}} = \mathbf{y} + \hat{\mathbf{e}} = (\mathbf{I} - \mathbf{Q}_{yy}\mathbf{Z}'\mathbf{Q}_{22}\mathbf{Z})\mathbf{y} \tag{6.167}$$

und nach Anwendung des Varianzfortpflanzungsgesetzes folgt

$$\mathbf{Q}_{\hat{y}\hat{y}} = \mathbf{Q}_{yy} - \mathbf{Q}_{\hat{e}\hat{e}} \qquad (6.168)$$

Gl. (6.133) muss auch für die Näherungswerte $\mathbf{y}_0$, $\boldsymbol{\beta}_0$ gelten: $\mathbf{f}(\mathbf{y}_0, \boldsymbol{\beta}_0) = \mathbf{0}$ mit $\Delta \mathbf{y} = \mathbf{y} - \mathbf{y}_0$. Wird nun für die Widersprüche $\mathbf{w}$, Gl. (6.146), eine Taylorreihenentwicklung nach den Beobachtungen $\mathbf{y}$ durchgeführt:

$$\mathbf{w} = \mathbf{0} - \mathbf{f}(\mathbf{y}, \boldsymbol{\beta}_0) = -\mathbf{f}(\mathbf{y}_0, \boldsymbol{\beta}_0) + \frac{\partial \mathbf{f}(\mathbf{y}_0, \boldsymbol{\beta}_0)}{\partial y} \Delta \mathbf{y} + \mathbf{0}^2 = \mathbf{Z} \Delta \mathbf{y} \qquad (6.169)$$

folgt für den Vektor $\mathbf{w}$ in allgemeiner Darstellung

$$\mathbf{w} = \mathbf{Z}\mathbf{y} \qquad (6.170)$$

wobei $\mathbf{y}$ in der numerischen Anwendung die Beobachtungsreste $\Delta \mathbf{y}$ enthält.

Damit kann Gl. (6.158) als Funktion der Beobachtungen $\mathbf{y}$ dargestellt werden.

$$\hat{\boldsymbol{\beta}} = (\mathbf{X}'(\mathbf{Z}\mathbf{Q}_{yy}\mathbf{Z}')^{-1}\mathbf{X})^{-1}\mathbf{X}'(\mathbf{Z}\mathbf{Q}_{yy}\mathbf{Z}')^{-1}\mathbf{Z}\mathbf{y} \qquad (6.171)$$

Es folgt nach Anwendung des Varianzfortpflanzungsgesetzes und einigen Umformungen, bzw. direkt aus Gl. (6.154):

$$\mathbf{Q}_{\hat{\beta}\hat{\beta}} = -\mathbf{Q}_{11} \qquad (6.172)$$

oder

$$\mathbf{Q}_{\hat{\beta}\hat{\beta}} = (\mathbf{X}'(\mathbf{Z}\mathbf{Q}_{yy}\mathbf{Z}')^{-1}\mathbf{X})^{-1} \qquad (6.173)$$

Die zugehörigen Kovarianzmatrizen $\hat{\boldsymbol{\Sigma}}$ erhält man durch Multiplikation der jeweiligen Kofaktormatrizen $\mathbf{Q}$ mit der Varianz der Gewichtseinheit $\hat{\sigma}^2$.

6.8 Ausgleichung im Gauß-Helmert-Modell

Beispiel 6.8: *Bestimmung eines ausgleichenden Kreises*
Gemessen seien acht Punkte, die den Radius und die Lage eines ebenen Kreises definieren. Die gemessenen Punkte liegen als (x, y)-Koordinaten (mathematisches Koordinatensystem) vor, die in diesem Fall die Beobachtungen darstellen, alle Angaben in m.

Nr	x_i [m]	y_i [m]
1	15,790	27,025
2	18,102	23,895
3	18,150	20,090
4	15,068	18,357
5	11,649	18,501
6	10,108	21,102
7	9,771	24,617
8	12,756	26,591

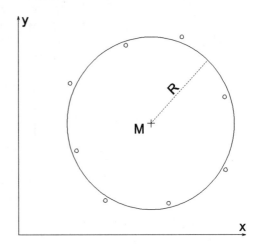

Abbildung 6.4: Beobachtungen und Grafik zum ausgleichenden Kreis

Alle Koordinaten seien mit der gleichen Genauigkeit bestimmt, d. h. für die A-priori-Genauigkeit gilt vereinfachend **P** = **I**, $\sigma_0 = 1.0$.

Gesucht ist ein ausgleichender Kreis mit dem Mittelpunkt $M(x_M, y_M)$ und dem Radius R, durch den die Punkte bestmöglichst approximiert werden. Die Funktionsbeziehung, die die Unbekannten und die Beobachtungen miteinander verknüpft, ist die Kreisgleichung:

$$(x_i - x_M)^2 + (y_i - y_M)^2 - R^2 = 0$$

Sie entspricht der impliziten Funktion f_j nach Gl. (6.133). Für die numerische Konkretisierung der Jacobimatrizen **X** und **Z** ist diese Funktion nach den Unbekannten und den Beobachtungen zu linearisieren. Die partiellen Ableitungen bei der Kreisgleichung lauten:

$$\frac{\partial f}{\partial x_M} = -2(x_i + e_{xi} - x_M) \qquad \frac{\partial f}{\partial y_M} = -2(y_i + e_{yi} - y_M) \qquad \frac{\partial f}{\partial R} = -2R \qquad (6.174)$$

$$\frac{\partial f}{\partial x_i} = 2(x_i + e_{xi} - x_M) \qquad \qquad \frac{\partial f}{\partial y_i} = 2(y_i + e_{yi} - y_M) \qquad (6.175)$$

Als Näherungswerte für die Unbekannten $\boldsymbol{\beta}_0$ werden vorgegeben: $x_{M_0} = 15,0$ m, $y_{M_0} = 22,0$ m und $R_0 = 4,5$ m. Mit diesen Daten ergeben sich dann – in der ersten Iteration – folgende Zahlenwerte:

$$\mathbf{X} = \begin{pmatrix} -1,580 & -10,05 & -9,00 \\ -6,204 & -3,790 & -9,00 \\ -6,300 & 3,820 & -9,00 \\ -0,136 & 7,286 & -9,00 \\ 6,702 & 6,998 & -9,00 \\ 9,784 & 1,796 & -9,00 \\ 10,458 & -5,234 & -9,00 \\ 4,488 & -9,182 & -9,00 \end{pmatrix}$$

$$\mathbf{w} = \begin{pmatrix} -5,6247 \\ 7,0366 \\ 6,6794 \\ 6,9739 \\ -3,2222 \\ -4,4881 \\ -13,941 \\ -5,8628 \end{pmatrix}$$

$$\mathbf{Z} = \begin{pmatrix} 1,580 & 10,050 & 0 & 0 & 0 & 0 & \ldots & 0 & 0 \\ 0 & 0 & 6,204 & 3,790 & 0 & 0 & \ldots & 0 & 0 \\ 0 & 0 & 0 & 0 & 6,300 & -3,820 & \ldots & 0 & 0 \\ 0 & 0 & 0 & 0 & 0 & 0 & \ldots & 0 & 0 \\ 0 & 0 & 0 & 0 & 0 & 0 & \ldots & 0 & 0 \\ 0 & 0 & 0 & 0 & 0 & 0 & \ldots & 0 & 0 \\ 0 & 0 & 0 & 0 & 0 & 0 & \ldots & 0 & 0 \\ 0 & 0 & 0 & 0 & 0 & 0 & \ldots & -4,488 & 9,182 \end{pmatrix}$$

Mit Gl. (6.158) können nun die Schätzwerte für die Unbekannten β bestimmt werden. Nach 4 Iterationen erhält man schließlich

$$\hat{\boldsymbol{\beta}} = \begin{pmatrix} 14,0804 \\ 22,5578 \\ 4,5097 \end{pmatrix} = \begin{pmatrix} \hat{x}_M \\ \hat{y}_M \\ \hat{R} \end{pmatrix}$$

Die 8 Korrelaten **k** sowie die 16 Residuen **e** werden berechnet nach Gl. (6.159) bzw. Gl. (6.151):

$$\hat{\mathbf{k}} = \begin{pmatrix} -0,0303 \\ 0,0301 \\ -0,0277 \\ 0,0215 \\ -0,0244 \\ 0,0309 \\ -0,0295 \\ 0,0293 \end{pmatrix} \qquad \hat{\mathbf{e}} = \begin{pmatrix} -0,0977 \\ -0,2553 \\ 0,2578 \\ 0,0857 \\ \vdots \\ -0,0826 \\ 0,2514 \end{pmatrix}$$

Als Schätzwerte für die Standardabweichung der Gewichtseinheit und die Kofaktoren der Unbekannten erhält man

$$\hat{\sigma} = 0,3212 \qquad \mathbf{Q}_{\hat{\beta}\hat{\beta}} = \begin{pmatrix} 0,259 & -0,003 & 0,009 \\ -0,003 & 0,242 & 0,002 \\ 0,009 & 0,002 & 0,125 \end{pmatrix}$$

wobei in diesem Beispiel die Redundanz $f = r - u = 8 - 3 = 5$ beträgt. Es zeigt sich am $\hat{\sigma}$, dass die Ausgleichung für die Standardabweichung der Gewichtseinheit einen Genauigkeitsgewinn von ca. 68 % liefert, weil diese a-priori mit dem Wert $\sigma_0 = 1,0$ angesetzt wurde.

In der Praxis wird das strenge Gauß-Helmert-Modell nur in Ausnahmefällen angewendet, weil der Rechenaufwand gegenüber der Ausgleichung im Gauß-Markoff-Modell deutlich höher und die Umsetzung in die entsprechende softwaretechnische Lösung aufwändiger ist. Insbesondere bei sehr großer Anzahl an Beobachtungen ist das Gauß-Helmert-Modell im Nachteil. So muss für die Lösung nach Gl. (6.158) u. a. die Matrix $\mathbf{ZP^{-1}Z'}$ invertiert werden, deren Dimension $(r \times r)$ von der Anzahl der Funktionsgleichungen abhängt. Wenn diese Matrix vollbesetzt ist (z. B. weil in $\mathbf{P}$ Kovarianzen berücksichtigt sind oder aufgrund des Funktionalmodells), muss die rechenintensive Inversion einer großen Matrix durchgeführt werden. Im Gauß-Markoff-Modell dagegen hängt die Größe der zu invertierenden Matrix $(\mathbf{X'P^{-1}X})$ von der Anzahl u der Unbekannten ab, die regelmäßig kleiner ist als die der Beobachtungen.

Als Alternative wird daher auch in den Fällen von Gl. (6.133) das Gauß-Markoff-Modell für die Ausgleichung benutzt. Die implizite Verknüpfung der Beobachtungen wird ignoriert und man setzt unmittelbar Gl. (6.133) als Beobachtungsgleichung an, wobei als „Beobachtung" der Wert 0 eingesetzt wird. Diese fiktive Beobachtung erhält dann die Störvariable e_i:

$$0 + e_i = f_i(\boldsymbol{\beta}) \qquad (6.176)$$

Die Linearisierung erfolgt ausschließlich nach den Unbekannten $\boldsymbol{\beta}$. Die weiteren Rechenschritte sind dann in bekannter Weise gemäß Gl. (6.59ff) durchzuführen.

Beispiel 6.8: *Fortsetzung*
Wenn man den ausgleichenden Kreis im Gauß-Markoff-Modell unter Zugrundelegung des Ansatzes von Gl. (6.176) bestimmt, erhält man folgende Ergebnisse:

$$\hat{\boldsymbol{\beta}} = \begin{pmatrix} \hat{x}_M \\ \hat{y}_M \\ \hat{R} \end{pmatrix} = \begin{pmatrix} 14,0788 \\ 22,5622 \\ 4,5168 \end{pmatrix} \qquad \hat{\sigma} = 2,896$$

Die Differenzen zur strengen Lösung (Gauß-Helmert-Modell) sind so gering, dass die gewohnte und EDV-freundliche Ausgleichung im Gauß-Markoff-Modell auch im Fall von Gl. (6.133) durchgeführt werden kann, was in der Praxis die übliche Anwendung darstellt.

Wenn nun statt der quadratischen Kreisgleichung

$$0 = (x_i - x_M)^2 + (y_i - y_M)^2 - R^2$$

eine quasi linearisierte Form

$$0 = \sqrt{(x_i - x_M)^2 + (y_i - y_M)^2} - R$$

den Berechnungen zugrundegelegt wird, folgen sowohl für das Gauß-Helmert-Modell mit

$$0 = \sqrt{(x_i + e_{xi} - x_M)^2 + (y_i + e_{yi} - y_M)^2} - R$$

als auch für das das Gauß-Markoff-Modell mit

$$0 + e_i = \sqrt{(x_i - x_M)^2 + (y_i - y_M)^2} - R$$

das identische Ergebnis, identisch auch mit der Lösung des quadratischen Kreisgleichungsansatzes im o. a. Gauß-Helmert-Modell:

$$\hat{\beta} = \begin{pmatrix} 14,0804 \\ 22,5578 \\ 4,5097 \end{pmatrix} = \begin{pmatrix} \hat{x}_M \\ \hat{y}_M \\ \hat{R} \end{pmatrix} \qquad \hat{\sigma} = 0,3212$$

Der Grund liegt darin, dass hier in beiden Modellen die Abweichungen e_i radial, somit orthogonal zum Kreis liegen.

Beispiel 6.9: *Bestimmung einer ausgleichenden Ellipse*
Die Bestimmung einer ausgleichenden Ellipse ist von der Vorgehensweise her vergleichbar mit der in Beispiel 6.8. Zu beachten ist, dass für die eindeutige Beschreibung einer ebenen Ellipse 5 Parameter benötigt werden. Neben dem Mittelpunkt $M(x_M, y_M)$ sind zusätzlich die große und die kleine Halbachse a bzw. b sowie der Winkel t für die Rotation der Ellipse zu bestimmen. Der Winkel t wird ausgehend von der positiven x-Achse im mathematischen Sinne gezählt und bezieht sich auf die große Halbachse a (siehe Abbildung 6.5).

Mit den vorgenannten Definitionen ergibt sich als Ellipsengleichung:

$$\frac{((x_i - x_M) \cdot \cos t + (y_i - y_M) \cdot \sin t)^2}{a^2} + \frac{(-(x_i - x_M) \cdot \sin t + (y_i - y_M) \cdot \cos t)^2}{b^2} - 1 = 0$$

Die partiellen Ableitungen für die Aufstellung der Matrizen **X** und **Z** sind in diesem Fall dann: (mit $\Delta x_i = x_i + e_{xi} - x_M$ und $\Delta y_i = y_i + e_{yi} - y_M$)

$$\frac{\partial f}{\partial x_M} = -2(\Delta x_i \cos t + \Delta y_i \sin t) \cos t / a^2 + 2(-\Delta x_i \sin t + \Delta y_i \cos t) \sin t / b^2$$

$$\frac{\partial f}{\partial y_M} = -2(\Delta x_i \cos t + \Delta y_i \sin t) \sin t / a^2 - 2(-\Delta x_i \sin t + \Delta y_i \cos t) \cos t / b^2$$

$$\frac{\partial f}{\partial a} = -2(\Delta x_i \cos t + \Delta y_i \sin t)^2 / a^3 \quad ; \quad \frac{\partial f}{\partial b} = -2(-\Delta x_i \sin t + \Delta y_i \cos t)^2 / b^3$$

$$\frac{\partial f}{\partial t} = (2(\Delta x_i \cos t + \Delta y_i \sin t)(-\Delta x_i \sin t + \Delta y_i \cos t)/a^2$$
$$+ 2(-\Delta x_i \sin t + \Delta y_i \cos t)(-\Delta x_i \cos t - \Delta y_i \sin t)/b^2) \cdot \pi/200$$

$$\frac{\partial f}{\partial x_i} = 2(\Delta x_i \cos t + \Delta y_i \sin t) \cos t / a^2 - 2(-\Delta x_i \sin t + \Delta y_i \cos t) \sin t / b^2 = -\frac{\partial f}{\partial x_M}$$

$$\frac{\partial f}{\partial y_i} = 2(\Delta x_i \cos t + \Delta y_i \sin t) \sin t / a^2 + 2(-\Delta x_i \sin t + \Delta y_i \cos t) \cos t / b^2 = -\frac{\partial f}{\partial y_M}$$

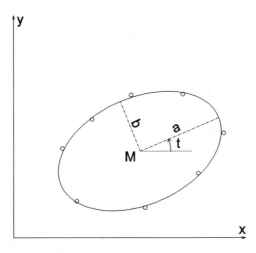

Abbildung 6.5: Grafik zur ausgleichenden Ellipse

Gemessen seien wiederum acht Punkte mit ihren (x, y)-Koordinaten für die Bestimmung einer Ellipse:

Nr	x_i [m]	y_i [m]
1	24,501	24,046
2	27,227	24,089
3	29,395	22,091
4	28,040	20,022
5	25,243	18,253
6	21,662	18,581
7	20,906	21,292
8	22,461	22,790

Als Näherungswerte für die Unbekannten wurden ermittelt:
$x_{M_0} = 25,0$ m $\quad y_{M_0} = 20,0$ m
$a_0 = 4,5$ m $\quad b_0 = 2,5$ m $\quad t_0 = 20,0$ gon
Alle Koordinaten seien gleichgenau: $\mathbf{P} = \mathbf{I}$, $\sigma_0 = 1,0$

Mit diesen Vorgaben ergeben sich zusammengefasst folgende Berechnungsergebnisse:

$$\mathbf{X} = \begin{pmatrix} 0,323 & -1,242 & -0,013 & -2,050 & -0,011 \\ -0,001 & -1,077 & -0,251 & -1,311 & -0,038 \\ -0,391 & -0,339 & -0,511 & -0,051 & -0,011 \\ -0,363 & 0,191 & -0,184 & -0,108 & 0,009 \\ -0,143 & 0,538 & -0,002 & -0,386 & -0,002 \\ 0,308 & 0,207 & -0,287 & -0,013 & -0,004 \\ 0,575 & -0,652 & -0,268 & -0,796 & 0,030 \\ 0,486 & -0,999 & -0,053 & -1,513 & 0,019 \end{pmatrix} \quad \mathbf{w} = \begin{pmatrix} -1,5925 \\ -1,2038 \\ -0,2138 \\ 0,4503 \\ 0,5128 \\ 0,3391 \\ -0,5981 \\ -1,0103 \end{pmatrix}$$

$$\mathbf{Z} = \begin{pmatrix} -0,323 & 1,242 & 0 & 0 & 0 & 0 & \ldots & 0 & 0 \\ 0 & 0 & 0,001 & 1,077 & 0 & 0 & \ldots & 0 & 0 \\ 0 & 0 & 0 & 0 & 0,391 & 0,339 & \ldots & 0 & 0 \\ 0 & 0 & 0 & 0 & 0 & 0 & \ldots & 0 & 0 \\ 0 & 0 & 0 & 0 & 0 & 0 & \ldots & 0 & 0 \\ 0 & 0 & 0 & 0 & 0 & 0 & \ldots & 0 & 0 \\ 0 & 0 & 0 & 0 & 0 & 0 & \ldots & 0 & 0 \\ 0 & 0 & 0 & 0 & 0 & 0 & \ldots & -0,486 & 0,999 \end{pmatrix}$$

$$\hat{\boldsymbol{\beta}} = \begin{pmatrix} 24,9877 \\ 21,1737 \\ 4,5389 \\ 2,7529 \\ 24,1378 \end{pmatrix} = \begin{pmatrix} \hat{x}_M \\ \hat{y}_M \\ \hat{a} \\ \hat{b} \\ \hat{t} \end{pmatrix} \quad \hat{\sigma} = 0,1495$$

$$\hat{\mathbf{k}} = \begin{pmatrix} -0,1664 \\ 0,1388 \\ -0,1553 \\ 0,1899 \\ -0,1422 \\ 0,0826 \\ -0,0927 \\ 0,1453 \end{pmatrix} \quad \hat{\mathbf{e}} = \begin{pmatrix} 0,0353 \\ -0,1149 \\ 0,0136 \\ 0,0823 \\ \vdots \\ -0,0592 \\ 0,0810 \end{pmatrix}$$

$$\mathbf{Q}_{\hat{\beta}\hat{\beta}} = \begin{pmatrix} 0,386 & 0,104 & -0,046 & 0,028 & 0,899 \\ 0,104 & 0,237 & 0,033 & -0,040 & 0,620 \\ -0,046 & 0,033 & 0,706 & -0,187 & 1,312 \\ 0,028 & -0,040 & -0,187 & 0,309 & 0,377 \\ 0,899 & 0,620 & 1,312 & 0,377 & 0,074 \end{pmatrix}$$

Die Redundanz beträgt in diesem Beispiel $8 - 5 = 3$.

7 Konfidenzbereiche und Hypothesentests

7.1 Konfidenzintervalle und -bereiche

Ein Parameterschätzwert lässt sich als Punkt auf einer Zahlengeraden auftragen, weshalb man ihn als *Punktschätzung* bezeichnet. Diese liefert aber keine Information über die Güte der Schätzung, d. h. es ist nicht bekannt, wie weit der (feste) Wert des gesuchten Parameters von dem (durch das Streuen der Realisierungen beeinflussten) Schätzwert abweicht. Man ist bestrebt, ein möglichst kleines Intervall anzugeben, in dem der gesuchte Parameter zu finden ist, also eine *Intervallschätzung* vorzunehmen. Diese bietet (neben der Varianzschätzung) eine weitere Möglichkeit, die *Präzision* des Messergebnisses zu verdeutlichen; seine *Richtigkeit* (siehe Beispiel 4.24) lässt sich hiermit nicht abschätzen. Man spricht im eindimensionalen Fall vom *Konfidenz-* oder *Vertrauensintervall* bzw. im mehrdimensionalen Fall vom *Konfidenz-* oder *Vertrauensbereich*.

Mithilfe der Wahrscheinlichkeitsverteilung der Grundgesamtheit einer Zufallsvariablen X lässt sich die Wahrscheinlichkeitsverteilung einer Stichprobenfunktion bestimmen und damit angeben, mit welcher Wahrscheinlichkeit die Stichprobenfunktion Werte in einem bestimmten Intervall annimmt. Dabei fallen die Intervalle umso größer aus, je größer die zugeordnete Wahrscheinlichkeit ist.

Man versucht, mithilfe der Stichprobenfunktion Rückschlüsse entweder auf einen einzelnen oder gleichzeitig auf mehrere Parameter zu ziehen. Nachfolgend wird zunächst die Intervallschätzung für einzelne Parameter vorgestellt. Dabei wird vom einfachen Fall der Mittelbildung aus direkten Beobachtungen ausgegangen und die Intervallberechnung mithilfe des Mittelwertes $\bar{x}$ und seiner Standardabweichung $\sigma_{\bar{x}}$ bzw. $\hat{\sigma}_{\bar{x}}$ mit dem Freiheitsgrad $f = n - 1$ erläutert. Die Vorgehensweise gilt auch für die Intervallberechnung mithilfe eines aus indirekten Beobachtungen abgeleiteten Ausgleichungsergebnisses $\hat{x}$ und dessen Standardabweichung $\sigma_{\hat{x}}$ bzw. $\hat{\sigma}_{\hat{x}}$, welche sich aus der Kovarianzmatrix ergibt. Der hier gültige Freiheitsgrad $f = n - u$ bezieht sich auf die Residuenvarianz (Varianz der Gewichtseinheit).

7.1.1 Konfidenzintervall für einen Erwartungswert μ

Aus einer Stichprobe vom Umfang n („Ein-Stichprobenfall"), die zufällig und unabhängig aus der Grundgesamtheit einer normalverteilten Zufallsvariable $X \sim N(\mu; \sigma^2)$ entnommen wird, wird die Stichprobenfunktion für den Mittelwert $\bar{X}$ nach Gl. (5.1) berechnet:

$$\bar{X} = \frac{1}{n} \sum_{i=1}^{n} X_i$$

$\bar{X}$ ist ebenfalls normalverteilt (siehe Beispiel 4.27 bzw. Gl. (6.47)):

$$\bar{X} \sim N(\mu; \sigma_{\bar{x}}^2) \quad \text{mit} \quad \sigma_{\bar{x}}^2 = \frac{\sigma^2}{n} \tag{7.1}$$

Durch Zentrierung und Normierung (Subtraktion von μ und Division durch $\sigma_{\bar{x}}$) entsteht die standardnormalverteilte Zufallsvariable (siehe Kap. 4.6.5)

$$\hat{Z} = \frac{\bar{X} - \mu}{\sigma_{\bar{x}}} \sim N(0; 1) \,. \tag{7.2}$$

Der Tabelle der Verteilungsfunktion der Standardnormalverteilung kann man die Wahrscheinlichkeit entnehmen, dass die Zufallsvariable Z Werte unterhalb eines bestimmten Grenzwertes annimmt. Solch ein Grenzwert wird *Quantil* genannt.

Die Zufallsvariablen X bzw. Z können Werte im Bereich von $-\infty$ bis $+\infty$ annehmen. Wenn man statt des unbegrenzten ein begrenztes Intervall angeben will, muss man folglich die Außenbereiche außer Acht lassen. Die Werte im Grenzbereich sind zwar möglich, werden aber wegen der geringen Wahrscheinlichkeitsdichte der einzelnen möglichen Ergebnisse als „unwahrscheinlich" eingestuft. Die Wahrscheinlichkeit, dass die betreffende Zufallsvariable einen Wert aus diesen außer Acht gelassenen Grenzbereichen annimmt, bezeichnet man als *Irrtumswahrscheinlichkeit* α. Demgegenüber wird die Wahrscheinlichkeit, dass die möglichen Werte der Zufallsvariablen innerhalb des Intervalles liegen, *Konfidenzzahl* oder *Konfidenzniveau* $1 - \alpha$ genannt.

Die Konfidenzzahl legt jedoch noch nicht die Lage des Intervalls fest, da das Intervall bei identischer Konfidenzzahl im Wertebereich beliebig verschoben werden kann. Die Festlegung geschieht durch die Aufteilung der Irrtumswahrscheinlichkeit α auf beide Randbereiche. Da die Normalverteilung symmetrisch ist, werden die Randbereiche durch die Halbierung der Irrtumswahrscheinlichkeit gleich groß gehalten. $\frac{\alpha}{2}$ und $1 - \frac{\alpha}{2}$ bezeichnen dann die Wahrscheinlichkeit, dass die standardnormalverteilte Zufallsvariable Z Werte kleiner gleich den Quantilen $z_{\alpha/2}$ bzw. $z_{1-\alpha/2}$ annimmt.

$$P\{Z \leq z_{\alpha/2}\} = \alpha/2 \quad \text{und} \quad P\{Z \leq z_{1-\alpha/2}\} = 1 - \alpha/2 \tag{7.3}$$

$\alpha = $ Irrtumswahrscheinlichkeit und $1 - \alpha = $ Konfidenzniveau,
$z_{\alpha/2}, z_{1-\alpha/2} = $ Quantile der Standardnormalverteilung.

Damit lässt sich eine kleinstmögliche (beste) Intervallschätzung für $\hat{Z}$ festlegen:

$$P\{z_{\alpha/2} \leq \hat{Z} = \frac{\bar{X} - \mu}{\sigma_{\bar{x}}} \leq z_{1-\alpha/2}\} = 1 - \alpha \tag{7.4}$$

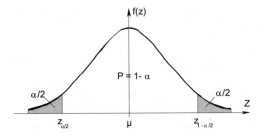

Abbildung 7.1: Festlegung der Quantile durch Halbierung der Irrtumswahrscheinlichkeit

Nach Umformung unter Beachtung von $z_{\alpha/2} = -z_{1-\alpha/2}$ (symmetrische Normalverteilung) ergibt sich das *Konfidenzintervall für die Stichprobenfunktion* $\bar{X}$:

$$P\{\,\mu - z_{1-\alpha/2} \cdot \sigma_{\bar{x}} \;\leq\; \bar{X} \;\leq\; \mu + z_{1-\alpha/2} \cdot \sigma_{\bar{x}}\,\} = 1 - \alpha \qquad (7.5)$$

Bei einer beliebigen Stichprobe liegt der jeweilige Wert der Stichprobenfunktion $\bar{X}$ mit der Wahrscheinlichkeit $P = 1 - \alpha$ in dem symmetrischen Intervall um μ. Es besitzt also *feste Grenzen*.

[a] **Konfidenzintervall für einen Erwartungswert** μ (σ **bekannt**)
Durch Umformung von Gl. (7.4) ergibt sich das *Konfidenzintervall für den Erwartungswert* μ :

$$P\{\,\bar{X} - z_{1-\alpha/2} \cdot \sigma_{\bar{x}} \;\leq\; \mu \;\leq\; \bar{X} + z_{1-\alpha/2} \cdot \sigma_{\bar{x}}\,\} = 1 - \alpha \qquad (7.6)$$

Die *Konfidenz- oder Vertrauensgrenzen* sind nicht fest, sondern *Zufallsvariable*, die von $\bar{X}$ abhängen. Das mit dem Mittelwert $\bar{x}$ einer gegebenen Stichprobe berechnete *Konfidenzintervall für den Erwartungswert* μ

$$P\{\,\bar{x} - z_{1-\alpha/2} \cdot \sigma_{\bar{x}} \;\leq\; \mu \;\leq\; \bar{x} + z_{1-\alpha/2} \cdot \sigma_{\bar{x}}\,\} = 1 - \alpha \qquad (7.7)$$

stellt die Realisation eines Paares von Zufallsvariablen dar.

Beispiel 7.1: *Konfidenzintervall für einen Erwartungswert (σ gegeben)*
Mit einem elektrooptischen Distanzmesser wurde der Abstand zweier Messpunkte dreimal gemessen. Der Mittelwert ergab sich zu $\bar{x} = 203,148\ m$. Laut Herstellerangaben gilt die A-priori-Standardabweichung $\sigma = 5\ mm + 3\ ppm$. Für die gemessene Distanz beträgt die Standardabweichung einer Messung zu:

$$\sigma_x = 5\ mm + 3\frac{mm}{km} \cdot 0,203\ km = 5,6\ mm$$

Standardabweichung des Mittelwertes:

$$\sigma_{\bar{x}} = \frac{\sigma_x}{\sqrt{n}} = \frac{5,6}{\sqrt{3}} = 3,2\ mm$$

Quantil $z_{0,975} = 1,96$ der Normalverteilung nach Tabelle 4.3 bei $\alpha = 5\%$ Irrtumswahrscheinlichkeit

$$z_{1-\alpha/2} \cdot \sigma_{\bar{x}} = 1,96 \cdot 3,2 \ mm = 6,3 \ mm$$

Konfidenzintervall für den Erwartungswert der Messwerte:

$$P\{203,148 \ m - 6,3 \ mm \leq \mu \leq 203,148 \ m + 6,3 \ mm\} = 0,95$$
$$P\{\ 203,1417 \ m \ \leq \mu \leq \ 203,1543 \ m \ \} = 0,95$$

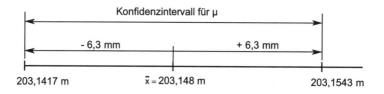

Abbildung 7.2: Konfidenzintervall für μ

[b] **Konfidenzintervall für einen Erwartungswert μ (σ unbekannt)**
Nach Gl. (6.45) lässt sich aus der Stichprobe einer normalverteilten Zufallsvariablen $X \sim N(\mu, \sigma^2)$ der Schätzwert $\hat{\sigma}$ für die unbekannte *Standardabweichung* σ berechnen. Die normierte Prüfgröße

$$\hat{t} = \frac{\bar{X} - \mu}{\hat{\sigma}_{\bar{x}}} \quad \text{mit} \quad \hat{\sigma}_{\bar{x}}^2 = \frac{\hat{\sigma}^2}{n} \quad \text{nach Gl. (6.71)} \tag{7.8}$$

folgt der *t-Verteilung* (siehe Kap. 4.6.7) mit $f = n - u$ Freiheitsgraden. Mit u wird die Anzahl der unbekannten Parameter bezeichnet, die aus den n Messwerten der Stichprobe geschätzt werden; in diesem Fall nur der Parameter μ, sodass der Freiheitsgrad $f = n - 1$ beträgt. Analog zu Gl. (7.6) ergibt sich mit der t-Verteilung das *Konfidenzintervall für μ*:

$$P\{\ \bar{x} - t_{f;1-\alpha/2} \cdot \hat{\sigma}_{\bar{x}} \leq \mu \leq \bar{x} + t_{f;1-\alpha/2} \cdot \hat{\sigma}_{\bar{x}}\ \} = 1 - \alpha \tag{7.9}$$

$t_{f;1-\alpha/2}$ = Quantil der t-Verteilung beim Freiheitsgrad f an der Stelle $1 - \alpha/2$ aus Tabelle 4.5.

Da die t-Verteilung symmetrisch ist, gilt $t_{f;\alpha/2} = -t_{f;1-\alpha/2}$.

Beispiel 7.2: *Konfidenzintervall für einen Erwartungswert (σ unbekannt)*
Zur Entfernungsmessung mit Basislatte ($b = 1000,015 \ mm$) wird der parallaktische Winkel γ achtmal gemessen und es ergibt sich als Mittelwert $\bar{\gamma} = 3,46280 \ gon$. Aus den Abweichungen der einzelnen Messwerte zum Mittelwert werden der Schätzwert

7.1 Konfidenzintervalle und -bereiche

der Standardabweichung der Einzelmessungen $\hat{\sigma} = 0,25\ mgon$ und der Standardabweichung des Mittelwertes $\hat{\sigma}_{\bar{\gamma}} = \hat{\sigma}/\sqrt{8} = 0,09\ mgon$ berechnet. Beim Freiheitsgrad $f = 8 - 1 = 7$ und der Irrtumswahrscheinlichkeit $\alpha = 5\,\%$ entnimmt man den Quantil $t_{7;0,975} = 2,365$ der Tabelle 4.5 der t-Verteilung. Mit dem Produkt $t_{f;1-\alpha/2} \cdot \hat{\sigma}_{\bar{\gamma}} = 0,21\ mgon$ ergibt sich das *Konfidenzintervall für den Erwartungswert* μ_γ *der Winkelmessungen*:

$$P\{3,46280 gon - 0,21 mgon \leq \mu_\gamma \leq 3,46280 gon + 0,21 mgon\} = 0,95$$
$$P\{3,46259\ gon \leq \mu_\gamma \leq 3,46301\ gon\} = 0,95$$

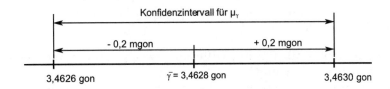

Abbildung 7.3: Konfidenzintervall für μ_γ

Horizontalentfernung: $\quad e = \dfrac{b}{2} \cdot \cot \dfrac{\bar{\gamma}}{2} = 18,3803\ m$

Aus der Varianz der Winkelmessung abgeleitete Varianz und Standardabweichung der Basislattenmessung:

$$\hat{\sigma}_e^2 = \left(\frac{b}{2}\right)^2 \cdot \left(-\frac{1}{2\sin^2 \bar{\gamma}/2}\right)^2 \cdot \left(\frac{\hat{\sigma}_{\bar{\gamma}}}{\rho}\right)^2 = 0,22\ mm^2,\quad \hat{\sigma}_e = 0,47\ mm$$

Mit dem Produkt $t_{f;1-\alpha/2} \cdot \hat{\sigma}_e = 1,1\ mm$ ergibt sich das *Konfidenzintervall für den Erwartungswert* μ_e *der Entfernungsmessungen*:

$$P\{18,3803\ m - 1,1\ mm \leq \mu_e \leq 18,3803\ m + 1,1\ mm\} = 0,95$$
$$P\{18,3792\ m \leq \mu_e \leq 18,3814\ m\} = 0,95$$

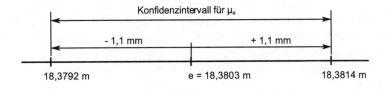

Abbildung 7.4: Konfidenzintervall für μ_e

7.1.2 Konfidenzintervall für die Differenz zweier Erwartungswerte μ_1 und μ_2

Wenn beispielsweise bei Deformationsmessungen die Messpunkte in aufeinanderfolgenden Messepochen bestimmt werden, will man Aussagen über die Punktbewegung machen. Dazu lässt sich das Konfidenzintervall für die Differenzen der Erwartungswerte beider Messreihen berechnen („Zwei-Stichprobenfall"). Weisen zwei unabhängige normalverteilte Zufallsvariablen unterschiedliche Erwartungswerte und Varianzen auf ($X_1 \sim N(\mu_1; \sigma_1^2)$ und $X_2 \sim N(\mu_2; \sigma_2^2)$), müssen zur Intervallberechnung die Varianzen a-priori bekannt sein. Falls die Messungen zu den unterschiedlichen Epochen jedoch mit gleicher Genauigkeit (d. h. mit gleichem Instrumentarium, gleichem Messverfahren und gleicher Sorgfalt) durchgeführt werden, sodass die Annahme $\sigma_1^2 = \sigma_2^2 (= \sigma^2)$ berechtigt ist ($X_1 \sim N(\mu_1; \sigma^2)$ und $X_2 \sim N(\mu_2; \sigma^2)$), lässt sich das Konfidenzintervall auch mithilfe der Varianzschätzwerte $\hat{\sigma}_1^2$ und $\hat{\sigma}_2^2$ berechnen. Beide Fälle werden nachfolgend dargestellt.

[a] **Konfidenzintervall für die Differenz zweier Erwartungswerte $\mu_1 - \mu_2$ (σ_1, σ_2 a-priori bekannt)**

Aus den Stichproben zweier unabhängig normalverteilter Zufallsvariablen ergeben sich die Mittelwerte $\bar{x}_1$ und $\bar{x}_2$ aus n_1 bzw. n_2 Messwerten. Deren Varianzen und die Standardabweichung der Differenz der Mittelwerte werden berechnet nach:

$$\sigma_{\bar{x}_1}^2 = \frac{\sigma_1^2}{n_1}, \quad \sigma_{\bar{x}_2}^2 = \frac{\sigma_2^2}{n_2}, \quad \sigma_{(\bar{x}_1 - \bar{x}_2)} = \sqrt{\sigma_{\bar{x}_1}^2 + \sigma_{\bar{x}_2}^2} \tag{7.10}$$

Mit der standardnormalverteilten Zufallsvariablen

$$\hat{Z} = \frac{(\bar{X}_1 - \mu_1) - (\bar{X}_2 - \mu_2)}{\sigma_{(\bar{x}_1 - \bar{x}_2)}} = \frac{(\bar{X}_1 - \bar{X}_2) - (\mu_1 - \mu_2)}{\sigma_{(\bar{x}_1 - \bar{x}_2)}} \tag{7.11}$$

und den Quantilen $z_{\alpha/2}$, $z_{1-\alpha/2}$ entsteht nach Umordnung und Einsetzen der Schätzwerte $\bar{x}_1, \bar{x}_2$ analog Gl. (7.7) das *Konfidenzintervall für die Differenz zweier Erwartungswerte* (σ_1^2, σ_2^2 bekannt):

$$P \left\{ \begin{array}{l} (\bar{x}_1 - \bar{x}_2) - z_{1-\alpha/2} \cdot \sigma_{(\bar{x}_1 - \bar{x}_2)} \leq \mu_1 - \mu_2 \leq \\ (\bar{x}_1 - \bar{x}_2) + z_{1-\alpha/2} \cdot \sigma_{(\bar{x}_1 - \bar{x}_2)} \end{array} \right\} = 1 - \alpha \tag{7.12}$$

[b] **Konfidenzintervall für die Differenz zweier Erwartungswerte $\mu_1 - \mu_2$ (σ_1, σ_2 unbekannt)**

Aus den Stichproben zweier unabhängig normalverteilter Zufallsvariablen ergeben sich die Mittelwerte $\bar{x}_1$ und $\bar{x}_2$ aus n_1 bzw. n_2 Messwerten sowie die Residuenvarianzen $\hat{\sigma}_1^2$ und $\hat{\sigma}_2^2$ bei $f_1 = n_1 - 1$ und $f_2 = n_2 - 1$ Freiheitsgraden. Wegen der Voraussetzung $\sigma_1^2 = \sigma_2^2$ können die Varianzschätzwerte nach Gl. (5.15) zu einem für beide Messreihen gültigen Schätzwert zusammengefasst werden:

$$\hat{\sigma}^2 = \frac{f_1 \cdot \hat{\sigma}_1^2 + f_2 \cdot \hat{\sigma}_2^2}{f_1 + f_2} \tag{7.13}$$

Schätzwert der Standardabweichung der Mittelwertedifferenz:

$$\hat{\sigma}_{(\bar{x}_1-\bar{x}_2)} = \sqrt{\hat{\sigma}^2 \cdot (\frac{1}{n_1} + \frac{1}{n_2})} \qquad (7.14)$$

Mit dem Quantil $t_{f;1-\alpha/2}$ der t-Verteilung folgt analog Gl. (7.9) das *Konfidenzintervall für die Differenz zweier Erwartungswerte* ($\sigma_1^2 = \sigma_2^2$, aber unbekannt):

$$P \ \{ \ \begin{matrix} (\bar{x}_1 - \bar{x}_2) - t_{f;1-\alpha/2} \cdot \hat{\sigma}_{(\bar{x}_1-\bar{x}_2)} \ \leq \ \mu_1 - \mu_2 \ \leq \\ (\bar{x}_1 - \bar{x}_2) + t_{f;1-\alpha/2} \cdot \hat{\sigma}_{(\bar{x}_1-\bar{x}_2)} \ \ \ \ \} \ \ = 1 - \alpha \end{matrix} \qquad (7.15)$$

Beispiel 7.3: *Konfidenzintervall für die Differenz zweier Erwartungswerte*
Von einem Festpunkt, der in der verlängerten Achse zweier Brückenpfeiler angeordnet ist, wurden jeweils mehrfach die Abstände zu beiden Brückenpfeilern gemessen. Es ergeben sich die Schätzwerte:

$$\bar{x}_1 = 29,1324 \ m, \quad \hat{\sigma}_1 = 1,4 \ mm, \quad n_1 = 6, \quad f_1 = 5$$
$$\bar{x}_2 = 51,2986 \ m, \quad \hat{\sigma}_2 = 1,8 \ mm, \quad n_2 = 8, \quad f_2 = 7$$

Abstand der Pfeiler untereinander: $\quad \bar{x}_2 - \bar{x}_1 = 22,1662 \ m$

Gemeinsamer Varianzschätzwert für beide Messreihen:

$$\hat{\sigma}^2 = \frac{f_1 \cdot \hat{\sigma}_1^2 + f_2 \cdot \hat{\sigma}_2^2}{f_1 + f_2} = \frac{32,48}{12} = 2,71 \ mm^2$$

Varianzschätzwert der Differenz der Mittelwerte:

$$\hat{\sigma}^2_{(\bar{x}_2-\bar{x}_1)} = \hat{\sigma}^2_{\bar{x}_2} + \hat{\sigma}^2_{\bar{x}_1} = \hat{\sigma}^2(\frac{1}{n_1} + \frac{1}{n_2}) = \hat{\sigma}^2(\frac{1}{6} + \frac{1}{8}) = 0,79 \ mm^2$$

Schätzwert der Standardabweichung der Differenz der Mittelwerte:

$$\hat{\sigma}_{(\bar{x}_2-\bar{x}_1)} = 0,89 \ mm$$

Freiheitsgrad $f = 5 + 7 = 12$; Irrtumswahrscheinlichkeit $\alpha = 5\,\%$

Quantil der t-Verteilung: $t_{12;0,975} = 2,179$ aus der Tabelle 4.5.

$$t_{12;0,975} \cdot \hat{\sigma}_{(\bar{x}_2-\bar{x}_1)} = 2,179 \cdot 0,89 \ mm = 1,94 \ mm$$

Konfidenzintervall für die Differenz der Erwartungswerte:

$$P\{\ 22,1662 \ m - 1,9 \ mm \ \leq \ \mu_2 - \mu_1 \ \leq \ 22,1662 \ m + 1,9 \ mm \ \} \ = 95\,\%$$

$$P\{\ 22,1643 \ m \ \leq \ \mu_2 - \mu_1 \ \leq \ 22,1681 m \ \} \ = 95\,\%$$

7.1.3 Multivariates Konfidenzintervall für p Erwartungswerte μ

Multivariater Ein-Stichprobenfall:

Hier werden anstelle *einer* Messgröße wie in Kapitel 7.1.1 nunmehr für p Merkmale bzw. Messgrößen jeweils n Daten ermittelt und ausgewertet. Bei der Datenerhebung zeigen sich folgende Unterschiede:

- An n zufällig aus einer interessierenden Grundgesamtheit ausgewählten Objekten werden je p verschiedene Merkmale beobachtet (gemessen). Beispielsweise werden bei $n = 20$ Familien jeweils der Kopfumfang und die Körpergröße der erst- und zweitgeborenen Söhne gemessen. Betrachtet man die $p = 4$ Messungen in jeder Familie als Messungen an einem einzigen Objekt („Familie"), können die Mittelwerte der 4 Merkmale sowie deren Kovarianzmatrix in der interessierenden Gesamtheit von Familien geschätzt werden. Die Variabilität der Beobachtungen wird hierbei durch die unterschiedlichen Ausprägungen der Merkmale verursacht. Es wird davon ausgegangen, dass dem Messverfahren kein Zufallsstreuen anhaftet bzw. das Zufallsstreuen vernachlässigbar gegenüber dem Streuverhalten der Messobjekte ist.

- In der geodätischen Messtechnik lässt sich dieses Modell anwenden, wenn für p Messgrößen (z. B. die horizontalen Punktabstände von p vermarkten Alignementpunkten bezogen auf eine vertikale Bezugsebene) separat jeweils n Messwerte ermittelt werden, wobei die Messgrößen (die Lage der vermarkten Punkte) während des Messzeitraumes als invariant aufgefasst werden. Die Variabilität der Messwerte wird durch das dem Messverfahren anhaftende Zufallsstreuen verursacht.

In beiden Fällen erfolgt die Berechnung von Konfidenzintervallen mit den aus Beobachtungen abgeleiteten Mittelwerten analog zum univariaten Fall Gl. (7.7) bzw. Gl. (7.9).

Auf den dritten möglichen Anwendungsfall direkter Beobachtungen, bei dem die Variabilität der Messwerte sowohl durch die unterschiedlichen Ausprägungen der Merkmale als auch durch das Zufallsstreuen der Messungen begründet ist, kann hier nicht eingegangen werden.

In der geodätischen Ausgleichungsrechnung besteht die Aufgabe häufig darin, aus n gleichartigen oder unterschiedlichen Messwerten die Schätzwerte für p Parameter zu berechnen, die untereinander funktional verknüpft sind. Die Berechnung diesbezüglicher Konfidenzellipsen wird im Kapitel 7.1.5 erläutert.

[a] **Kovarianzmatrix Σ bekannt**

Es seien p normalverteilte Zufallsvariable jeweils n-mal mit a-priori bekannten Varianzen gemessen worden. Dann gilt:

$$\mathbf{X} = \begin{pmatrix} \mathbf{x}'_1 \\ \mathbf{x}'_2 \\ \vdots \\ \mathbf{x}'_n \end{pmatrix} = \begin{pmatrix} x_{11} & x_{12} & \ldots & x_{1p} \\ x_{21} & x_{22} & \ldots & x_{2p} \\ \vdots & \vdots & \ddots & \vdots \\ x_{n1} & x_{n2} & \ldots & x_{np} \end{pmatrix} \sim N_p(\boldsymbol{\mu}; \boldsymbol{\Sigma}) \qquad (7.16)$$

Erwartungswertvektor $\boldsymbol{\mu}$ und Kovarianzmatrix $\boldsymbol{\Sigma}$:

$$\boldsymbol{\mu} = \begin{pmatrix} \mu_1 \\ \mu_2 \\ \vdots \\ \mu_p \end{pmatrix}, \quad \boldsymbol{\Sigma} = \begin{pmatrix} \sigma_1^2 & \sigma_{12} & \cdots & \sigma_{1p} \\ \sigma_{12} & \sigma_2^2 & \cdots & \sigma_{2p} \\ \vdots & \vdots & \ddots & \vdots \\ \sigma_{1p} & \sigma_{2p} & \cdots & \sigma_p^2 \end{pmatrix} \quad (7.17)$$

Durch komponentenweise Mittelung der beobachteten Werte ergibt sich der Mittelwertvektor $\bar{\mathbf{x}}$ als Punktschätzer für $\boldsymbol{\mu}$:

$$\bar{\mathbf{x}} = \frac{1}{n} \sum_{i=1}^{n} \mathbf{x}_i = \frac{1}{n} \begin{pmatrix} \sum_{i=1}^{n} x_{i1} \\ \vdots \\ \sum_{i=1}^{n} x_{ip} \end{pmatrix} = \begin{pmatrix} \bar{x}_1 \\ \vdots \\ \bar{x}_p \end{pmatrix} \sim N_p(\boldsymbol{\mu}; \boldsymbol{\Sigma}_{\bar{x}}) \quad (7.18)$$

Kovarianzmatrix $\boldsymbol{\Sigma}_{\bar{x}}$ des Mittelwertvektors $\bar{x}$:

$$\boldsymbol{\Sigma}_{\bar{x}} = \frac{1}{n} \boldsymbol{\Sigma} = \begin{pmatrix} \sigma_{\bar{x}_1}^2 & \sigma_{\bar{x}_1 \bar{x}_2} & \cdots & \sigma_{\bar{x}_1 \bar{x}_p} \\ \sigma_{\bar{x}_1 \bar{x}_2} & \sigma_{\bar{x}_2}^2 & \cdots & \sigma_{\bar{x}_2 \bar{x}_p} \\ \vdots & \vdots & \ddots & \vdots \\ \sigma_{\bar{x}_1 \bar{x}_p} & \sigma_{\bar{x}_2 \bar{x}_p} & \cdots & \sigma_{\bar{x}_p}^2 \end{pmatrix} \quad (7.19)$$

Mit dem Quantil $\chi^2_{p;1-\alpha}$ der χ^2-Verteilung (Tabelle 4.4) lässt sich der Konfidenzbereich festlegen durch:

$$P\{(\bar{\mathbf{x}} - \boldsymbol{\mu})' \boldsymbol{\Sigma}_{\bar{x}}^{-1} (\bar{\mathbf{x}} - \boldsymbol{\mu}) \leq \chi^2_{p;1-\alpha}\} = 1 - \alpha \quad (7.20)$$

Dies ist ein *Konfidenzhyperellipsoid für p Erwartungswerte* $\boldsymbol{\mu}$ mit dem Mittelpunkt $\bar{\mathbf{x}}$. Die *Halbachsen* a_i des Ellipsoids ergeben sich mit den *Eigenwerten* λ_i der Kovarianzmatrix $\boldsymbol{\Sigma}_{\bar{x}}$ zu:

$$a_i = \sqrt{\lambda_i \cdot \chi^2_{p;1-\alpha}}, \quad i = 1, \ldots, p \quad (7.21)$$

Die Ausrichtung der Ellipsoidachsen wird durch die zu den Eigenwerten λ_i gehörenden *Eigenvektoren* $\mathbf{c}_i$ (Kap. 2.7.2, 2.7.3) festgelegt, deren Elemente die Kosinus der Richtungswinkel bezogen auf die Koordinatenachsen darstellen. Ein dreidimensionales Konfidenzellipsoid ist in Abb. 7.6 dargestellt.

Falls das Konfidenzhyperellipsoid nicht für alle Erwartungswerte der beobachteten Messgrößen, sondern nur für eine geringere Anzahl gefordert ist, werden von der gesamten Kovarianzmatrix nur die betreffenden Anteile benötigt. Für den Fall $p = 2$ ergeben sich nach Kapitel 2.7.2 die Eigenwerte $\lambda_{1,2}$ der zugehörigen Kovarianzmatrix $\boldsymbol{\Sigma}_{\bar{x}}$ aus:

$$\det \begin{pmatrix} \sigma_{\bar{x}_1}^2 - \lambda & \sigma_{\bar{x}_1 \bar{x}_2} \\ \sigma_{\bar{x}_1 \bar{x}_2} & \sigma_{\bar{x}_2}^2 - \lambda \end{pmatrix} = 0$$

$$\lambda^2 - \lambda(\sigma_{\bar{x}_1}^2 + \sigma_{\bar{x}_2}^2) + \sigma_{\bar{x}_1}^2 \sigma_{\bar{x}_2}^2 - \sigma_{\bar{x}_1 \bar{x}_2}^2 = 0$$

$$\lambda_{1,2} = \frac{1}{2}\left(\sigma_{\bar{x}_1}^2 + \sigma_{\bar{x}_2}^2 \pm \sqrt{(\sigma_{\bar{x}_1}^2 - \sigma_{\bar{x}_2}^2)^2 + (2\sigma_{\bar{x}_1\bar{x}_2})^2}\right) \qquad (7.22)$$

Mit dem Quantil $\chi^2_{2;1-\alpha}$ werden nach Gl. (7.21) die Halbachsen a_1 und a_2 der Konfidenzellipse für die Erwartungswerte μ_1 und μ_2 berechnet (vgl. Abb. 7.7). Der Richtungswinkel θ der großen Halbachse (im Koordinatendrehsinn von der X_1-Achse aus abgetragen) folgt aus:

$$\tan 2\theta = \frac{2\sigma_{\bar{x}_1\bar{x}_2}}{\sigma_{\bar{x}_1}^2 - \sigma_{\bar{x}_2}^2} \qquad (7.23)$$

Beispielsweise lässt sich auf diese Weise die Konfidenzellipse eines Punktes P in einer Ebene bestimmen, dessen Koordinaten (y, x) samt ihrer Kovarianzmatrix aus Messwerten mit vorgegebener Kovarianzmatrix abgeleitet wurden.

Für den Fall $p = 1$ reduziert sich mit der Beziehung zwischen der Standardnormalverteilung und der χ^2-Verteilung

$$z_{1-\alpha/2} = \sqrt{\chi^2_{1;1-\alpha}} \qquad (7.24)$$

Gl. (7.20) zum Konfidenzintervall für *einen* Erwartungswert μ_i nach Gl. (7.7).

[b] Kovarianzmatrix Σ unbekannt

In Gl. (7.9) ist das Konfidenzintervall für *einen* Erwartungswert μ definiert. Bei der Parameteranzahl $p = 1$ gilt nach Gl. (4.135) für die Beziehung zwischen der t-Verteilung und der F-Verteilung:

$$t_{n-1;1-\alpha/2} = \sqrt{F_{1,n-1;1-\alpha}} \quad \text{bzw.} \quad t^2_{n-1;1-\alpha/2} = F_{1,n-1;1-\alpha} \qquad (7.25)$$

Bei $p > 1$ stellt die T^2-*Verteilung nach Hotelling* die p-dimensionale Verallgemeinerung der t-Verteilung dar. Sie ist ebenfalls der F-Verteilung äquivalent. Es gilt

$$T^2 \sim \frac{(n-1) \cdot p}{n-p} F_{p,n-p;1-\alpha}, \qquad (7.26)$$

wobei $(n-1)$ den Freiheitsgrad der benötigten Kovarianzmatrix bezeichnet.

7.1 Konfidenzintervalle und -bereiche

Die bei $p = 1$ benötigten Schätzwerte $\bar{x}$ und $\hat{\sigma}$ sind durch ihre multivariaten Analoga zu ersetzen. Definiert man mit $\bar{\mathbf{x}}$ nach Gl. (7.18) als Schätzer für die Kovarianzmatrix $\mathbf{\Sigma}$ der einzelnen Messwerte

$$\hat{\mathbf{\Sigma}} = \frac{1}{n-1} \sum_{i=1}^{n} (\mathbf{x}_i - \bar{\mathbf{x}})(\mathbf{x}_i - \bar{\mathbf{x}})'$$

$$= \frac{1}{n-1} \begin{pmatrix} \sum_{i=1}^{n} (x_{i1} - \bar{x}_1)^2 & \cdots & \sum_{i=1}^{n} (x_{i1} - \bar{x}_1)(x_{ip} - \bar{x}_p) \\ \vdots & & \vdots \\ \sum_{i=1}^{n} (x_{ip} - \bar{x}_p)(x_{i1} - \bar{x}_1) & \cdots & \sum_{i=1}^{n} (x_{ip} - \bar{x}_p)^2 \end{pmatrix}$$

$$= \begin{pmatrix} \hat{\sigma}_1^2 & \hat{\sigma}_{12} & \cdots & \hat{\sigma}_{1p} \\ \hat{\sigma}_{12} & \hat{\sigma}_2^2 & \cdots & \hat{\sigma}_{2p} \\ \vdots & \vdots & \ddots & \vdots \\ \hat{\sigma}_{1p} & \hat{\sigma}_{2p} & \cdots & \hat{\sigma}_p^2 \end{pmatrix} \qquad (7.27)$$

und als Schätzer für die Kovarianzmatrix $\mathbf{\Sigma}_{\bar{x}}$ der Mittelwerte

$$\hat{\mathbf{\Sigma}}_{\bar{x}} = \frac{1}{n} \hat{\mathbf{\Sigma}} = \begin{pmatrix} \hat{\sigma}_{\bar{x}_1}^2 & \hat{\sigma}_{\bar{x}_1 \bar{x}_2} & \cdots & \hat{\sigma}_{\bar{x}_1 \bar{x}_p} \\ \hat{\sigma}_{\bar{x}_1 \bar{x}_2} & \hat{\sigma}_{\bar{x}_2}^2 & \cdots & \hat{\sigma}_{\bar{x}_2 \bar{x}_p} \\ \vdots & \vdots & \ddots & \vdots \\ \hat{\sigma}_{\bar{x}_1 \bar{x}_p} & \hat{\sigma}_{\bar{x}_2 \bar{x}_p} & \cdots & \hat{\sigma}_{\bar{x}_p}^2 \end{pmatrix} \qquad (7.28)$$

ergibt sich analog Gl. (7.20) die *Hotelling-T^2-Statistik*

$$T^2 = n(\bar{\mathbf{x}} - \boldsymbol{\mu})' \hat{\mathbf{\Sigma}}^{-1} (\bar{\mathbf{x}} - \boldsymbol{\mu}) = (\bar{\mathbf{x}} - \boldsymbol{\mu})' \hat{\mathbf{\Sigma}}_{\bar{x}}^{-1} (\bar{\mathbf{x}} - \boldsymbol{\mu}) \,. \qquad (7.29)$$

Mit Gl. (7.26) bis (7.29) folgt das *Konfidenzhyperellipsoid für p Erwartungswerte* $\boldsymbol{\mu}$ mit dem Mittelpunkt $\bar{\mathbf{x}}$:

$$P\left\{ (\bar{\mathbf{x}} - \boldsymbol{\mu})' \hat{\mathbf{\Sigma}}_{\bar{x}}^{-1} (\bar{\mathbf{x}} - \boldsymbol{\mu}) \leq \frac{(n-1)p}{n-p} F_{p, n-p; 1-\alpha} \right\} = 1 - \alpha \qquad (7.30)$$

Die *Halbachsen* a_i des Ellipsoids ergeben sich mit den *Eigenwerten* λ_i der Kovarianzmatrix $\hat{\mathbf{\Sigma}}_{\bar{x}}$ zu:

$$a_i = \sqrt{\lambda_i \cdot \frac{(n-1)p}{n-p} F_{p, n-p; 1-\alpha}}, \quad i = 1, \ldots, p \qquad (7.31)$$

Die Ausrichtung der Ellipsoidachsen wird durch die zu den Eigenwerten λ_i gehörenden *Eigenvektoren* $\mathbf{c}_i$ (Kap. 2.7.2, 2.7.3) festgelegt. Sie enthalten die Kosinus der Richtungswinkel bezogen auf die Koordinatenachsen. Ein dreidimensionales Konfidenzellipsoid ist in Abb. 7.6 dargestellt.

Für den Fall $p = 2$ ergeben sich analog Gl. (7.22, 7.23) die Eigenwerte:

$$\lambda_{1,2} = \frac{1}{2}\left(\hat{\sigma}_{\bar{x}_1}^2 + \hat{\sigma}_{\bar{x}_2}^2 \pm \sqrt{(\hat{\sigma}_{\bar{x}_1}^2 - \hat{\sigma}_{\bar{x}_2}^2)^2 + 4\hat{\sigma}_{\bar{x}_1\bar{x}_2}^2}\right) \quad (7.32)$$

Mit dem Quantil $F_{2,n-2;1-\alpha}$ der F-Verteilung nach Gl. (7.31) berechnet man die Halbachsen a_1 und a_2 der Konfidenzellipse für die Erwartungswerte μ_1 und μ_2 (vgl. Abb. 7.7). Der Richtungswinkel θ der großen Halbachse (im Koordinatendrehsinn von der X_1-Achse aus abgetragen) folgt aus:

$$\tan 2\theta = \frac{2\hat{\sigma}_{\bar{x}_1\bar{x}_2}}{\hat{\sigma}_{\bar{x}_1}^2 - \hat{\sigma}_{\bar{x}_2}^2}. \quad (7.33)$$

Für den Fall $p = 1$ ergibt sich mit Gl. (7.25) analog Gl. (7.9) das Konfidenzintervall für *einen* Erwartungswert μ_i zu:

$$P\left\{\bar{x}_i - t_{n-1;1-\alpha/2} \cdot \hat{\sigma}_{\bar{x}_i} \leq \mu_i \leq \bar{x}_i + t_{n-1;1-\alpha/2} \cdot \hat{\sigma}_{\bar{x}_i}\right\} = 1 - \alpha \quad (7.34)$$

Multivariater Zwei-Stichprobenfall:

Wenn p Merkmale an n_1 und n_2 Objekten aus zwei Grundgesamtheiten beobachtet bzw. p Messgrößen n_1-mal und n_2-mal (z. B. zu zwei unterschiedlichen Zeitpunkten) gemessen werden, liegt ein multivariater Zwei-Stichprobenfall vor. Geht man davon aus, dass die Stichproben $\mathbf{X}_1 \sim N_p(\boldsymbol{\mu}_1; \boldsymbol{\Sigma})$ und $\mathbf{X}_2 \sim N_p(\boldsymbol{\mu}_2; \boldsymbol{\Sigma})$ unabhängig normalverteilt sind und gleiche Kovarianzmatrizen aufweisen, lassen sich die analog Gl. (7.27) gebildeten Schätzer $\hat{\boldsymbol{\Sigma}}_1$ und $\hat{\boldsymbol{\Sigma}}_2$ der Kovarianzmatrix $\boldsymbol{\Sigma}$ zu einem gemeinsamen, für alle einzelnen Messwerte beider Stichproben gültigen Schätzer $\hat{\boldsymbol{\Sigma}}$ zusammenfassen:

$$\hat{\boldsymbol{\Sigma}} = \frac{(n_1 - 1)\hat{\boldsymbol{\Sigma}}_1 + (n_2 - 1)\hat{\boldsymbol{\Sigma}}_2}{(n_1 - 1) + (n_2 - 1)} \quad (7.35)$$

Damit ergibt sich die Kovarianzmatrix der Differenz der Mittelwerte $(\bar{\mathbf{x}}_1 - \bar{\mathbf{x}}_2)$ zu:

$$\hat{\boldsymbol{\Sigma}}_{(\bar{\mathbf{x}}_1 - \bar{\mathbf{x}}_2)} = \left(\frac{1}{n_1} + \frac{1}{n_2}\right)\hat{\boldsymbol{\Sigma}} \quad (7.36)$$

Wird der Freiheitsgrad $(n_1 + n_2 - 2)$ der Kovarianzmatrix Gl. (7.35) anstelle von $n-1$ in Gl. (7.26) eingesetzt, folgt analog zum Ein-Stichprobenfall nach Gl. (7.29) das *Konfidenzhyperellipsoid für p Differenzen von zwei Erwartungswertvektoren* $(\boldsymbol{\mu}_1 - \boldsymbol{\mu}_2)$ mit dem Mittelpunkt $(\bar{\mathbf{x}}_1 - \bar{\mathbf{x}}_2)$:

$$P\left\{[(\bar{\mathbf{x}}_1 - \bar{\mathbf{x}}_2) - (\boldsymbol{\mu}_1 - \boldsymbol{\mu}_2)]'\hat{\boldsymbol{\Sigma}}_{(\bar{\mathbf{x}}_1 - \bar{\mathbf{x}}_2)}^{-1}[(\bar{\mathbf{x}}_1 - \bar{\mathbf{x}}_2) - (\boldsymbol{\mu}_1 - \boldsymbol{\mu}_2)] \leq \right.$$
$$\left. \frac{(n_1 + n_2 - 2)p}{n_1 + n_2 - p - 1} \cdot F_{p,n_1+n_2-p-1;1-\alpha}\right\} = 1 - \alpha$$

7.1.4 Konfidenzintervall für eine Standardabweichung σ

Wie in Kapitel 4.6.6 dargelegt, folgt die Summe der Quadrate standardnormalverteilter unabhängiger Zufallsvariablen der χ^2-Verteilung:

$$\frac{\sum(X_i - \mu)^2}{\sigma^2} = \frac{f \cdot \hat{\sigma}^2}{\sigma^2} \sim \chi^2(f), \qquad f = n - u = \text{Freiheitsgrad} \qquad (7.37)$$

Mit dem aus der Stichprobe einer normalverteilten Zufallsvariablen $X \sim N(\mu; \sigma^2)$ nach Gl. (6.45) berechneten Schätzwert $\hat{\sigma}^2$ und den Quantilen der χ^2-Verteilung lässt sich ein Konfidenzintervall für die unbekannte Varianz σ^2 bzw. Standardabweichung σ ableiten.

[a] **Zweiseitiges Konfidenzintervall für eine Standardabweichung σ**
Das zweiseitige Konfidenzintervall wird in der Praxis meist mit halbierter Irrtumswahrscheinlichkeit $\alpha/2$ an beiden Grenzen definiert, obwohl die χ^2-Verteilung nicht symmetrisch ist:

$$P\left\{ \chi^2_{f;\alpha/2} \leq f \cdot \frac{\hat{\sigma}^2}{\sigma^2} \leq \chi^2_{f;1-\alpha/2} \right\} = 1 - \alpha \qquad (7.38)$$

$\chi^2_{f;\alpha/2}$ und $\chi^2_{f;1-\alpha/2}$ = Quantile der χ^2-Verteilung beim Freiheitsgrad $f = n - u$ an den Stellen $\alpha/2$ bzw. $1 - \alpha/2$.

Nach Umformung zeigt sich das *zweiseitige Konfidenzintervall für die Standardabweichung σ*:

$$P\left\{ \sqrt{\frac{f}{\chi^2_{f;1-\alpha/2}}} \cdot \hat{\sigma} \leq \sigma \leq \sqrt{\frac{f}{\chi^2_{f;\alpha/2}}} \cdot \hat{\sigma} \right\} = 1 - \alpha \qquad (7.39)$$

Da die χ^2-Verteilung insbesondere bei kleinen Freiheitsgraden stark unsymmetrisch ist, sind die Intervallgrenzen entsprechend unsymmetrisch zur Punktschätzung $\hat{\sigma}$. Mit zunehmender Anzahl der Freiheitsgrade wird das Konfidenzintervall kleiner und liegt symmetrischer zu $\hat{\sigma}$.

[b] **Einseitiges Konfidenzintervall für eine Standardabweichung σ**
Ein einseitiges Konfidenzintervall „nach oben" oder „nach unten" lässt sich aus der Intervallschätzung der χ^2-Prüfgröße zur jeweils anderen Seite hin ableiten, d. h. für das Intervall „nach oben" wird das „untere" Quantil $\chi^2_{f;\alpha}$ benötigt und umgekehrt .

Einseitige Intervallschätzung für σ „nach oben":

$$P\left\{ \chi^2_{f;\alpha} \leq \hat{\chi}^2 = f \cdot \frac{\hat{\sigma}^2}{\sigma^2} \right\} = 1 - \alpha$$

$$P\left\{ \sigma \leq \sqrt{\frac{f}{\chi^2_{f;\alpha}}} \cdot \hat{\sigma} \right\} = 1 - \alpha \qquad (7.40)$$

Einseitige Intervallschätzung für σ „nach unten":

$$P\{\hat{\chi}^2 = f \cdot \frac{\hat{\sigma}^2}{\sigma^2} \leq \chi^2_{f;1-\alpha}\} = 1 - \alpha$$

$$P\left\{\sqrt{\frac{f}{\chi^2_{f;1-\alpha}}} \cdot \hat{\sigma} \leq \sigma\right\} = 1 - \alpha \qquad (7.41)$$

[c] **Minimales zweiseitiges Konfidenzintervall für eine Standardabweichung** σ

Da die χ^2-Verteilung unsymmetrisch ist, liefert die bei der Intervalldefinition nach Gl. (7.38) angewandte Halbierung der Irrtumswahrscheinlichkeit kein minimales zweiseitiges Konfidenzintervall. Zu dessen Festlegung müssen das untere und das obere Quantil paarweise für jeden Freiheitsgrad unter der Minimumsbedingung iterativ berechnet werden (siehe [Sch94], Kap. 6.3). Den in Tabelle 7.1 angegebenen Quantilen sind für jeden Freiheitsgrad unterschiedlich große Anteile der Irrtumswahrscheinlichkeit α zugeordnet, sodass sie als *unteres Quantil* $\chi^2_{f;u}$ und *oberes Quantil* $\chi^2_{f;o}$ bezeichnet werden. Hiermit ergibt sich das *minimale zweiseitige Konfidenzintervall für die Standardabweichung* σ:

$$P\{\chi^2_{f;u} \leq f \cdot \frac{\hat{\sigma}^2}{\sigma^2} \leq \chi^2_{f;o}\} = 1 - \alpha$$

$$P\left\{\sqrt{\frac{f}{\chi^2_{f;o}}} \cdot \hat{\sigma} \leq \sigma \leq \sqrt{\frac{f}{\chi^2_{f;u}}} \cdot \hat{\sigma}\right\} = 1 - \alpha \qquad (7.42)$$

Dieses Intervall ist kleiner und symmetrischer als das herkömmliche zweiseitige Intervall nach Gl. (7.39). Da seine Obergrenze nur unwesentlich größer ist als beim einseitigen Intervall „nach oben" nach Gl. (7.40), besitzt es fast die gleiche Schärfe wie das einseitige Intervall, erlaubt jedoch zusätzlich eine Abschätzung nach unten.

Beispiel 7.4: *Konfidenzintervalle für die Standardabweichung* σ
In DIN 18723-1 „Feldverfahren zur Genauigkeitsuntersuchung geodätischer Instrumente; Allgemeines" wird sowohl das konventionelle zweiseitige als auch das einseitige Konfidenzintervall vorgeschlagen, jedoch hauptsächlich das einseitige Intervall „nach oben" empfohlen. In DIN 18723-6 wird die Untersuchung von elektrooptischen Distanzmessern geregelt. Im zugehörigen Beispiel zeigt sich als Ergebnis die Standardabweichung $\hat{\sigma} = 0,7\ cm$ bei $f = 14$ Freiheitsgraden. Für $\alpha = 5\%$ Irrtumswahrscheinlichkeit ergibt sich mit den Quantilen $\chi^2_{14;0,025} = 5,63$ und $\chi^2_{14;0,975} = 26,1$ aus Tabelle 4.4 das *zweiseitige Konfidenzintervall für die Standardabweichung* σ nach Gl. (7.39):

$$P\left\{\sqrt{\frac{14}{26,1}} \cdot 0,7\ cm \leq \sigma \leq \sqrt{\frac{14}{5,63}} \cdot 0,7\ cm\right\} = 0,95$$

$$P\{0,51\ cm \leq \sigma \leq 1,10\ cm\} = 0,95$$

Mit dem Quantil $\chi^2_{14;0,05} = 6,57$ aus Tabelle 4.4 ergibt sich das *einseitige Konfidenzintervall für die Standardabweichung* σ nach Gl. (7.40):

$$P\{ \sigma \leq \sqrt{\frac{14}{6,57} \cdot 0,7\,cm} \} = 0,95$$

$$P\{ \sigma \leq 1,02\,cm \} = 0,95$$

Mit den Quantilen $\chi^2_{14;u} = 6,45$ und $\chi^2_{14;o} = 32,15$ aus Tabelle 7.1 folgt das *minimale zweiseitige Konfidenzintervall für die Standardabweichung* σ nach Gl. (7.42):

$$P\left\{ \sqrt{\frac{14}{32,15} \cdot 0,7\,cm} \leq \sigma \leq \sqrt{\frac{14}{6,45} \cdot 0,7\,cm} \right\} = 0,95$$

$$P\{ 0,46\,cm \leq \sigma \leq 1,03\,cm \} = 0,95$$

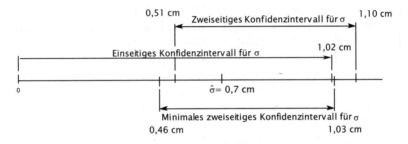

Abbildung 7.5: Zweiseitiges, einseitiges und minimales zweiseitiges Konfidenzintervall für σ

7.1.5 Konfidenzintervalle für Parameter und Erwartungswerte von Regressionsfunktionen

[a] Individuelle Konfidenzintervalle für einzelne Regressionsparameter β

Entsprechend der Normalverteilungsannahme sind nach Gl. (6.55) die Schätzer $\hat{\boldsymbol{\beta}}$ der Regressionsparameter u-dimensional normalverteilt ($u = p + 1$):

$$\hat{\boldsymbol{\beta}} \sim N_u(\boldsymbol{\beta}, \sigma^2(\mathbf{X}'\mathbf{X})^{-1}) \qquad (7.43)$$

Für die einzelne Komponente $\hat{\beta}_j$ von $\hat{\boldsymbol{\beta}}$ mit $j = 0, \ldots, p$ gilt

$$\hat{\beta}_j \sim N(\beta_j, \sigma^2 a_{jj}),$$

wobei a_{jj} das j-te Diagonalelement von $(\mathbf{X}'\mathbf{X})^{-1}$ (bzw. von $(\mathbf{X}'\mathbf{P}\mathbf{X})^{-1}$) bezeichnet. Die normierte Prüfgröße

$$\hat{t} = \frac{\hat{\beta}_j - \beta_j}{\hat{\sigma}_{\hat{\beta}_j}} \quad \text{mit} \quad \hat{\sigma}_{\hat{\beta}_j} = \hat{\sigma}\sqrt{a_{jj}} \quad \text{nach Gl. (6.71)} \qquad (7.44)$$

Tabelle 7.1: Unteres und oberes Quantil der χ^2-Verteilung für das *minimale Konfidenzintervall* nach Gl. (7.42) bei den Konfidenzniveaus $P = 90\%, 95\%$ und 99% (aus: [Sch94] (Kap. 6.3)).

Freiheits-grad f	$P = 90\%$		$P = 95\%$		$P = 99\%$	
	$\chi^2_{f;u}$	$\chi^2_{f;o}$	$\chi^2_{f;u}$	$\chi^2_{f;o}$	$\chi^2_{f;u}$	$\chi^2_{f;o}$
1	0,015790	21,69	0,003932	26,44	0,000157	37,12
2	0,21045	18,01	0,10254	21,48	0,02010	29,14
3	0,5821	17,64	0,3512	20,74	0,1148	27,51
4	1,0561	18,11	0,7082	21,06	0,2969	27,46
5	1,5938	18,91	1,1392	21,80	0,5534	28,03
6	2,175	19,87	1,623	22,74	0,870	28,89
7	2,788	20,93	2,147	23,79	1,235	29,92
8	3,426	22,04	2,703	24,91	1,640	31,05
9	4,084	23,18	3,284	26,08	2,078	32,24
10	4,758	24,35	3,886	27,27	2,543	33,47
11	5,447	25,53	4,505	28,47	3,034	34,72
12	6,147	26,72	5,141	29,69	3,545	36,00
13	6,858	27,91	5,790	30,92	4,074	37,28
14	7,579	29,11	6,451	32,15	4,621	38,57
15	8,308	30,31	7,123	33,38	5,182	39,87
16	9,045	31,51	7,804	34,62	5,756	41,17
17	9,788	32,71	8,495	35,86	6,342	42,47
18	10,54	33,91	9,193	37,09	6,940	43,77
19	11,29	35,11	9,899	38,33	7,548	45,08
20	12,06	36,31	10,61	39,56	8,165	46,38
21	12,82	37,51	11,33	40,79	8,792	47,67
22	13,59	38,71	12,06	42,02	9,426	48,97
23	14,37	39,90	12,79	43,25	10,07	50,27
24	15,15	41,09	13,52	44,48	10,72	51,56
25	15,94	42,28	14,26	45,71	11,37	52,85
26	16,72	43,47	15,01	46,93	12,03	54,14
27	17,51	44,66	15,76	48,15	12,70	55,43
28	18,31	45,84	16,51	49,37	13,38	56,71
29	19,11	47,03	17,27	50,58	14,06	57,99
30	19,91	48,21	18,03	51,80	14,74	59,27
40	28,06	59,93	25,82	63,83	21,82	71,91
50	36,42	71,50	33,86	75,70	29,22	84,34
60	44,92	82,95	42,06	87,42	36,86	96,59
70	53,53	94,30	50,41	99,02	44,68	108,69
80	62,23	105,57	58,86	110,53	52,64	120,66
90	71,01	116,77	67,40	121,96	60,72	132,53
100	79,85	127,91	76,02	133,32	68,90	144,31

folgt der *t-Verteilung* (siehe Kap. 4.6.7) mit $f = n - u$ *Freiheitsgraden*. Mit $u = p + 1$ wird die Anzahl der unbekannten Parameter β_j, $(j = 0, \ldots, p)$ der Regression bezeichnet, die aus den n Messwertpaaren (bzw. Messwerttupeln) der Stichprobe geschätzt werden. Analog zu Gl. (7.9) ergibt sich mit der *t*-Verteilung das *(individuelle) Konfidenzintervall für β_j*:

$$P\{\hat{\beta}_j - t_{f;1-\alpha/2} \cdot \hat{\sigma}_{\hat{\beta}_j} \leq \beta_j \leq \hat{\beta}_j + t_{f;1-\alpha/2} \cdot \hat{\sigma}_{\hat{\beta}_j}\} = 1 - \alpha \quad (7.45)$$

Konfidenzintervall für den einzigen Parameter β_0 einer Regression:

Falls der Regressor X keinen Einfluss auf den Regressanden Y besitzt, wird die Regression lediglich durch den Parameter β_0 definiert, d. h. die Regressionsgerade verläuft parallel zur x-Achse. Falls keine Messwertpaare (y_i, x_i), sondern nur die Messwerte y_i ermittelt werden, liegt zudem der in Beispiel 6.3 behandelte Fall der „Ausgleichung direkter Beobachtungen" vor und der Parameter β_0 ist mit dem Erwartungswert μ identisch. Das Konfidenzintervall für μ in Gl. (7.9) ist folglich ein Sonderfall von Gl. (7.45).

Individuelle Konfidenzintervalle für die beiden Parameter β_0 und β_1 einer Regressionsgeraden (Abb. 7.7):

$$\begin{aligned} P\{\hat{\beta}_0 - t_{f;1-\alpha/2} \cdot \hat{\sigma}_{\hat{\beta}_0} \leq \beta_0 \leq \hat{\beta}_0 + t_{f;1-\alpha/2} \cdot \hat{\sigma}_{\hat{\beta}_0}\} = 1 - \alpha \\ P\{\hat{\beta}_1 - t_{f;1-\alpha/2} \cdot \hat{\sigma}_{\hat{\beta}_1} \leq \beta_1 \leq \hat{\beta}_1 + t_{f;1-\alpha/2} \cdot \hat{\sigma}_{\hat{\beta}_1}\} = 1 - \alpha \end{aligned} \quad (7.46)$$

Freiheitsgrad $f = n - 2$

$$\hat{\sigma}^2_{\hat{\beta}_1} = \frac{\hat{\sigma}^2}{\sum_{i=1}^n (x_i - \bar{x})^2} \quad \text{und} \quad \hat{\sigma}^2_{\hat{\beta}_0} = \frac{\hat{\sigma}^2}{n} + \hat{\sigma}^2_{\hat{\beta}_1} \cdot \bar{x}^2 \quad (7.47)$$

Das Intervall für β_0 begrenzt dessen „wahrscheinlichen" Wertebereich auf der y-Achse. Das Intervall für β_1 wird durch zwei Geraden mit der „wahrscheinlich" maximalen bzw. minimalen Steigung gebildet, die sich (wie alle Regressionsgeraden) im Schwerpunkt $(\bar{y}, \bar{x})$ schneiden.

Beispiel 7.5: *Individuelle Konfidenzintervalle für alle drei Parameter einer Korrektionsfunktion*

In Beispiel 6.6 wurden aus $n = 36$ Messwertpaaren (y_i, x_i) die Schätzwerte der drei Parameter $\beta_0, \beta_1, \beta_2$ der Regressionsfunktion

$$Y_i = \beta_0 + \beta_1 \cdot e^{-\beta_2 \cdot (x_i - x_{36})}$$

$$\hat{\beta}_0 = -4,3\,, \quad \hat{\beta}_1 = 4,0\,, \quad \hat{\beta}_2 = 6,6$$

und deren Standardabweichungen

$$\hat{\sigma}_{\hat{\beta}_0} = 0,43\,, \qquad \hat{\sigma}_{\hat{\beta}_1} = 0,48\,, \qquad \hat{\sigma}_{\hat{\beta}_2} = 2,16$$

bestimmt. Freiheitsgrad $f = n - u = 33$. Bei der Irrtumswahrscheinlichkeit $\alpha = 5\,\%$ ergibt sich aus Tabelle 4.5 das Quantil der t-Verteilung zu $t_{f;1-\alpha/2} = t_{33;0,975} = 2,04$.

Konfidenzintervalle der Parameter $\beta_0, \beta_1, \beta_2$ nach Gl. (7.45):

$$P\{-4,3 - 2,04 \cdot 0,43 \leq \beta_0 \leq -4,3 + 2,04 \cdot 0,43\} = 95\,\%$$
$$P\{-5,2 \leq \beta_0 \leq -3,4\} = 95\,\%$$

$$P\{4,0 - 2,04 \cdot 0,48 \leq \beta_1 \leq 4,0 + 2,04 \cdot 0,48\} = 95\,\%$$
$$P\{3,0 \leq \beta_1 \leq 5,0\} = 95\,\%$$

$$P\{6,6 - 2,04 \cdot 2,16 \leq \beta_2 \leq 6,6 + 2,04 \cdot 2,16\} = 95\,\%$$
$$P\{2,2 \leq \beta_2 \leq 11,0\} = 95\,\%$$

Die Regressionsfunktion ist nur schwach gekrümmt. Da β_2 die Krümmung der Funktion kennzeichnet, wird dieser Parameter durch die Messwerte vergleichsweise weniger präzise, d. h. mit größerer Standardabweichung festgelegt. Daher fällt das Konfidenzintervall für β_2 im Vergleich zu den beiden übrigen Intervallen wesentlich größer aus.

[b] Konfidenzhyperellipsoid für alle Regressionsparameter β
Der gemeinsame Konfidenzbereich für alle $u = p+1$ Parameter β_j, $(j = 0, \ldots, p)$ ist definiert durch das u-dimensionale Konfidenzhyperellipsoid mit dem Mittelpunkt $\hat{\boldsymbol{\beta}}$:

$$P\left\{(\hat{\boldsymbol{\beta}} - \boldsymbol{\beta})' \hat{\boldsymbol{\Sigma}}_{\hat{\boldsymbol{\beta}}}^{-1} (\hat{\boldsymbol{\beta}} - \boldsymbol{\beta}) \leq u \cdot F_{u,n-u;1-\alpha}\right\} = 1 - \alpha \qquad (7.48)$$

Die *Halbachsen* a_j des Ellipsoids ergeben sich mit den *Eigenwerten* λ_j der Kovarianzmatrix $\hat{\boldsymbol{\Sigma}}_{\hat{\boldsymbol{\beta}}}$ zu:

$$a_j = \sqrt{\lambda_j \cdot u \cdot F_{u,n-u;1-\alpha}}\,, \qquad j = 0, \ldots, p \qquad (7.49)$$

Die Ausrichtung der Ellipsoidachsen wird durch die zu den Eigenwerten λ_j gehörenden *Eigenvektoren* $\mathbf{c}_j$ (Kap. 2.7.2, 2.7.3) festgelegt.

7.1 Konfidenzintervalle und -bereiche

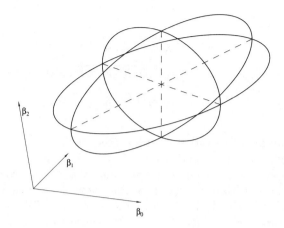

Abbildung 7.6: Dreidimensionales Konfidenzellipsoid

Beispiel 7.6: *Konfidenzellipsoid für alle Parameter einer Korrektionsfunktion*
In Beispiel 6.6 ergaben sich aus $n = 36$ Messwertpaaren die $u = 3$ Parameterschätzwerte

$$\hat{\beta}_0 = -4,3, \quad \hat{\beta}_1 = 4,0, \quad \hat{\beta}_2 = 6,6$$

und deren Kovarianzmatrix

$$\hat{\Sigma}_{\hat{\beta}} = 0,62 \cdot \begin{pmatrix} 0,2925 & -0,1856 & 1,2821 \\ -0,1856 & 0,3635 & -0,3471 \\ 1,2821 & -0,3471 & 7,5145 \end{pmatrix}.$$

Eigenwerte λ_j und Eigenvektoren $\mathbf{c}_j$ der Kovarianzmatrix $\hat{\Sigma}_{\hat{\beta}}$:

$$\lambda_0 = 0,62 \cdot 0,39242 = 0,2433, \quad \mathbf{c}_0' = (\,0,3468 \quad -0,9317 \quad -0,1078\,)$$
$$\lambda_1 = 0,62 \cdot 0,02384 = 0,0148, \quad \mathbf{c}_1' = (\,0,9223 \quad 0,3597 \quad -0,1412\,)$$
$$\lambda_2 = 0,62 \cdot 7,75424 = 4,8076, \quad \mathbf{c}_2' = (\,0,1703 \quad -0,0505 \quad 0,9841\,)$$

Die Elemente der Eigenvektoren sind die Richtungskosinus der Ellipsoidachsen, aus denen sich die Richtungswinkel gegenüber den Achsen des Koordinatensystems ableiten lassen. Zur Darstellung der Eigenvektoren werden deren Werte vom Mittelpunkt $\hat{\boldsymbol{\beta}}$ aus als Koordinaten in Richtung der Koordinatenachsen $(\beta_0, \beta_1, \beta_2)$ abgetragen.

Bei der Irrtumswahrscheinlichkeit $\alpha = 5\,\%$ beträgt nach Tabelle 4.6 das Quantil $F_{3,33;0,95} = 2,90$, womit nach Gl. (7.49) die Halbachsen des Konfidenzellipsoids aller drei Parameter $\beta_0, \beta_1, \beta_2$ berechnet werden zu:

$$a_0 = \sqrt{0,2433 \cdot 3 \cdot 2,90} = 1,45$$
$$a_1 = \sqrt{0,0148 \cdot 3 \cdot 2,90} = 0,36$$
$$a_2 = \sqrt{4,8076 \cdot 3 \cdot 2,90} = 6,47$$

[c] **Konfidenzhyperellipsoid für einige Regressionsparameter β**
Wird der gemeinsame Konfidenzbereich nicht für alle $u = p + 1$ Parameter β sondern nur für eine geringere Parameteranzahl $k < u$ gefordert, wählt man aus den Vektoren und Matrizen die diese Parameter betreffenden Anteile aus, die mit dem Index k ($\hat{\boldsymbol{\beta}}_k, \boldsymbol{\beta}_k, \hat{\boldsymbol{\Sigma}}_{\hat{\boldsymbol{\beta}}_k}$) bezeichnet sein sollen. Diese Auswahl kann mit einer *Hilfsmatrix* **H** erfolgen. Diese setzt sich aus den k Zeilen einer $(p + 1)$-dimensionalen Einheitsmatrix zusammen, aus der bestimmte Zeilen entsprechend den nicht zu berücksichtigen Parametern gestrichen werden. Wenn beispielsweise von sechs Parametern β_j, $(j = 0, \ldots, 5)$ die $k = 3$ Parameter β_2, β_3 und β_5 ausgewählt werden sollen, ergibt sich durch Streichung der 1., 2. und 4. Zeile der sechsdimensionalen Einheitsmatrix die Hilfsmatrix

$$\mathbf{H}_{(3,6)} = \begin{pmatrix} 0 & 0 & 1 & 0 & 0 & 0 \\ 0 & 0 & 0 & 1 & 0 & 0 \\ 0 & 0 & 0 & 0 & 0 & 1 \end{pmatrix}, \quad \text{Rang } rg(\mathbf{H}) = 3.$$

Die gesuchte Auswahl ergibt sich mit:

$$\hat{\boldsymbol{\beta}}_k = \mathbf{H}\hat{\boldsymbol{\beta}}, \quad \boldsymbol{\beta}_k = \mathbf{H}\boldsymbol{\beta}, \quad \hat{\boldsymbol{\Sigma}}_{\hat{\boldsymbol{\beta}}_k} = \mathbf{H}\hat{\boldsymbol{\Sigma}}_{\hat{\boldsymbol{\beta}}}\mathbf{H}' \quad (7.50)$$

Wendet man Gl. (7.48, 7.49) auf diese Parameterauswahl an, zeigt sich das k-dimensionale Konfidenzhyperellipsoid mit dem Mittelpunkt $\hat{\boldsymbol{\beta}}_k$

$$P\left\{(\hat{\boldsymbol{\beta}}_k - \boldsymbol{\beta}_k)' \hat{\boldsymbol{\Sigma}}_{\hat{\boldsymbol{\beta}}_k}^{-1} (\hat{\boldsymbol{\beta}}_k - \boldsymbol{\beta}_k) \leq k \cdot F_{k,n-u;1-\alpha}\right\} = 1 - \alpha \quad (7.51)$$

und den *Halbachsen* a_j

$$a_j = \sqrt{\lambda_j \cdot k \cdot F_{k,n-u;1-\alpha}} \quad (7.52)$$

Beispiel 7.7: *Konfidenzellipse für zwei Parameter einer Korrektionsfunktion*
Die ersten beiden Parameterschätzwerte $\hat{\beta}_0 = -4,3$, $\hat{\beta}_1 = 4,0$ des Beispiels 6.6 besitzen die Kovarianzmatrix

$$\hat{\Sigma}_{\hat\beta_{0,1}} = \mathbf{H}\hat{\Sigma}_{\hat\beta}\mathbf{H}'$$
$$= 0{,}62 \cdot \begin{pmatrix} 1 & 0 & 0 \\ 0 & 1 & 0 \end{pmatrix} \begin{pmatrix} 0{,}2925 & -0{,}1856 & 1{,}2821 \\ -0{,}1856 & 0{,}3635 & -0{,}3471 \\ 1{,}2821 & -0{,}3471 & 7{,}5145 \end{pmatrix} \begin{pmatrix} 1 & 0 \\ 0 & 1 \\ 0 & 0 \end{pmatrix}$$
$$= 0{,}62 \cdot \begin{pmatrix} 0{,}2925 & -0{,}1856 \\ -0{,}1856 & 0{,}3635 \end{pmatrix}$$

Die Eigenwerte λ_j und die zugehörigen Eigenvektoren $\mathbf{c}_j$ dieser Kovarianzmatrix $\hat{\Sigma}_{\hat\beta_{0,1}}$ lassen sich gemäß vorigem Beispiel berechnen:

$$\lambda_0 = 0{,}62 \cdot 0{,}1390 = 0{,}0862, \quad \mathbf{c}_0' = (0{,}7707 \quad 0{,}6372)$$
$$\lambda_1 = 0{,}62 \cdot 0{,}5170 = 0{,}3205, \quad \mathbf{c}_1' = (-0{,}6372 \quad 0{,}7707)$$

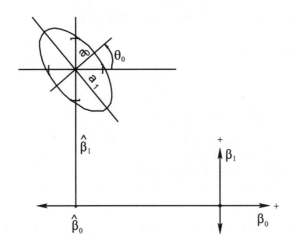

Abbildung 7.7: Konfidenzellipse nach Beispiel 7.7 und individuelle Konfidenzintervalle (in eckigen Klammern [ ]) nach Beispiel 7.5 für β_0 und β_1

Die Elemente der Eigenvektoren sind die Richtungskosinus der Ellipsoidachsen, aus denen sich die Richtungswinkel gegenüber den Achsen des Koordinatensystems zu $\theta_0 = 43{,}98\ gon$ und $\theta_1 = 143{,}98\ gon$ ableiten lassen. Bei der Irrtumswahrscheinlichkeit $\alpha = 5\,\%$ beträgt nach Tabelle 4.6 das Quantil $F_{2,33;0{,}95} = 3{,}30$, womit nach Gl. (7.52) die Halbachsen der Konfidenzellipse der beiden Parameter β_0, β_1 berechnet werden zu (siehe Abb. 7.7):

$$a_0 = \sqrt{0{,}0862 \cdot 2 \cdot 3{,}30} = 0{,}75$$
$$a_1 = \sqrt{0{,}3205 \cdot 2 \cdot 3{,}30} = 1{,}45$$

Die Berechnung der Eigenwerte kann auch analog Gl. (7.32) und die Berechnung des Richtungswinkel θ der großen Halbachse (im Koordinatendrehsinn von der β_0-Achse aus abgetragen) analog Gl. (7.33) erfolgen.

$$\tan 2\theta = \frac{2 \cdot (-0,1856)}{0,2925 - 0,3635} = \frac{-0,3712}{-0,0710} = 5,2282$$

$$2\theta = 287,97\,gon \quad \text{(Quadrantenvorzeichen beachten!)}$$

$$\theta = 143,98\,gon \quad (\,=\,\arccos(-0,1856)\,)$$

[d] **Konfidenzintervalle für Erwartungswerte $E(\mathbf{y})$**
Die Schätzwerte $\hat{\mathbf{y}} = \mathbf{X}\hat{\boldsymbol{\beta}}$ der Erwartungswerte einer Regressionsfunktion nach Gl. (6.41) besitzen nach Gl. (6.72) die Kovarianzmatrix:

$$\hat{\boldsymbol{\Sigma}}_{\hat{\mathbf{y}}} = \hat{\sigma}^2 \mathbf{X}(\mathbf{X}'\mathbf{X})^{-1}\mathbf{X}'$$

Die normierte Prüfgröße

$$\hat{t} = \frac{\hat{y}(x_i) - \mu_{Y(x_i)}}{\hat{\sigma}_{\hat{y}(x_i)}} \quad \text{mit} \quad \hat{\sigma}_{\hat{y}(x_i)} = \hat{\sigma}\sqrt{b_{jj}} \quad \text{nach Gl. (6.72),} \tag{7.53}$$

wobei b_{jj} das j-te Diagonalelement von $\mathbf{X}(\mathbf{X}'\mathbf{X})^{-1}\mathbf{X}'$ bezeichnet, folgt der t-*Verteilung* (siehe Kap. 4.6.7) mit $f = n - u$ *Freiheitsgraden.* Mit $u = p + 1$ wird die Anzahl der unbekannten Parameter β_j, $(j = 0, \ldots, p)$ der Regression bezeichnet, die aus den n Messwertpaaren (bzw. Messwerttupeln) der Stichprobe geschätzt werden.

Konfidenzintervall für den Erwartungswert $\mu_{Y(x_i)}$ an der Stelle x_i:

$$P\left\{\hat{y}(x_i) - t_{f;1-\alpha/2} \cdot \hat{\sigma}_{\hat{y}(x_i)} \leq \mu_{Y(x_i)} \leq \hat{y}(x_i) + t_{f;1-\alpha/2} \cdot \hat{\sigma}_{\hat{y}(x_i)}\right\} = 1-\alpha \tag{7.54}$$

Für die Regressionsgerade

$$\hat{y}(x_i) = \hat{\beta}_0 + \hat{\beta}_1 \cdot x_i \tag{7.55}$$

ergibt sich das Konfidenzintervall für $\mu_{Y(x_i)}$ nach Gl. (7.54) mit dem Freiheitsgrad $f = n - 2$ und der Standardabweichung

$$\hat{\sigma}_{\hat{y}(x_i)} = \hat{\sigma} \cdot \sqrt{\frac{1}{n} + \frac{(x_i - \bar{x})^2}{\sum_{i=1}^{n}(x_i - \bar{x})^2}}\,. \tag{7.56}$$

An den Stellen $x_i = 0$ und $x_i = \bar{x}$ ergeben sich die Standardabweichungen

$$\hat{\sigma}_{\hat{y}(0)} = \hat{\sigma} \cdot \sqrt{\frac{1}{n} + \frac{\bar{x}^2}{\sum_{i=1}^{n}(x_i - \bar{x})^2}} \quad \text{und} \quad \hat{\sigma}_{\hat{y}(\bar{x})} = \hat{\sigma} \cdot \sqrt{\frac{1}{n}}. \quad (7.57)$$

Die Standardabweichung $\hat{\sigma}_{\hat{y}(x_i)}$ eines Schätzwertes $\hat{y}(x_i)$ und das Konfidenzintervall für $\mu_{Y(x_i)}$ sind im Schwerpunkt $(\bar{y}, \bar{x})$ am kleinsten und vergrößern sich von dort aus zu beiden Seiten hyperbelartig. An der Stelle $x_i = 0$ sind die Konfidenzintervalle für $\mu_{Y(x_i)}$ und für β_0 identisch.

Beispiel 7.8: *Konfidenzintervalle für Erwartungswerte einer Korrektionsfunktion*

In Beispiel 6.6 wurde aus $n = 36$ Messwertpaaren (y_i, x_i) die Korrektionsfunktion ermittelt zu:

$$\hat{y}(x_i) = -4,3 + 4,0 \cdot e^{-6,6 \cdot (x_i - x_{36})}$$

An den Stellen des kleinsten (x_{36}), des mittleren (x_3) und des größten x-Wertes (x_8) ergeben sich die Schätzwerte:

$$\hat{y}(x_{36}) = -0,30 \ mm, \quad \hat{y}(x_3) = -3,75 \ mm, \quad \hat{y}(x_8) = -4,23 \ mm$$

Den betreffenden x-Werten sind in der endgültigen Koeffizientenmatrix **X** die letzte, die 3. und die 8. Zeile zugeordnet. Durch Links- und Rechtsmultiplikation der Kovarianzmatrix $\hat{\Sigma}_{\hat{\beta}}$ mit diesen Zeilen ergeben sich die Varianzen und Standardabweichungen der Schätzwerte:

$$\hat{\sigma}^2_{\hat{y}(x_{36})} = 0,177 \ mm^2 \quad, \quad \hat{\sigma}^2_{\hat{y}(x_3)} = 0,028 \ mm^2 \quad, \quad \hat{\sigma}^2_{\hat{y}(x_8)} = 0,119 \ mm^2$$

$$\hat{\sigma}_{\hat{y}(x_{36})} = 0,42 \ mm \quad, \quad \hat{\sigma}_{\hat{y}(x_3)} = 0,17 \ mm \quad, \quad \hat{\sigma}_{\hat{y}(x_8)} = 0,34 \ mm$$

Mit dem im Beispiel 7.5 bereits benötigten Quantil $t_{33;0,975} = 2,04$ der t-Verteilung werden die Standardabweichungen multipliziert und es ergeben sich die *Konfidenzintervalle der Erwartungswerte* $\mu_{Y(x_{36})}$, $\mu_{Y(x_3)}$ und $\mu_{Y(x_8)}$:

$$P\{-0,3 \ mm - 0,9 \ mm \leq \mu_{Y(x_{36})} \leq -0,3 \ mm + 0,9 \ mm\} = 95\,\%$$
$$P\{-1,2 \ mm \leq \mu_{Y(x_{36})} \leq 0,6 \ mm\} = 95\,\%$$

$$P\{-3,7 \ mm - 0,3 \ mm \leq \mu_{Y(x_3)} \leq -3,7 \ mm + 0,3 \ mm\} = 95\,\%$$
$$P\{-4,0 \ mm \leq \mu_{Y(x_3)} \leq -3,4 \ mm\} = 95\,\%$$

$$P\{-4,2 \ mm - 0,7 \ mm \leq \mu_{Y(x_8)} \leq -4,2 \ mm + 0,7 \ mm\} = 95\,\%$$
$$P\{-4,9 \ mm \leq \mu_{Y(x_8)} \leq -3,5 \ mm\} = 95\,\%$$

Die Intervalle kennzeichnen die Unsicherheit der Korrektionsfunktion, bei zunehmender Vergrößerung zu den Randbereichen hin.

7.1.6 Punkt- und Intervallprognosen mit Regressionsfunktionen

Wird eine geschätzte Regressionsfunktion benutzt, um mit einem weiteren Messwert x_0 einen Funktionswert zu berechnen, bedeutet dies eine *Punktprognose*, die zur *Intervallprognose* erweitert werden kann. Beispielsweise wird eine Kalibrierfunktion, die aus Kalibriermesswerten ermittelt wurde, zur Berechnung von Korrektionswerten für weitergehende Messungen benutzt.

Der plausibelste Wert für die Prognose von

$$y_0 = \mathbf{x_0}'\boldsymbol{\beta} + e_0 \tag{7.58}$$

ist der (mit der zuvor geschätzten Regressionsfunktion berechnete) *Prognosewert*

$$\hat{y}_0 = \mathbf{x_0}'\hat{\boldsymbol{\beta}}. \tag{7.59}$$

Für die *Prognoseabweichung*

$$\hat{e}_0 = y_0 - \hat{y}_0 = e_0 + \mathbf{x_0}'(\boldsymbol{\beta} - \hat{\boldsymbol{\beta}}) \tag{7.60}$$

gilt:

$$E(\hat{e}_0) = 0, \quad \sigma_{\hat{e}_0}^2 = \sigma_{\hat{y}_0}^2 = \sigma^2(1 + \mathbf{x_0}'(\mathbf{X'X})^{-1}\mathbf{x_0}) = \sigma^2 + \sigma_{\hat{y}(x_0)}^2 \tag{7.61}$$

Entsprechend ist die *empirische Varianz* $\hat{\sigma}_{\hat{y}_0}^2$ eines *Prognosewertes* um die Residualvarianz $\hat{\sigma}^2$ größer als die empirische Varianz $\hat{\sigma}_{\hat{y}(x_0)}^2$ eines Regressionsschätzwertes an der gleichen Stelle x_0.

$$\hat{\sigma}_{\hat{y}_0}^2 = \hat{\sigma}^2(1 + \mathbf{x_0}'(\mathbf{X'X})^{-1}\mathbf{x_0}) = \hat{\sigma}^2 + \hat{\sigma}_{\hat{y}(x_0)}^2 \tag{7.62}$$

Demzufolge ist das *Prognoseintervall für y_0* (auch *Konfidenzintervall für einen vorherzusagenden Einzelwert y_0* genannt) stets größer als das Konfidenzintervall für den Erwartungswert $\mu_{Y(x_0)}$.

Prognoseintervall für y_0:

$$P\left\{ \hat{y}_0 - t_{f;1-\alpha/2} \cdot \hat{\sigma}_{\hat{y}_0} \leq y_0 \leq \hat{y}_0 + t_{f;1-\alpha/2} \cdot \hat{\sigma}_{\hat{y}_0} \right\} = 1 - \alpha \tag{7.63}$$

Beispiel 7.9: *Prognoseintervall für den Korrektionswert einer Distanz*
Damit ein direkter Vergleich mit einem in Beispiel 7.8 berechneten Konfidenzintervall möglich ist, sei angenommen, der zu korrigierende Messwert ist mit $x_0 = 329,8369\ m$ gleich groß wie der Kalibriermesswert x_3. Die Residuenvarianz wurde in Beispiel 6.6 ermittelt zu $\hat{\sigma}^2 = 0,62\ mm^2$. Der Messwert wird um den mit der Kalibrierfunktion berechneten Korrektionswert $\hat{y}_0 = -3,7\ mm$ berichtigt. Die *Varianz der Prognose* beträgt nach Gl. (7.62)

$$\hat{\sigma}_{\hat{y}_0}^2 = 0,62\ mm^2 + 0,028\ mm^2 = 0,65\ mm^2.$$

Die Standardabweichung $\hat{\sigma}_{\hat{y}_0} = 0,81\ mm$ ist deutlich größer als die Standardabweichung $\hat{\sigma}_{\hat{y}(x_3)} = 0,17\ mm$. Infolgedessen ergibt sich nach Multiplikation der Standardabweichung mit dem Quantilwert $t_{33;0,975} = 2,04$ das *Prognoseintervall an der Stelle* x_0 zu:

$$P\{-3,7\ mm - 1,6\ mm \leq y_0 \leq -3,7\ mm + 1,6\ mm\} = 95\,\%$$
$$P\{-5,3\ mm \leq y_0 \leq -2,1\ mm\} = 95\,\%$$

Es ist beidseitig um $1,3\ mm$ größer als das entsprechende Konfidenzintervall für $\hat{y}(x_3)$.

7.2 Hypothesentests

Das Ziel eines statistischen Tests ist die Überprüfung einer *Hypothese* (Behauptung, Vermutung) über die Verteilung oder über einen Parameter mithilfe der aus der Grundgesamtheit entnommenen Stichprobe. Die Hypothese kann sich ergeben aus

- einer Theorie
- Erfahrungen
- einer Güteforderung oder Gütezusage.

Beispielsweise kann getestet werden, ob der unbekannte Erwartungswert μ einer Zufallsvariablen mit einem bekannten, vorgegebenen Sollwert μ_0 zusammenfallen kann oder ob sich eine Abweichung nachweisen lässt. Eine weitere Aufgabe besteht darin, die Gleichheit zweier unbekannter Erwartungswerte μ_1 und μ_2 zu testen. Man unterscheidet

- *Parametertest* zur Prüfung von Hypothesen über numerische Werte unbekannter Parameter, z. B. Lage- oder Streuungsparameter.
- *Anpassungstest* zur Prüfung von Hypothesen über den Typ einer Verteilung eines Merkmals, z. B. Normalverteilung.
- *Unabhängigkeitstest* zur Prüfung von Hypothesen über die Abhängigkeit oder Unabhängigkeit verschiedener Merkmale, z. B. zwei Messreihen (Alter X und Blutdruck Y bei Frauen).

Die Vorgehensweise sei an einem Parametertest erläutert. Die *Nullhypothese* ist die mathematische Formulierung der Hypothese, die mit einem statistischen Test überprüft werden kann.

- Eine *zweiseitige Nullhypothese* oder *Punkthypothese* wird formuliert, wenn die Behauptung, der Parameter einer Verteilung, z. B. der Erwartungswert μ, habe *einen bestimmten Sollwert* μ_0 (Punkthypothese), d. h.

$$(zweiseitige)\ Nullhypothese \quad H_0:\ \mu = \mu_0\,.$$

Jede *Abweichung* des Parameters von dem vorgegebenen Sollwert *nach oben oder nach unten* ist zu prüfen. Das Gegenteil der Nullhypothese, die

$$(zweiseitige)\ Alternativhypothese \quad H_1:\ \mu \neq \mu_0$$

ist erfüllt, wenn sich

$$\mu < \mu_0 \quad \text{oder} \quad \mu > \mu_0$$

nachweisen lässt.
Bei jedem Test steht die Testentscheidung unter dem Vorbehalt der Irrtumswahrscheinlichkeit, d. h. man testet auf dem *Signifikanzniveau* α. Kann der Nachweis der Abweichung bei 5 % Irrtumswahrscheinlichkeit erbracht werden, spricht man von einer *signifikanten Abweichung* zwischen μ und μ_o. Gelingt dieser Nachweis bereits bei 1 % Irrtumswahrscheinlichkeit, liegt eine *hochsignifikante Abweichung* vor.
Beispiel für eine zweiseitige Fragestellung:
Die Länge eines Bauteils wird ermittelt und das Messergebnis mit dem von der Statik vorgegebenen Sollwert verglichen. Das Bauteil darf weder zu kurz noch zu lang sein. Es ist daher zu testen, ob sich eine Abweichung des Erwartungswertes μ der Messungen vom Sollwert μ_0 nach oben oder nach unten nachweisen lässt.
- Bei einer *einseitigen Nullhypothese* oder *Bereichshypothese* wird behauptet, dass der Parameter einer Verteilung, z. B. der Erwartungswert μ, *einen bestimmten Sollwert μ_0 nicht unterschreitet bzw. μ_0 nicht überschreitet*, d. h.

$$(einseitige)\ Nullhypothese\ H_0 : \mu \geq \mu_0 \quad bzw. \quad H_0 : \mu \leq \mu_0\,.$$

Nur eine *Abweichung nach unten* oder nur eine *Abweichung nach oben* ist kritisch. Dazu lautet die

$$(einseitige)\ Alternativhypothese\ H_1 : \mu < \mu_0 \quad bzw. \quad H_1 : \mu > \mu_0\,.$$

Beispiel für eine einseitige Fragestellung „nach unten":
Anhand von Probewürfeln wird die Festigkeit eines Betons bestimmt. Es ist zu testen, ob der Erwartungswert μ der Messungen die vorgegebene Mindestfestigkeit μ_0 signifikant *unter*schreitet. Eine *Über*schreitung der Mindestfestigkeit ist nicht kritisch.
Beispiel für eine einseitige Fragestellung „nach oben":
Der Auftraggeber einer Vermessung verlangt für die Durchführung der Messungen eine bestimmte Präzision, die er als Standardabweichung σ_0 vorgibt. Nach Durchführung der Messungen zeigt sich ein vom Sollwert abweichender Schätzwert s. Es ist zu testen, ob die Standardabweichung σ der Grundgesamtheit signifikant *größer* als die geforderte Standardabweichung σ_0 ist ($H_0 : \sigma \leq \sigma_0$, $H_1 : \sigma > \sigma_0$). Eine *Unter*schreitung, d. h. eine höhere Präzision als gefordert, ist nicht nur nicht kritisch, sondern sogar erwünscht.
Die *Alternativhypothese* stellt den kritischen Fall dar, der fallweise bewiesen werden soll. In der praktischen Anwendung empfiehlt es sich, zunächst die Alternativhypothese entsprechend den sachlichen Erfordernissen zu formulieren, weil sie die Testrichtung (zweiseitig oder einseitig) definiert. Daraus ergibt sich, welches Quantil der verwendeten Prüfverteilung (beidseitig, oben oder unten) benötigt wird.

7.2.1 Test eines Erwartungswertes μ

Aus der Anzahl n von Messwerten x_i der Zufallsvariable X ergibt sich der Mittelwert $\bar{x}$ als Schätzwert des unbekannten Erwartungswertes μ der Grundgesamtheit. Unter der Annahme, die Standardabweichung σ der einzelnen Messwerte sei bekannt, lässt sich die Standardabweichung $\sigma_{\bar{x}} = \sigma/\sqrt{n}$ des Mittelwertes berechnen. Es soll getestet werden, ob der unbekannte Erwartungswert μ mit einem vorgegebenen Sollwert μ_0 zusammenfallen kann oder ob sich beidseitig eine signifikante Abweichung nachweisen lässt (zweiseitige Nullhypothese).

Diese Fragestellung ließe sich bereits mit dem nach Gl. (7.7) definierten Konfidenzintervall entscheiden. Wenn der Sollwert μ_0 innerhalb des Intervalls liegt, ist es *möglich* (jedoch nicht bewiesen!), dass μ mit μ_0 zusammenfällt. Dies ist ausgeschlossen, wenn μ_0 außerhalb des Intervalls liegt. Folglich lässt sich nur die signifikante Abweichung zwischen μ und μ_0, niemals aber deren Gleichheit nachweisen. Zu entscheiden ist, ob die Abweichung des Schätzwertes $\bar{x}$ vom Sollwert μ_0 durch das Zufallsstreuen der Messwerte x_i erklärbar ist oder ob sie den Bereich des Zufallsstreuens überschreitet und daher nachweisbar ist. Eine Abweichung zwischen μ und μ_o kann folglich auch dann vorhanden sein, wenn μ_0 innerhalb des Konfidenzintervalls liegt, sie lässt sich nur nicht nachweisen, d. h. die Nullhypothese wird nicht verworfen. Die Vorgehensweise bei der Durchführung eines Parametertests wird nachfolgend dargestellt.

[a] **Zweiseitiger Test eines Erwartungswertes μ (σ bekannt)**

- *Mathematische Formulierung der Hypothese*:
  In der *Nullhypothese* wird die Gleichheit, in der *Alternativhypothese* die Ungleichheit von μ und μ_0 behauptet.

$$\text{Nullhypothese } H_0 : \mu = \mu_0 \qquad \text{Alternativhypothese } H_1 : \mu \neq \mu_0$$

Die Nullhypothese formuliert das Wünschenswerte oder die Forderung, die Alternativhypothese den zu beweisenden kritischen Fall.

- *Festlegung der Prüfgröße und deren Verteilung*:
  Zum Testen eines Erwartungswertes μ bei bekannter Standardabweichung σ eignet sich als *Prüfgröße*, auch *Testgröße* oder *Teststatistik* genannt, die standardnormalverteilte Zufallsvariable $\hat{Z}$ nach Gl. (7.2)

$$\hat{Z} = \frac{\bar{X} - \mu}{\sigma_{\bar{x}}} \sim N(0;1),$$

welche auch beim Konfidenzintervall nach Gl. (7.4) verwendet wird. Anders als bei der Berechnung des Konfidenzintervalls wird beim Testen jedoch die Prüfgröße nicht umgeformt, sondern anstelle des unbekannten Erwartungswertes μ der Sollwert μ_0 eingesetzt, sodass die Prüfgröße direkt berechenbar ist. Überschreitet die Prüfgröße die Grenzwerte (die Quantile $z_{\alpha/2}$ und $z_{1-\alpha/2}$) wird die Nullhypothese verworfen und die Alternativhypothese gilt als erwiesen.

$$P\left\{ z_{\alpha/2} \leq \hat{z} = \frac{\bar{x} - \mu_0}{\sigma_{\bar{x}}} \leq z_{1-\alpha/2} \right\} = 1 - \alpha \qquad (7.64)$$

Man spricht vom
- *Annahmebereich*: Prüfgröße $\hat{z}$ zwischen den Quantilen, einschließlich der Quantile
$$z_{\alpha/2} \leq \hat{z} \leq z_{1-\alpha/2}$$
- *Verwerfungsbereich*: Prüfgröße $\hat{z}$ in den Außenbereichen
$$\hat{z} < z_{\alpha/2} \quad \text{und} \quad z_{1-\alpha/2} < \hat{z}$$

Von allen möglichen Werten, welche die Prüfgröße annehmen kann, liegen $(1-\alpha)\,\%$ im Annahmebereich und $\alpha\,\%$ im Verwerfungsbereich. Da die Normalverteilung symmetrisch ist ($z_{\alpha/2} = -z_{1-\alpha/2}$), reicht es, den Betrag der Prüfgröße mit dem oberen Quantil zu vergleichen.

$$P\left\{\,|\hat{z}| = \frac{|\bar{x} - \mu_0|}{\sigma_{\bar{x}}} \leq z_{1-\alpha/2}\,\right\} = 1 - \alpha \qquad (7.65)$$

- *Berechnung der Prüfgröße, Vorgabe der Irrtumswahrscheinlichkeit und Bestimmung des Quantils bzw. der Quantile*:
Der berechnete Wert der Prüfgröße $\hat{z}$ wird mit den Grenzen des Annahmebereiches verglichen. Die Quantile werden aus der Tabelle der zutreffenden Verteilungsfunktion entnommen bzw. mit vorhandener Software berechnet. Sie hängen von der gewählten Irrtumswahrscheinlichkeit ab. Je größer das mit einer fehlerhaften Testentscheidung verbundene Risiko ist, je kleiner ist die Irrtumswahrscheinlichkeit zu veranschlagen. Im Ingenieurbereich geht man meist von 5 % Irrtumswahrscheinlichkeit aus, bei erhöhtem Risiko wird 1 % bevorzugt. Die Nullhypothese kann umso eher verworfen werden, je größer die Irrtumswahrscheinlichkeit ist.

- *Testentscheidung*:
Falls der berechnete Wert der Prüfgröße im Annahmebereich liegt, kann die Nullhypothese nicht verworfen werden („Der Angeklagte wird mangels Beweises freigesprochen"). Andernfalls gilt die Alternativhypothese als erwiesen. Die Testentscheidung ist zu dokumentieren:
Wegen $|\hat{z}| < z_{1-\alpha/2}$ (bzw. $|\hat{z}| > z_{1-\alpha/2}$) wird die Nullhypothese auf dem 5 %-Niveau nicht verworfen (bzw. *verworfen*).
Anmerkung: Zur Dokumentierung der Testentscheidung darf der konkrete Wert der Prüfgröße nicht in die Wahrscheinlichkeitsgleichung (7.64) oder (7.65) eingesetzt werden, da diese eine Bereichschätzung darstellt. Die konkrete Fallentscheidung ist direkt ersichtlich.

Beispiel 7.10: *Zweiseitiger Test eines Erwartungswertes μ (σ gegeben)*
In Beispiel 7.1 ergab sich der Abstand zweier Messpunkte als Mittelwert von drei Messwerten zu $\bar{x} = 203,148\ m$ mit der Standardabweichung $\sigma_{\bar{x}} = 3,2\ mm$. Die Messpunkte definieren die Mittelpunkte von zwei Brückenpfeilern, deren von der Statik vorgegebener Sollabstand $\mu_0 = 203,155\ m$ ist. Es ist zu testen, ob der Erwartungswert μ der Messwerte signifikant vom Sollwert abweicht, d. h. eine signifikante Abweichung vom Sollwert ist zu beiden Seiten hin kritisch. Es wird die Irrtumswahrscheinlichkeit $\alpha = 5\,\%$ vorgesehen.

7.2 Hypothesentests

Nullhypothese und Alternativhypothese:

$$H_0: \mu = \mu_0 \quad \text{gegen} \quad H_1: \mu \neq \mu_0$$

Wahrscheinlichkeitsgleichung (7.65):

$$P\left\{\, |\hat{z}| = \frac{|\bar{x} - \mu_0|}{\sigma_{\bar{x}}} \leq z_{1-\alpha/2} \,\right\} = 1 - \alpha$$

Prüfgröße:

$$|\hat{z}| = \frac{|203{,}148\ m - 203{,}155\ m|}{3{,}2\ mm} = \frac{7\ mm}{3{,}2\ mm} = 2{,}19$$

Quantil der Standardnormalverteilung: $z_{1-\alpha/2} = z_{0{,}975} = 1{,}96$ (Tabelle 4.3)

Testentscheidung:
Wegen $|\hat{z}| > z_{1-\alpha/2}$ wird die Nullhypothese auf dem 5%-Niveau verworfen. Damit ist nachgewiesen, dass die Forderung der Statik nicht erfüllt wurde.

Falls die Irrtumswahrscheinlichkeit $\alpha = 1\%$ vorgegeben worden wäre, hätte mit dem Quantil $z_{1-\alpha/2} = z_{0{,}995} = 2{,}58$ die Nullhypothese nicht verworfen werden können.

[b] Zweiseitiger Test eines Erwartungswertes μ (σ unbekannt)

$$H_0: \mu = \mu_0 \quad \text{gegen} \quad H_1: \mu \neq \mu_0$$

Da die Standardabweichung σ der Grundgesamtheit der Messwerte unbekannt und stattdessen die Schätzwerte, die empirische Standardabweichung $\hat{\sigma}$ und $\hat{\sigma}_{\bar{x}}$ für den Mittelwert $\bar{x}$ der Messwerte vorliegen, eignet sich als *Prüfverteilung* die t-Verteilung mit der *Prüfgröße* nach Gl. (7.8)

$$\hat{t} = \frac{\bar{X} - \mu}{\hat{\sigma}_{\bar{x}}} \quad \text{mit} \quad \hat{\sigma}_{\bar{x}}^2 = \frac{\hat{\sigma}^2}{n}$$

und der *Wahrscheinlichkeitsgleichung*

$$P\left\{\, t_{f;\alpha/2} \leq \hat{t} = \frac{\bar{x} - \mu_0}{\hat{\sigma}_{\bar{x}}} \leq t_{f;1-\alpha/2} \,\right\} = 1 - \alpha \qquad (7.66)$$

bzw. wegen $t_{f;\alpha/2} = -t_{f;1-\alpha/2}$

$$P\left\{\, |\hat{t}| = \frac{|\bar{x} - \mu_0|}{\hat{\sigma}_{\bar{x}}} \leq t_{f;1-\alpha/2} \,\right\} = 1 - \alpha \qquad (7.67)$$

mit dem Freiheitsgrad $f = n - u$.

Beispiel 7.11: *Zweiseitiger Test eines Erwartungswertes μ (σ unbekannt)*
In Beispiel 7.2 ergab sich aus Entfernungsmessungen mit der Basislatte die Horizontalentfernung $e = 18,3803\ m$ mit der Standardabweichung $\hat{\sigma}_e = 0,47\ mm$ beim Freiheitsgrad $f = 8 - 1 = 7$. Die Entfernung ist auf einer Prüfstrecke ermittelt worden, welche mit übergeordneter Genauigkeit gegeben ist zu $\mu_0 = 18,3793\ m$. Es soll mit der Irrtumswahrscheinlichkeit $\alpha = 5\,\%$ getestet werden, ob die Basislattenmessung korrekte Ergebnisse liefert (nicht zu lang und nicht zu kurz). Daher ist ein zweiseitiger Hypothesentest durchzuführen.

$$H_0 : \mu = \mu_0 \quad \text{gegen} \quad H_1 : \mu \neq \mu_0$$

$$P\left\{\,|\hat{t}| = \frac{|\bar{x} - \mu_0|}{\hat{\sigma}_{\bar{x}}} \leq t_{f;1-\alpha/2}\,\right\} = 1 - \alpha$$

Prüfgröße:

$$|\hat{t}| = \frac{|18,3803\ m - 18,3793\ m|}{0,47\ mm} = \frac{1,0\ mm}{0,47\ mm} = 2,13$$

Quantil der t-Verteilung: $t_{f;1-\alpha/2} = t_{7;0,975} = 2,365$ (Tabelle 4.5)
Testentscheidung:
Wegen $|\hat{t}| < t_{f;1-\alpha/2}$ wird die Nullhypothese auf dem $5\,\%$-Niveau nicht verworfen. Eine signifikante Abweichung des Messergebnisses vom Sollwert lässt sich nicht nachweisen.

[c] **Einseitiger Test für den Erwartungswert μ**

[c1] **Einseitiger Test „nach oben":**

$$H_0 : \mu \leq \mu_0 \quad \text{gegen} \quad H_1 : \mu > \mu_0$$

Bei der einseitigen Fragestellung wird die Irrtumswahrscheinlichkeit insgesamt auf die kritische Seite verlagert, wodurch das Quantil der Prüfverteilung kleiner als das beim zweiseitigen Test benötigte Quantil mit halbierter Irrtumswahrscheinlichkeit ist. Daher ist ein einseitiger Test immer *schärfer* als ein zweiseitiger. Er darf jedoch nur angewandt werden, wenn die Fragestellung dies zulässt. Wird nämlich bei zweiseitiger Fragestellung ein einseitiger Test angewandt, testet man nicht auf dem $5\,\%$-Niveau, sondern (unbewusst) auf dem $10\,\%$-Niveau.

Beim Test „nach oben" ist das Risiko zu prüfen, ob der Sollwert μ_0 *überschritten* wird. Folglich besitzt die Wahrscheinlichkeitsgleichung nur eine *Obergrenze*. Ist die *Standardabweichung σ* der Messwerte *bekannt*, folgt die Wahrscheinlichkeitsgleichung der Standardnormalverteilung.

$$P\left\{\,\hat{z} = \frac{\bar{x} - \mu_0}{\sigma_{\bar{x}}} \leq z_{1-\alpha}\,\right\} = 1 - \alpha$$

Die Nullhypothese kann verworfen werden, wenn die Prüfgröße $\hat{z}$ größer als das Quantil $z_{1-\alpha}$ der Standardnormalverteilung ist.

Testentscheidung:
Wegen $\hat{z} > z_{1-\alpha}$ (bzw. $\hat{z} < z_{1-\alpha}$) wird die Nullhypothese auf dem 5%-Niveau verworfen (bzw. nicht verworfen).

Falls die *Standardabweichung* σ der Messwerte *unbekannt* ist, folgt die Wahrscheinlichkeitsgleichung der *t*-Verteilung.

$$P\left\{\hat{t} = \frac{\bar{x} - \mu_0}{\hat{\sigma}_{\bar{x}}} \leq t_{f;1-\alpha}\right\} = 1 - \alpha$$

Die Nullhypothese wird verworfen, wenn die Prüfgröße $\hat{t}$ größer als das Quantil $t_{f;1-\alpha}$ der *t*-Verteilung ist.

Testentscheidung:
Wegen $\hat{t} > t_{f;1-\alpha}$ (bzw. $\hat{t} < t_{f;1-\alpha}$) wird die Nullhypothese auf dem 5%-Niveau verworfen (bzw. nicht verworfen).

Beispiel 7.12: *Einseitiger Test eines Erwartungswertes μ (σ unbekannt)*
Die vorgegebene Länge $\mu_0 = 18,3793\ m$ eines Maschinenbauteils darf aus Passungsgründen nicht überschritten werden. Die Länge des angefertigten Bauteils wurde zu $e = 18,303\ m$ mit der Standardabweichung $\hat{\sigma}_e = 0,47\ mm$ beim Freiheitsgrad $f = 8 - 1 = 7$ ermittelt (Daten des Beispiels 7.11). Es soll mit der Irrtumswahrscheinlichkeit $\alpha = 5\%$ getestet werden, ob das Bauteil signifikant zu lang ist. Eine kürzere als die Solllänge sei unkritisch. Daher ist ein einseitiger Test „nach oben" durchzuführen.

$$H_0: \mu \leq \mu_0 \quad \text{gegen} \quad H_1: \mu > \mu_0$$

$$P\left\{\hat{t} = \frac{\bar{x} - \mu_0}{\hat{\sigma}_{\bar{x}}} \leq t_{f;1-\alpha}\right\} = 1 - \alpha$$

Prüfgröße:

$$\hat{t} = \frac{18,3803\ m - 18,3793\ m}{0,47\ mm} = \frac{+1,0\ mm}{0,47\ mm} = 2,13$$

Quantil der *t*-Verteilung: $t_{f;1-\alpha} = t_{7;0,95} = 1,895$ (Tabelle 4.5)
Testentscheidung:
Wegen $\hat{t} > t_{f;1-\alpha}$ wird die Nullhypothese auf dem 5%-Niveau verworfen. Das angefertigte Bauteil ist signifikant zu lang.

[c2] **Einseitiger Test „nach unten":**

$$H_0: \mu \geq \mu_0 \quad \text{gegen} \quad H_1: \mu < \mu_0$$

Beim Test „nach unten" ist das Risiko zu prüfen, ob der Sollwert μ_0 *unterschritten* wird. Folglich besitzt die Wahrscheinlichkeitsgleichung nur eine *Untergrenze*.

Bei *bekannter Standardabweichung* σ der Messwerte, folgt die Wahrscheinlichkeitsgleichung der Standardnormalverteilung.

$$P\left\{ z_\alpha \leq \hat{z} = \frac{\bar{x} - \mu_0}{\sigma_{\bar{x}}} \right\} = 1 - \alpha$$

Die Nullhypothese wird verworfen, wenn die Prüfgröße $\hat{z}$ kleiner als das Quantil $z_\alpha = -z_{1-\alpha}$ der Standardnormalverteilung ist.

Testentscheidung:
Wegen $\hat{z} < z_\alpha$ (bzw. $\hat{z} > z_\alpha$) wird die Nullhypothese auf dem 5%-Niveau *verworfen* (bzw. *nicht verworfen*).

Beispiel 7.13: *Einseitiger Test eines Erwartungswertes μ (σ gegeben)*
Wenn in Beispiel 7.10 die Statik gefordert hätte, der Erwartungswert μ dürfe den Sollabstand μ_0 nicht *unterschreiten*, ein Abweichen des Erwartungswertes nach oben jedoch sei unkritisch, läge folgende Entscheidungslage vor:

Nullhypothese und Alternativhypothese:

$$H_0: \mu \geq \mu_0 \quad \text{gegen} \quad H_1: \mu < \mu_0$$

Wahrscheinlichkeitsgleichung:

$$P\left\{ z_\alpha \leq \hat{z} = \frac{\bar{x} - \mu_0}{\sigma_{\bar{x}}} \right\} = 1 - \alpha$$

Prüfgröße:

$$\hat{z} = \frac{203{,}148\ m - 203{,}155\ m}{3{,}2\ mm} = \frac{-7\ mm}{3{,}2\ mm} = -2{,}19$$

Quantil der Standardnormalverteilung: $z_\alpha = -z_{1-\alpha} = -z_{0{,}95} = -1{,}645$
nach Tabelle 4.3

Testentscheidung:
Wegen $\hat{z} < z_\alpha$ wird die Nullhypothese auf dem 5%-Niveau *verworfen*.

Falls die *Standardabweichung* σ der Messwerte *unbekannt* ist, folgt die Wahrscheinlichkeitsgleichung der t-Verteilung.

$$P\left\{ t_{f;\alpha} \leq \hat{t} = \frac{\bar{x} - \mu_0}{\hat{\sigma}_{\bar{x}}} \right\} = 1 - \alpha$$

Die Nullhypothese wird verworfen, wenn die Prüfgröße $\hat{t}$ kleiner als das Quantil $t_{f;\alpha} = -t_{f;1-\alpha}$ der t-Verteilung nach Tabelle 4.5 ist.

Testentscheidung:
Wegen $\hat{t} < t_{f;\alpha}$ (bzw. $\hat{t} > t_{f;\alpha}$) wird die Nullhypothese auf dem 5%-Niveau *verworfen* (bzw. *nicht verworfen*).

7.2.2 Test zweier Erwartungswerte μ_1 und μ_2

Dieser *Differenzentest* wird durchgeführt, wenn die Erwartungswerte μ_1 und μ_2 von zwei Messreihen entweder auf Gleichheit überprüft werden sollen oder wenn nachzuprüfen ist, ob zwischen ihnen eine bestimmte vorgegebene Differenz $(\mu_1-\mu_2)_0$ besteht. Anwendungsbeispiele sind:

- In zwei zeitlich unterschiedlichen Messepochen wird die Lage eines Messpunktes an einem gefährdeten Bauwerk bestimmt. Es ist zu prüfen, ob sich eine Differenz zwischen den Erwartungswerten der Messreihen, d. h. eine Bewegung des Messpunktes zwischen den Messzeitpunkten, nachweisen lässt.
- Vergleich der Lebensdauer von Produkten (Autoreifen, Glühbirnen, Batterien) zweier Hersteller.
- Die Wirksamkeit von zwei Düngeversuchen soll anhand der Eigenschaften der angebauten landwirtschaftlichen Produkte (Größe, Nährstoffgehalt,..., von Getreide, Kartoffeln,...) beurteilt werden.

Die Thematik wird anhand der zweiseitigen Fragestellung erläutert. Der einseitige Test verläuft mit der vorgestellten Prüfgröße analog zu Kapitel 7.2.1 c), S. 218. Ist zu testen, ob die *Differenz zweier Erwartungswerte* $(\mu_1 - \mu_2)$ *mit einer vorgegebenen Solldifferenz* $(\mu_1 - \mu_2)_0$ übereinstimmt, lauten die Hypothesen:

$$\textit{Nullhypothese} \quad H_0: \quad \mu_1 - \mu_2 = (\mu_1 - \mu_2)_0$$
$$\textit{Alternativhypothese} \quad H_1: \quad \mu_1 - \mu_2 \neq (\mu_1 - \mu_2)_0$$

Soll die *Gleichheit zweier Erwartungswerte* getestet werden (Solldifferenz $(\mu_1-\mu_2)_0 = 0$), lassen sich die Hypothesen auch angeben in der Form:

$$\textit{Nullhypothese } H_0: \quad \mu_1 = \mu_2 \qquad \textit{Alternativhypothese } H_1: \quad \mu_1 \neq \mu_2$$

Der Test zweier Erwartungswerte erfolgt analog zum Test eines Erwartungswertes, was durch Umformulierung der Nullhypothese zu $H_0: \mu = \mu_1 - \mu_2 = \mu_0 = 0$ verdeutlicht werden kann.

Als Schätzwerte für die Erwartungswerte sind die Mittelwerte $\bar{x}_1$ und $\bar{x}_2$ aus n_1 bzw. n_2 Messwerten ermittelt worden. Die Wahl der passenden Prüfverteilung ist von den Standardabweichungen abhängig.

[a] Zweiseitiger Differenzentest, Standardabweichungen σ_1 und σ_2 bekannt

Sind die Standardabweichungen σ_1 und σ_2 der Einzelmesswerte bekannt, folgt die *Prüfgröße der Standardnormalverteilung*.

$$P\left\{ |\hat{z}| = \frac{|(\bar{x}_1 - \bar{x}_2) - (\mu_1 - \mu_2)_0|}{\sigma_{(\bar{x}_1-\bar{x}_2)}} \leq z_{1-\alpha/2} \right\} = 1 - \alpha \qquad (7.68)$$

bzw. beim Test auf Gleichheit $(H_0: \mu_1 = \mu_2)$, d. h. Sollwert $(\mu_1 - \mu_2)_0 = 0$

$$P\left\{ |\hat{z}| = \frac{|\bar{x}_1 - \bar{x}_2|}{\sigma_{(\bar{x}_1-\bar{x}_2)}} \leq z_{1-\alpha/2} \right\} = 1 - \alpha \qquad (7.69)$$

Mit den Varianzen der Mittelwerte $\sigma_{\bar{x}_1}^2 = \dfrac{\sigma_1^2}{n_1}$ und $\sigma_{\bar{x}_2}^2 = \dfrac{\sigma_2^2}{n_2}$ ergibt sich die Standardabweichung der Differenz der Mittelwerte:

$$\sigma_{(\bar{x}_1 - \bar{x}_2)} = \sqrt{\sigma_{\bar{x}_1}^2 + \sigma_{\bar{x}_2}^2} \qquad (7.70)$$

Durch Vergleich der Prüfgröße $|\hat{z}|$ mit dem Quantil $z_{1-\alpha/2}$ der Standardnormalverteilung zeigt sich die Testentscheidung analog zu Kapitel 7.2.1 a), S. 215).

[b] Zweiseitiger Differenzentest, Standardabweichungen σ_1 und σ_2 unbekannt

Bei unbekannten Standardabweichungen σ_1 und σ_2 der Einzelmesswerte benötigt man deren Schätzwerte $\hat{\sigma}_1$ und $\hat{\sigma}_2$ und die *Prüfgröße folgt der t-Verteilung*.

$$P\left\{ |\hat{t}| = \dfrac{|(\bar{x}_1 - \bar{x}_2) - (\mu_1 - \mu_2)_0|}{\hat{\sigma}_{(\bar{x}_1 - \bar{x}_2)}} \leq t_{f;1-\alpha/2} \right\} = 1 - \alpha \qquad (7.71)$$

bzw. beim Test auf Gleichheit ($H_0 : \mu_1 = \mu_2$), d.h. Sollwert $(\mu_1 - \mu_2)_0 = 0$

$$P\left\{ |\hat{t}| = \dfrac{|\bar{x}_1 - \bar{x}_2|}{\hat{\sigma}_{(\bar{x}_1 - \bar{x}_2)}} \leq t_{f;1-\alpha/2} \right\} = 1 - \alpha \qquad (7.72)$$

Bei der Berechnung der Standardabweichung $\hat{\sigma}_{(\bar{x}_1 - \bar{x}_2)}$ sind zwei Fallunterscheidungen zu treffen.

[b1] Standardabweichungen unbekannt, aber gleich groß ($\sigma_1 = \sigma_2$)

Diese Annahme ist begründet, wenn zwei Messreihen mit gleichem Instrumentarium, nach gleichem Verfahren und gleicher Sorgfalt durchgeführt wurden. Überprüfen lässt sich diese Annahme weiterhin noch durch einen Varianzentest nach Kapitel 7.2.5.

Da beide Messreihen gleichgenauen Grundgesamtheiten entstammen, lassen sich die Schätzwerte der Varianzen nach Gl. (5.15) bzw. Gl. (7.13) zu einem gemeinsamen Schätzwert zusammenfassen

$$\hat{\sigma}^2 = \dfrac{f_1 \cdot \hat{\sigma}_1^2 + f_2 \cdot \hat{\sigma}_2^2}{f_1 + f_2},$$

dessen Freiheitsgrad f gleich der Summe der einzelnen Freiheitsgrade beider Messreihen ist:

$$f = f_1 + f_2 \quad \text{mit} \quad f_1 = n_1 - 1, \quad f_2 = n_2 - 1 \qquad (7.73)$$

Mit der Varianz $\hat{\sigma}^2$ der Einzelwerte folgt die Standardabweichung der Differenz der Mittelwerte

$$\hat{\sigma}_{(\bar{x}_1 - \bar{x}_2)} = \sqrt{\hat{\sigma}^2 \cdot \left(\dfrac{1}{n_1} + \dfrac{1}{n_2} \right)}, \qquad (7.74)$$

womit der Test nach Gl. (7.71) bzw. (7.72) erfolgen kann.

7.2 Hypothesentests

Beispiel 7.14: *Zweiseitiger Test der Differenz zweier Erwartungswerte bei gleicher Messgenauigkeit*
In Beispiel 7.3 ergaben sich aus zwei Messreihen von einem Festpunkt zu zwei Brückenpfeilern folgende Ergebnisse:

$$\bar{x}_1 = 29,1324 \, m, \quad \hat{\sigma}_1 = 1,4 \, mm, \quad n_1 = 6, \quad f_1 = 5$$
$$\bar{x}_2 = 51,2986 \, m, \quad \hat{\sigma}_2 = 1,8 \, mm, \quad n_2 = 8, \quad f_2 = 7$$

Abstand der Pfeiler untereinander: $\bar{x}_2 - \bar{x}_1 = 22,1662 \, m$

Der Brückenpfeilerabstand ist von der Statik als Sollwert vorgegeben mit $(\mu_2 - \mu_1)_0 = 22,170 \, m$. Es ist zu prüfen, ob die Abweichung des Schätzwertes $(\bar{x}_2 - \bar{x}_1) = 22,1662 \, m$ vom Sollwert auf eine signifikante Abweichung zwischen der Differenz $(\mu_2 - \mu_1)$ und dem Sollwert schließen lässt, d. h. ob die beiden Pfeiler in zu kurzem Abstand gebaut wurden. Da die Brückenpfeiler weder zu kurzabständig noch zu weitabständig gebaut sein dürfen, liegt eine zweiseitige Fragestellung vor.

$$H_0 : \mu_2 - \mu_1 = (\mu_2 - \mu_1)_0 \quad \text{gegen} \quad H_1 : \mu_2 - \mu_1 \neq (\mu_2 - \mu_1)_0$$

In beiden Messreihen wurde mit gleichem Instrumentarium und gleicher Sorgfalt gemessen, sodass von gleicher Genauigkeit $(\sigma_1 = \sigma_2)$ ausgegangen werden kann. Diese Annahme wird gestützt durch den F-Test in Beispiel 7.17. Daher kann die Standardabweichung der Differenz der Mittelwerte nach Gl. (7.13, 7.74) berechnet werden:

$$\hat{\sigma}_{(\bar{x}_2 - \bar{x}_1)} = \sqrt{\frac{5 \cdot 1,4^2 + 7 \cdot 1,8^2}{5+7} \cdot \left(\frac{1}{6} + \frac{1}{8}\right)} = 0,89 \, mm$$

Wahrscheinlichkeitsgleichung (7.71):

$$P\left\{ |\hat{t}| = \frac{|(\bar{x}_2 - \bar{x}_1) - (\mu_2 - \mu_1)_0|}{\hat{\sigma}_{(\bar{x}_2 - \bar{x}_1)}} \leq t_{f;1-\alpha/2} \right\} = 1 - \alpha$$

Prüfgröße: $|\hat{t}| = \dfrac{|22,1662 \, m - 22,170 \, m|}{0,89 \, mm} = \dfrac{|-3,8 \, mm|}{0,89 \, mm} = 4,27$

Freiheitsgrad $f = 5 + 7 = 12$; Irrtumswahrscheinlichkeit $\alpha = 5\%$

Quantil der t-Verteilung: $t_{12;0,975} = 2,179$ (Tabelle 4.5)

Testentscheidung:
Wegen $|\hat{t}| > t_{f;1-\alpha/2}$ wird die Nullhypothese auf dem 5%-Niveau verworfen. Die Brückenpfeiler stehen nachweisbar zu dicht beieinander.

[b2] Standardabweichungen unbekannt und ungleich $(\sigma_1 \neq \sigma_2)$
Falls beide Messreihen nicht mit gleicher Genauigkeit ermittelt wurden, liegt das sogenannte *Behrens-Fisher-Problem* vor, für welches nur Näherungslösungen existieren. Hier wird die *Lösung nach Welch* vorgestellt.

Standardabweichung der Differenz der Mittelwerte:

$$\hat{\sigma}_{(\bar{x}_1-\bar{x}_2)} = \sqrt{\hat{\sigma}_{\bar{x}_1}^2 + \hat{\sigma}_{\bar{x}_2}^2}, \quad \text{mit } \hat{\sigma}_{\bar{x}_1}^2 = \frac{\hat{\sigma}_1^2}{n_1}, \quad \hat{\sigma}_{\bar{x}_2}^2 = \frac{\hat{\sigma}_2^2}{n_2} \quad (7.75)$$

Die Anzahlen n_1 und n_2 beider Messreihen sollten möglichst gleich groß gewählt werden, da der Test ansonsten beträchtlich verzerrt sein könnte.

Der zu berechnende „effektive Freiheitsgrad"

$$f = \frac{(\hat{\sigma}_{\bar{x}_1}^2 + \hat{\sigma}_{\bar{x}_2}^2)^2}{\frac{(\hat{\sigma}_{\bar{x}_1}^2)^2}{f_1} + \frac{(\hat{\sigma}_{\bar{x}_2}^2)^2}{f_2}} \quad (7.76)$$

liegt zwischen dem Minimalwert $f = min(f_1, f_2)$ und dem Maximalwert $f = f_1 + f_2$. Da der berechnete Wert zumeist nicht ganzzahlig ist, kann das Quantil entweder mit dem ganzzahlig gerundeten Wert oder mit dem dezimalen Wert durch Interpolation der Tabelle 4.5 der t-Verteilung entnommen werden. Damit kann der Test nach Gl. (7.71) bzw. (7.72) erfolgen.

Beispiel 7.15: *Zweiseitiger Test der Differenz zweier Erwartungswerte bei ungleicher Messgenauigkeit*

Das Beispiel 7.14 wird hier erneut vorgestellt, jedoch unter der abgeänderten Voraussetzung, die Abstände vom Festpunkt zu den beiden Brückenpfeilern seien zu zwei unterschiedlichen Zeitpunkten mit Instrumentarium unterschiedlicher Genauigkeit gemessen worden. Daher kann die Annahme gleicher Genauigkeit in beiden Messreihen nicht aufrechterhalten werden, auch wenn der F-Test in Beispiel 7.17 nicht verworfen wird. Der Brückenpfeilerabstand ist von der Statik als Sollwert $(\mu_2 - \mu_1)_0 = 22,170\ m$ vorgegeben.

Messergebnisse:

$$\bar{x}_1 = 29,1324\ m, \quad \hat{\sigma}_1 = 1,4\ mm, \quad n_1 = 6, \quad f_1 = 5$$
$$\bar{x}_2 = 51,2986\ m, \quad \hat{\sigma}_2 = 1,8\ mm, \quad n_2 = 8, \quad f_2 = 7$$

Abstand der Pfeiler untereinander: $\bar{x}_2 - \bar{x}_1 = 22,1662\ m$

Varianzen der Mittelwerte:

$$\hat{\sigma}_{\bar{x}_1}^2 = \frac{1,4^2}{6} = 0,327\ mm^2, \quad \hat{\sigma}_{\bar{x}_2}^2 = \frac{1,8^2}{8} = 0,405\ mm^2$$

Standardabweichung der Differenz der Mittelwerte nach Gl. (7.75):

$$\hat{\sigma}_{(\bar{x}_1-\bar{x}_2)} = \sqrt{0,327 + 0,405} = \sqrt{0,732} = 0,86\ mm$$

Prüfgröße: $|\hat{t}| = \dfrac{|22,1662\ m - 22,170\ m|}{0,86\ mm} = \dfrac{|-3,8\ mm|}{0,86\ mm} = 4,4$

Freiheitsgrad nach Gl. (7.76):

$$f = \frac{0,732^2}{\frac{0,327^2}{5} + \frac{0,405^2}{7}} = 11,96 \approx 12$$

Da die Varianzen und Freiheitsgrade beider Messreihen nicht sehr stark voneinander abweichen, ist der berechnete „effektive Freiheitsgrad" nur unwesentlich geringer als der in Beispiel 7.14 verwendete Maximalwert ($f = f_1 + f_2 = 12$).

Irrtumswahrscheinlichkeit $\alpha = 5\,\%$

Quantil der t-Verteilung: $t_{12;0,975} = 2,179$.

Testentscheidung:
Wegen $|\hat{t}| > t_{f;1-\alpha/2}$ wird die Nullhypothese auf dem 5 %-Niveau verworfen. Die Brückenpfeiler stehen nachweisbar zu dicht beieinander.

7.2.3 Multivariater Test für p Erwartungswerte μ

Multivariater Ein-Stichprobenfall

Analog zu den Konfidenzintervallen in Kapitel 7.1.3 auf Seite 196 ist zur Beurteilung des Testproblems

$$H_0 : \boldsymbol{\mu} = \boldsymbol{\mu}_0 \quad \text{gegen} \quad H_1 : \boldsymbol{\mu} \neq \boldsymbol{\mu}_0 \tag{7.77}$$

zu unterscheiden, ob die Kovarianzmatrix $\boldsymbol{\Sigma}$ bekannt oder unbekannt ist.

Bei *bekannter Kovarianzmatrix* $\boldsymbol{\Sigma}$ zeigt sich mit den Gl. (7.18, 7.19) und mit dem vorgegebenen Sollwertvektor $\boldsymbol{\mu}_0$, anstelle von $\boldsymbol{\mu}$ in Gl. (7.20) eingesetzt, die Wahrscheinlichkeitsgleichung der *Teststatistik* $\hat{\chi}^2$:

$$P\{\hat{\chi}^2 = (\bar{\mathbf{x}} - \boldsymbol{\mu}_0)' \boldsymbol{\Sigma}_{\bar{x}}^{-1} (\bar{\mathbf{x}} - \boldsymbol{\mu}_0) \leq \chi^2_{p;1-\alpha}\} = 1 - \alpha \tag{7.78}$$

Beim *Testniveau* α und dem *Freiheitsgrad* $f = p$ der χ^2-Verteilung gilt die Testvorschrift:

$$H_0 \quad \text{ablehnen, falls} \quad \hat{\chi}^2 > \chi^2_{p;1-\alpha} \tag{7.79}$$

Bei *unbekannter Kovarianzmatrix* $\boldsymbol{\Sigma}$ zeigt sich mit den Gl. (7.18, 7.28) und mit dem vorgegebenen Sollwertvektor $\boldsymbol{\mu}_0$, anstelle von $\boldsymbol{\mu}$ in den Gl. (7.29, 7.30) eingesetzt, die Wahrscheinlichkeitsgleichung:

$$P\left\{\hat{F} = \frac{n-p}{(n-1)p} \cdot (\bar{\mathbf{x}} - \boldsymbol{\mu}_0)' \hat{\boldsymbol{\Sigma}}_{\bar{x}}^{-1} (\bar{\mathbf{x}} - \boldsymbol{\mu}_0) \leq F_{p,n-p;1-\alpha}\right\} = 1 - \alpha \tag{7.80}$$

Beim *Testniveau* α und den *Freiheitsgraden* $f_1 = p$ und $f_2 = n - p$ der F-Verteilung gilt die Testvorschrift:

$$H_0 \quad \text{ablehnen, falls} \quad \hat{F} > F_{p,n-p;1-\alpha} \tag{7.81}$$

Multivariater Zwei-Stichprobenfall

Analog zu den Konfidenzintervallen für den multivariaten Zwei-Stichprobenfall in Kapitel 7.1.3 lässt sich testen, ob die Differenzen $\boldsymbol{\mu}_1 - \boldsymbol{\mu}_2$ zweier Erwartungswertvektoren mit einem vorgegebenen Differenzenvektor $(\boldsymbol{\mu}_1 - \boldsymbol{\mu}_2)_0$ übereinstimmen. Das Testproblem lautet:

$$H_0: \boldsymbol{\mu}_1 - \boldsymbol{\mu}_2 = (\boldsymbol{\mu}_1 - \boldsymbol{\mu}_2)_0 \quad \text{gegen} \quad H_1: \boldsymbol{\mu}_1 - \boldsymbol{\mu}_2 \neq (\boldsymbol{\mu}_1 - \boldsymbol{\mu}_2)_0 \tag{7.82}$$

Gilt für den Differenzenvektor $(\boldsymbol{\mu}_1 - \boldsymbol{\mu}_2)_0 = \mathbf{0}$, bedeutet dies den Test auf Gleichheit zweier Erwartungswertvektoren:

$$H_0: \boldsymbol{\mu}_1 = \boldsymbol{\mu}_2 \quad \text{gegen} \quad H_1: \boldsymbol{\mu}_1 \neq \boldsymbol{\mu}_2 \tag{7.83}$$

Geht man davon aus, dass die Stichproben $\mathbf{X}_1 \sim N_p(\boldsymbol{\mu}_1; \boldsymbol{\Sigma})$ und $\mathbf{X}_2 \sim N_p(\boldsymbol{\mu}_2; \boldsymbol{\Sigma})$ unabhängig normalverteilt sind und gleiche Kovarianzmatrizen aufweisen, lässt sich mit dem Differenzenvektor $(\boldsymbol{\mu}_1 - \boldsymbol{\mu}_2)_0$, anstelle von $(\boldsymbol{\mu}_1 - \boldsymbol{\mu}_2)$ in Gl. (7.37) eingesetzt, die Wahrscheinlichkeitsgleichung der *Teststatistik* $\hat{F}$ für p *Differenzen von zwei Erwartungswertvektoren* angeben:

$$\begin{aligned} P\{ \hat{F} = \\ \frac{n_1 + n_2 - p - 1}{(n_1 + n_2 - 2)p} \cdot [(\bar{\mathbf{x}}_1 - \bar{\mathbf{x}}_2) - (\boldsymbol{\mu}_1 - \boldsymbol{\mu}_2)_0]' \hat{\boldsymbol{\Sigma}}_{(\bar{\mathbf{x}}_1 - \bar{\mathbf{x}}_2)}^{-1} [(\bar{\mathbf{x}}_1 - \bar{\mathbf{x}}_2) - (\boldsymbol{\mu}_1 - \boldsymbol{\mu}_2)_0] \\ \leq F_{p, n_1 + n_2 - p - 1; 1 - \alpha} = 1 - \alpha \} \end{aligned} \tag{7.84}$$

Beim *Testniveau* α und den *Freiheitsgraden* $f_1 = p$ und $f_2 = n_1 + n_2 - p - 1$ der F-Verteilung gilt die Testvorschrift:

$$H_0 \quad \text{ablehnen, falls} \quad \hat{F} > F_{p, n_1 + n_2 - p - 1; 1 - \alpha} \tag{7.85}$$

7.2.4 Test einer Varianz σ^2

Aus der Stichprobe einer normalverteilten Zufallsvariablen $X \sim N(\mu; \sigma^2)$ kann nach Gl. (6.45) der Schätzwert $\hat{\sigma}^2$ für die unbekannte Varianz σ^2 der Grundgesamtheit berechnet werden. Mit der Prüfgröße

$$\hat{\chi}^2 = f \cdot \frac{\hat{\sigma}^2}{\sigma^2},$$

welche nach Gl. (7.37) der χ^2-Verteilung beim Freiheitsgrad $f = n - u$ folgt, lässt sich σ^2 mit einem vorgegebenen Sollwert σ_0^2 vergleichen. Die Tabelle 7.2 gibt einen Überblick über die nachfolgend im Einzelnen erläuterten Testverfahren.

7.2 Hypothesentests

Tabelle 7.2: Testen von Hypothesen über eine Varianz σ^2

Hypothese H_0	Alternative H_1	H_0 ablehnen, falls	Testrichtung
$\sigma^2 = \sigma_0^2$	$\sigma^2 \neq \sigma_0^2$	$\hat{\chi}^2 < \chi^2_{f;\alpha/2}$ oder $\hat{\chi}^2 > \chi^2_{f;1-\alpha/2}$	zweiseitig
$\sigma^2 = \sigma_0^2$	$\sigma^2 \neq \sigma_0^2$	$\hat{\chi}^2 < \chi^2_{f;u}$ oder $\hat{\chi}^2 > \chi^2_{f;o}$	zweiseitig, minimal
$\sigma^2 \leq \sigma_0^2$	$\sigma^2 > \sigma_0^2$	$\hat{\chi}^2 > \chi^2_{f;1-\alpha}$	einseitig, nach oben
$\sigma^2 \geq \sigma_0^2$	$\sigma^2 < \sigma_0^2$	$\hat{\chi}^2 < \chi^2_{f;\alpha}$	einseitig, nach unten

[a] **Zweiseitiger Test einer Varianz σ^2**

[a1] **Zweiseitiger Test einer Varianz (Quantile $\chi^2_{f;\alpha/2}$, $\chi^2_{f;1-\alpha/2}$)**

$$H_0: \sigma^2 = \sigma_0^2 \quad \text{gegen} \quad H_1: \sigma^2 \neq \sigma_0^2$$

Wahrscheinlichkeitsgleichung:

$$P\left\{\chi^2_{f;\alpha/2} \leq \hat{\chi}^2 = f \cdot \frac{\hat{\sigma}^2}{\sigma_0^2} \leq \chi^2_{f;1-\alpha/2}\right\} = 1 - \alpha \qquad (7.86)$$

Die Nullhypothese wird verworfen, wenn die Prüfgröße $\hat{\chi}^2$ kleiner als das Quantil $\chi^2_{f;\alpha/2}$ oder größer als das Quantil $\chi^2_{f;1-\alpha/2}$ der χ^2-Verteilung beim Freiheitsgrad $f = n - u$ ist.

Testentscheidung:
Wegen $\hat{\chi}^2 < \chi^2_{f;\alpha/2}$ *oder wegen* $\hat{\chi}^2 > \chi^2_{f;1-\alpha/2}$ *(bzw.* $\chi^2_{f;\alpha/2} < \hat{\chi}^2 < \chi^2_{f;1-\alpha/2}$*) wird die Nullhypothese auf dem 5%-Niveau verworfen (bzw. nicht verworfen).*

[a2] **Zweiseitiger Test einer Varianz (Quantile $\chi^2_{f;u}$, $\chi^2_{f;o}$)**
Beim vorigen Test werden die Quantile beidseitig durch Halbierung der Irrtumswahrscheinlichkeit festgelegt. Wie bei der Berechnung des minimalen Konfidenzintervalls in Kapitel 7.1.4 c, S. 202 bereits ausgeführt, liefert dies nicht die engstmöglichen Grenzen, weil die χ^2-Verteilung unsymmetrisch ist. Bei gleichem Testniveau α ist der mit den Quantilen $\chi^2_{f;u}$ und $\chi^2_{f;o}$ der Tabelle 7.1 durchgeführte zweiseitige Varianztest trennschärfer.

$$H_0: \sigma^2 = \sigma_0^2 \quad \text{gegen} \quad H_1: \sigma^2 \neq \sigma_0^2$$

Wahrscheinlichkeitsgleichung:

$$P\{\chi^2_{f;u} \leq \hat{\chi}^2 = f \cdot \frac{\hat{\sigma}^2}{\sigma_0^2} \leq \chi^2_{f;o}\} = 1 - \alpha \qquad (7.87)$$

Die Nullhypothese wird verworfen, wenn die Prüfgröße $\hat{\chi}^2$ kleiner als das Quantil $\chi^2_{f;u}$ oder größer als das Quantil $\chi^2_{f;o}$ der χ^2-Verteilung beim Freiheitsgrad $f = n - u$ ist.

[b] **Einseitiger Test einer Varianz** σ^2

[b1] **Einseitiger Test „nach oben":**
Diese Fragestellung trifft zu, wenn beispielsweise die Einhaltung einer geforderten Messgenauigkeit überprüft werden soll. Der Auftraggeber verlangt, dass die unbekannte Standardabweichung σ der Messungen nicht größer als der vorgegebene Sollwert σ_0 ist. Ein Test auf Gleichheit ($H_0 : \sigma^2 = \sigma_0^2$) ist hier nicht angebracht, da der Bereich $\sigma^2 < \sigma_0^2$ unkritisch ist.

$$H_0 : \sigma^2 \leq \sigma_0^2 \quad \text{gegen} \quad H_1 : \sigma^2 > \sigma_0^2$$

Wahrscheinlichkeitsgleichung:

$$P\{\hat{\chi}^2 = f \cdot \frac{\hat{\sigma}^2}{\sigma_0^2} \leq \chi^2_{f;1-\alpha}\} = 1 - \alpha \qquad (7.88)$$

Die Nullhypothese wird verworfen, wenn die Prüfgröße $\hat{\chi}^2$ größer als das Quantil $\chi^2_{f;1-\alpha}$ der χ^2-Verteilung beim Freiheitsgrad $f = n - u$ ist.

Testentscheidung:
Wegen $\hat{\chi}^2 > \chi^2_{f;1-\alpha}$ (bzw. $\hat{\chi}^2 < \chi^2_{f;1-\alpha}$) wird die Nullhypothese auf dem 5%-Niveau verworfen (bzw. nicht verworfen).

Beispiel 7.16: *Einseitiger Test einer Varianz σ^2*
In Beispiel 7.2 wurde bei einer präzisen Industrievermessung für eine Horizontalentfernung die Standardabweichung $\hat{\sigma}_e = 0,47\ mm$ beim Freiheitsgrad $f = 8 - 1 = 7$ als Schätzwert ermittelt. Der Auftraggeber hat für das Messergebnis die Standardabweichung $\sigma_0 = 0,4mm$ gefordert. Es soll mit der Irrtumswahrscheinlichkeit $\alpha = 5\%$ getestet werden, ob diese Forderung eingehalten wurde oder nicht. Daher ist ein einseitiger Hypothesentest „nach oben" durchzuführen.

Nullhypothese und Alternativhypothese:

$$H_0 : \sigma^2 \leq \sigma_0^2 \quad \text{gegen} \quad H_1 : \sigma^2 > \sigma_0^2$$

Wahrscheinlichkeitsgleichung:

$$P\{\hat{\chi}^2 = f \cdot \frac{\hat{\sigma}^2}{\sigma_0^2} \leq \chi^2_{f;1-\alpha}\} = 1 - \alpha$$

Prüfgröße:
$$\hat{\chi}^2 = 7 \cdot \frac{0,47^2}{0,4^2} = 9,66$$

Quantil der χ^2-Verteilung: $\chi^2_{f;1-\alpha} = \chi^2_{7;0,95} = 14,1$

Testentscheidung:
Wegen $\hat{\chi}^2 < \chi^2_{f;1-\alpha}$ kann die Nullhypothese auf dem 5%-Niveau nicht verworfen werden. Obwohl der Schätzwert $\hat{\sigma}_e$ größer als der Sollwert σ_0 ist, ist die Abweichung nicht signifikant nachweisbar.

[b2] **Einseitiger Test „nach unten":**
Mit dieser Fragestellung kann geprüft werden, ob das Streuverhalten von Daten zu gering ist, beispielsweise ob gefertigte Produkte, die ein bestimmtes Streuverhalten aufweisen sollen, zu gleichförmig sind.

$$H_0: \sigma^2 \geq \sigma_0^2 \quad \text{gegen} \quad H_1: \sigma^2 < \sigma_0^2$$

Wahrscheinlichkeitsgleichung:

$$P\{\chi^2_{f;\alpha} \leq \hat{\chi}^2 = f \cdot \frac{\hat{\sigma}^2}{\sigma_0^2}\} = 1 - \alpha \qquad (7.89)$$

Die Nullhypothese wird verworfen, wenn die Prüfgröße $\hat{\chi}^2$ kleiner als das Quantil $\chi^2_{f;\alpha}$ der χ^2-Verteilung beim Freiheitsgrad $f = n - u$ ist.

Testentscheidung:
Wegen $\hat{\chi}^2 < \chi^2_{f;\alpha}$ (bzw. $\hat{\chi}^2 > \chi^2_{f;\alpha}$) wird die Nullhypothese auf dem 5%-Niveau verworfen (bzw. nicht verworfen).

7.2.5 Test zweier Varianzen σ_1^2 und σ_2^2

Aus den Stichproben zweier normalverteilter Zufallsvariablen $X_1 \sim N(\mu_1; \sigma_1^2)$ und $X_2 \sim N(\mu_2; \sigma_2^2)$ können nach Gl. (6.45) die Schätzwerte $\hat{\sigma}_1^2$ und $\hat{\sigma}_2^2$ für die unbekannten Varianzen σ_1^2 und σ_2^2 der Grundgesamtheiten berechnet werden. Nach Gl. (4.133) ist die Zufallsvariable

$$\hat{F} = \frac{\hat{\sigma}_1^2}{\hat{\sigma}_2^2} \cdot \frac{\sigma_2^2}{\sigma_1^2} \sim F_{f_1, f_2} \qquad (7.90)$$

F-verteilt mit den Freiheitsgraden f_1 und f_2. Diese Zufallsvariable lässt sich als Prüfgröße berechnen, wenn das Verhältnis $(\sigma_1^2/\sigma_2^2)_0$ als Sollwert vorgegeben ist. Folglich kann man testen, ob die unbekannten Varianzen σ_1^2 und σ_2^2 der Messwerte dieses Größenverhältnis besitzen. Insbesondere lässt sich die *Gleichheit der Varianzen* testen, wobei wegen $(\sigma_1^2/\sigma_2^2)_0 = 1$ für die Prüfgröße gilt:

$$\hat{F} = \frac{\hat{\sigma}_1^2}{\hat{\sigma}_2^2} \qquad (7.91)$$

[a] Zweiseitiger Test auf Gleichheit zweier Varianzen σ_1^2 und σ_2^2

$$H_0: \sigma_1^2 = \sigma_2^2 \quad \text{gegen} \quad H_1: \sigma_1^2 \neq \sigma_2^2$$

Wahrscheinlichkeitsgleichung:

$$P\left\{ F_{f_1, f_2; \alpha/2} \leq \hat{F} = \frac{\hat{\sigma}_1^2}{\hat{\sigma}_2^2} \leq F_{f_1, f_2; 1-\alpha/2} \right\} = 1 - \alpha \qquad (7.92)$$

Die Nullhypothese wird verworfen, wenn die Prüfgröße $\hat{F}$ kleiner als das Quantil $F_{f_1, f_2; \alpha/2}$ oder größer als das Quantil $F_{f_1, f_2; 1-\alpha/2}$ der F-Verteilung bei den Freiheitsgraden f_1 und f_2 (Freiheitsgrade der Varianzen im Zähler und im Nenner der Prüfgröße) ist.

Das in den Tabellen der F-Verteilung zumeist nicht angegebene „untere" Quantil $F_{f_1, f_2; \alpha/2}$ lässt sich wegen der „reziproken Symmetrie" der F-Verteilung berechnen aus:

$$F_{f_1, f_2; \alpha/2} = \frac{1}{F_{f_2, f_1; 1-\alpha/2}} \qquad (7.93)$$

Testentscheidung:
Wegen $\hat{F} < F_{f_1, f_2; \alpha/2}$ oder wegen $\hat{F} > F_{f_1, f_2; 1-\alpha/2}$ (bzw. $F_{f_1, f_2; \alpha/2} < \hat{F} < F_{f_1, f_2; 1-\alpha/2}$) wird die Nullhypothese auf dem 5 %-Niveau verworfen (bzw. nicht verworfen).

Beispiel 7.17: *Zweiseitiger Test zweier Varianzen*
Im Differenzentest in Beispiel 7.14 wurde von gleicher Messgenauigkeit in zwei Messreihen ausgegangen. Die Gültigkeit der Annahme ist bei der Irrtumswahrscheinlichkeit $\alpha = 5\%$ zu überprüfen.

Schätzwerte: $\hat{\sigma}_1 = 1,4 \, mm$, $\hat{\sigma}_2 = 1,8 \, mm$
Freiheitsgrade: $f_1 = 5$, $f_2 = 7$

Nullhypothese und Alternativhypothese:

$$H_0: \sigma_1^2 = \sigma_2^2 \quad \text{gegen} \quad H_1: \sigma_1^2 \neq \sigma_2^2$$

Wahrscheinlichkeitsgleichung (7.92):

$$P\left\{ F_{5, 7; 0,025} \leq \hat{F} = \frac{\hat{\sigma}_1^2}{\hat{\sigma}_2^2} \leq F_{5, 7; 0,975} \right\} = 0,95$$

Prüfgröße: $\hat{F} = \dfrac{1,4^2}{1,8^2} = 0,6$

Quantile der F-Verteilung:

$$F_{5, 7; 0,025} = \frac{1}{F_{7, 5; 0,975}} = \frac{1}{6,85} = 0,15, \qquad F_{5, 7; 0,975} = 5,29$$

Testentscheidung:
Wegen $F_{f_1, f_2; \alpha/2} < \hat{F} < F_{f_1, f_2; 1-\alpha/2}$ wird die Nullhypothese auf dem 5 %-Niveau nicht verworfen. Die Gültigkeit der Annahme gleicher Messgenauigkeit in beiden Messreihen lässt sich nicht widerlegen.

[b] Einseitiger Test zweier Varianzen σ_1^2 und σ_2^2

Falls geprüft werden soll, ob das unbekannte Verhältnis (σ_1^2/σ_2^2) den Sollwert „1" über- oder unterschreitet, ist ein einseitiger Test angebracht.

[b1] Einseitiger Test „nach oben"

$$H_0: \sigma_1^2 \leq \sigma_2^2 \quad \text{gegen} \quad H_1: \sigma_1^2 > \sigma_2^2$$

Wahrscheinlichkeitsgleichung:

$$P\left\{\hat{F} = \frac{\hat{\sigma}_1^2}{\hat{\sigma}_2^2} \leq F_{f_1,f_2;1-\alpha}\right\} = 1 - \alpha \qquad (7.94)$$

Die Nullhypothese wird verworfen, wenn die Prüfgröße $\hat{F}$ größer als das Quantil $F_{f_1,f_2;1-\alpha}$ der F-Verteilung bei den Freiheitsgraden f_1 und f_2 (Freiheitsgrade der Varianzen im Zähler und im Nenner der Prüfgröße) ist.

[b2] Einseitiger Test „nach unten"

$$H_0: \sigma_1^2 \geq \sigma_2^2 \quad \text{gegen} \quad H_1: \sigma_1^2 < \sigma_2^2$$

Wahrscheinlichkeitsgleichung:

$$P\left\{F_{f_1,f_2;\alpha} \leq \hat{F} = \frac{\hat{\sigma}_1^2}{\hat{\sigma}_2^2}\right\} = 1 - \alpha \qquad (7.95)$$

Die Nullhypothese wird verworfen, wenn die Prüfgröße $\hat{F}$ kleiner als das Quantil $F_{f_1,f_2;\alpha}$ der F-Verteilung bei den Freiheitsgraden f_1 und f_2 ist. Das Quantil an der Stelle α ist gleich dem Reziprokwert des Quantils an der Stelle $1-\alpha$ mit vertauschten Freiheitsgraden f_2 und f_1.

$$F_{f_1,f_2;\alpha} = \frac{1}{F_{f_2,f_1;1-\alpha}} \qquad (7.96)$$

7.2.6 Test der Struktur einer Kovarianzmatrix

Viele multivariate Verfahren beruhen auf besonderen Voraussetzungen über die Kovarianzmatrizen der beteiligten Variablen. Zur Überprüfung solcher Voraussetzungen können Strukturtests oder Tests auf Gleichheit von Kovarianzmatrizen angewandt werden. Nachfolgend wird der Strukturtest vorgestellt, dessen Teststatistik nach dem Maximum-Likelihood-Prinzip abgeleitet ist und auf der Normalverteilungsannahme beruht. Falls die Verletzung dieser Annahme zu befürchten ist (worauf insbesondere der Test auf Gleichheit mehrerer Kovarianzmatrizen sensibel reagiert), sollte man robuste Testverfahren anwenden, auf die hier jedoch nicht eingegangen werden kann.

Annahmen über die Abhängigkeit von p gemeinsam normalverteilten Merkmalen bzw. Messgrößen lassen sich mittels eines Tests der Hypothese

$$H_0: \boldsymbol{\Sigma} = \boldsymbol{\Sigma}_0 \quad \text{gegen} \quad H_1: \boldsymbol{\Sigma} \neq \boldsymbol{\Sigma}_0 \qquad (7.97)$$

überprüfen.

Zum *Test auf Unabhängigkeit* der p Merkmale (Messreihen) verwendet man die vorgegebene Matrix:

$$\mathbf{\Sigma}_0 = \begin{pmatrix} \sigma_1^2 & 0 & \cdots & 0 \\ 0 & \sigma_2^2 & \cdots & 0 \\ \vdots & \vdots & \ddots & \vdots \\ 0 & 0 & \cdots & \sigma_p^2 \end{pmatrix} \qquad (7.98)$$

Für einen *Test auf Gleichheit der Kovarianz* aller Merkmalspaare und somit auf *gleiche Korrelation* eignet sich die vorgegebene Matrix:

$$\mathbf{\Sigma}_0 = \sigma^2 \begin{pmatrix} 1 & \rho & \cdots & \rho \\ \rho & 1 & \cdots & \rho \\ \vdots & \vdots & \ddots & \vdots \\ \rho & \rho & \cdots & 1 \end{pmatrix} \qquad (7.99)$$

Bei *großen* Stichprobenumfängen n wird die Teststatistik berechnet nach

$$\hat{\chi}^2 = (n-1) \left(\ln \frac{\det \mathbf{\Sigma}_0}{\det \hat{\mathbf{\Sigma}}} - p + \mathrm{sp}(\hat{\mathbf{\Sigma}} \mathbf{\Sigma}_0^{-1}) \right) \qquad (7.100)$$

mit dem Schätzwert $\hat{\mathbf{\Sigma}}$ der Kovarianzmatrix Gl. (7.27). Die Berechnung der Determinante det **A** einer Matrix **A** ist in Kapitel 2.2.10 und der Spur sp(**A**) in Kapitel 2.7.1 erläutert.

Bei *kleinen* Stichprobenumfängen n lautet die korrigierte Teststatistik:

$$\hat{\chi}^{2\prime} = \left(1 - \frac{2p^2 + 3p - 1}{6(n-1)(p+1)}\right) \cdot \hat{\chi}^2 \qquad (7.101)$$

Die Teststatistik $\hat{\chi}^2$ bzw. $\hat{\chi}^{2\prime}$ ist unter der Nullhypothese $H_0 : \mathbf{\Sigma} = \mathbf{\Sigma}_0$ approximativ χ^2-verteilt mit dem *Freiheitsgrad* $f = p \cdot (p+1)/2$. Beim *Testniveau* α gilt die Testvorschrift:

$$H_0 \quad \text{ablehnen, falls} \quad \hat{\chi}^2 \text{ (bzw. } \hat{\chi}^{2\prime}) > \chi^2_{p(p+1)/2\,;\,1-\alpha} \qquad (7.102)$$

7.2.7 Testen von Hypothesen über Regressionsparameter

[a] **Test der Störvarianz σ^2 einer Regression**

Das Testen von Hypothesen über die Störvarianz entspricht dem Testen einer Varianz nach Kapitel 7.2.4. Die Berechnung der Residuenvarianz $\hat{\sigma}^2$ erfolgt nach Gl. (6.45) bzw. nach Gl. (6.69) (Varianz der Gewichtseinheit). Die Berechnung der Residuenvarianz $\hat{\sigma}^2$ speziell einer Regressionsgeraden ist zusätzlich in Gl. (6.30) auf Seite 144 definiert.

[b] **Test einzelner Regressionsparameter**

Das Testen von Hypothesen über einzelne unbekannte Parameter wird analog zu den in den Abschnitten dieses Kapitels dargestellten Testverfahren und analog zur Berechnung der Konfidenzintervalle von Regressionsfunktionen in Kapitel 7.1.5a, S. 203 durchgeführt. Beim *zweiseitigen Test* lauten die Hypothesen der unbekannten Parameter β_j im Vergleich zu einem vorgegebenen Sollwert c:

$$H_0: \beta_j = c \quad \text{gegen} \quad H_1: \beta_j \neq c$$

Wahrscheinlichkeitsgleichung mit $\hat{t}$ und $\hat{\sigma}_{\hat{\beta}_j}$ nach Gl. (7.44):

$$P\left\{\ |\hat{t}| = \frac{|\hat{\beta}_j - c|}{\hat{\sigma}_{\hat{\beta}_j}} \leq t_{f;1-\alpha/2}\ \right\} = 1 - \alpha \qquad (7.103)$$

Die Entscheidungsregeln für die zweiseitige Fragestellung sowie für die einseitigen Fragestellungen „nach unten" und „nach oben" beim *Testniveau* α und dem *Freiheitsgrad* $f = n - u$ sind in der Tabelle 7.3 zusammengefasst. Beispielsweise beträgt bei einer linearen Regression $y(x_i) = \beta_0 + \beta_1 \cdot x_i$ der *Freiheitsgrad* $f = n - 2$. Zum Testen der beiden Parameter β_0 und β_1 werden zur Berechnung der jeweiligen Teststatistik $\hat{t}$ die Standardabweichungen $\hat{\sigma}_{\hat{\beta}_0}$ und $\hat{\sigma}_{\hat{\beta}_1}$ nach Gl. (7.47) benötigt.

Tabelle 7.3: Testen einzelner Regressionsparameter β_j

Hypothese H_0	Alternative H_1	H_0 ablehnen, falls	Testrichtung
$\beta_j = c$	$\beta_j \neq c$	$|\hat{t}| > t_{f;1-\alpha/2}$	zweiseitig
$\beta_j \leq c$	$\beta_j > c$	$\hat{t} > t_{f;1-\alpha}$	einseitig, nach oben
$\beta_j \geq c$	$\beta_j < c$	$\hat{t} < -t_{f;1-\alpha}$	einseitig, nach unten

Anmerkung: Beim Testen einzelner Regressionsparameter gilt die Angabe „Testniveau α" nur genähert. Wenn die $p+1$ möglichen Einzeltests unabhängig wären, wäre das endgültige Testniveau das Produkt der einzelnen Testniveaus, also α^{p+1}; im Falle extremer Abhängigkeit wäre das endgültige Testniveau dagegen α. Da der Grad der Abhängigkeit nicht abschätzbar ist, kann das engültige Testniveau auch kaum kalkuliert werden. Es besteht folglich die Gefahr, dass ein übervorsichtiger Test mit einem äußerst kleinen Testniveau resultiert.

Beispiel 7.18: *Testen der einzelnen Parameter einer Korrektionsfunktion*
In Beispiel 6.6 wurden aus $n = 36$ Messwertpaaren (y_i, x_i) die Schätzwerte der drei Parameter $\beta_0, \beta_1, \beta_2$ der Regressionsfunktion

$$Y_i = \beta_0 + \beta_1 \cdot e^{-\beta_2 \cdot (x_i - x_{36})}$$

$$\hat{\beta}_0 = -4,3\,, \quad \hat{\beta}_1 = 4,0\,, \quad \hat{\beta}_2 = 6,6$$

und deren Standardabweichungen

$$\hat{\sigma}_{\hat{\beta}_0} = 0,43, \qquad \hat{\sigma}_{\hat{\beta}_1} = 0,48, \qquad \hat{\sigma}_{\hat{\beta}_2} = 2,16$$

bestimmt. Freiheitsgrad $f = n - u = 33$.

Es soll getestet werden, ob jeder Parameterschätzwert sich signifikant von Null unterscheidet (Sollwert $c_j = 0$, $j = 0, 1, 2$).

$$H_0 : \beta_j = 0 \quad \text{gegen} \quad H_1 : \beta_j \neq 0$$

Bei der Irrtumswahrscheinlichkeit $\alpha = 5\%$ ergibt sich aus Tabelle 4.5 das Quantil der t-Verteilung zu $t_{f;1-\alpha/2} = t_{33;0,975} = 2,04$.

Nach Gl. (7.103) ergibt sich die

$$\text{Teststatistik für } \beta_0 : \quad |\hat{t}| = \frac{|-4,3|}{0,43} = 10,0$$

$$\text{Teststatistik für } \beta_1 : \quad |\hat{t}| = \frac{|4,0|}{0,48} = 8,3$$

$$\text{Teststatistik für } \beta_2 : \quad |\hat{t}| = \frac{|6,6|}{2,16} = 3,1$$

Da die Werte aller drei Teststatistiken $|\hat{t}|$ den Quantilwert $t_{33;0,975}$ übersteigen, werden alle drei Nullhypothesen auf dem 5%-Niveau verworfen, d. h. alle drei Parameter sind signifikant nachweisbar. Das Ergebnis ist konsistent mit den Konfidenzintervallen in Beispiel 7.5, welche ebenfalls den Wert $\beta_j = 0$ nicht enthalten.

[c] **Test der Linearkombination einzelner Regressionsparameter**
Durch geeignete Wahl eines $(p+1)$-dimensionalen Zeilenvektors (Hilfsvektors)

$$\mathbf{h}' = (h_0, h_1, \ldots, h_p) \tag{7.104}$$

lässt sich die Hypothese

$$H_0 : \mathbf{h}'\boldsymbol{\beta} = \sum_{j=0}^{p} h_j \cdot \beta_j = c \quad \text{gegen} \quad H_1 : \mathbf{h}'\boldsymbol{\beta} \neq c \tag{7.105}$$

testen, wobei c eine vorgegebene Zahl ist. Beispielsweise sind zum Testen einiger Linearkombinationen des Parametervektors $\boldsymbol{\beta}' = (\beta_0, \beta_1, \beta_2, \beta_3)$ folgende Vektoren $\mathbf{h}' = (h_0, h_1, h_2, h_3)$ und folgende konstante Zahlen c zu wählen:

$H_0 : \beta_1 = \beta_3$ bzw. $H_0 : \beta_1 - \beta_3 = 0$	$\mathbf{h}' = (0, 1, 0, -1)$	$c = 0$
$H_0 : \beta_2 = 2 \cdot \beta_3$ bzw. $H_0 : \beta_2 - 2 \cdot \beta_3 = 0$	$\mathbf{h}' = (0, 0, 1, -2)$	$c = 0$
$H_0 : \beta_2 = 3 \cdot (\beta_3 - 2)$ bzw. $H_0 : \beta_2 - 3 \cdot \beta_3 = -6$	$\mathbf{h}' = (0, 0, 1, -3)$	$c = -6$

Teststatistik:

$$\hat{t} = \frac{\mathbf{h}'\hat{\boldsymbol{\beta}} - c}{\hat{\sigma}_{\mathbf{h}'\hat{\boldsymbol{\beta}}}} \quad \text{mit} \quad \hat{\sigma}_{\mathbf{h}'\hat{\boldsymbol{\beta}}} = \sqrt{\mathbf{h}'\hat{\boldsymbol{\Sigma}}_{\hat{\boldsymbol{\beta}}}\mathbf{h}} \qquad (7.106)$$

Beim *Testniveau* α und dem Freiheitsgrad $f = n - u$ ($u = p + 1$) gilt für die zwei- bzw. einseitige Fragestellung die Testvorschrift:

$$\begin{array}{lll}
\text{zweiseitig} & H_0: \mathbf{h}'\boldsymbol{\beta} = c & \text{ablehnen, falls} \quad |\hat{t}| > t_{f;1-\alpha/2} \\
\text{einseitig} & H_0: \mathbf{h}'\boldsymbol{\beta} \leq c & \text{ablehnen, falls} \quad \hat{t} > t_{f;1-\alpha} \qquad (7.107)\\
\text{einseitig} & H_0: \mathbf{h}'\boldsymbol{\beta} \geq c & \text{ablehnen, falls} \quad \hat{t} < -t_{f;1-\alpha}
\end{array}$$

[d] **Test für Gruppen von Regressionsparametern**

[d1] **Test von k Parametern**

Eine allgemeine Formulierung von Hypothesen über k Regressionsparameter, die aus dem ($u = p+1$)-dimensionalen Parametervektor $\boldsymbol{\beta}$ ausgewählt werden, lautet:

$$H_0: \mathbf{H}\boldsymbol{\beta} = \mathbf{c} \quad \text{gegen} \quad H_1: \mathbf{H}\boldsymbol{\beta} \neq \mathbf{c}$$
$$\text{bzw.}$$
$$H_0: \boldsymbol{\beta}_k = \mathbf{c} \quad \text{gegen} \quad H_1: \boldsymbol{\beta}_k \neq \mathbf{c}$$

Die ($k \times u$)-dimensionale *Hilfsmatrix* $\mathbf{H}$ ist derart zu belegen, dass mit ihr die zu prüfenden Parameter und ihre Varianzen und Kovarianzen ausgewählt werden können, wie in Kapitel 7.1.5 auf Seite 208 erläutert. Die vorgegebenen Sollwerte sind im k-dimensionalen Vektor $\mathbf{c}$ zusammengefasst. In Betracht kommt nur der angegebene *zweiseitige Test*. Die Nullhypothese wird verworfen, wenn die Alternative für wenigstens einen Parameter zutrifft.

Mit der *Teststatistik*

$$\begin{aligned}
\hat{F} &= \frac{1}{k} \cdot (\mathbf{H}\hat{\boldsymbol{\beta}} - \mathbf{c})'[\mathbf{H}\hat{\boldsymbol{\Sigma}}_{\hat{\boldsymbol{\beta}}}\mathbf{H}']^{-1}(\mathbf{H}\hat{\boldsymbol{\beta}} - \mathbf{c}) \\
&= \frac{1}{k} \cdot (\hat{\boldsymbol{\beta}}_k - \mathbf{c})'\hat{\boldsymbol{\Sigma}}_{\hat{\boldsymbol{\beta}}_k}^{-1}(\hat{\boldsymbol{\beta}}_k - \mathbf{c}),
\end{aligned} \qquad (7.108)$$

wobei mit $\mathbf{H}\hat{\boldsymbol{\beta}} = \hat{\boldsymbol{\beta}}_k$ die Schätzfunktion der k aus dem Parametervektor $\boldsymbol{\beta}$ ausgewählten Parameter bezeichnet wird, ergibt sich (mit $n =$ Anzahl der Messdaten) die Wahrscheinlichkeitsgleichung

$$P\left\{\hat{F} \leq F_{k,n-u;1-\alpha}\right\} = 1 - \alpha. \qquad (7.109)$$

Die *Teststatistik* $\hat{F}$ ist F-verteilt mit den Freiheitsgraden $f_1 = k$ und $f_2 = n - u$. Beim *Testniveau* α gilt die Testvorschrift:

$$H_0 \text{ ablehnen, falls } \hat{F} > F_{k,n-u;1-\alpha} \qquad (7.110)$$

Mit diesem F-Test wird die *Gruppe der k Regressoren als Gesamtheit* beurteilt. Er beinhaltet keine Aussage über die statistische Signifikanz der einzelnen Regressionsparameter.

[d2] **Test aller u Parameter**

Beim Testen von Hypothesen über *alle* unbekannten Parameter ist die Hilfsmatrix **H** die *Einheitsmatrix*, sodass sich analog zur Berechnung des Konfidenzhyperellipsoids in Kapitel 7.1.5 b, S. 206 zeigt:

$$H_0 : \boldsymbol{\beta} = \mathbf{c} \quad \text{gegen} \quad H_1 : \boldsymbol{\beta} \neq \mathbf{c}$$

Die Wahrscheinlichkeitsgleichung zum Test aller $u = p + 1$ Parameter β_j, $(j = 0, \ldots, p)$ lautet:

$$P\left\{\hat{F} = \frac{1}{u} \cdot (\hat{\boldsymbol{\beta}} - \mathbf{c})' \hat{\boldsymbol{\Sigma}}_{\hat{\boldsymbol{\beta}}}^{-1} (\hat{\boldsymbol{\beta}} - \mathbf{c}) \leq F_{u,n-u;1-\alpha}\right\} = 1 - \alpha \qquad (7.111)$$

Die *Teststatistik* $\hat{F}$ ist F-verteilt mit den Freiheitsgraden $f_1 = u$ und $f_2 = n - u$. Beim *Testniveau* α gilt die Testvorschrift:

$$H_0 \text{ ablehnen, falls } \hat{F} > F_{u,n-u;1-\alpha} \qquad (7.112)$$

Beispiel 7.19: *Testen aller Parameter einer Korrektionsfunktion*
Die in Beispiel 7.18 angegebenen Parameter sollen hier als Gruppe gemeinsam getestet werden. Die vorgegeben Sollwerte für die Korrektionsparameter seien $\mathbf{c} = (-4, 0\,;\, 4, 5\,;\, 6, 0)$, sodass sich die Differenzen zwischen den Schätzwerten und den Sollwerten ergeben zu:

$$(\hat{\boldsymbol{\beta}} - \mathbf{c})' = (-0, 3\,;\, -0, 5\,;\, 0, 6)$$

Die Kovarianzmatrix der Parameterschätzwerte in Beispiel 6.6 beträgt:

$$\hat{\boldsymbol{\Sigma}}_{\hat{\boldsymbol{\beta}}} = \hat{\sigma}^2 (\mathbf{X}'\mathbf{X})^{-1} = 0{,}6207 \cdot \begin{pmatrix} 0,2925 & -0,1856 & 1,2821 \\ -0,1856 & 0,3635 & -0,3471 \\ 1,2821 & -0,3471 & 7,5145 \end{pmatrix}$$

Mithilfe der Determinantenformel nach Kapitel 2.3.2 lässt sich die Inverse berechnen.

$$\hat{\boldsymbol{\Sigma}}_{\hat{\boldsymbol{\beta}}}^{-1} = \begin{pmatrix} 57,9826 & 21,0891 & -8,9187 \\ 21,0891 & 12,3072 & -3,0297 \\ -8,9187 & -3,0297 & 1,5961 \end{pmatrix}$$

Teststatistik:

$$\hat{F} = \frac{1}{u} \cdot (\hat{\boldsymbol{\beta}} - \mathbf{c})' \hat{\boldsymbol{\Sigma}}_{\hat{\boldsymbol{\beta}}}^{-1} (\hat{\boldsymbol{\beta}} - \mathbf{c}) = 6,7$$

Die *Teststatistik* $\hat{F}$ ist F-verteilt mit den Freiheitsgraden $f_1 = u = 3$ und $f_2 = n - u = 33$. Beim *Testniveau* $\alpha = 5\%$ gilt:

$$F_{u,n-u;1-\alpha} = F_{3,33;0,95} = 2,90$$

Wegen $\hat{F} > F_{u,n-u;1-\alpha}$ wird die Nullhypothese auf dem 5%-Niveau verworfen, d. h. mindestens einer der Parameter β_0, β_1 oder β_2 weicht signifikant vom Sollwert ab.

Einzeltests:

Testet man wie in Beispiel 7.18 alle drei Parameter einzeln, ergeben sich die

$$\text{Teststatistik für } \beta_0: \quad |\hat{t}| = \frac{|-0,3|}{0,43} = 0,7$$

$$\text{Teststatistik für } \beta_1: \quad |\hat{t}| = \frac{|-0,5|}{0,48} = 1,0$$

$$\text{Teststatistik für } \beta_2: \quad |\hat{t}| = \frac{|0,6|}{2,16} = 0,3$$

Da die Werte aller drei Teststatistiken $|\hat{t}|$ kleiner als der Quantilwert $t_{33;0,975} = 2,04$ sind, können die drei Nullhypothesen auf dem 5%-Niveau *nicht* verworfen werden. Zur Erklärung dieses dem Gruppentest widersprechenden Ergebnisses siehe die *Anmerkung* vor Beispiel 7.18.

[d3] **Test einer Gruppe von Parametern auf Signifikanz**

$$H_0: \; \boldsymbol{\beta_k} = \mathbf{0} \quad \text{gegen} \quad H_1: \; \boldsymbol{\beta_k} \neq \mathbf{0}$$

In diesem Falle ist **c** in Gl. (7.108) der *Nullvektor*, sodass getestet wird, ob die k Regressionsparameter *als Gruppe* einen Einfluss auf den Regressanden besitzen.

Teststatistik:

$$\begin{aligned}\hat{F} &= \frac{1}{k} \cdot (\mathbf{H}\hat{\boldsymbol{\beta}})' [\mathbf{H}\hat{\boldsymbol{\Sigma}}_{\hat{\boldsymbol{\beta}}} \mathbf{H}']^{-1} (\mathbf{H}\hat{\boldsymbol{\beta}}) \\ &= \frac{1}{k} \cdot \hat{\boldsymbol{\beta}}_{\boldsymbol{k}}' \, \hat{\boldsymbol{\Sigma}}_{\hat{\boldsymbol{\beta}}_{\boldsymbol{k}}}^{-1} \, \hat{\boldsymbol{\beta}}_{\boldsymbol{k}}, \end{aligned} \quad (7.113)$$

Die *Teststatistik* $\hat{F}$ ist F-verteilt mit den Freiheitsgraden $f_1 = k$ und $f_2 = n - u$, mit $u = p + 1$. Beim *Testniveau* α gilt die Testvorschrift:

$$H_0 \quad \text{ablehnen, falls} \quad \hat{F} > F_{k,n-u;1-\alpha}$$

Test in absteigender Reihenfolge:

Man kann diesen Test u. a. dazu benutzen, den angepassten Grad einer polynomialen Regression (siehe Gl. (6.13)) zu entwickeln. Beginnend mit dem höchsten Grad und absteigend zu den niedrigeren Graden wird getestet, ob die jeweilige Gruppe der betreffenden Parameter sich signifikant von Null unterscheidet. Hat man für die polynomiale Regression

$$Y_i = \beta_0 + \beta_1 x_i + \beta_2 x_i^2 + \beta_3 x_i^3 + \beta_4 x_4^4 + e_i \tag{7.114}$$

die Schätzwerte $\hat{\beta}_0, \hat{\beta}_1, \hat{\beta}_2, \hat{\beta}_3, \hat{\beta}_4$ bestimmt, ergeben sich nacheinander folgende Nullhypothesen mit den erforderlichen Hilfsmatrizen **H**:

Nullhypothese	Parameteranzahl	Hilfsmatrix
$H_0: \beta_4 = 0$	$k = 1$	$\mathbf{H} = \begin{pmatrix} 0 & 0 & 0 & 0 & 1 \end{pmatrix}$
$H_0: \beta_4 = \beta_3 = 0$	$k = 2$	$\mathbf{H} = \begin{pmatrix} 0 & 0 & 0 & 1 & 0 \\ 0 & 0 & 0 & 0 & 1 \end{pmatrix}$
$H_0: \beta_4 = \beta_3 = \beta_2 = 0$	$k = 3$	$\mathbf{H} = \begin{pmatrix} 0 & 0 & 1 & 0 & 0 \\ 0 & 0 & 0 & 1 & 0 \\ 0 & 0 & 0 & 0 & 1 \end{pmatrix}$
$\vdots$	$\vdots$	$\vdots$

Beim Einzeltest $H_0: \beta_4 = 0$ ist die Teststatistik $\hat{F}$ nach Gl. (7.113) gleich dem Quadrat $|\hat{t}|^2$ des Einzeltests nach Gl. (7.106) (mit $c = 0$). Zwischen den Quantilen der t- und der F-Verteilung gilt $t_{f;1-\alpha/2} = \sqrt{F_{1,f;1-\alpha}}$, siehe Gl. (4.135) auf Seite 111.

Test in aufsteigender Reihenfolge:

Der Test auf Signifikanz lässt sich auch mit Gruppen von Parametern in aufsteigender Reihenfolge durchführen. Hierbei berechnet man jeweils *zwei Regressionen*:

- eine mit $(u - k)$ Parametern („eingeschränkte Hypothese")

$$Residuenquadratsumme \quad \hat{\mathbf{e}}_0'\hat{\mathbf{e}}_0$$

- eine mit u Parametern („allgemeine Hypothese")

$$Residuenquadratsumme \quad \hat{\mathbf{e}}'\hat{\mathbf{e}}$$

Teststatistik:

$$\hat{F} = \frac{n-u}{k} \cdot \frac{\hat{\mathbf{e}}_0'\hat{\mathbf{e}}_0 - \hat{\mathbf{e}}'\hat{\mathbf{e}}}{\hat{\mathbf{e}}'\hat{\mathbf{e}}} \tag{7.115}$$

Durch die Aufnahme zusätzlicher Parameter wird die Residuenquadratsumme nicht vergrößert, sondern in der Regel verkleinert. Wenn sich beide Residuenquadratsummen nur „wenig" unterscheiden, wird die Nullhypothese $H_0: \boldsymbol{\beta_k = 0}$ nicht verworfen. Falls jedoch die Nullhypothese falsch ist, ist $(\hat{\mathbf{e}}_0'\hat{\mathbf{e}}_0 - \hat{\mathbf{e}}'\hat{\mathbf{e}})/k$ „groß" im Verhältnis zu $(\hat{\mathbf{e}}'\hat{\mathbf{e}})/(n-u)$; weshalb $\hat{F}$

"groß" ist und $H_0 : \boldsymbol{\beta_k} = \mathbf{0}$ verworfen werden kann.

Test aller „eigentlichen" Regressionsparameter:

Mit diesem Test kann überprüft werden, ob die unabhängigen Variablen überhaupt zur „Erklärung" der abhängigen Variablen beitragen. Der Parametervektor $\boldsymbol{\beta_k} = (\beta_1, \beta_2, \ldots, \beta_p)'$ besteht nur aus den „eigentlichen" Parametern (ohne β_0).

$$H_0: \quad \beta_1 = \beta_2 = \ldots = \beta_p = 0 \quad \text{gegen}$$
$$H_1: \quad \beta_j \neq 0 \quad \text{für mindestens ein } j = 1, \ldots, p.$$

In diesem Spezialfall lässt sich die Teststatistik mithilfe des in Kapitel 6.7 vorgestellten Bestimmtheitsmaßes R^2 berechnen. Das in den Grenzen $0 \leq R^2 \leq 1$ definierte Bestimmtheitsmaß wird als Maß für die Güte der Anpassung benutzt. Es wird folglich getestet, ob das Bestimmtheitsmaß signifikant von Null abweicht.

$$\hat{F} = \frac{n-u}{k} \cdot \frac{R^2}{1-R^2}, \quad \text{mit } u = p+1 \text{ und } k = p \qquad (7.116)$$

7.2.8 Theorie der Fehler 1. und 2. Art

Falls eine Testentscheidung sich nicht nur auf eine Nullhypothese bezieht, sondern zwischen zwei standardnormalverteilten Teststatistiken TS_1 und TS_2 zu entscheiden ist, sind vier Entscheidungen möglich (jeweils die Nullhypothese oder die Alternativhypothese annehmen oder verwerfen), wovon zwei Fehlentscheidungen sein können:

- *Fehler 1. Art*: Die Nullhypothese wird verworfen, obwohl sie zutrifft (Irrtumswahrscheinlichkeit α). Dieser Fehler wird auch *Anbieter-* oder *Produzentenrisiko* genannt, weil die Qualitätsprüfung eine fehlerhafte Fertigung anzeigt, die Produktion gestoppt und ein Fehler gesucht wird, der nicht vorhanden ist.
- *Fehler 2. Art*: Die Nullhypothese wird beibehalten, obwohl sie falsch ist (Wahrscheinlichkeit β). Dieser Fehler wird auch *Abnehmer-* oder *Konsumentenrisiko* genannt, weil die Qualitätsprüfung eine Fertigung als korrekt anzeigt, obwohl sie fehlerhaft ist.

Testentscheidung	Unbekannte Wirklichkeit	
	H_0 wahr	H_0 falsch
H_0 abgelehnt	Fehler 1. Art $P = \alpha$	Richtige Entscheidung $P = 1 - \beta$
H_0 beibehalten	Richtige Entscheidung $P = 1 - \alpha$	Fehler 2. Art $P = \beta$

Durch die Irrtumswahrscheinlichkeit α wird der Grenzwert zwischen den Teststatistiken festgelegt, d. h. durch die Festlegung von α wird die Wahrscheinlichkeit für einen Fehler 1. und 2. Art beeinflusst. Mit abnehmender Irrtumswahrscheinlichkeit α nimmt auch die *Teststärke* $(1 - \beta)$ ab und die Wahrscheinlichkeit β für den Fehler 2. Art wächst (siehe Abb. 7.8). Bei technischen Fragestellungen verwendet man häufig den Wert $\alpha = 0,05$. Die Teststärke sollte dabei mindestens 70 %, besser 80 % sein. Es lässt sich

- durch Vorgabe von α und dem Abstand $\delta = TS_2 - TS_1$ der Teststatistiken die Wahrscheinlichkeit β für den Fehler 2. Art bestimmen oder
- durch Vorgabe von α und β der Abstand $\delta = TS_2 - TS_1$ der Teststatistiken ermitteln.

Beide Verfahren werden in der Qualitätsprüfung angewandt. In geodätischen Auswerteprogammen werden die Messdaten mit letzterer Methode auf Fehler (*Ausreißer*) getestet.

Beispiel 7.20: *Berechnung der Wahrscheinlichkeit β des Fehlers 2. Art*
Es gilt zu entscheiden, ob der tatsächliche Erwartungswert μ einer Fertigung dem Wert $\mu = \mu_0 = 100$ oder dem Wert $\mu = 102$ zuzuordnen ist (also $\delta = 2$). Es wurden $n = 20$ Messungen mit der Standardabweichung $\sigma = 3$ durchgeführt. Standardabweichung des Mittelwertes $\sigma_{\bar{x}} = 3/\sqrt{20} = 0,67$. Für die Irrtumswahrscheinlichkeit $\alpha = 5\%$ ergibt sich das Quantil der Standardnormalverteilung $z_{1-\alpha} = 1,645$ (einseitige Fragestellung), womit das Produkt $z_{1-\alpha} \cdot \sigma_{\bar{x}} = 1,10$ beträgt.

$$P\{\bar{x} \leq \mu_0 + z_{1-\alpha} \cdot \sigma_{\bar{x}}\} = 1 - \alpha \qquad (7.117)$$

Annahmebereich: $\{\bar{x} \leq c_o = 101,1\}$

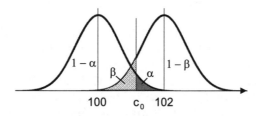

Abbildung 7.8: Fehler 1. Art (α) und Fehler 2. Art (β)

$$\beta(\mu) = P\left\{z \leq \frac{c_o - \mu}{\sigma_{\bar{x}}}\right\} \qquad (7.118)$$

$$\begin{aligned}
\beta(\mu = 102) &= P\left\{z \leq \frac{101,1 - 102}{0,67}\right\} \\
&= P\{z \leq -1,336\} \\
&= F(-1,336) = 1 - F(1,336) \\
&= 1 - 0,9093 = 0,0907 \approx 9\%
\end{aligned}$$

Das Quantil $z_{0,95} = 1,645$ und der Wahrscheinlichkeitswert $F(1,04) = 0,9093$ sind der Tabelle 4.3 auf Seite 113 entnommen.

Beispiel 7.21: *Berechnung des Abstandes δ zwischen den Teststatistiken*
Hier sind der Wert $\mu = \mu_0 = 100$ und die Wahrscheinlichkeiten $\alpha = 5\,\%$ und $\beta = 20\,\%$ vorgegeben. Der Abstand δ zwischen den Teststatistiken und der Erwartungswert μ der Alternative ist zu berechnen.

$$\begin{aligned}\delta &= (z_{1-\alpha} + z_{1-\beta}) \cdot \sigma_{\bar{x}} &&(7.119)\\ &= (1,645 + 0,842) \cdot 0,67 = 1,67 \\ \mu &= \mu_0 + \delta = 101,67 &&(7.120)\end{aligned}$$

Das Quantil $z_{0,80} = 0,842$ ist ebenfalls der Tabelle 4.3 entnommen.

Bezeichnet man die Summe der Quantile in Gl. (7.119) als Faktor

$$k = z_{1-\alpha} + z_{1-\beta} \tag{7.121}$$

lautet Gl. (7.119)

$$\delta = k \cdot \sigma, \tag{7.122}$$

wobei für σ die A-priori-Standardabweichung des zu prüfenden Ergebnisses einzusetzen ist. In der nachfolgenden Tabelle sind für einige Wahrscheinlichkeiten α und β die Faktoren k angegeben.

Tabelle 7.4: Faktoren k nach Gl. (7.121)

	$\alpha = 0,1\,\%$	$\alpha = 1\,\%$	$\alpha = 5\,\%$
$\beta = 30\,\%$	3,61	2,85	2,17
$\beta = 20\,\%$	3,93	3,17	2,49
$\beta = 10\,\%$	4,37	3,61	2,93

8 Übungsbeispiele zur Regressionsanalyse (Ausgleichungsrechnung)

8.1 Höhennetzausgleichung

Beispiel 8.1: *Ausgleichung eines Höhennetzes*

Gegeben : Drei feste Anschlusspunkte P_4, P_5, P_6 mit ihren Höhen $H_4 = 82,000\,m$, $H_5 = 82,002\,m$, $H_6 = 80,651\,m$.

Gesucht : Die ausgeglichenen Höhen H_1, H_2, H_3 der drei Neupunkte P_1, P_2, P_3.

Gemessen: Sechs Höhenunterschiede Δh_i, und zwar von den Anschlusspunkten zum jeweils benachbarten Neupunkt sowie zwischen den Neupunkten. Anzahl der Messwerte $n = 6$, Anzahl der Unbekannten $u = 3$, Freiheitsgrad $f = n - u = 3$.

Die aus der Genauigkeitsangabe für das Nivellierinstrument und der Länge des jeweiligen Nivellementweges abgeleitete A-priori-Standardabweichung beträgt für jeden Höhenunterschied $\sigma_{\Delta h_i} = 2\,mm$. Es bestehen lineare Beziehungen, wobei neben den Messwerten Δh_i konstante Anschlusshöhenwerte H_4, H_5, H_6 in die Berechnung eingehen. Konstante Größen sind im ursprünglichen Gauß-Markoff-Modell nicht enthalten. Durch Addition der Anschlusshöhen und der Anschlussmesswerte $\Delta h_{4,1}$, $\Delta h_{5,2}$, $\Delta h_{6,3}$ lassen sich Näherungswerte $H_1^{(0)}, H_2^{(0)}, H_3^{(0)}$ berechnen, die dann zusammen mit den restlichen Messwerten $\Delta h_{1,2}$, $\Delta h_{1,3}$, $\Delta h_{2,3}$ als Beobachtungsvektor **y** aufgefasst werden können. Das bedeutet aber, dass sich Fehler oder systematische Messabweichungen, mit denen die Anschlusshöhenwerte behaftet sein können, verzerrend auf die Schätzwerte und deren Kovarianzen auswirken. Dieser Sachverhalt ist während der Messung bei der Auswahl der Anschlusspunkte (insbesondere bei Präzisionsmessungen) zu beachten, z. B. durch zusätzliche Kontrollmessungen.

Höhen der Anschlusspunkte	Messwerte		Näherungshöhen der Neupunkte		
$H_4 = 82,000\,m$	$\Delta h_{4,1}$	$= 1,821\,m$	$H_1^{(o)}$	$=$	$83,821\,m$
$H_5 = 82,002\,m$	$\Delta h_{5,2}$	$= 1,720\,m$	$H_2^{(o)}$	$=$	$83,722\,m$
$H_6 = 80,651\,m$	$\Delta h_{6,3}$	$= 2,079\,m$	$H_3^{(o)}$	$=$	$82,730\,m$
	$\Delta h_{1,2}$	$= -0,097\,m$			
	$\Delta h_{1,3}$	$= -1,089\,m$			
	$\Delta h_{2,3}$	$= -0,995\,m$			

Zur Kontrolle der Mess- und Anschlusswerte wird zunächst getestet, ob sich eine signifikante Abweichung zwischen der Summe der gemessenen Höhenunterschiede und der

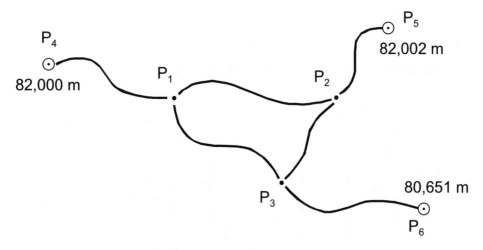

Abbildung 8.1: Nivellementnetz

Höhendifferenz der Anschlusspunkte bzw. des Sollhöhenunterschiedes Null der inneren Schleife nachweisen lässt. Da jeweils drei Messwerte summiert werden, ergibt sich nach dem Kovarianzfortpflanzungsgesetz die Standardabweichung der Summe zu $\sigma_{\Delta h_{Ist}} = \sqrt{3} \cdot \sigma_{\Delta h_i} = \sqrt{3} \cdot 2\,mm = 3,5\,mm$.

$$H_0: \mu_{\Delta h} = \Delta h_{Soll} \qquad H_1: \mu_{\Delta h} \neq \Delta h_{Soll}$$

Wahrscheinlichkeitsgleichung (7.64):

$$P\left\{\,|\hat{z}| = \frac{|\Delta h_{Ist} - \Delta h_{Soll}|}{\sigma_{\Delta h_{Ist}}} \leq z_{1-\alpha/2}\,\right\} = 1 - \alpha$$

Δh_{Ist} [mm]	Δh_{Soll} [mm]	$|\hat{z}|$
$\Delta h_{4,1} + \Delta h_{1,2} + \Delta h_{2,5} = +4$	$H_5 - H_4 = +2$	$2/3,5 = 0,58$
$\Delta h_{4,1} + \Delta h_{1,3} + \Delta h_{3,6} = -1347$	$H_6 - H_4 = -1349$	$2/3,5 = 0,58$
$\Delta h_{5,2} + \Delta h_{2,3} + \Delta h_{3,6} = -1354$	$H_6 - H_5 = -1351$	$3/3,5 = 0,87$
$\Delta h_{1,2} + \Delta h_{2,3} + \Delta h_{3,1} = -3$	$H_1, H_2, H_3, H_1 = 0$	$3/3,5 = 0,87$

Da kein Wert der Prüfgröße $|\hat{z}|$ das Quantil $z_{1-\alpha/2} = z_{0,975} = 1,96$ der Normalverteilung nach Tabelle 4.3 bei $\alpha = 5\,\%$ Irrtumswahrscheinlichkeit überschreitet, lassen sich Fehler und systematische Messabweichungen in den Mess- und Anschlusswerten nicht nachweisen, sodass die Ausgleichungsberechnung durchgeführt werden kann.

Gauß-Markoff-Modell nach Gl. (6.31) bzw. Gl. (6.59):

$$\mathbf{y} = \mathbf{X}\boldsymbol{\beta} + \mathbf{e}\,, \qquad \boldsymbol{\Sigma} = \sigma^2 \mathbf{P}^{-1}$$

Da die Höhen der Anschlusspunkte als konstante Größen in die Ausgleichung eingehen, ändert sich die Varianz der Messwerte nicht. Weil alle Messwerte unabhängig und gleichgenau sind, gilt mit der vorgegebenen Standardabweichung $\sigma_{\Delta h_i} = 2mm$:

- Varianz der Gewichtseinheit $\sigma^2 = \sigma^2_{\Delta h_i}$
- Gewichtsmatrix $\mathbf{P} = \mathbf{I}$ Einheitsmatrix
- Kovarianzmatrix der Messwerte $\mathbf{\Sigma} = \sigma^2 \mathbf{P}^{-1} = \sigma^2 \mathbf{I}$

$$\mathbf{y} = \mathbf{X} \cdot \boldsymbol{\beta} + \mathbf{e}$$

$$\begin{pmatrix} H_4 + \Delta h_{4,1} \\ H_5 + \Delta h_{5,2} \\ H_6 + \Delta h_{6,3} \\ \Delta h_{1,2} \\ \Delta h_{1,3} \\ \Delta h_{2,3} \end{pmatrix} = \begin{pmatrix} 1 & & \\ & 1 & \\ & & 1 \\ -1 & 1 & \\ -1 & & 1 \\ & -1 & 1 \end{pmatrix} \cdot \begin{pmatrix} H_1 \\ H_2 \\ H_3 \end{pmatrix} + \begin{pmatrix} e_1 \\ e_2 \\ e_3 \\ e_4 \\ e_5 \\ e_6 \end{pmatrix}$$

$$\mathbf{X} = \begin{vmatrix} 1 & 0 & 0 \\ 0 & 1 & 0 \\ 0 & 0 & 1 \\ -1 & 1 & 0 \\ -1 & 0 & 1 \\ 0 & -1 & 1 \end{vmatrix} \quad \mathbf{y} = \begin{vmatrix} +83{,}821 \\ +83{,}722 \\ +82{,}730 \\ -0{,}097 \\ -1{,}089 \\ -0{,}995 \end{vmatrix}$$

$$\mathbf{X'} \begin{vmatrix} 1 & 0 & 0 & -1 & -1 & 0 \\ 0 & 1 & 0 & 1 & 0 & -1 \\ 0 & 0 & 1 & 0 & 1 & 1 \end{vmatrix} \begin{vmatrix} 3 & -1 & -1 \\ -1 & 3 & -1 \\ -1 & -1 & 3 \end{vmatrix} \begin{vmatrix} +85{,}007 \\ +84{,}620 \\ +80{,}646 \end{vmatrix}$$

$$\underbrace{\mathbf{N} = \mathbf{X'X}} \quad \underbrace{\mathbf{X'y}}$$

Die Berechnung der Schätzwerte (ausgeglichenen Höhen) $\hat{\boldsymbol{\beta}} = (\hat{H}_1, \hat{H}_2, \hat{H}_3)'$ kann mit dem *Algebraprogramm* eines Taschenrechners oder Computers (z. B. Maple, Mathematica) erfolgen.

$$\hat{\boldsymbol{\beta}} = (\mathbf{X'X})^{-1}\mathbf{X'y} = \mathbf{N}^{-1}\mathbf{X'y} \quad \text{nach Gl. (6.40)}$$

Zunächst wird $\mathbf{N} = \mathbf{X'X}$ mit dem Algebraprogramm invertiert. Danach liefert das Produkt aus $\mathbf{N}^{-1} = (\mathbf{X'X})^{-1}$ und $\mathbf{X'y}$ die ausgeglichenen Höhen.

$$\begin{array}{c|c} & +85{,}007 \\ & +84{,}620 = \mathbf{X'y} \\ & +80{,}646 \\ \hline \mathbf{X'X}^{-1} = \begin{array}{ccc} 1/2 & 1/4 & 1/4 \\ 1/4 & 1/2 & 1/4 \\ 1/4 & 1/4 & 1/2 \end{array} & \begin{array}{l} 83{,}820_{00} = \hat{H}_1 \\ 83{,}723_{25} = \hat{H}_2 \\ 82{,}729_{75} = \hat{H}_3 \end{array} \end{array}$$

Die Berechnung kann auch „von Hand" mit dem *Gauß-Jordan Verfahren*, vgl. 2.3.3, bzw. dem *Gaußschen Algorithmus* oder mittels *Cholesky-Faktorisierung* erfolgen. Diese Lösungen sind in Auswerteprogrammen enthalten bzw. eignen sich zur Programmierung und Einbindung in einer vom Anwender erstellten Auswertesoftware.

Berechnung mit dem Gaußschen Algorithmus

Durch fortgesetzte Elimination der Unbekannten wird das ursprüngliche lineare Gleichungssystem, die *Normalgleichung* $(\mathbf{X'X})\hat{\beta} = \mathbf{X'y}$ nach Gl. (6.38), in das gestaffelte System einer oberen Dreiecksmatrix umgewandelt (*Gaußsche Elimination*). Dazu wird die jeweilige *Eliminationsgleichung* (d. h. die 1. Gleichung im ersten System, die 2. Gleichung im zweiten System, ...) der Reihe nach mit geeigneten Faktoren multipliziert und von der 2., der 3., ..., der letzten Gleichung abgezogen. Der Faktor ist der Quotient aus dem jeweiligen Spitzenkoeffizient der Folgegleichungen dividiert durch den Spitzenkoeffizient der Eliminationsgleichung, weshalb letzterer $\neq 0$ vorausgesetzt wird. Die Unbekannten lassen sich anschließend der Reihe nach durch Rückrechnung ermitteln.

$$
\begin{array}{r|rrr|r|l}
\cdot(-1/3), \cdot(-1/3) & 3 & -1 & -1 & 85{,}007 & \\
(-) & -1 & 3 & -1 & 84{,}620 & \\
(-) & -1 & -1 & 3 & 80{,}646 & \\
\hline
 & 3 & -1 & -1 & 85{,}0070 & \\
\cdot((-4/3)/(8/3)) & & 8/3 & -4/3 & 112{,}9557 & \\
(-) & & -4/3 & 8/3 & 108{,}9817 & \\
\hline
 & 3 & -1 & -1 & 85{,}0070 & \hat{H}_1 = 83{,}820_{00} \\
 & & 8/3 & -4/3 & 112{,}9557 & \hat{H}_2 = 83{,}723_{25} \\
\cdot(1/2) & & & 2 & 165{,}4595 & \hat{H}_3 = 82{,}729_{75} \\
\end{array}
$$

Berechnung mittels Cholesky-Faktorisierung

Die *Normalgleichungsmatrix* $\mathbf{N} = (\mathbf{X'X})$ wird zerlegt in $\mathbf{X'X} = \mathbf{GG'}$, wobei $\mathbf{G}$ eine reguläre untere Dreiecksmatrix ist (siehe Gl. (6.60)). Mit $\mathbf{X'X} = (x_{ij})$ und $\mathbf{G'} = (g_{ij})$ gilt:

$$
\begin{aligned}
g_{ii} &= \left(x_{ii} - \sum_{k=1}^{i-1} g_{ki}^2\right)^{1/2} \quad &&\text{mit } i = 1, \ldots, u \\
g_{ij} &= \frac{1}{g_{ii}}\left(x_{ij} - \sum_{k=1}^{i-1} g_{ki}\, g_{kj}\right) \quad &&\text{mit } \begin{cases} i = 1, \ldots, u \\ j = i+1, \ldots, u \end{cases}
\end{aligned}
\tag{8.1}
$$

Folglich wird $\mathbf{G'}$ zeilenweise aus der Multiplikation von Spalten berechnet, wobei $g_{ij} = 0$ für alle Elemente oberhalb des letzten von Null verschiedenen Elements x_{ij} einer Spalte j.

$$
\mathbf{X'X} = \begin{pmatrix} 3 & -1 & -1 \\ -1 & 3 & -1 \\ -1 & -1 & 3 \end{pmatrix}
$$

$g_{11} = \sqrt{x_{11}} = \sqrt{3}$; $\quad g_{12} = -1/\sqrt{3}$; $\quad g_{13} = -1/\sqrt{3}$

$$g_{22} = \sqrt{8/3}\;;\qquad g_{23} = \frac{-2\sqrt{3}}{3\sqrt{2}}$$

$$g_{33} = \sqrt{2}$$

$$\mathbf{G}' = \begin{pmatrix} \sqrt{3} & -1/\sqrt{3} & -1/\sqrt{3} \\ 0 & \sqrt{8/3} & -2\sqrt{3}/3\sqrt{2} \\ 0 & 0 & \sqrt{2} \end{pmatrix}$$

Wegen $(\mathbf{X}'\mathbf{X})^{-1} = (\mathbf{G}')^{-1}\mathbf{G}^{-1}$ und $\mathbf{G}'(\mathbf{X}'\mathbf{X})^{-1} = \mathbf{G}^{-1}$ lassen sich die Elemente der Inverse $(\mathbf{X}'\mathbf{X})^{-1} = (q_{ij})$ berechnen mit:

$$\begin{aligned} q_{ii} &= \frac{1}{g_{ii}}\left(\frac{1}{g_{ii}} - \sum_{k=i+1}^{u} g_{ik}\, q_{ki}\right) \\ q_{ij} &= -\frac{1}{g_{ii}} \sum_{k=i+1}^{u} g_{ik}\, q_{kj} \qquad \text{für } i < j \end{aligned} \qquad (8.2)$$

$$q_{33} = \frac{1}{\sqrt{2}}\left(\frac{1}{\sqrt{2}}\right) = \frac{1}{2}$$

$$q_{23} = -\frac{\sqrt{3}}{\sqrt{8}}\left(\frac{-2\sqrt{3}}{3\sqrt{2}} \cdot \frac{1}{2}\right) = \frac{1}{4}$$

$$q_{13} = -\frac{1}{\sqrt{3}}\left(\frac{-1}{\sqrt{3}} \cdot \frac{1}{4} + \frac{-1}{\sqrt{3}} \cdot \frac{1}{2}\right) = \frac{1}{4}$$

$$q_{22} = \frac{\sqrt{3}}{\sqrt{8}}\left(\frac{\sqrt{3}}{\sqrt{8}} - \frac{-2\sqrt{3}}{3\sqrt{2}} \cdot \frac{1}{4}\right) = \frac{1}{2}$$

$$q_{12} = -\frac{1}{\sqrt{3}}\left(\frac{-1}{\sqrt{3}} \cdot \frac{1}{2} + \frac{-1}{\sqrt{3}} \cdot \frac{1}{4}\right) = \frac{1}{4}$$

$$q_{11} = \frac{1}{\sqrt{3}}\left(\frac{1}{\sqrt{3}} - \frac{-1}{\sqrt{3}} \cdot \frac{1}{4} - \frac{-1}{\sqrt{3}} \cdot \frac{1}{4}\right) = \frac{1}{2}$$

Da $(\mathbf{X}'\mathbf{X})^{-1}$ ebenso wie $(\mathbf{X}'\mathbf{X})$ symmetrisch ist, gilt für die Elemente der Inverse unterhalb der Diagonale $q_{21} = q_{12}$, $q_{31} = q_{13}$, $q_{32} = q_{23}$, sodass sich mit der vollständigen Inversen

$$(\mathbf{X}'\mathbf{X})^{-1} = \begin{pmatrix} q_{11} & q_{12} & q_{13} \\ q_{21} & q_{22} & q_{23} \\ q_{31} & q_{32} & q_{33} \end{pmatrix} = \begin{pmatrix} 1/2 & 1/4 & 1/4 \\ 1/4 & 1/2 & 1/4 \\ 1/4 & 1/4 & 1/2 \end{pmatrix}$$

die Schätzwerte ergeben:

$$\mathbf{X}'\mathbf{X}^{-1}\,\mathbf{X}'\mathbf{y} = \hat{\boldsymbol{\beta}} = (\hat{H}_1,\, \hat{H}_2,\, \hat{H}_3)'$$

(siehe oben).

Berechnung der Residuen und der Kovarianzmatrizen

Mit den Schätzwerten der Beobachtungen $\hat{\mathbf{y}} = \mathbf{X}\hat{\beta}$ nach Gl. (6.41) ergeben sich die Residuen $\hat{\mathbf{e}} = \mathbf{y} - \hat{\mathbf{y}} = \mathbf{y} - \mathbf{X}\hat{\beta}$ nach Gl. (6.42).

$$\hat{\mathbf{e}} = \mathbf{y} - \hat{\mathbf{y}} = \begin{pmatrix} 83,821\ m \\ 83,722\ m \\ 82,730\ m \\ -0,097\ m \\ -1,089\ m \\ -0,995\ m \end{pmatrix} - \begin{pmatrix} 83,82000\ m \\ 83,72325\ m \\ 82,72975\ m \\ -0,09675\ m \\ -1,09025\ m \\ -0,99350\ m \end{pmatrix} = \begin{pmatrix} 1,00\ mm \\ -1,25\ mm \\ 0,25\ mm \\ -0,25\ mm \\ 1,25\ mm \\ -1,50\ mm \end{pmatrix}$$

Probe: $\mathbf{X}'\hat{\mathbf{e}} = \mathbf{0}$, d.h. die Summe aller auf einen Schätzwert bezogenen Residuen ist Null.

$$\begin{array}{r|r|l} & \begin{matrix} 1,00 \\ -1,25 \\ 0,25 \\ -0,25 \\ 1,25 \\ -1,50 \end{matrix} & = \hat{\mathbf{e}} \\ \hline \mathbf{X}' = \begin{matrix} 1 & 0 & 0 & -1 & -1 & 0 \\ 0 & 1 & 0 & 1 & 0 & -1 \\ 0 & 0 & 1 & 0 & 1 & 1 \end{matrix} & \begin{matrix} 0 \\ 0 \\ 0 \end{matrix} & = \mathbf{X}'\hat{\mathbf{e}} \\ \hline \hat{\mathbf{e}}' = \begin{matrix} 1,00 & -1,25 & 0,25 & -0,25 & 1,25 & -1,50 \end{matrix} & 6,5 & = \hat{\mathbf{e}}'\hat{\mathbf{e}} \end{array}$$

Quadratsumme der Residuen: $\hat{\mathbf{e}}'\hat{\mathbf{e}} = \sum_{i=1}^{n} \hat{e}_i^2 = 6,5\ mm^2$

Die Residuenvarianz nach Gl. (6.45)

$$\hat{\sigma}^2 = \frac{\hat{\mathbf{e}}'\hat{\mathbf{e}}}{n-u} = \frac{6,5}{3} = 2,17\ mm^2 = \hat{\sigma}^2_{\Delta h_i}$$

ist der Schätzwert der Varianz der einzelnen ursprünglichen gleichgenauen Beobachtungen. Deren empirische Standardabweichung beträgt dann:

$$\hat{\sigma} = \hat{\sigma}_{\Delta \hat{h}_i} = \sqrt{2,17} = 1,47\ mm$$

Mit einem χ^2-Test (siehe Kap. 7.2.4a–a2, S. 227) lässt sich überprüfen, ob die empirische Standardabweichung $\hat{\sigma} = 1,47\ mm$ signifikant von der A-priori-Standardabweichung $\sigma_{\Delta h_i} = 2\ mm$ abweicht.

$$H_0: \sigma^2 = \sigma^2_{\Delta h_i} \quad \text{gegen} \quad H_1: \sigma^2 \neq \sigma^2_{\Delta h_i}$$

Wahrscheinlichkeitsgleichung (7.87):

$$P\{\chi^2_{f;u} \leq \hat{\chi}^2 = f \cdot \frac{\hat{\sigma}^2}{\sigma^2_{\Delta h_i}} \leq \chi^2_{f;o}\} = 1 - \alpha$$

Prüfgröße $\quad \hat{\chi}^2 = 3 \cdot \dfrac{2,17}{2^2} = 1,62$

Irrtumswahrscheinlichkeit $\alpha = 5\%$, Freiheitsgrad $f = 3$. Da die Prüfgröße $\hat{\chi}^2$ zwischen dem unteren und dem oberen Quantil $\chi^2_{f;u} = 0,35$ und $\chi^2_{f;o} = 20,74$ der χ^2-Verteilung nach Tabelle 7.1 liegt, lässt sich eine signifikante Abweichung nicht nachweisen.

Kovarianzmatrix der Parameterschätzer nach Gl. (6.71):

$$\hat{\Sigma}_{\hat{\beta}} = \hat{\sigma}^2(\mathbf{X'X})^{-1} = \hat{\sigma}^2\mathbf{N}^{-1} = \hat{\sigma}^2 \begin{pmatrix} q_{11} & q_{12} & q_{13} \\ q_{21} & q_{22} & q_{23} \\ q_{31} & q_{32} & q_{33} \end{pmatrix}$$

$$= 2,17 \begin{pmatrix} 1/2 & 1/4 & 1/4 \\ 1/4 & 1/2 & 1/4 \\ 1/4 & 1/4 & 1/2 \end{pmatrix} = \begin{pmatrix} 1,08 & 0,54 & 0,54 \\ 0,54 & 1,08 & 0,54 \\ 0,54 & 0,54 & 1,08 \end{pmatrix}$$

Standardabweichung der ausgeglichenen Höhen $\hat{H}_1, \hat{H}_2, \hat{H}_3$:

$$\hat{\sigma}_{H_1} = \hat{\sigma}_{H_2} = \hat{\sigma}_{H_3} = \hat{\sigma} \cdot \sqrt{q_{ii}} = 1,47 \cdot \sqrt{1/2} = \sqrt{1,08} = 1,04\ mm$$

Die ausgeglichenen Höhen sind untereinander korreliert mit:

$$r_{12} = r_{13} = r_{23} = \frac{\hat{\sigma}_{ij}}{\hat{\sigma}_i \cdot \hat{\sigma}_j} = \frac{0,54}{1,04 \cdot 1,04} = 0,5$$

Berechnung der Schätzwerte der Kovarianzmatrix $\hat{\Sigma}_{\hat{y}}$ der ausgeglichenen Beobachtungen nach Gl. (6.72):

$$(\mathbf{X'X})^{-1} = \begin{vmatrix} 1/2 & 1/4 & 1/4 \\ 1/4 & 1/2 & 1/4 \\ 1/4 & 1/4 & 1/2 \end{vmatrix} \begin{matrix} 1 & 0 & 0 & -1 & -1 & 0 \\ 0 & 1 & 0 & 1 & 0 & -1 \\ 0 & 0 & 1 & 0 & 1 & 1 \end{matrix} = \mathbf{X'}$$

$$\mathbf{X} = \begin{matrix} 1 & 0 & 0 \\ 0 & 1 & 0 \\ 0 & 0 & 1 \\ -1 & 1 & 0 \\ -1 & 0 & 1 \\ 0 & -1 & 1 \end{matrix} \begin{vmatrix} 1/2 & 1/4 & 1/4 \\ 1/4 & 1/2 & 1/4 \\ 1/4 & 1/4 & 1/2 \\ -1/4 & 1/4 & 0 \\ -1/4 & 0 & 1/4 \\ 0 & -1/4 & 1/4 \end{vmatrix} \begin{matrix} 1/2 & 1/4 & 1/4 & -1/4 & -1/4 & 0 \\ 1/4 & 1/2 & 1/4 & 1/4 & 0 & -1/4 \\ 1/4 & 1/4 & 1/2 & 0 & 1/4 & 1/4 \\ -1/4 & 1/4 & 0 & 1/2 & 1/4 & -1/4 \\ -1/4 & 0 & 1/4 & 1/4 & 1/2 & 1/4 \\ 0 & -1/4 & 1/4 & -1/4 & 1/4 & 1/2 \end{matrix} = \mathbf{X(X'X)^{-1}X'}$$

$$\hat{\Sigma}_{\hat{y}} = \hat{\sigma}^2 \mathbf{X(X'X)^{-1}X'} = \begin{pmatrix} 1,08 & 0,54 & 0,54 & -0,54 & -0,54 & 0 \\ 0,54 & 1,08 & 0,54 & 0,54 & 0 & -0,54 \\ 0,54 & 0,54 & 1,08 & 0 & 0,54 & 0,54 \\ -0,54 & 0,54 & 0 & 1,08 & 0,54 & -0,54 \\ -0,54 & 0 & 0,54 & 0,54 & 1,08 & 0,54 \\ 0 & -0,54 & 0,54 & -0,54 & 0,54 & 1,08 \end{pmatrix}$$

Schätzwert der Standardabweichung der ausgeglichenen Beobachtungen $\hat{\mathbf{y}}$:

$$\hat{\sigma}_{\Delta\hat{h}_i} = 1,47 \cdot \sqrt{1/2} = \sqrt{1,08} = 1,04\ mm$$

Aus der Kovarianzmatrix ergeben sich die Korrelationen $r_{ij} = \frac{\sigma_{ij}}{\sigma_i \cdot \sigma_j}$ der ausgeglichenen Beobachtungen. Es zeigt sich, dass ein äußerer Messwert mit demjenigen inneren Messwert

8.1 Höhennetzausgleichung

nicht korreliert ist, der nicht unmittelbar an ihn angrenzt. Die übrigen ausgeglichenen Messwerte sind korreliert mit $r_{ij} = +0,5$, wenn die Messrichtungen entgegengesetzt sind bzw. bei gleichgerichteter Messrichtung mit $r_{ij} = -0,5$.

r_{ij}	betrifft	betrifft	betrifft
0	$\Delta \hat{h}_{4,1}$ und $\Delta \hat{h}_{2,3}$	$\Delta \hat{h}_{5,2}$ und $\Delta \hat{h}_{1,3}$	$\Delta \hat{h}_{6,3}$ und $\Delta \hat{h}_{1,2}$
$+0,5$	$\Delta \hat{h}_{4,1}$ und $\Delta \hat{h}_{5,2}$	$\Delta \hat{h}_{4,1}$ und $\Delta \hat{h}_{6,3}$	$\Delta \hat{h}_{5,2}$ und $\Delta \hat{h}_{6,3}$
$+0,5$	$\Delta \hat{h}_{5,2}$ und $\Delta \hat{h}_{1,2}$	$\Delta \hat{h}_{6,3}$ und $\Delta \hat{h}_{1,3}$	$\Delta \hat{h}_{6,3}$ und $\Delta \hat{h}_{2,3}$
$+0,5$	$\Delta \hat{h}_{1,2}$ und $\Delta \hat{h}_{1,3}$	$\Delta \hat{h}_{1,3}$ und $\Delta \hat{h}_{2,3}$	
$-0,5$	$\Delta \hat{h}_{4,1}$ und $\Delta \hat{h}_{1,2}$	$\Delta \hat{h}_{4,1}$ und $\Delta \hat{h}_{1,3}$	$\Delta \hat{h}_{5,2}$ und $\Delta \hat{h}_{2,3}$
$-0,5$	$\Delta \hat{h}_{1,2}$ und $\Delta \hat{h}_{2,3}$		

Berechnung der Schätzwerte der Kovarianzmatrix $\hat{\boldsymbol{\Sigma}}_{\hat{\mathbf{e}}}$ der Residuen nach Gl. (6.73):

$$\hat{\boldsymbol{\Sigma}}_{\hat{\mathbf{e}}} = \hat{\sigma}^2 (\mathbf{I} - \mathbf{X}(\mathbf{X}'\mathbf{X})^{-1}\mathbf{X}') = \hat{\boldsymbol{\Sigma}}_{\mathbf{y}} - \hat{\boldsymbol{\Sigma}}_{\hat{\mathbf{y}}}$$

$$= 2,17 \begin{pmatrix} 1/2 & -1/4 & -1/4 & 1/4 & -1/4 & 0 \\ -1/4 & 1/2 & -1/4 & -1/4 & 0 & 1/4 \\ -1/4 & -1/4 & 1/2 & 0 & -1/4 & -1/4 \\ 1/4 & -1/4 & 0 & 1/2 & 1/4 & 1/4 \\ -1/4 & 0 & -1/4 & 1/4 & 1/2 & 1/4 \\ 0 & 1/4 & -1/4 & 1/4 & 1/4 & 1/2 \end{pmatrix}$$

Schätzwert der Standardabweichung der Residuen $\hat{\mathbf{e}}$:

$$\hat{\sigma}_{\hat{e}_i} = 1,47 \cdot \sqrt{1/2} = 1,04 \ mm$$

Data snooping zur Ausreißersuche
Nach Kapitel 7.2.1a, S. 215 lässt sich testen, ob die Erwartungswerte der Residuen gleich Null sind oder signifikant von Null abweichen.

$$H_0: \ \mu_{e_i} = 0 \qquad H_1: \ \mu_{e_i} \neq 0$$

Wahrscheinlichkeitsgleichung (7.64):

$$P\left\{ \ |\hat{z}| = \frac{|\hat{e}_i|}{\sigma_{\hat{e}_i}} \leq z_{1-\alpha/2} \ \right\} = 1 - \alpha$$

Das größte Residuum ist $\hat{e}_6 = -1,5 \ mm$. Die A-priori-Standardabweichung der Residuen beträgt nach Gl. (6.49):

$$\sigma_{\hat{e}_i} = 2 \cdot \sqrt{1/2} = 2,8 \ mm$$

Da die Prüfgröße $|\hat{z}| = \dfrac{|-1,5|}{2,8} = 0,53$ kleiner als das Quantil $z_{0,975} = 1,96$ der Normalverteilung ist, lässt sich kein signifikanter Ausreißer nachweisen.

8.2 Lagenetzausgleichung

Die klassische Anwendung des Gauß-Markoff-Modells, welches früher auch *Ausgleichung nach vermittelnden Beobachtungen* genannt wurde, ist in der Geodäsie die *Netzverdichtung*. Gemessen werden Richtungen, Richtungssätze und Strecken, aus denen Koordinaten als Schätzwerte abzuleiten sind. Die Beobachtungen werden als Funktion der unbekannten Koordinaten dargestellt. Da diese Funktionen nicht linear sind, müssen sie mittels Taylorreihenansatz linearisiert werden, siehe hierzu Kapitel 6.1.2.

8.2.1 Linearisierung der Strecken

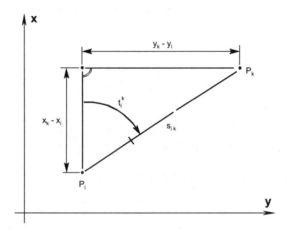

Abbildung 8.2: Rechtwinklige und polare Koordinaten

Zwischen einer Strecke s_{ik} und den Koordinaten (y_i, x_i), (y_k, x_k) ihrer Endpunkte P_i und P_k besteht die nichtlineare Funktion:

$$s_{ik} = \sqrt{(y_k - y_i)^2 + (x_k - x_i)^2} = \sqrt{\Delta y^2 + \Delta x^2} \qquad (8.3)$$

Mithilfe der gemessenen Strecke $s_{ik(gem)}$ sollen die unbekannten Koordinaten als Schätzwerte im Ausgleichungsprozess berechnet werden. Mit den (zuvor zu berechnenden) Näherungskoordinaten, d. h. den genäherten Parameterschätzwerten

$$\boldsymbol{\beta}^{(0)} = \left(y_i^{(0)}, x_i^{(0)}, y_k^{(0)}, x_k^{(0)}\right)' \qquad (8.4)$$

ergibt sich der Näherungswert der Strecke zu:

$$s_{ik}^{(0)} = \sqrt{\left(y_k^{(0)} - y_i^{(0)}\right)^2 + \left(x_k^{(0)} - x_i^{(0)}\right)^2} \qquad (8.5)$$

8.2 Lagenetzausgleichung

Da man üblicherweise die Koordinatenunterschiede zwischen zwei Punkten mit Δy und Δx bezeichnet, sollen die noch zu berechnenden unbekannten Koordinatenzuschläge mit $\delta y, \delta x$ bezeichnet werden. Fasst man die Differenz

$$\delta s_{ik}^{(0)} = s_{ik(gem)} - s_{ik}^{(0)}$$

zwischen der gemessenen und der genäherten Strecke als Beobachtung auf, ergibt sich die linearisierte Beobachtungsgleichung bezüglich einer Strecke entsprechend Gl. (6.8) zu:

$$\begin{array}{ccccc} \mathbf{y} & = & \mathbf{X} & \cdot & \boldsymbol{\beta} & + & \mathbf{e} \end{array}$$

$$\delta s_{ik}^{(0)} = \begin{pmatrix} \dfrac{\partial s_{ik}^{(0)}}{\partial y_i^{(0)}} & \dfrac{\partial s_{ik}^{(0)}}{\partial x_i^{(0)}} & \dfrac{\partial s_{ik}^{(0)}}{\partial y_k^{(0)}} & \dfrac{\partial s_{ik}^{(0)}}{\partial x_k^{(0)}} \end{pmatrix} \cdot \begin{pmatrix} \delta y_i^{(0)} \\ \delta x_i^{(0)} \\ \delta y_k^{(0)} \\ \delta x_k^{(0)} \end{pmatrix} + e_{s_{ik}}$$

Mit den partiellen Ableitungen

$$\frac{\partial s_{ik}^{(0)}}{\partial y_i^{(0)}} = -\frac{y_k^{(0)} - y_i^{(0)}}{s^{(0)}} = -\sin t_i^{k(0)} \quad , \quad \frac{\partial s_{ik}^{(0)}}{\partial y_k^{(0)}} = \frac{y_k^{(0)} - y_i^{(0)}}{s^{(0)}} = \sin t_i^{k(0)}$$

$$\frac{\partial s_{ik}^{(0)}}{\partial x_i^{(0)}} = -\frac{x_k^{(0)} - x_i^{(0)}}{s^{(0)}} = -\cos t_i^{k(0)} \quad , \quad \frac{\partial s_{ik}^{(0)}}{\partial x_k^{(0)}} = \frac{x_k^{(0)} - x_i^{(0)}}{s^{(0)}} = \cos t_i^{k(0)}$$

(8.6)

wobei mit $t_i^{k(0)}$ der Näherungswert des Richtungswinkels von P_i nach P_k bezeichnet wird, zeigt sich die linearisierte Beobachtungsgleichung in der Form:

$$\delta s_{ik}^{(0)} = \begin{pmatrix} -\sin t_i^{k(0)} & -\cos t_i^{k(0)} & \sin t_i^{k(0)} & \cos t_i^{k(0)} \end{pmatrix} \cdot \begin{pmatrix} \delta y_i^{(0)} \\ \delta x_i^{(0)} \\ \delta y_k^{(0)} \\ \delta x_k^{(0)} \end{pmatrix} + e_{s_{ik}} \quad (8.7)$$

Für jede gemessene Strecke ist eine Beobachtungsgleichung aufzustellen. Die Ausgleichung im Gauß-Markoff-Modell setzt voraus, dass die Anzahl der Beobachtungsgleichungen größer als die Anzahl der Unbekannten ist. Da die in der Matrix **X** zusammengefassten Richtungskoeffizienten die Geometrie des Netzes beinhalten, wird diese auch als *Designmatrix* bezeichnet.

Erweiterungen des Gauß-Markoff-Modells

1. *Ein Streckenendpunkt ist ein Festpunkt*:
   Falls ein Endpunkt P_i einer Strecke ein Festpunkt ist, sind seine Koordinaten fest vorgegeben und es gilt $\sigma_{y_i} = \sigma_{x_i} = 0$. In diesem Falle sind $\delta y_i, \delta y_i$ keine unbekannten Parameter. Folglich sind sie im Parametervektor $\boldsymbol{\beta}$ nicht enthalten und in **X** entfallen die zugehörigen Spalten.

2. Berücksichtigung einer *Maßstabsunbekannten*:
Falls zwischen den gemessenen Strecken und den Koordinaten der Endpunkte ein unbekannter Maßstabsfaktor vorhanden ist, kann dieser als weitere Unbekannte q geschätzt werden. Beispielsweise besteht zwischen den Meterdefinitionen des „internationalen" und des „legalen Meters" ein Unterschied von $\approx -13,35$ *ppm*, was einem Maßstabsfaktor $q = 0,99998665$ entspricht. Falls der Maßstabsfaktor bekannt ist, werden die gemessenen Strecken mit diesem vor der Ausgleichung korrigiert. Falls der Maßstabsfaktor unbekannt ist, wird er zusätzlich zu Gl. (8.3) formalisiert:

$$s_{ik} = q \cdot \sqrt{(y_k - y_i)^2 + (x_k - x_i)^2} \qquad (8.8)$$

Mit dem Näherungswert $q^{(0)}$ ergibt sich die Strecke nach Gl. (8.5) zu:

$$s_{ik}^{(0)} = q^{(0)} \cdot \sqrt{\left(y_k^{(0)} - y_i^{(0)}\right)^2 + \left(x_k^{(0)} - x_i^{(0)}\right)^2} \qquad (8.9)$$

Für die partiellen Ableitungen nach Gl. (8.6) folgt dann:

$$\frac{\partial s_{ik}^{(0)}}{\partial y_i^{(0)}} = -q^{(0)} \cdot \sin t_i^{k(0)} \quad , \quad \frac{\partial s_{ik}^{(0)}}{\partial y_k^{(0)}} = q^{(0)} \cdot \sin t_i^{k(0)}$$

$$\frac{\partial s_{ik}^{(0)}}{\partial x_i^{(0)}} = -q^{(0)} \cdot \cos t_i^{k(0)} \quad , \quad \frac{\partial s_{ik}^{(0)}}{\partial x_k^{(0)}} = q^{(0)} \cdot \cos t_i^{k(0)} \qquad (8.10)$$

$$\frac{\partial s_{ik}^{(0)}}{\partial q^{(0)}} = s_{ik}^{(0)}$$

Die linearisierte Beobachtungsgleichung nach Gl. (8.7) lautet jetzt:

$$\mathbf{y} = \mathbf{X} \cdot \boldsymbol{\beta} + \mathbf{e}$$
$$\delta s_{ik}^{(0)} =$$
$$\begin{pmatrix} -q^{(0)} \sin t_i^{k(0)} & -q^{(0)} \cos t_i^{k(0)} & q^{(0)} \sin t_i^{k(0)} & q^{(0)} \cos t_i^{k(0)} & s_{ik}^{(0)} \end{pmatrix}$$
$$\cdot \begin{pmatrix} \delta y_i^{(0)} \\ \delta x_i^{(0)} \\ \delta y_k^{(0)} \\ \delta x_k^{(0)} \\ \delta q^{(0)} \end{pmatrix} + e_{s_{ik}} \qquad (8.11)$$

Als Startwert gilt $q^{(o)} = 1$.

3. *Beide Streckenendpunkte* sind *Festpunkte*:
   Weil die Koordinaten von P_i und P_k fest vorgegeben sind, sind $\delta y_i, \delta x_i$ und $\delta y_k, \delta x_k$ keine unbekannten Parameter. Falls eine gemessene Strecke zwischen zwei Festpunkten gemessen wird, muss diese in die Ausgleichung einbezogen werden, um damit eine *Maßstabsunbekannte* ableiten zu können. Die in Gl. (8.11) angegebene Beobachtungsgleichung enthält dann nur diese Unbekannte.

$$\delta s_{ik}^{(0)} = \left(s_{ik}^{(0)} \right) \cdot \left(\delta q^{(0)} \right) + e_{s_{ik}} \qquad (8.12)$$

Als Startwert gilt $q^{(o)} = 1$. In einem freien Netz ohne Anschluss an Festpunkte lässt sich eine Maßstabsunbekannte nicht berechnen.

Die Einführung einer Maßstabsunbekannten beim Anschluss an Festpunkte bedeutet eine bessere Modellanpassung. Hierbei wird vorausgesetzt, dass sowohl der Maßstab der Streckenmesswerte als auch der Maßstab des Festpunktnetzes untereinander jeweils einheitlich sind. Außerdem dürfen die Messwerte und die Festpunkte nicht durch systematische Messabweichungen oder Fehler verfälscht sein, da ansonsten Verzerrungen bei den Schätzwerten, den Kovarianzen und den Korrelationen die Folge sind.

8.2.2 Linearisierung der Richtungen eines Richtungssatzes

Zwischen der horizontalen Richtung r_{ik} und den Koordinaten von Standpunkt P_i und Zielpunkt P_k besteht

- mit dem *Richtungswinkel* t_i^k vom Punkt P_i zum Punkt P_k

$$t_i^k = \arctan \frac{y_k - y_i}{x_k - x_i} \qquad (8.13)$$

- und mit der *Orientierungsunbekannten* im j-ten Richtungssatz

die nichtlineare Funktion:

$$r_{ik} = \arctan \frac{y_k - y_i}{x_k - x_i} - o_j . \qquad (8.14)$$

Mit den Näherungskoordinaten ergibt sich der Näherungswert der Richtung:

$$r_{ik}^{(0)} = \arctan \frac{y_k^{(0)} - y_i^{(0)}}{x_k^{(0)} - x_i^{(0)}} - o_j^{(0)} = \arctan \frac{\Delta y^{(0)}}{\Delta x^{(0)}} - o_j^{(0)} \qquad (8.15)$$

Obwohl die Orientierungsunbekannte o_j linear ist, empfiehlt sich die Einführung eines Näherungswertes, z. B.

$$o_j^{(0)} = \left(t_i^1 \right)^{(0)} - r_i^1 .$$

berechnet aus dem genäherten Richtungswinkel und der zugehörigen Richtungsablesung der ersten Richtung des Richtungssatzes. Damit folgt

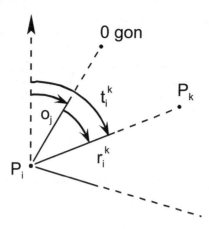

Abbildung 8.3: Orientierung eines Richtungssatzes

$$o_j = o_j^{(0)} + \delta o_j^{(0)},$$

sodass der Zuschlag $\delta o_j^{(0)}$ die zu bestimmende Unbekannte darstellt.

Partielle Ableitungen:

$$\begin{aligned}
\frac{\partial r_{ik}^{(0)}}{\partial y_i^{(0)}} &= -\frac{\partial r_{ik}^{(0)}}{\partial y_k^{(0)}} = -\frac{x_k^{(0)} - x_i^{(0)}}{s^{(0)\,2}} = -\frac{\cos t_i^{k(0)}}{s^{(0)}} \\
\frac{\partial r_{ik}^{(0)}}{\partial x_i^{(0)}} &= -\frac{\partial r_{ik}^{(0)}}{\partial x_k^{(0)}} = \frac{y_k^{(0)} - y_i^{(0)}}{s^{(0)\,2}} = \frac{\sin t_i^{k(0)}}{s^{(0)}} \\
\frac{\partial r_{ik}^{(0)}}{\partial o_j^{(0)}} &= -1
\end{aligned} \qquad (8.16)$$

In der Mathematik sind Winkel in der (dimensionslosen) Einheit [rad] definiert. Daher besitzen die partiellen Ableitungen der Richtungen nach den Koordinaten die Einheit $1/[m]$. Der anschaulicheren Zahlenwerte und besseren Übersichtlichkeit wegen sollten die Richtungsmesswerte nicht in [rad], sondern in der gemessenen Winkeleinheit (z. B. [gon]) in die Berechnung einfließen. Hierzu sind diese Ableitungen noch mit dem Umwandlungsfaktor $\rho\,[gon] = 200\,[gon]/\pi$ nach Gl. (4.82) zu multiplizieren. Sie besitzen dann die Einheit [gon/m].

Fasst man die Differenz

$$\delta r_{ik}^{(0)} = r_{ik(gem)} - r_{ik}^{(0)}$$

8.2 Lagenetzausgleichung

zwischen der gemessenen und der genäherten Richtung als Beobachtung auf, ergibt sich die linearisierte Beobachtungsgleichung bezüglich der Richtung eines Satzes entsprechend Gl. (6.8) zu:

$$\mathbf{y} = \mathbf{X} \cdot \boldsymbol{\beta} + \mathbf{e}$$

$$\delta r_{ik}^{(0)} = \begin{pmatrix} -\dfrac{\cos t_i^{k(0)}}{s^{(0)}} \cdot \rho & \dfrac{\sin t_i^{k(0)}}{s^{(0)}} \cdot \rho & \dfrac{\cos t_i^{k(0)}}{s^{(0)}} \cdot \rho & -\dfrac{\sin t_i^{k(0)}}{s^{(0)}} \cdot \rho & -1 \end{pmatrix} \cdot \begin{pmatrix} \delta y_i^{(0)} \\ \delta x_i^{(0)} \\ \delta y_k^{(0)} \\ \delta x_k^{(0)} \\ \delta o_j^{(0)} \end{pmatrix} + e_{r_{ik}}$$

(8.17)

Für jede gemessene Richtung ist eine Beobachtungsgleichung aufzustellen, wobei für jeden neuen Richtungssatz eine weitere Orientierungsunbekannte o_j hinzukommt. Die bei den Strecken angegebenen Bemerkungen zu Festpunkten gelten hier sinngemäß. Bei Richtungen zwischen zwei Festpunkten wird direkt der endgültige Richtungswinkel eingesetzt und die Beobachtungsgleichung enthält (in der entsprechenden Zeile und Spalte von $\mathbf{X}$) nur den Koeffizient -1 und (im Parametervektor $\boldsymbol{\beta}$) den unbekannten Zuschlag $\delta o_j^{(0)}$ zum Näherungswert $o_j^{(0)}$ der Orientierungsunbekannten.

$$r_{ik}^{(0)} = \arctan \frac{y_k - y_i}{x_k - x_i} - o_j^{(0)} = \arctan \frac{\Delta y}{\Delta x} - o_j^{(0)} \tag{8.18}$$

$$\delta r_{ik}^{(0)} = \begin{pmatrix} -1 \end{pmatrix} \cdot \begin{pmatrix} \delta o_j^{(0)} \end{pmatrix} + e_{r_{ik}} \tag{8.19}$$

8.2.3 Homogenisierung der Beobachtungen

Da die Beobachtungen unterschiedliche Genauigkeiten und Dimensionen besitzen können, müssen sie homogenisiert werden, was mittels der *Gewichtsmatrix* $\mathbf{P}$ erfolgt, siehe Gl. (6.61). Im Allgemeinen werden die Beobachtungen als stochastisch unabhängig eingeführt, sodass die Gewichtsmatrix entsprechend Gl. (6.12) diagonal ist:

$$\mathbf{P} = \mathrm{diag}(\, p_{ii} = \frac{\sigma^2}{\sigma_i^2} \,) \tag{8.20}$$

Über die *Varianz der Gewichtseinheit* σ^2 wird zunächst frei verfügt. Günstigerweise wählt man den Wert so, dass möglichst viele p_{ii} gegen 1 streben (wegen signifikanter Rechenstellen/Ziffern). Beispielsweise ergeben sich mit

$$\sigma = 0,006\, m, \quad \sigma_{s_i} = 0,02\, m, \quad \sigma_{r_i} = 0,006\, gon$$

die Gewichte

$$p_{s_i} = 0,09 \left[\frac{m^2}{m^2}\right] \quad \text{und} \quad p_{r_i} = 1 \left[\frac{m^2}{gon^2}\right].$$

Nach der Ausgleichung ergibt sich der *Schätzer der Varianz der Gewichtseinheit* nach Gl (6.69):

$$\hat{\sigma}^2 = \frac{\hat{e}'P\hat{e}}{n-u}$$

Beispiel 8.2: *Ausgleichung eines Streckennetzes*

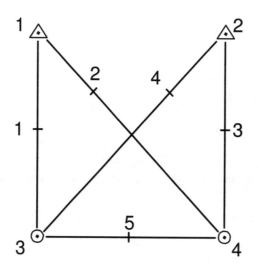

Abbildung 8.4: Streckennetz

Gegebene Anschlusskoordinaten:

Punkt	y [m]	x [m]
1	0,00	1000,00
2	1000,00	1000,00

Näherungskoordinaten:

Punkt	$y^{(0)}$ [m]	$x^{(0)}$ [m]
3	0,00	0,00
4	1000,00	0,00

Gemessene Strecken:

von - nach	s_{ik} [m]
1 - 3	1000,02
1 - 4	1414,20
2 - 4	999,98
2 - 3	1414,24
3 - 4	1000,00

Näherungsstrecken und -beobachtungen:

von - nach	$s_{ik}^{(0)}$ [m]	$\delta s_{ik}^{(0)}$ [cm]
1 - 3	1000,0000	2,00
1 - 4	1414,2136	-1,36
2 - 4	1000,0000	-2,00
2 - 3	1414,2136	2,64
3 - 4	1000,0000	0,00

Der durch den Maßstab der Streckenmesswerte und den Maßstab der Anschlusskoordinaten festgelegte Maßstabsfaktor wird mit $q = 1$ angenommen, sodass er bei der Aus-

8.2 Lagenetzausgleichung

gleichung nicht berücksichtigt wird. Die Standardabweichung der Strecken ist mit $\sigma_{s_i} = 0,01\ m$ für alle Strecken gleich, sodass für die Gewichtsmatrix $\mathbf{P} = \mathbf{I}$ gilt.

In den nachfolgenden Beobachtungsgleichungen werden die Beobachtungen $\delta s_{ik}^{(0)}$ in der Einheit $[cm]$ eingeführt, sodass sich die Koordinatenunbekannten $(\delta y_3, \delta x_3)$, $(\delta y_4, \delta x_4)$ und die Residuen $e_{s_{ik}}$ ebenfalls in der Einheit $[cm]$ ergeben.

Beobachtungsgleichungen:

$$\mathbf{y} = \mathbf{X} \cdot \boldsymbol{\beta} + \mathbf{e}$$

$$\begin{pmatrix} \delta s_{13}^{(0)} \\ \delta s_{14}^{(0)} \\ \delta s_{24}^{(0)} \\ \delta s_{23}^{(0)} \\ \delta s_{34}^{(0)} \end{pmatrix} = \begin{pmatrix} \frac{\partial s_{13}^{(0)}}{\partial y_3^{(0)}} & \frac{\partial s_{13}^{(0)}}{\partial x_3^{(0)}} & 0 & 0 \\ 0 & 0 & \frac{\partial s_{14}^{(0)}}{\partial y_4^{(0)}} & \frac{\partial s_{14}^{(0)}}{\partial x_4^{(0)}} \\ 0 & 0 & \frac{\partial s_{24}^{(0)}}{\partial y_4^{(0)}} & \frac{\partial s_{24}^{(0)}}{\partial x_4^{(0)}} \\ \frac{\partial s_{23}^{(0)}}{\partial y_3^{(0)}} & \frac{\partial s_{23}^{(0)}}{\partial x_3^{(0)}} & 0 & 0 \\ \frac{\partial s_{34}^{(0)}}{\partial y_3^{(0)}} & \frac{\partial s_{34}^{(0)}}{\partial x_3^{(0)}} & \frac{\partial s_{34}^{(0)}}{\partial y_4^{(0)}} & \frac{\partial s_{34}^{(0)}}{\partial x_4^{(0)}} \end{pmatrix} \cdot \begin{pmatrix} \delta y_3^{(0)} \\ \delta x_3^{(0)} \\ \delta y_4^{(0)} \\ \delta x_4^{(0)} \end{pmatrix} + \begin{pmatrix} e_{s_{13}} \\ e_{s_{14}} \\ e_{s_{24}} \\ e_{s_{23}} \\ e_{s_{34}} \end{pmatrix}$$

Die Koeffizientenmatrix $\mathbf{X}$ wird auch *Designmatrix* genannt, weil sie die geometrische Information über die Netzstruktur, d. h. die orientierten Richtungen der Beobachtungen enthält. Diese Information liefern die partiellen Differentialquotienten der Strecken nach den unbekannten Koordinaten. In unserem Beispiel mit fingierter geometrischer Struktur (quadratisches Netz in Richtung der Koordinatenachsen) kommen lediglich drei unterschiedliche Skalare $(0;\ 1;\ 1/\sqrt{2})$ vor, abhängig von den Richtungen 0, $\pi/4$ und $\pi/2$.

$$\begin{pmatrix} 2 \\ -1,36 \\ -2 \\ 2,64 \\ 0 \end{pmatrix} = \begin{pmatrix} 0 & -1 & 0 & 0 \\ 0 & 0 & 1/\sqrt{2} & -1/\sqrt{2} \\ 0 & 0 & 0 & -1 \\ -1/\sqrt{2} & -1/\sqrt{2} & 0 & 0 \\ -1 & 0 & 1 & 0 \end{pmatrix} \cdot \begin{pmatrix} \delta y_3^{(0)} \\ \delta x_3^{(0)} \\ \delta y_4^{(0)} \\ \delta x_4^{(0)} \end{pmatrix} + \begin{pmatrix} e_{s_{13}} \\ e_{s_{14}} \\ e_{s_{24}} \\ e_{s_{23}} \\ e_{s_{34}} \end{pmatrix}$$

$Normalgleichungsmatrix\ \mathbf{N} = \mathbf{X}'\mathbf{X}$ | $\mathbf{N}^{-1} = (\mathbf{X}'\mathbf{X})^{-1}$

$$\begin{pmatrix} 3/2 & 1/2 & -1 & 0 \\ 1/2 & 3/2 & 0 & 0 \\ -1 & 0 & 3/2 & -1/2 \\ 0 & 0 & -1/2 & 3/2 \end{pmatrix} \quad \begin{pmatrix} 12/7 & -4/7 & 9/7 & 3/7 \\ -4/7 & 6/7 & -3/7 & -1/7 \\ 9/7 & -3/7 & 12/7 & 4/7 \\ 3/7 & -1/7 & 4/7 & 6/7 \end{pmatrix}$$

$$\mathbf{X}'\mathbf{y} = \begin{pmatrix} -1,8668 \\ -3,8668 \\ -0,9617 \\ 2,9617 \end{pmatrix}, \quad \hat{\boldsymbol{\beta}} = \begin{pmatrix} -1,0\,cm \\ -2,3\,cm \\ -0,7\,cm \\ 1,7\,cm \end{pmatrix}, \quad \hat{\mathbf{e}} = \begin{pmatrix} -0,3\,cm \\ 0,4\,cm \\ -0,3\,cm \\ 0,4\,cm \\ -0,3\,cm \end{pmatrix}$$

Nach dem ersten Durchlauf ergeben sich die ausgeglichenen Koordinaten durch Addition der Näherungskoordinaten und der berechneten Koordinatenzuschläge:

$$\hat{y}_i = y_i^{(0)} + \delta\hat{y}_i^{(0)} \quad \hat{x}_i = x_i^{(0)} + \delta\hat{x}_i^{(0)} \tag{8.21}$$

Die ausgeglichenen Strecken ergeben sich durch Addition der Näherungsstrecken und der ausgeglichenen Messwertzuschläge bzw. durch Subtraktion der Residuen von den gemessenen Strecken:

$$\hat{s}_{ik} = s_{ik}^{(0)} + \delta\hat{s}_{ik}^{(0)} = s_{ik(gem)} - \hat{e}_{\hat{s}_{ik}} \tag{8.22}$$

Ausgeglichene Koordinaten:

Punkt	y [m]	x [m]
3	-0,010	-0,023
4	999,993	0,017

Ausgeglichene Strecken:

von - nach	s [m]
1 - 3	1000,023
1 - 4	1414,196
2 - 4	999,983
2 - 3	1414,236
3 - 4	1000,003

Dieses Ausgleichungsergebnis ist bereits ausreichend genau, wie ein weiterer Durchlauf mit verbesserten Näherungswerten bestätigt.

Beispiel 8.3: *Ausgleichung eines Richtungs- und Streckennetzes*

Beispiel 8.2 wird hier mit zusätzlichen Richtungsmessungen erneut berechnet.

Gemessene Richtungen, Näherungswerte der Richtungen und der Beobachtungen:

von - nach	r_{ik} [gon]	$t_i^{k\,(0)}$ [gon]	$o_j^{(0)}$ [gon]	$r_{ik}^{(0)}$ [gon]	$\delta r_{ik}^{(0)}$ [mgon]
1 - 4	0,000	150,000	150,000	0,000	0
1 - 3	50,001	200,000	150,000	50,000	1
2 - 4	0,000	200,000	200,000	0,000	0
2 - 3	49,998	250,000	200,000	50,000	-2
3 - 1	0,000	0,000	0,000	0,000	0
3 - 2	49,999	50,000	0,000	50,000	-1
3 - 4	99,997	100,000	0,000	100,000	-3

Beobachtungsgleichungen:

$$\mathbf{y} = \mathbf{X} \cdot \boldsymbol{\beta} + \mathbf{e} \tag{8.23}$$

8.2 Lagenetzausgleichung

$$\begin{pmatrix} \delta s_{13}^{(0)} \\ \delta s_{14}^{(0)} \\ \delta s_{24}^{(0)} \\ \delta s_{23}^{(0)} \\ \delta s_{34}^{(0)} \\ \delta r_{14}^{(0)} \\ \delta r_{13}^{(0)} \\ \delta r_{24}^{(0)} \\ \delta r_{23}^{(0)} \\ \delta r_{31}^{(0)} \\ \delta r_{32}^{(0)} \\ \delta r_{34}^{(0)} \end{pmatrix} = \begin{pmatrix} \frac{\partial s_{13}^{(0)}}{\partial y_3^{(0)}} & \frac{\partial s_{13}^{(0)}}{\partial x_3^{(0)}} & 0 & 0 & 0 & 0 & 0 \\ 0 & 0 & \frac{\partial s_{14}^{(0)}}{\partial y_4^{(0)}} & \frac{\partial s_{14}^{(0)}}{\partial x_4^{(0)}} & 0 & 0 & 0 \\ 0 & 0 & \frac{\partial s_{24}^{(0)}}{\partial y_4^{(0)}} & \frac{\partial s_{24}^{(0)}}{\partial x_4^{(0)}} & 0 & 0 & 0 \\ \frac{\partial s_{23}^{(0)}}{\partial y_3^{(0)}} & \frac{\partial s_{23}^{(0)}}{\partial x_3^{(0)}} & 0 & 0 & 0 & 0 & 0 \\ \frac{\partial s_{34}^{(0)}}{\partial y_3^{(0)}} & \frac{\partial s_{34}^{(0)}}{\partial x_3^{(0)}} & \frac{\partial s_{34}^{(0)}}{\partial y_4^{(0)}} & \frac{\partial s_{34}^{(0)}}{\partial x_4^{(0)}} & 0 & 0 & 0 \\ 0 & 0 & \frac{\partial r_{14}^{(0)}}{\partial y_4^{(0)}} & \frac{\partial r_{14}^{(0)}}{\partial x_4^{(0)}} & -1 & 0 & 0 \\ \frac{\partial r_{13}^{(0)}}{\partial y_3^{(0)}} & \frac{\partial r_{13}^{(0)}}{\partial x_3^{(0)}} & 0 & 0 & -1 & 0 & 0 \\ 0 & 0 & \frac{\partial r_{24}^{(0)}}{\partial y_4^{(0)}} & \frac{\partial r_{24}^{(0)}}{\partial x_4^{(0)}} & 0 & -1 & 0 \\ \frac{\partial r_{23}^{(0)}}{\partial y_3^{(0)}} & \frac{\partial r_{23}^{(0)}}{\partial x_3^{(0)}} & 0 & 0 & 0 & -1 & 0 \\ \frac{\partial r_{31}^{(0)}}{\partial y_3^{(0)}} & \frac{\partial r_{31}^{(0)}}{\partial x_3^{(0)}} & 0 & 0 & 0 & 0 & -1 \\ \frac{\partial r_{32}^{(0)}}{\partial y_3^{(0)}} & \frac{\partial r_{32}^{(0)}}{\partial x_3^{(0)}} & 0 & 0 & 0 & 0 & -1 \\ \frac{\partial r_{34}^{(0)}}{\partial y_3^{(0)}} & \frac{\partial r_{34}^{(0)}}{\partial x_3^{(0)}} & \frac{\partial r_{34}^{(0)}}{\partial y_4^{(0)}} & \frac{\partial r_{34}^{(0)}}{\partial x_4^{(0)}} & 0 & 0 & -1 \end{pmatrix} \cdot \begin{pmatrix} \delta y_3^{(0)} \\ \delta x_3^{(0)} \\ \delta y_4^{(0)} \\ \delta x_4^{(0)} \\ \delta o_1^{(0)} \\ \delta o_2^{(0)} \\ \delta o_3^{(0)} \end{pmatrix} + \begin{pmatrix} e_{s_{13}} \\ e_{s_{14}} \\ e_{s_{24}} \\ e_{s_{23}} \\ e_{s_{34}} \\ e_{r_{14}} \\ e_{r_{13}} \\ e_{r_{24}} \\ e_{r_{23}} \\ e_{r_{31}} \\ e_{r_{32}} \\ e_{r_{34}} \end{pmatrix}$$

$$\mathbf{y}' = \begin{pmatrix} 2 & -1,36 & -2 & 2,64 & 0 & 0 & 1 & 0 & -2 & 0 & -1 & -3 \end{pmatrix}$$

Die *Designmatrix* **X** enthält neben den partiellen Differentialquotienten der Strecken nach den unbekannten Koordinaten auch die partiellen Differentialquotienten der Richtungen sowohl nach den Koordinaten als auch nach den Orientierungsunbekannten. In unserem Beispiel mit fingierter geometrischer Struktur (quadratisches Netz in Richtung der Koordinatenachsen) kommen fünf unterschiedliche Skalare (0; 1; 0,7071; 0,3183; 0,6366) vor, abhängig von den Richtungen 0, $\pi/4$ und $\pi/2$ zuzüglich des Skalars 1 für die Orientierungsunbekannten.

$$\mathbf{X} = \begin{pmatrix} 0 & -1 & 0 & 0 & 0 & 0 & 0 \\ 0 & 0 & 0,7071 & -0,7071 & 0 & 0 & 0 \\ 0 & 0 & 0 & -1 & 0 & 0 & 0 \\ -0,7071 & -0,7071 & 0 & 0 & 0 & 0 & 0 \\ -1 & 0 & 1 & 0 & 0 & 0 & 0 \\ 0 & 0 & -0,3183 & -0,3183 & -1 & 0 & 0 \\ -0,6366 & 0 & 0 & 0 & -1 & 0 & 0 \\ 0 & 0 & -0,6366 & 0 & 0 & -1 & 0 \\ -0,3183 & 0,3183 & 0 & 0 & 0 & -1 & 0 \\ -0,6366 & 0 & 0 & 0 & 0 & 0 & -1 \\ -0,3183 & 0,3183 & 0 & 0 & 0 & 0 & -1 \\ 0 & 0,6366 & 0 & -0,6366 & 0 & 0 & -1 \end{pmatrix}$$

Die Standardabweichungen der fünf Strecken und sieben Richtungen werden mit $\sigma_s = 1\,cm$ und $\sigma_r = 1\,mgon$ angenommen, sodass sich mit der (veranschlagten) Varianz der Gewichtseinheit $\sigma^2 = 1\,cm^2$ nach Gl. (8.20) die Gewichte ergeben zu:

$$p_s = \frac{1\,cm^2}{1\,cm^2} \quad \text{und} \quad p_r = \frac{1\,cm^2}{1\,mgon^2}$$

Die Elemente der diagonalen Gewichtsmatrix haben jeweils den Wert 1, wobei die ersten fünf Elemente die (dimensionslose) Einheit $1\,cm^2/1\,cm^2$ und die restlichen sieben Elemente die Einheit $1\,cm^2/1\,mgon^2$ besitzen.

$$\mathbf{P} = \text{diag}\,(\,1,\,1,\,1,\,1,\,1,\,1,\,1,\,1,\,1,\,1,\,1,\,1\,)$$

Normalgleichungsmatrix $\mathbf{N} = \mathbf{X'PX} =$

$$\begin{pmatrix}
2,5132 & 0,2974 & -1 & 0 & 0,6366 & 0,3183 & 0,9549 \\
0,2974 & 2,1079 & 0 & -0,4053 & 0 & -0,3183 & -0,9549 \\
-1 & 0 & 2,0066 & -0,3987 & 0,3183 & 0,6366 & 0 \\
0 & -0,4053 & -0,3987 & 2,0066 & 0,3183 & 0 & 0,6366 \\
0,6366 & 0 & 0,3183 & 0,3183 & 2 & 0 & 0 \\
0,3183 & -0,3183 & 0,6366 & 0 & 0 & 2 & 0 \\
0,9649 & -0,9549 & 0 & 0,6366 & 0 & 0 & 3
\end{pmatrix}$$

$\mathbf{N}^{-1} = (\mathbf{X'PX})^{-1} =$

$$\begin{pmatrix}
1,1532 & -0,5759 & 1,1951 & 0,4834 & -0,7488 & -0,7129 & -0,7676 \\
-0,5759 & 0,7975 & -0,4729 & -0,1241 & 0,2783 & 0,3691 & 0,4635 \\
1,1951 & -0,4729 & 1,5533 & 0,5302 & -0,7120 & -0,7599 & -0,6435 \\
0,4834 & -0,1241 & 0,5302 & 0,7469 & -0,3571 & -0,2655 & -0,3519 \\
-0,7488 & 0,2783 & -0,7120 & -0,3571 & 0,9085 & 0,3901 & 0,4027 \\
-0,7129 & 0,3691 & -0,7599 & -0,2655 & 0,3901 & 0,9141 & 0,4007 \\
-0,7676 & 0,4635 & -0,6435 & -0,3519 & 0,4027 & 0,4007 & 0,7999
\end{pmatrix}$$

$$\mathbf{X'Py} = \begin{pmatrix} -1,5485 \\ -6,7316 \\ -0,9617 \\ 4,8715 \\ -1 \\ 2 \\ 4 \end{pmatrix},\ \hat{\boldsymbol{\beta}} = \begin{pmatrix} \delta\hat{y}_3^{(0)} = -1,0\,cm \\ \delta\hat{x}_3^{(0)} = -2,3\,cm \\ \delta\hat{y}_4^{(0)} = -1,0\,cm \\ \delta\hat{x}_4^{(0)} =\ \ 1,6\,cm \\ \delta\hat{o}_1^{(0)} = -0,3\,mgon \\ \delta\hat{o}_2^{(0)} =\ \ 1,1\,mgon \\ \delta\hat{o}_3^{(0)} =\ \ 0,6\,mgon \end{pmatrix},\ \hat{\mathbf{e}} = \begin{pmatrix} -0,3\,cm \\ 0,5\,cm \\ -0,4\,cm \\ 0,3\,cm \\ -0,0\,cm \\ -0,1\,mgon \\ 0,1\,mgon \\ 0,5\,mgon \\ -0,5\,mgon \\ -0,1\,mgon \\ -0,0\,mgon \\ 0,1\,mgon \end{pmatrix}$$

Nach dem ersten Durchlauf ergeben sich die ausgeglichenen Koordinaten nach Gl. (8.21) und die ausgeglichenen Strecken nach Gl. (8.22). Die ausgeglichenen Orientierungen und Richtungen werden analog berechnet.

8.3 Überbestimmte Koordinatentransformation

Ausgeglichene Koordinaten:

Punkt	y [m]	x [m]
3	-0,010	-0,023
4	999,990	0,016

Satz	Orientierung [gon]
1	149,9997
2	200,0011
3	0,0006

Ausgegl. Strecken:

von - nach	s [m]
1 - 3	1000,023
1 - 4	1414,195
2 - 4	999,984
2 - 3	1414,237
3 - 4	1000,005

Ausgegl. Richtungen:

von - nach	r [gon]
1 - 4	0,0001
1 - 3	50,0009
2 - 4	399,9995
2 - 3	49,9985
3 - 1	0,0001
3 - 2	49,9990
3 - 4	99,9969

Dieses Ausgleichungsergebnis ist bereits ausreichend genau, wie ein weiterer Durchlauf mit verbesserten Näherungswerten bestätigt.

Genauigkeitsbetrachtungen

Aus $n = 12$ Beobachtungen werden $u = 7$ Unbekannte bestimmt.

Residuenquadratsumme: $\quad \hat{\mathbf{e}}'\mathbf{P}\hat{\mathbf{e}} = 1,0405 \, cm^2$

Residuenvarianz: $\quad \hat{\sigma}^2 = \dfrac{\hat{\mathbf{e}}'\mathbf{P}\hat{\mathbf{e}}}{n-u} = 0,2081 \, cm^2$

Kovarianzmatrix der Parameterschätzer nach Gl. (6.71):

$$\hat{\boldsymbol{\Sigma}}_{\hat{\beta}} = \begin{pmatrix} 0,3149 & -0,1198 & 0,2487 & 0,1006 & -0,1558 & -0,1484 & -0,1597 \\ -0,1198 & 0,1660 & -0,0984 & -0,0258 & 0,0579 & 0,0768 & 0,0965 \\ 0,2487 & -0,0984 & 0,3233 & 0,1103 & -0,1482 & -0,1581 & -0,1339 \\ 0,1006 & -0,0258 & 0,1103 & 0,1554 & -0,0743 & -0,0552 & -0,0732 \\ -0,1558 & 0,0579 & -0,1482 & -0,0743 & 0,1891 & 0,0812 & 0,0838 \\ -0,1484 & 0,0768 & -0,1581 & -0,0552 & 0,0812 & 0,1902 & 0,0834 \\ -0,1597 & 0,0965 & -0,1339 & -0,0732 & 0,0838 & 0,0834 & 0,1665 \end{pmatrix}$$

Standardabweichungen der Koordinaten- und Orientierungsschätzwerte:

$\hat{\sigma}_{\hat{y}_3}$	$\hat{\sigma}_{\hat{x}_3}$	$\hat{\sigma}_{\hat{y}_4}$	$\hat{\sigma}_{\hat{x}_4}$	$\hat{\sigma}_{\hat{o}_1}$	$\hat{\sigma}_{\hat{o}_2}$	$\hat{\sigma}_{\hat{o}_3}$
$0,56 \, cm$	$0,41 \, cm$	$0,57 \, cm$	$0,39 \, cm$	$0,43 \, mgon$	$0,44 \, mgon$	$0,41 \, mgon$

Aus der Kovarianzmatrix $\hat{\boldsymbol{\Sigma}}_{\hat{y}}$ der ausgeglichenen Strecken und Richtungen nach Gl. (6.72) ergeben sich deren Standardabweichungen:

$\hat{\sigma}_{\hat{s}_{13}}$	$\hat{\sigma}_{\hat{s}_{14}}$	$\hat{\sigma}_{\hat{s}_{24}}$	$\hat{\sigma}_{\hat{s}_{23}}$	$\hat{\sigma}_{\hat{s}_{34}}$
$0,41 \, cm$	$0,36 \, cm$	$0,39 \, cm$	$0,35 \, cm$	$0,38 \, cm$

$\hat{\sigma}_{\hat{r}_{14}} = \hat{\sigma}_{\hat{r}_{13}}$	$\hat{\sigma}_{\hat{r}_{24}} = \hat{\sigma}_{\hat{r}_{23}}$	$\hat{\sigma}_{\hat{r}_{31}}$	$\hat{\sigma}_{\hat{r}_{32}}$	$\hat{\sigma}_{\hat{r}_{34}}$
$0,34 \, mgon$	$0,35 \, mgon$	$0,30 \, mgon$	$0,28 \, mgon$	$0,32 \, mgon$

8.3 Überbestimmte Koordinatentransformation

In der geodätischen Praxis ist es häufig erforderlich, Koordinaten eines definierten *Startsystems* mittels *Passpunkten*, auch *Stützpunkte* genannt, in ein anderes, definiertes *Zielsystem* zu transformieren. Ebenso steht dieses Problem z. B. in jedem

CAD (Computer Aided Design)-System zur Lösung an. Dort werden mittels Fadenkreuz und/oder Lupe Rechtwinkelkoordinaten in einem freien, lokalen System am Bildschirm gemessen, darunter auch solche von Stützpunkten. Diese lokalen (Start-) Koordinaten sind schlussendlich immer in ein übergeordnetes, absolutes (Ziel-) Koordinatensystem zu transformieren.

Die Passpunkte beinhalten die Informationen für die Bestimmung der unbekannten *Transformationsparameter*, weil ihre Koordinaten sowohl im Start- als auch im Zielsystem bekannt sind. Beispielsweise lassen sich die Messwerte einer Orthogonalaufnahme in Landeskoordinaten transformieren, wenn sowohl die orthogonalen Messwerte als auch die Landeskoordinaten einiger Passpunkte gegeben sind.

Die Transformationen können drei, vier, fünf oder sechs Parameter enthalten. Die Anzahl der Parameter hängt von der jeweiligen Aufgabenstellung ab. Zur eindeutigen Festlegung einer bestimmten Anzahl von Parametern muss die gleich große Anzahl von Koordinaten identischer Punkte in beiden Systemen bekannt sein. Da ein Punkt durch zwei Koordinaten (x, y) festgelegt ist, benötigt man beispielsweise zur Bestimmung von vier Parametern zwei Passpunkte. Sind mehr Passpunkte vorhanden, besteht eine Überbestimmung, die durch Ausgleichungsrechnung gelöst wird.

Bei der *Helmert-Transformation (Ähnlichkeitstransformation)* sind vier Parameter zu bestimmen. Beim Übergang vom Start- zum Zielsystem erfolgt eine:

- **Translation** in beiden Koordinatenrichtungen um Y_0 und X_0,
- **Rotation** beider Koordinatenrichtungen um den Drehwinkel ε,
- **Maßstabsänderung** um den Faktor q.

Das heißt, es erfolgt ein Übergang innerhalb zweier Rechtwinkel-Koordinatensysteme, wobei die Strecken gestaucht oder gedehnt werden.

Wird der Maßstab nicht verändert, sind nur die ersten drei Parameter zu bestimmen (*3-Parameter-Transformation, Kongruenztransformation*). Dabei treten keine Verzerrungen auf.

Bei der *5-Parameter-Transformation* erfolgt die Maßstabsänderung mit q_x und q_y in beiden Koordinatenrichtungen unterschiedlich. Es entstehen sowohl Strecken- als auch Winkelverzerrungen.

Bei der *Affintransformation* schließlich, bei der sechs Parameter zu bestimmen sind, werden außerdem beide Koordinatenrichtungen mit ε_x und ε_y unterschiedlich gedreht. Daher werden nicht nur die Strecken und Winkel verzerrt, auch die Rechtwinkligkeit zwischen den Koordinatenachsen geht verloren.

Helmert-Transformation

Exemplarisch wird im weiteren Verlauf die Helmert-Transformation behandelt. Bezeichnet man die Daten im Startsystem mit *kleinen* Buchstaben und im Zielsystem mit *großen* Buchstaben, dann seien gegeben:

- die Koordinaten (y_i, x_i) von p Passpunkten sowie die Koordinaten (y_j, x_j) der zu transformierenden Neupunkte im Startsystem,
- die Koordinaten (Y_i, X_i) von p Passpunkten im Zielsystem.

8.3 Überbestimmte Koordinatentransformation

Gesucht: 4 Transformationsunbekannte

$$\boldsymbol{\beta} = \begin{pmatrix} Y_0 \\ X_0 \\ o \\ a \end{pmatrix} \qquad (8.24)$$

mit

- *Translationsparameter* Y_0, X_0, d. h. die Zielsystem-Koordinaten des Startsystemursprungs,
- *Transformationskonstante*

$$o = q \cdot \sin\varepsilon \quad \text{und} \quad a = q \cdot \cos\varepsilon, \qquad (8.25)$$

welche die Drehung ε und den Maßstabsfaktor q beinhalten.

Mit den Schätzwerten $\hat{o}$ und $\hat{a}$ lassen sich die Schätzwerte der Drehung $\hat{\varepsilon}$ sowie des Maßstabsfaktors $\hat{q}$ berechnen aus:

$$\tan\hat{\varepsilon} = \frac{\hat{o}}{\hat{a}} \quad , \qquad \hat{q} = \sqrt{\hat{o}^2 + \hat{a}^2} \qquad (8.26)$$

Mit den Richtungswinkeln (RiWi) und den Streckenlängen zwischen zwei identischen Punkten im Start- und im Zielsystem gilt:

$$\hat{\varepsilon} = \text{RiWi (Zielsystem)} - \text{RiWi (Startsystem)} \qquad (8.27)$$

$$\hat{q} = \frac{\text{Strecke (Zielsystem)}}{\text{Strecke (Startsystem)}} \qquad (8.28)$$

Die Transformationsgleichungen lauten:

$$\begin{array}{rcl} Y_i & = & Y_0 + o \cdot x_i + a \cdot y_i \\ X_i & = & X_0 - o \cdot y_i + a \cdot x_i \end{array} \qquad (8.29)$$

Zur Stabilisierung der Numerik empfiehlt sich eine Reduktion der Koordinaten auf die *Schwerpunktkoordinaten (Mittelwerte) der Passpunkte* in beiden Systemen.

$$\begin{array}{rclcrcl} \bar{y} & = & \dfrac{1}{p}\sum_{i=1}^{p} y_i & , & \bar{x} & = & \dfrac{1}{p}\sum_{i=1}^{p} x_i \\[2mm] \bar{Y} & = & \dfrac{1}{p}\sum_{i=1}^{p} Y_i & , & \bar{X} & = & \dfrac{1}{p}\sum_{i=1}^{p} X_i \end{array} \qquad (8.30)$$

Für die weitere Berechnung benutzt man die *reduzierten Startkoordinaten der Passpunkte*:

$$y'_i = y_i - \bar{y} \quad , \qquad x'_i = x_i - \bar{x} \quad , \qquad (8.31)$$

Es gilt:

$$\sum y'_i = \sum x'_i = 0 \qquad (8.32)$$

Mit den Mittelwerten $(\bar{Y}, \bar{X})$ der Zielkoordinaten zeigen sich die Transformationsgleichungen (8.29) in der Form:

$$\begin{array}{rcl} Y_i & = & \bar{Y} + o \cdot x'_i + a \cdot y'_i \\ X_i & = & \bar{X} - o \cdot y'_i + a \cdot x'_i \end{array} \qquad (8.33)$$

Fasst man die Koordinaten (Y_i, X_i) des Zielsystems als gleichgenaue „Beobachtungen" auf, d. h. die Gewichtsmatrix $\mathbf{P} = \mathbf{I}$ ist die Einheitsmatrix, ergeben sich entsprechend Gl. (6.2) im Gauß-Markoff-Modell[1] die *Beobachtungsgleichungen*:

$$\begin{array}{ccccccc} \mathbf{y} & = & \mathbf{X} & \cdot & \boldsymbol{\beta} & + & \mathbf{e} \\ \begin{pmatrix} Y_1 \\ X_1 \\ \vdots \\ Y_p \\ X_p \end{pmatrix} & = & \begin{pmatrix} 1 & 0 & x'_1 & y'_1 \\ 0 & 1 & -y'_1 & x'_1 \\ \vdots & \vdots & \vdots & \vdots \\ 1 & 0 & x'_p & y'_p \\ 0 & 1 & -y'_p & x'_p \end{pmatrix} & \cdot & \begin{pmatrix} \bar{Y} \\ \bar{X} \\ o \\ a \end{pmatrix} & + & \begin{pmatrix} e_{Y_1} \\ e_{X_1} \\ \vdots \\ e_{Y_p} \\ e_{X_p} \end{pmatrix} \end{array} \qquad (8.34)$$

$$\mathbf{N} = \mathbf{X}'\mathbf{X} = \begin{pmatrix} p & 0 & 0 & 0 \\ 0 & p & 0 & 0 \\ 0 & 0 & \sum_{i=1}^{p}(y_i'^2 + x_i'^2) & 0 \\ 0 & 0 & 0 & \sum_{i=1}^{p}(y_i'^2 + x_i'^2) \end{pmatrix} \qquad (8.35)$$

$$\mathbf{N}^{-1} = \begin{pmatrix} 1/p & 0 & 0 & 0 \\ 0 & 1/p & 0 & 0 \\ 0 & 0 & 1 \Big/ \sum_{i=1}^{p}(y_i'^2 + x_i'^2) & 0 \\ 0 & 0 & 0 & 1 \Big/ \sum_{i=1}^{p}(y_i'^2 + x_i'^2) \end{pmatrix} \qquad (8.36)$$

$$\mathbf{X}'\mathbf{y} = \begin{pmatrix} \sum_{i=1}^{p} Y_i \\ \sum_{i=1}^{p} X_i \\ \sum_{i=1}^{p} (x'_i \cdot Y_i - y'_i \cdot X_i) \\ \sum_{i=1}^{p} (y'_i \cdot Y_i + x'_i \cdot X_i) \end{pmatrix} \qquad (8.37)$$

---

[1] Im Gauß-Markoff-Modell werden die Koordinaten des Startsystems als fest vorgegebene, deterministische Größen aufgefasst. Die Parameterschätzwerte sind folglich von der Transformationsrichtung „vom Start- ins Zielsystem" abhängig, d. h. sie erlauben in Strenge nicht die Umkehrtransformation „vom Ziel- ins Startsystem". Werden hingegen die Koordinaten in beiden Systemen als stochastische Größen aufgefasst, lässt sich die Parameterschätzung im *Fehler-in-den-Variablen-Modell* durchführen, welches in Kapitel 6.6 kurz vorgestellt wird. Dieses erlaubt auch die inverse Transformation. Im Falle *gleicher Varianzen in beiden Systemen* minimiert man hierbei *orthogonale kleinste Quadrate*.

8.3 Überbestimmte Koordinatentransformation

$$\hat{\beta} = \begin{pmatrix} \bar{Y} \\ \bar{X} \\ \hat{o} \\ \hat{a} \end{pmatrix} = \begin{pmatrix} \sum_{i=1}^{p} Y_i / p \\ \sum_{i=1}^{p} X_i / p \\ \sum_{i=1}^{p} (x'_i \cdot Y_i - y'_i \cdot X_i) \Big/ \sum_{i=1}^{p} (y'^2_i + x'^2_i) \\ \sum_{i=1}^{p} (y'_i \cdot Y_i + x'_i \cdot X_i) \Big/ \sum_{i=1}^{p} (y'^2_i + x'^2_i) \end{pmatrix} \tag{8.38}$$

Entsprechend Gl. (6.41) und Gl. (6.43) ergeben sich die Schätzwerte $\hat{Y}_i, \hat{X}_i$ der Passpunktkoordinaten des Zielsystems und ihre Residuen $\hat{e}_{\hat{Y}_i}, \hat{e}_{\hat{X}_i}$ zu:

$$\begin{array}{ccc} \hat{\mathbf{y}} & = & \mathbf{X} \cdot \hat{\boldsymbol{\beta}} \end{array}$$

$$\begin{pmatrix} \hat{Y}_1 \\ \hat{X}_1 \\ \vdots \\ \hat{Y}_p \\ \hat{X}_p \end{pmatrix} = \begin{pmatrix} 1 & 0 & x'_1 & y'_1 \\ 0 & 1 & -y'_1 & x'_1 \\ \vdots & \vdots & \vdots & \vdots \\ 1 & 0 & x'_p & y'_p \\ 0 & 1 & -y'_p & x'_p \end{pmatrix} \cdot \begin{pmatrix} \bar{Y} \\ \bar{X} \\ \hat{o} \\ \hat{a} \end{pmatrix} \tag{8.39}$$

$$\begin{array}{ccc} \hat{\mathbf{e}} & = & \mathbf{y} - \hat{\mathbf{y}} \end{array}$$

$$\begin{pmatrix} \hat{e}_{\hat{Y}_1} \\ \hat{e}_{\hat{X}_1} \\ \vdots \\ \hat{e}_{\hat{Y}_p} \\ \hat{e}_{\hat{X}_p} \end{pmatrix} = \begin{pmatrix} Y_1 \\ X_1 \\ \vdots \\ Y_p \\ X_p \end{pmatrix} - \begin{pmatrix} \hat{Y}_1 \\ \hat{X}_1 \\ \vdots \\ \hat{Y}_p \\ \hat{X}_p \end{pmatrix} \tag{8.40}$$

Transformation der Neupunktkoordinaten:
Mit den Schätzwerten $\hat{o}$ und $\hat{a}$ werden anschließend die Neupunktkoordinaten im Zielsystem $(\hat{Y}_j, \hat{X}_j)$ berechnet, und zwar

- entweder analog Gl. (8.39) mit den Mittelwerten $(\bar{Y}, \bar{X})$ und den *reduzierten* Neupunktkoordinaten (y'_j, x'_j) des Startsystems

$$y'_j = y_j - \bar{y} , \qquad x'_j = x_j - \bar{x} \tag{8.41}$$

$$\begin{array}{rcl} \hat{Y}_j & = & \bar{Y} + \hat{o} \cdot x'_j + \hat{a} \cdot y'_j \\ \hat{X}_j & = & \bar{X} - \hat{o} \cdot y'_j + \hat{a} \cdot x'_j \end{array} \tag{8.42}$$

- oder mit den *Translationsunbekannten*

$$\begin{array}{rcl} \hat{Y}_0 & = & \bar{Y} - (\ \hat{o} \cdot \bar{x} + \hat{a} \cdot \bar{y}) \\ \hat{X}_0 & = & \bar{X} - (-\hat{o} \cdot \bar{y} + \hat{a} \cdot \bar{x}) \end{array} \tag{8.43}$$

und den *ursprünglichen* Neupunktkoordinaten (y_j, x_j) des Startsystems:

$$\begin{array}{rcl} \hat{Y}_j & = & \hat{Y}_0 + \hat{o} \cdot x_j + \hat{a} \cdot y_j \\ \hat{X}_j & = & \hat{X}_0 - \hat{o} \cdot y_j + \hat{a} \cdot x_j \end{array} \tag{8.44}$$

Genauigkeitsbetrachtungen

Mit der *Residuenquadratsumme* nach Gl. (6.44)

$$\hat{\mathbf{e}}'\hat{\mathbf{e}} = \sum_{i=1}^{p}(\hat{e}_{Y'_i}^2 + \hat{e}_{X'_i}^2)$$

ergibt sich bei $2p$ „Beobachtungen" und $u = 4$ zu bestimmenden Unbekannten nach Gl. (6.45) die *Residuenvarianz*

$$\hat{\sigma}^2 = \frac{\hat{\mathbf{e}}'\hat{\mathbf{e}}}{2p - 4}. \tag{8.45}$$

Die Kovarianzmatrix $\hat{\mathbf{\Sigma}}_{\hat{\beta}}$ der Parameterschätzwerte nach Gl. (6.71)

$$\hat{\mathbf{\Sigma}}_{\hat{\beta}} = \hat{\sigma}^2(\mathbf{X}'\mathbf{X})^{-1} = \hat{\sigma}^2\mathbf{N}^{-1} \tag{8.46}$$

enthält entsprechend Gl. (8.36) auf der Hauptdiagonalen die Varianzen der Mittelwerte $\bar{Y}, \bar{X}$

$$\hat{\sigma}_{\bar{Y}}^2 = \hat{\sigma}_{\bar{X}}^2 = \frac{\hat{\sigma}^2}{p} \tag{8.47}$$

und die Varianzen der Transformationsparameter $\hat{o}$ und $\hat{a}$

$$\hat{\sigma}_{\hat{o}}^2 = \hat{\sigma}_{\hat{a}}^2 = \frac{\hat{\sigma}^2}{\sum_{i=1}^{p}(y_i'^2 + x_i'^2)}. \tag{8.48}$$

Kovarianzmatrix $\hat{\mathbf{\Sigma}}_{\hat{y}}$ der Schätzwerte $\hat{Y}_i$ und $\hat{X}_i$ der Passpunktkoordinaten nach Gl. (6.72):

$$\hat{\mathbf{\Sigma}}_{\hat{y}} = \hat{\sigma}^2\mathbf{X}\mathbf{N}^{-1}\mathbf{X}' \tag{8.49}$$

Nach Gl. (8.39) in Verbindung mit Gl. (8.47) und Gl. (8.48) ergeben sich die Varianzen in den beiden Koordinatenrichtungen eines Passpunktes gleich groß:

$$\begin{array}{rl} \hat{\sigma}_{\hat{Y}_i}^2 &= \hat{\sigma}_{\bar{Y}}^2 + \hat{\sigma}_{\hat{o}}^2 \cdot (y_i'^2 + x_i'^2) \\ \hat{\sigma}_{\hat{X}_i}^2 &= \hat{\sigma}_{\bar{X}}^2 + \hat{\sigma}_{\hat{a}}^2 \cdot (y_i'^2 + x_i'^2) \end{array}, \quad \hat{\sigma}_{\hat{Y}_i}^2 = \hat{\sigma}_{\hat{X}_i}^2 \tag{8.50}$$

Varianzen der Neupunktkoordinaten:
Die Transformation der Koordinaten eines Neupunktes erfolgt mit den Parameterschätzwerten der Passpunkte, d. h. sie ist als *Punktprognose* entsprechend Kapitel 7.1.6 auf Seite 212 aufzufassen. Die Varianzen der Schätzwerte $\hat{Y}_j$ und $\hat{X}_j$ der Neupunktkoordinaten ergeben sich ebenfalls gleich groß, jedoch analog Gl. (7.62) gegenüber den Passpunktvarianzen um die Residuenvarianz $\hat{\sigma}^2$ vergrößert.

$$\begin{array}{rl} \hat{\sigma}_{\hat{Y}_j}^2 &= \hat{\sigma}_{\bar{Y}}^2 + \hat{\sigma}_{\hat{o}}^2 \cdot (y_j'^2 + x_j'^2) + \hat{\sigma}^2 \\ \hat{\sigma}_{\hat{X}_j}^2 &= \hat{\sigma}_{\bar{X}}^2 + \hat{\sigma}_{\hat{a}}^2 \cdot (y_j'^2 + x_j'^2) + \hat{\sigma}^2 \end{array}, \quad \hat{\sigma}_{\hat{Y}_j}^2 = \hat{\sigma}_{\hat{X}_j}^2 \tag{8.51}$$

8.3 Überbestimmte Koordinatentransformation

Restklaffenverteilung aus den Passpunkten auf die Neupunkte

Bei Koordinatenberechnungen im Katasterzahlenwerk gilt das „Nachbarschaftsprinzip". Die Neupunkte sollen sich den nächstgelegenen, in der Nachbarschaft befindlichen Passpunkten möglichst gut anpassen, damit ein *homogenes Netz* ohne Spannungen im Nahbereich gewährleistet ist. Durch die Helmert-Transformation kann dieser Forderung nicht in ausreichendem Maße entsprochen werden, da für alle Neupunkte die gleichen Transformationsparameter gelten. Nach der Transformation zeigen sich in den Passpunkten die Residuen ($\hat{e}_{Y_i}^2, \hat{e}_{X_i}^2$), die in jedem Passpunkt einen Residuenvektor bilden. Diese (in der Geodäsie „Restklaffen" genannten) Vektoren weisen in jedem Passpunkt unterschiedliche Länge und Richtung auf. Um eine *nachbarschaftstreue Anpassung* zu erreichen, müssen daher die Passpunktresiduen in mehr oder minder großem Ausmaße, d.h. abhängig von den Abständen des jeweiligen Neupunktes zu den benachbarten Passpunkten, als Korrekturen an den Neupunktkoordinaten angebracht werden. Das lässt sich mit einem Interpolationsverfahren, z.B. mittels *multiquadratischer Interpolation* nach [Har72], durchführen. Näheres hierzu siehe [Ben01] Programmsystem KAFKA - *K*omplexe *A*nalyse *f*lächenhafter *K*ataster-*A*ufnahmen/Anwendungshandbuch, Veröffentlichung des Geodätischen Instituts der RWTH Aachen, und dort im Anhang IV weitere Literatur.

Beispiel 8.4: *Helmert-Transformation*

Gegebene Koordinaten der Passpunkte P_1 bis P_4 und ihres Schwerpunktes (Mittelwert) S sowie des Neupunktes N:

Punkt Nr.	Startsystem y [m]	Startsystem x [m]	Zielsystem Y [m]	Zielsystem X [m]
P_1	20,03	30,72	413,60	377,60
P_2	80,34	362,24	487,60	706,40
P_3	360,23	123,43	757,30	456,20
P_4	300,07	351,23	706,60	686,20
S	190,1675	216,9050	591,2750	556,6000
N	180,00	200,00		

Reduzierte Koordinaten im Startsystem:

Punkt Nr.	Startsystem y' [m]	Startsystem x' [m]
P_1	-170,1375	-186,1850
P_2	-109,8275	145,3350
P_3	170,0625	-93,4750
P_4	109,9025	134,3250
N	-10,1675	-16,9050

$$\mathbf{y} = \begin{pmatrix} 413,60 \\ 377,60 \\ 487,60 \\ 706,40 \\ 757,30 \\ 456,20 \\ 706,60 \\ 686,20 \end{pmatrix}, \quad \mathbf{X} = \begin{pmatrix} 1 & 0 & -186,1850 & -170,1375 \\ 0 & 1 & 170,1375 & -186,1850 \\ 1 & 0 & 145,3350 & -109,8275 \\ 0 & 1 & 109,8275 & 145,3350 \\ 1 & 0 & -93,4750 & 170,0625 \\ 0 & 1 & -170,0625 & -93,4750 \\ 1 & 0 & 134,3250 & 109,9025 \\ 0 & 1 & -109,9025 & 134,3250 \end{pmatrix}$$

$Normalgleichungsmatrix$ $\mathbf{N} = \mathbf{X'X} =$ $\quad\quad \mathbf{N}^{-1} = (\mathbf{X'X})^{-1} =$

$$\begin{pmatrix} 4 & 0 & 0 & 0 \\ 0 & 4 & 0 & 0 \\ 0 & 0 & 164576,56 & 0 \\ 0 & 0 & 0 & 164576,56 \end{pmatrix} \quad \begin{pmatrix} 1/4 & 0 & 0 & 0 \\ 0 & 1/4 & 0 & 0 \\ 0 & 0 & 6,076 \cdot 10^{-6} & 0 \\ 0 & 0 & 0 & 6,076 \cdot 10^{-6} \end{pmatrix}$$

$$\mathbf{X'y} = \begin{pmatrix} 2365,10 \\ 2226,40 \\ 6813,1155 \\ 164416,3867 \end{pmatrix}, \quad \hat{\boldsymbol{\beta}} = \begin{pmatrix} \bar{Y} \\ \bar{X} \\ \hat{o} \\ \hat{a} \end{pmatrix} = \begin{pmatrix} 591,275 \\ 556,600 \\ 0,041398 \\ 0,999027 \end{pmatrix}$$

Maßstabsfaktor $\hat{q} = 0,999884$, $\quad$ Drehwinkel $\hat{\varepsilon} = 2,6365 \; gon$

Residuenvektor, Residuenvarianz und -standardabweichung:

$$\hat{\mathbf{e}} = \begin{pmatrix} 0,0046 \\ -0,0395 \\ 0,0291 \\ 0,0598 \\ -0,0023 \\ 0,0242 \\ -0,0313 \\ -0,0445 \end{pmatrix} \quad \begin{aligned} \hat{\mathbf{e}}'\hat{\mathbf{e}} &= 0,009564 \; m^2 \\ \hat{\sigma}^2 &= 0,00239 \; m^2 \\ \hat{\sigma} &= 0,049 \; m \end{aligned}$$

Kovarianzmatrix und Standardabweichungen der Parameterschätzwerte:

$$\hat{\boldsymbol{\Sigma}}_{\hat{\boldsymbol{\beta}}} = 0,00239 \begin{pmatrix} 1/4 & 0 & 0 & 0 \\ 0 & 1/4 & 0 & 0 \\ 0 & 0 & 6,0762 \cdot 10^{-6} & 0 \\ 0 & 0 & 0 & 6,0762 \cdot 10^{-6} \end{pmatrix}$$

$$\hat{\sigma}_{\bar{Y}} = \hat{\sigma}_{\bar{X}} = 0,024 \; m \quad , \quad \hat{\sigma}_{\hat{o}} = \hat{\sigma}_{\hat{a}} = 0,000121$$

Aus der Kovarianzmatrix der geschätzten Passpunktkoordinaten nach Gl. (8.49) werden nachfolgend die Varianzen sowie die Standardabweichungen angegeben:

8.4 Ausgleichung im freien Netz

$$\hat{\sigma}^2_{\hat{Y}_1} = \hat{\sigma}^2_{\hat{X}_1} = 0,00152\ m^2 \quad , \quad \hat{\sigma}_{\hat{Y}_1} = \hat{\sigma}_{\hat{X}_1} = 0,039\ m$$
$$\hat{\sigma}^2_{\hat{Y}_2} = \hat{\sigma}^2_{\hat{X}_2} = 0,00108\ m^2 \quad , \quad \hat{\sigma}_{\hat{Y}_2} = \hat{\sigma}_{\hat{X}_2} = 0,033\ m$$
$$\hat{\sigma}^2_{\hat{Y}_3} = \hat{\sigma}^2_{\hat{X}_3} = 0,00114\ m^2 \quad , \quad \hat{\sigma}_{\hat{Y}_3} = \hat{\sigma}_{\hat{X}_3} = 0,034\ m$$
$$\hat{\sigma}^2_{\hat{Y}_4} = \hat{\sigma}^2_{\hat{X}_4} = 0,00104\ m^2 \quad , \quad \hat{\sigma}_{\hat{Y}_4} = \hat{\sigma}_{\hat{X}_4} = 0,032\ m$$

Aus der Kovarianzmatrix lassen sich weiterhin mit Gl. (6.107)

$$\hat{\rho}_{ij} = \frac{\hat{\sigma}_{ij}}{\hat{\sigma}_i \cdot \hat{\sigma}_j}$$

die Elemente der Korrelationsmatrix der geschätzten Passpunktkoordinaten ableiten. Da die Matrix symmetrisch ist, werden nachfolgend die Symbole und Zahlenwerte in einer Matrix angegeben. Für die Hauptdiagonalelemente gilt $\hat{\rho}_{\hat{Y}_i\hat{Y}_i} = \hat{\rho}_{\hat{X}_i\hat{X}_i} = 1$:

$$\hat{\mathbf{R}} = \begin{pmatrix} 1 & \hat{\rho}_{\hat{Y}_1\hat{X}_1} & \hat{\rho}_{\hat{Y}_1\hat{Y}_2} & \hat{\rho}_{\hat{Y}_1\hat{X}_2} & \hat{\rho}_{\hat{Y}_1\hat{Y}_3} & \hat{\rho}_{\hat{Y}_1\hat{X}_3} & \hat{\rho}_{\hat{Y}_1\hat{Y}_4} & \hat{\rho}_{\hat{Y}_1\hat{X}_4} \\ 0 & 1 & \hat{\rho}_{\hat{X}_1\hat{Y}_2} & \hat{\rho}_{\hat{X}_1\hat{X}_2} & \hat{\rho}_{\hat{X}_1\hat{Y}_3} & \hat{\rho}_{\hat{X}_1\hat{X}_3} & \hat{\rho}_{\hat{X}_1\hat{Y}_4} & \hat{\rho}_{\hat{X}_1\hat{X}_4} \\ 0,37 & 0,51 & 1 & \hat{\rho}_{\hat{Y}_2\hat{X}_2} & \hat{\rho}_{\hat{Y}_2\hat{Y}_3} & \hat{\rho}_{\hat{Y}_2\hat{X}_3} & \hat{\rho}_{\hat{Y}_2\hat{Y}_4} & \hat{\rho}_{\hat{Y}_2\hat{X}_4} \\ -0,51 & 0,37 & 0 & 1 & \hat{\rho}_{\hat{X}_2\hat{Y}_3} & \hat{\rho}_{\hat{X}_2\hat{X}_3} & \hat{\rho}_{\hat{X}_2\hat{Y}_4} & \hat{\rho}_{\hat{X}_2\hat{X}_4} \\ 0,33 & -0,52 & 0,12 & 0,19 & 1 & \hat{\rho}_{\hat{Y}_3\hat{X}_3} & \hat{\rho}_{\hat{Y}_3\hat{Y}_4} & \hat{\rho}_{\hat{Y}_3\hat{X}_4} \\ 0,52 & 0,33 & -0,19 & 0,12 & 0 & 1 & \hat{\rho}_{\hat{X}_3\hat{Y}_4} & \hat{\rho}_{\hat{X}_3\hat{X}_4} \\ -0,03 & 0,03 & 0,67 & 0,42 & 0,63 & -0,44 & 1 & \hat{\rho}_{\hat{Y}_4\hat{X}_4} \\ -0,03 & -0,03 & -0,42 & 0,67 & 0,44 & 0,63 & 0 & 1 \end{pmatrix}$$

Transformation der Neupunktkoordinaten:

$$\begin{pmatrix} \hat{Y}_N \\ \hat{X}_N \end{pmatrix} = \begin{pmatrix} 1 & 0 & x'_N & y'_N \\ 0 & 1 & -y'_N & x'_N \end{pmatrix} \begin{pmatrix} \bar{Y} \\ \bar{X} \\ \hat{o} \\ \hat{a} \end{pmatrix} = \begin{pmatrix} 580,418\ m \\ 540,132\ m \end{pmatrix}$$

Varianzen und Standardabweichungen der Neupunktkoordinaten nach Gl. (8.51):

$$\hat{\sigma}^2_{\hat{Y}_N} = 0,0060 + 1,4528 \cdot 10^{-8} \cdot ((-10,1675)^2 + (-16,905)^2) + 0,0024$$
$$= \hat{\sigma}^2_{\hat{X}_N} = 0,0030\ m^2$$
$$\hat{\sigma}_{\hat{Y}_N} = \hat{\sigma}_{\hat{X}_N} = 0,055\ m$$

8.4 Ausgleichung im freien Netz

Durch den Anschluss an zwei Festpunkte P_1 und P_2 ist die Lage und Orientierung von Anschlussmessungen im (x,y)-Koordinatensystem festgelegt durch:

- die Koordinaten y_1, x_1 von P_1,

- den Richtungswinkel t_1^2 von P_1 nach P_2 (Orientierung),

- die Streckenlänge s_{12} von P_1 nach P_2 (Maßstab).

Diese vier Parameter werden als *Datum* des zweidimensionalen Lagenetzes bezeichnet. Stehen mehr als zwei Anschlusspunkte zur Verfügung, ist die Lagerung überbestimmt. Bei anderen Netzen (Höhennetz, 3-D-Netz) werden andere oder weitere Parameter benötigt.

Falls durch Fehler oder systematische Messabweichungen verursachte Spannungen im Anschlussnetz vorhanden sind, wirken sich diese auf die Bestimmung der Neupunktkoordinaten verfälschend aus, was verzerrte Schätzungen sowohl der Koordinaten als auch deren Varianzen, Kovarianzen und Korrelationen zur Folge hat. Damit die Messungen unabhängig von den Anschlusspunkten beurteilt werden können, wird eine *freie Netzausgleichung* gerechnet. Hierbei werden alle oder einige Anschlusspunkte als Neupunkte aufgefasst, d. h. es wird eine Lagerung der *inneren Netzgeometrie* auf die Näherungskoordinaten (y_{0i}, x_{0i}) mehrerer Punkte vorgenommen. Folglich liefert die Näherung die Datumsparameter. Wie nachfolgend dargestellt, fügt man die Transformationsparameter den Beobachtungsgleichungen durch zusätzliche Bedingungsgleichungen in linearer Form als Pseudomessungen an. Mit dem Messwert (Absolutglied) Null beeinflussen sie das Ergebnis der ausgeglichenen Parameter nicht, sondern lediglich das Netzdesign.

Wählt man sämtliche Netzpunkte für die Lagerung, spricht man von einer *Gesamtspurminimierung*. Bei einer *Teilspurminimierung* werden nur einige Punkte benutzt, wobei aber die Anzahl der Unbekannten dieser Punkte größer als der Rangdefekt d sein muss. Die freie Netzausgleichung wird hier für den Fall der Gesamtspurminimierung erläutert. Das Lagenetz bestehe aus insgesamt p Anschluss- und Neupunkten. Bei der folgenden Darstellung wird vorausgesetzt, dass der Unbekanntenvektor β nur die $u = 2p$ Koordinatenunbekannten enthält, d. h. weitere Parameter, wie z. B. die Orientierungsunbekannten der Richtungssätze, seien vorab eliminiert worden.

Die Lage und Orientierung des *freien Netzes* im zweidimensionalen (x, y)-Koordinatensystem ist zunächst unbekannt (*Datumsproblem*). Die vier zusätzlichen Unbekannten sind im freien Netz nicht bestimmbar, weil letzteres beliebig verschoben, gedreht oder gedehnt bzw. gestaucht werden kann. Das heißt, nach Aufstellung der Beobachtungsgleichungen gemäß Kapitel 8.2 sowie der Auffüllung der *Normalgleichungsmatrix* $\mathbf{N} = (\mathbf{X'PX})$ ist diese *singulär*; sie besitzt aus den angegebenen Gründen den *Rangdefekt* $d = 4$.

Zur Beseitigung des Rangdefekts wird die $(u \times u)$-Matrix $\mathbf{N}$ mit einer $(u \times d)$-Matrix $\mathbf{G}$ gerändert und invertiert:

$$\begin{pmatrix} \mathbf{N} & \mathbf{G} \\ \mathbf{G'} & \mathbf{0} \end{pmatrix}^{-1} = \begin{pmatrix} \mathbf{Q} & \mathbf{G(G'G)}^{-1} \\ \mathbf{(G'G)}^{-1}\mathbf{G'} & \mathbf{0} \end{pmatrix} \qquad (8.52)$$

Die Matrix $\mathbf{G}$ muss die Forderung

$$\mathbf{NG} = \mathbf{0} \qquad (8.53)$$

8.4 Ausgleichung im freien Netz

erfüllen. Diese Ausgleichungsaufgabe lässt sich mit Gl. (6.67) als Extremwertaufgabe mit Nebenbedingungen formulieren:

$$\mathbf{e'Pe} = (\mathbf{y} - \mathbf{X}\boldsymbol{\beta})'\mathbf{P}(\mathbf{y} - \mathbf{X}\boldsymbol{\beta}) \to min.$$
$$\text{mit} \quad \mathbf{G'}\boldsymbol{\beta} = \mathbf{0} \tag{8.54}$$

Fasst man die d Lagrangeschen Multiplikatoren im Korrelatenvektor $\boldsymbol{\kappa}$ zusammen, ergibt sich aus der Forderung

$$\mathbf{e'Pe} + 2\boldsymbol{\kappa}(\mathbf{G'}\boldsymbol{\beta}) \to min. \tag{8.55}$$

das Normalgleichungssystem

$$\begin{pmatrix} \mathbf{N} & \mathbf{G} \\ \mathbf{G'} & \mathbf{0} \end{pmatrix} \begin{pmatrix} \hat{\boldsymbol{\beta}} \\ \hat{\boldsymbol{\kappa}} \end{pmatrix} = \begin{pmatrix} \mathbf{X'Py} \\ \mathbf{0} \end{pmatrix} \tag{8.56}$$

ausführlich

$$\begin{aligned} \mathbf{N}\hat{\boldsymbol{\beta}} + \mathbf{G}\hat{\boldsymbol{\kappa}} &= \mathbf{X'Py} \\ \mathbf{G'}\hat{\boldsymbol{\beta}} &= \mathbf{0} \end{aligned} \tag{8.57}$$

mit $\hat{\boldsymbol{\beta}}$ = Schätzvektor der unbekannten Koordinaten und $\hat{\boldsymbol{\kappa}}$ = Schätzvektor der d Lagrangeschen Multiplikatoren, der sich zu $\hat{\boldsymbol{\kappa}} = \mathbf{0}$ ergeben muss.

Subtrahiert man von allen Näherungskoordinaten deren Schwerpunkt $S(\bar{y}_0, \bar{x}_0)$

$$\bar{y}_0 = \sum_{i=1}^{p} \frac{y_{0i}}{p}, \quad \bar{x}_0 = \sum_{i=1}^{p} \frac{x_{0i}}{p},$$

und bildet man mit den *reduzierten Näherungskoordinaten*

$$y_i = y_{0i} - \bar{y}_0, \quad x_i = x_{0i} - \bar{x}_0$$

die Matrix $\mathbf{G}$ in der Form

$$\mathbf{G}_{(u,d)} = \begin{pmatrix} 1 & 0 & x_1 & y_1 \\ 0 & 1 & -y_1 & x_1 \\ 1 & 0 & x_2 & y_2 \\ 0 & 1 & -y_2 & x_2 \\ \vdots & \vdots & \vdots & \vdots \\ 1 & 0 & x_p & y_p \\ 0 & 1 & -y_p & x_p \end{pmatrix}, \tag{8.58}$$

ist die Forderung Gl. (8.53) erfüllt. Die Nebenbedingung $\mathbf{G'}\hat{\boldsymbol{\beta}} = \mathbf{0}$ in Gl. (8.57) mit

$$\hat{\boldsymbol{\beta}}' = \begin{pmatrix} \delta\hat{y}_1 & \delta\hat{x}_1 & \delta\hat{y}_2 & \delta\hat{x}_2 & \ldots & \delta\hat{y}_p & \delta\hat{x}_p \end{pmatrix} \tag{8.59}$$

beinhaltet die Bedingungen der *Helmert-Transformation*, siehe Kapitel 8.3. Die ersten beiden Spalten der Matrix **G** legen wegen $\sum \delta \hat{y}_i = 0$ und $\sum \delta \hat{x}_i = 0$ die Verschiebungen in y- und x-Richtung fest. Spalte drei steuert mit $\sum (x_i \cdot \delta \hat{y}_i - y_i \cdot \delta \hat{x}_i) = 0$ die Rotation und Spalte vier mit $\sum (y_i \cdot \delta \hat{y}_i + x_i \cdot \delta \hat{x}_i) = 0$ den Maßstab. In der Ausgleichung bleiben die Schwerpunktkoordinaten $\bar{y}_0, \bar{x}_0$ des Näherungsnetzes erhalten. Das ausgeglichene Netz kann eine Drehung um den Schwerpunkt und eine Maßstabsänderung ausführen.

Verwendet man in Gl. (8.52) die Matrix **G** nach Gl. (8.58), dann ist $\mathbf{Q} = \mathbf{N}^+$ die *Pseudoinverse* von **N** nach Gl. (2.40), welche *minimale Spur* besitzt. Da für den Korrelatenvektor $\hat{\boldsymbol{\kappa}} = \mathbf{0}$ gilt, weist der Unbekanntenvektor

$$\hat{\boldsymbol{\beta}} = \mathbf{N}^+ \mathbf{X}' \mathbf{P} \mathbf{y} \qquad (8.60)$$

minimale Norm auf. Unabhängig von der Datumsfestlegung führt die freie Netzausgleichung folglich zu den günstigsten Genauigkeitsmaßen für das Netz, weshalb man auch von der Bestimmung der *inneren Genauigkeit* spricht. Die Ergebnisse der freien Netzausgleichung dienen schließlich der

- automatisierten Fehlersuche in den Beobachtungen mittels Hypothesentest (z. B. *data snooping*) oder mittels robuster Parameterschätzung, sowie

- nach eventuell erforderlicher Datenbereinigung der Bestimmung der A-priori-Messgenauigkeiten mittels Varianzkomponentenschätzung.

Das heißt, die freie Netzausgleichung ist Voraussetzung für eine hypothesenfreie Durchführung dieser beiden Aufgaben.

Die Auswahl der Matrix **G** entsprechend Gl.(8.58) richtet sich nach der jeweiligen Netzart. Beispielsweise lautet **G** für die Ausgleichung eines *freien Streckennetzes im Raum* (3 Translationen und 3 Rotationen, d. h. *Rangdefekt* $d = 6$):

$$\mathbf{G}_{(u,d)} = \begin{pmatrix} 1 & 0 & 0 & x_1 & 0 & -z_1 \\ 0 & 1 & 0 & -y_1 & z_1 & 0 \\ 0 & 0 & 1 & 0 & -x_1 & y_1 \\ 1 & 0 & 0 & x_2 & 0 & -z_2 \\ 0 & 1 & 0 & -y_2 & z_2 & 0 \\ 0 & 0 & 1 & 0 & -x_2 & y_2 \\ \vdots & \vdots & \vdots & \vdots & \vdots & \vdots \\ 1 & 0 & 0 & x_p & 0 & -z_p \\ 0 & 1 & 0 & -y_p & z_p & 0 \\ 0 & 0 & 1 & 0 & -x_p & y_p \end{pmatrix}, \qquad (8.61)$$

Die Nebenbedingung $\mathbf{G}' \hat{\boldsymbol{\beta}} = \mathbf{0}$ in Gl. (8.57) mit

$$\hat{\beta}' = \begin{pmatrix} \delta\hat{y}_1 & \delta\hat{x}_1 & \delta\hat{z}_1 & \delta\hat{y}_2 & \delta\hat{x}_2 & \delta\hat{z}_2 & \ldots & \delta\hat{y}_p & \delta\hat{x}_p & \delta\hat{z}_p \end{pmatrix} \qquad (8.62)$$

beinhaltet hier die Bedingungen:

$$\sum_{i=1}^{p} \delta\hat{y}_i = 0, \qquad \sum_{i=1}^{p} \delta\hat{x}_i = 0, \qquad \sum_{i=1}^{p} \delta\hat{z}_i = 0$$

$$\sum_{i=1}^{p} (x_i \cdot \delta\hat{y}_i - y_i \cdot \delta\hat{x}_i) = 0, \qquad \sum_{i=1}^{p} (z_i \cdot \delta\hat{x}_i - x_i \cdot \delta\hat{z}_i) = 0$$

$$\sum_{i=1}^{p} (-z_i \cdot \delta\hat{y}_i + y_i \cdot \delta\hat{z}_i) = 0$$

Bei einem *freien Nivellementnetz* mit p Höhenpunkten H_i wiederum lautet die Matrix **G**:

$$\underset{(1,p)}{\mathbf{G}'} = \begin{pmatrix} 1 & 1 & 1 & \ldots & 1 \end{pmatrix} \qquad (8.63)$$

Die Nebenbedingung $\mathbf{G}'\hat{\beta} = \mathbf{0}$ in Gl. (8.57) mit

$$\hat{\beta}' = \begin{pmatrix} \delta\hat{H}_1 & \delta\hat{H}_2 & \delta\hat{H}_3 & \ldots & \delta\hat{H}_p \end{pmatrix} \qquad (8.64)$$

beinhaltet hier die Bedingung

$$\sum_{i=1}^{p} \delta\hat{H}_i = 0.$$

Beispiel 8.5: *Freie Ausgleichung eines Richtungs- und Streckennetzes*
Das Beispiel 8.3 auf Seite 258 soll hier als freies Netz ausgeglichen werden, d. h. neben den Punkten 3 und 4 werden auch die Anschlusspunkte 1 und 2 in die Ausgleichung als Neupunkte einbezogen. Die obige Darstellung der Theorie der freien Netzausgleichung geht von der Voraussetzung aus, dass der Unbekanntenvektor β allein die $2p$ Koordinatenunbekannten enthält und Orientierungsunbekannte vorab eliminiert werden. In diesem Beispiel wird ein alternativer Weg vorgestellt, bei dem alle unbekannten Parameter im Gleichungssystem verbleiben. Hierbei sind die Koeffizientenmatrix (Designmatrix) **X**, der Unbekanntenvektor β der Beobachtungsgleichungen (8.23) sowie die Matrix **G** zu erweitern; der Beobachtungsvektor **y** und der Residuenvektor **e** bleiben unverändert.

$$\mathbf{y}' = \begin{pmatrix} 2 & -1{,}36 & -2 & 2{,}64 & 0 & 0 & 1 & 0 & -2 & 0 & -1 & -3 \end{pmatrix}$$

$$\beta' = \begin{pmatrix} \delta y_1^{(0)} & \delta x_1^{(0)} & \delta y_2^{(0)} & \delta x_2^{(0)} & \delta y_3^{(0)} & \delta x_3^{(0)} & \delta y_4^{(0)} & \delta x_4^{(0)} & \delta o_1^{(0)} & \delta o_2^{(0)} & \delta o_3^{(0)} \end{pmatrix}$$

Die *Designmatrix* **X** nach Beispiel 8.3 wird hier durch die partiellen Differentialquotienten der Beobachtungen nach den Koordinaten der Punkte 1 und 2 erweitert.

$$\mathbf{X} = \left(\begin{array}{cccccc}
\frac{\partial s_{13}^{(0)}}{\partial y_1^{(0)}} & \frac{\partial s_{13}^{(0)}}{\partial x_1^{(0)}} & 0 & 0 & \frac{\partial s_{13}^{(0)}}{\partial y_3^{(0)}} & \frac{\partial s_{13}^{(0)}}{\partial x_3^{(0)}} \\
\frac{\partial s_{14}^{(0)}}{\partial y_1^{(0)}} & \frac{\partial s_{14}^{(0)}}{\partial x_1^{(0)}} & 0 & 0 & 0 & 0 \\
0 & 0 & \frac{\partial s_{24}^{(0)}}{\partial y_2^{(0)}} & \frac{\partial s_{24}^{(0)}}{\partial x_2^{(0)}} & 0 & 0 \\
0 & 0 & \frac{\partial s_{23}^{(0)}}{\partial y_2^{(0)}} & \frac{\partial s_{23}^{(0)}}{\partial x_2^{(0)}} & \frac{\partial s_{23}^{(0)}}{\partial y_3^{(0)}} & \frac{\partial s_{23}^{(0)}}{\partial x_3^{(0)}} \\
0 & 0 & 0 & 0 & \frac{\partial s_{34}^{(0)}}{\partial y_3^{(0)}} & \frac{\partial s_{34}^{(0)}}{\partial x_3^{(0)}} \\
\frac{\partial r_{14}^{(0)}}{\partial y_1^{(0)}} & \frac{\partial r_{14}^{(0)}}{\partial x_1^{(0)}} & 0 & 0 & 0 & 0 \\
\frac{\partial r_{13}^{(0)}}{\partial y_1^{(0)}} & \frac{\partial r_{13}^{(0)}}{\partial x_1^{(0)}} & 0 & 0 & \frac{\partial r_{13}^{(0)}}{\partial y_3^{(0)}} & \frac{\partial r_{13}^{(0)}}{\partial x_3^{(0)}} \\
0 & 0 & \frac{\partial r_{24}^{(0)}}{\partial y_2^{(0)}} & \frac{\partial r_{24}^{(0)}}{\partial x_2^{(0)}} & 0 & 0 \\
0 & 0 & \frac{\partial r_{23}^{(0)}}{\partial y_2^{(0)}} & \frac{\partial r_{23}^{(0)}}{\partial x_2^{(0)}} & \frac{\partial r_{23}^{(0)}}{\partial y_3^{(0)}} & \frac{\partial r_{23}^{(0)}}{\partial x_3^{(0)}} \\
\frac{\partial r_{31}^{(0)}}{\partial y_1^{(0)}} & \frac{\partial r_{31}^{(0)}}{\partial x_1^{(0)}} & 0 & 0 & \frac{\partial r_{31}^{(0)}}{\partial y_3^{(0)}} & \frac{\partial r_{31}^{(0)}}{\partial x_3^{(0)}} \\
0 & 0 & \frac{\partial r_{32}^{(0)}}{\partial y_2^{(0)}} & \frac{\partial r_{32}^{(0)}}{\partial x_2^{(0)}} & \frac{\partial r_{32}^{(0)}}{\partial y_3^{(0)}} & \frac{\partial r_{32}^{(0)}}{\partial x_3^{(0)}} \\
0 & 0 & 0 & 0 & \frac{\partial r_{34}^{(0)}}{\partial y_3^{(0)}} & \frac{\partial r_{34}^{(0)}}{\partial x_3^{(0)}}
\end{array}\right.$$

$$\left.\begin{array}{ccccc}
0 & 0 & 0 & 0 & 0 \\
\frac{\partial s_{14}^{(0)}}{\partial y_4^{(0)}} & \frac{\partial s_{14}^{(0)}}{\partial x_4^{(0)}} & 0 & 0 & 0 \\
\frac{\partial s_{24}^{(0)}}{\partial y_4^{(0)}} & \frac{\partial s_{24}^{(0)}}{\partial x_4^{(0)}} & 0 & 0 & 0 \\
0 & 0 & 0 & 0 & 0 \\
\frac{\partial s_{34}^{(0)}}{\partial y_4^{(0)}} & \frac{\partial s_{34}^{(0)}}{\partial x_4^{(0)}} & 0 & 0 & 0 \\
\frac{\partial r_{14}^{(0)}}{\partial y_4^{(0)}} & \frac{\partial r_{14}^{(0)}}{\partial x_4^{(0)}} & -1 & 0 & 0 \\
0 & 0 & -1 & 0 & 0 \\
\frac{\partial r_{24}^{(0)}}{\partial y_4^{(0)}} & \frac{\partial r_{24}^{(0)}}{\partial x_4^{(0)}} & 0 & -1 & 0 \\
0 & 0 & 0 & -1 & 0 \\
0 & 0 & 0 & 0 & -1 \\
0 & 0 & 0 & 0 & -1 \\
\frac{\partial r_{34}^{(0)}}{\partial y_4^{(0)}} & \frac{\partial r_{34}^{(0)}}{\partial x_4^{(0)}} & 0 & 0 & -1
\end{array}\right)$$

In unserem Beispiel mit fingierter geometrischer Struktur (quadratisches Netz in Richtung der Koordinatenachsen) kommen fünf unterschiedliche Skalare (0; 1; 0,7071; 0,3183; 0,6366) vor, abhängig von den Richtungen 0, $\pi/4$ und $\pi/2$ zuzüglich des Skalars 1 für die Orientierungsunbekannten.

$$\mathbf{X} = \begin{pmatrix} 0 & 1 & 0 & 0 & 0 & -1 & 0 & 0 & 0 & 0 & 0 \\ -0{,}7071 & 0{,}7071 & 0 & 0 & 0 & 0 & 0{,}7071 & -0{,}7071 & 0 & 0 & 0 \\ 0 & 0 & 0 & 1 & 0 & 0 & 0 & -1 & 0 & 0 & 0 \\ 0 & 0 & 0{,}7071 & 0{,}7071 & -0{,}7071 & -0{,}7071 & 0 & 0 & 0 & 0 & 0 \\ 0 & 0 & 0 & 0 & -1 & 0 & 1 & 0 & 0 & 0 & 0 \\ 0{,}3183 & 0{,}3183 & 0 & 0 & 0 & 0 & -0{,}3183 & -0{,}3183 & -1 & 0 & 0 \\ 0{,}6366 & 0 & 0 & 0 & -0{,}6366 & 0 & 0 & 0 & -1 & 0 & 0 \\ 0 & 0 & 0{,}6366 & 0 & 0 & 0 & -0{,}6366 & 0 & 0 & -1 & 0 \\ 0 & 0 & 0{,}3183 & -0{,}3183 & -0{,}3183 & 0{,}3183 & 0 & 0 & 0 & -1 & 0 \\ 0{,}6366 & 0 & 0 & 0 & -0{,}6366 & 0 & 0 & 0 & 0 & 0 & -1 \\ 0 & 0 & 0{,}3183 & -0{,}3183 & -0{,}3183 & 0{,}3183 & 0 & 0 & 0 & 0 & -1 \\ 0 & 0 & 0 & 0 & 0 & 0{,}6366 & 0 & -0{,}6366 & 0 & 0 & -1 \end{pmatrix}$$

Wie in Beispiel 8.3 dargelegt, haben die Elemente der diagonalen Gewichtsmatrix jeweils den Wert 1, wobei die ersten 5 Elemente die (dimensionslose) Einheit $1\,cm^2/1\,cm^2$ und die restlichen 7 Elemente die Einheit $1\,cm^2/1\,mgon^2$ besitzen.

$$\mathbf{P} = \mathrm{diag}\,(\,1,\,1,\,1,\,1,\,1,\,1,\,1,\,1,\,1,\,1,\,1,\,1\,)$$

Es folgt für die Normalgleichungsmatrix **N**:

$$\mathbf{N} = \mathbf{X'PX} = \begin{pmatrix}
1{,}4119 & -0{,}3987 & 0 & 0 & -0{,}8106 & 0 & -0{,}6013 & 0{,}3987 & -0{,}9549 & 0 & -0{,}6366 \\
-0{,}3987 & 1{,}6013 & 0 & 0 & 0 & -1 & 0{,}3987 & -0{,}6013 & -0{,}3183 & 0 & 0 \\
0 & 0 & 1{,}1079 & 0{,}2974 & -0{,}7026 & -0{,}2974 & -0{,}4053 & 0 & 0 & -0{,}9549 & -0{,}3183 \\
0 & 0 & 0{,}2974 & 1{,}7026 & -0{,}2974 & -0{,}7026 & 0 & -1 & 0 & 0{,}3183 & 0{,}3183 \\
-0{,}8106 & 0 & -0{,}7026 & -0{,}2974 & 2{,}5132 & 0{,}2974 & -1 & 0 & 0{,}6366 & 0{,}3183 & 0{,}9549 \\
0 & -1 & -0{,}2974 & -0{,}7026 & 0{,}2974 & 2{,}1079 & 0 & -0{,}4053 & 0 & -0{,}3183 & -0{,}9549 \\
-0{,}6013 & 0{,}3987 & -0{,}4053 & 0 & -1 & 0 & 2{,}0066 & -0{,}3987 & 0{,}3183 & 0{,}6366 & 0 \\
0{,}3987 & -0{,}6013 & 0 & -1 & 0 & -0{,}4053 & -0{,}3987 & 2{,}0066 & 0{,}3183 & 0 & 0{,}6366 \\
-0{,}9549 & -0{,}3183 & 0 & 0 & 0{,}6366 & 0 & 0{,}3183 & 0{,}3183 & 2 & 0 & 0 \\
0 & 0 & -0{,}9549 & 0{,}3183 & 0{,}3183 & -0{,}3183 & 0{,}6366 & 0 & 0 & 2 & 0 \\
-0{,}6366 & 0 & -0{,}3183 & 0{,}3183 & 0{,}9549 & -0{,}9549 & 0 & 0{,}6366 & 0 & 0 & 3
\end{pmatrix}$$

Gegebene und reduzierte Näherungskoordinaten der Punkte 1 bis 4 mit Schwerpunkt S:

Punkt Nr.	gegebene Koordinaten		reduzierte Koordinaten	
	y_0 [m]	x_0 [m]	y [cm]	x [cm]
1	0,00	1000,00	-50000	50000
2	1000,00	1000,00	50000	50000
3	0,00	0,00	-50000	-50000
4	1000,00	0,00	50000	-50000
S	500,00	500,00	0	0

Da in diesem Beispiel der Unbekanntenvektor β außer den $2p$ Koordinatenunbekannten zusätzlich $j_{max} = 3$ Orientierungsunbekannte δo_j enthält, werden der Matrix **G** nach Gl. (8.58) 3 Zeilen angefügt, um die Nebenbedingung $\mathbf{G'}\hat{\boldsymbol{\beta}} = \mathbf{0}$ in Gl. (8.57), d. h. die im

Anschluss an Gl. (8.59) genannten Bedingungen der Helmert-Transformation, zu erfüllen. Die ersten beiden Spalten dieser angefügten drei Zeilen enthalten Nullelemente, wodurch die Forderungen $\sum \delta \hat{y}_i = 0$ und $\sum \delta \hat{x}_i = 0$ erfüllt bleiben. Für die Bestimmung der Rotation des Punkthaufens gilt jetzt jedoch die Forderung:

$$\sum (x_i \cdot \delta \hat{y}_i - y_i \cdot \delta \hat{x}_i) + \rho \cdot \sum \delta \hat{o}_j = 0 \qquad (8.65)$$

Weil hier der Maßstab mit dem Faktor $q = 1$ festgehalten werden soll, entfällt die den Maßstab steuernde 4. Spalte.

Zur Erhöhung der Rechenstabilität wird eine Normierung vorgenommen, und zwar wird jede Spalte durch die Wurzel aus den aufsummierten Quadraten ihrer Einzelelemente dividiert, damit die Quadratsumme in jeder Spalte den Wert 1 ergibt. Es muss sich folglich zeigen:

$$(\mathbf{G}'\mathbf{G})^{-1} = \mathbf{G}'\mathbf{G} = \mathbf{I} \quad \text{und} \quad (\mathbf{G}'\mathbf{G})^{-1}\mathbf{G}' = \mathbf{G}'$$

Das bedeutet, die ersten beiden Spalten der Matrix **G** werden durch $\sqrt{p}$, hier also durch $\sqrt{4} = 2$ dividiert. Die dritte Spalte der Matrix **G** wird durch a dividiert:

$$a = \sqrt{\sum_{i=1}^{p}(x_i^2 + y_i^2) + j_{max} \cdot \rho^2} \qquad (8.66)$$

In Zahlen des Beispiels ergibt sich a mit den reduzierten Koordinaten in der Einheit $[cm]$ und $\rho[mgon] = \frac{200000\, mgon}{\pi}$

$$a = \sqrt{8 \cdot 50000^2 + 3 \cdot \rho^2} = 1,79328 \cdot 10^5$$

Die Elemente der dritten Spalte betragen somit für die $2p = 8$ Koordinatenanteile:

$$\frac{x_i}{a} = -\frac{y_i}{a} = \pm 0,2788$$

und für die $j_{max} = 3$ Anteile der Orientierungsunbekannten:

$$\frac{\rho}{a} = 0,3550$$

Mit diesen Modifikationen lautet die Matrix **G**:

$$\mathbf{G} = \begin{pmatrix} 1/2 & 0 & x_1/a \\ 0 & 1/2 & -y_1/a \\ 1/2 & 0 & x_2/a \\ 0 & 1/2 & -y_2/a \\ 1/2 & 0 & x_3/a \\ 0 & 1/2 & -y_3/a \\ 1/2 & 0 & x_4/a \\ 0 & 1/2 & -y_4/a \\ 0 & 0 & \rho/a \\ 0 & 0 & \rho/a \\ 0 & 0 & \rho/a \end{pmatrix} = \begin{pmatrix} 0,5 & 0 & 0,2788 \\ 0 & 0,5 & 0,2788 \\ 0,5 & 0 & 0,2788 \\ 0 & 0,5 & -0,2788 \\ 0,5 & 0 & -0,2788 \\ 0 & 0,5 & 0,2788 \\ 0,5 & 0 & -0,2788 \\ 0 & 0,5 & -0,2788 \\ 0 & 0 & 0,3550 \\ 0 & 0 & 0,3550 \\ 0 & 0 & 0,3550 \end{pmatrix}$$

Geränderte Normalgleichungsmatrix:

$$\left(\begin{array}{c|c} \mathbf{N} & \mathbf{G} \\ \hline \mathbf{G}' & \mathbf{0} \end{array}\right) = \left(\begin{array}{cccccc} 1,4119 & -0,3987 & 0 & 0 & -0,8106 & 0 \\ -0,3987 & 1,6013 & 0 & 0 & 0 & -1 \\ 0 & 0 & 1,1079 & 0,2974 & -0,7026 & -0,2974 \\ 0 & 0 & 0,2974 & 1,7026 & -0,2974 & -0,7026 \\ -0,8106 & 0 & -0,7026 & -0,2974 & 2,5132 & 0,2974 \\ 0 & -1 & -0,2974 & -0,7026 & 0,2974 & 2,1079 \\ -0,6013 & 0,3987 & -0,4053 & 0 & -1 & 0 \\ 0,3987 & -0,6013 & 0 & -1 & 0 & -0,4053 \\ -0,9549 & -0,3183 & 0 & 0 & 0,6366 & 0 \\ 0 & 0 & -0,9549 & 0,3183 & 0,3183 & -0,3183 \\ -0,6366 & 0 & -0,3183 & 0,3183 & 0,9549 & -0,9549 \\ \hline 0,5 & 0 & 0,5 & 0 & 0,5 & 0 \\ 0 & 0,5 & 0 & 0,5 & 0 & 0,5 \\ 0,2788 & 0,2788 & 0,2788 & -0,2788 & -0,2788 & 0,2788 \end{array}\right.$$

$$\left.\begin{array}{ccccc|ccc} -0,6013 & 0,3987 & -0,9549 & 0 & -0,6366 & 0,5 & 0 & 0,2788 \\ 0,3987 & -0,6013 & -0,3183 & 0 & 0 & 0 & 0,5 & 0,2788 \\ -0,4053 & 0 & 0 & -0,9549 & -0,3183 & 0,5 & 0 & 0,2788 \\ 0 & -1 & 0 & 0,3183 & 0,3183 & 0 & 0,5 & -0,2788 \\ -1 & 0 & 0,6366 & 0,3183 & 0,9549 & 0,5 & 0 & -0,2788 \\ 0 & -0,4053 & 0 & -0,3183 & -0,9549 & 0 & 0,5 & 0,2788 \\ 2,0066 & -0,3987 & 0,3183 & 0,6366 & 0 & 0,5 & 0 & -0,2788 \\ -0,3987 & 2,0066 & 0,3183 & 0 & 0,6366 & 0 & 0,5 & -0,2788 \\ 0,3183 & 0,3183 & 2 & 0 & 0 & 0 & 0 & 0,3550 \\ 0,6366 & 0 & 0 & 2 & 0 & 0 & 0 & 0,3550 \\ 0 & 0,6366 & 0 & 0 & 3 & 0 & 0 & 0,3550 \\ \hline 0,5 & 0 & 0 & 0 & 0 & 0 & 0 & 0 \\ 0 & 0,5 & 0 & 0 & 0 & 0 & 0 & 0 \\ -0,2788 & -0,2788 & 0,3550 & 0,3550 & 0,3550 & 0 & 0 & 0 \end{array}\right)$$

Da die Hauptdiagonale dieser geränderten Matrix Nullen enthält, wird bei ihrer Invertierung eine *Pivotstrategie*, d. h. eine Vertauschung von Zeilen und Spalten erforderlich, die in vorhandenen Auswerte- und Mathematiksoftwarepaketen in der Regel enthalten ist.

8.4 Ausgleichung im freien Netz

$$\begin{pmatrix} \mathbf{N} & \mathbf{G} \\ \mathbf{G}' & \mathbf{0} \end{pmatrix}^{-1} = \left(\begin{array}{c|c} \mathbf{N}^+ & \mathbf{G}(\mathbf{G}'\mathbf{G})^{-1} \\ \hline (\mathbf{G}'\mathbf{G})^{-1}\mathbf{G}' & \mathbf{0} \end{array} \right) =$$

$$\left(\begin{array}{cccccc}
0,7917 & 0,1034 & -0,7600 & 0,1297 & -0,0457 & -0,1161 \\
0,1034 & 0,3333 & -0,1843 & -0,1191 & 0,0578 & -0,1387 \\
-0,7600 & -0,1843 & 0,9369 & -0,0586 & -0,0322 & 0,0538 \\
0,1297 & -0,1191 & -0,0586 & 0,2986 & -0,0280 & -0,0508 \\
-0,0457 & 0,0578 & -0,0322 & -0,0280 & 0,1971 & 0,0092 \\
-0,1161 & -0,1387 & 0,0538 & -0,0508 & 0,0092 & 0,2513 \\
0,0141 & 0,0231 & -0,1448 & -0,0430 & -0,1192 & 0,0532 \\
-0,1169 & -0,0756 & 0,1891 & -0,1287 & -0,0389 & -0,0618 \\
0,3759 & 0,0429 & -0,4385 & 0,1287 & -0,0007 & -0,1285 \\
-0,4487 & -0,1571 & 0,4670 & -0,0160 & -0,0466 & 0,0059 \\
0,0430 & -0,0645 & -0,1014 & 0,0427 & -0,0287 & 0,0436 \\
\hline
0,5 & 0 & 0,5 & 0 & 0,5 & 0 \\
0 & 0,5 & 0 & 0,5 & 0 & 0,5 \\
0,2788 & 0,2788 & 0,2788 & -0,2788 & -0,2788 & 0,2788
\end{array} \right.$$

$$\left. \begin{array}{ccccc|ccc}
0,0141 & -0,1169 & 0,3759 & -0,4487 & 0,0430 & 0,5 & 0 & 0,2788 \\
0,0231 & -0,0756 & 0,0429 & -0,1571 & -0,0645 & 0 & 0,5 & 0,2788 \\
-0,1448 & 0,1891 & -0,4385 & 0,4670 & -0,1014 & 0,5 & 0 & 0,2788 \\
-0,0430 & -0,1287 & 0,1287 & -0,0160 & 0,0427 & 0 & 0,5 & -0,2788 \\
-0,1192 & -0,0389 & -0,0007 & -0,0466 & -0,0287 & 0,5 & 0 & -0,2788 \\
0,0532 & -0,0618 & -0,1285 & 0,0059 & 0,0436 & 0 & 0,5 & 0,2788 \\
0,2499 & -0,0333 & 0,0633 & -0,0649 & 0,0871 & 0,5 & 0 & -0,2788 \\
-0,0333 & 0,2661 & -0,0430 & 0,1672 & -0,0218 & 0 & 0,5 & -0,2788 \\
0,0633 & -0,0430 & 0,6203 & -0,3334 & -0,0540 & 0 & 0 & 0,3550 \\
-0,0649 & 0,1672 & -0,3334 & 0,6767 & -0,1344 & 0 & 0 & 0,3550 \\
0,0871 & -0,0218 & 0,0540 & -0,1344 & 0,3128 & 0 & 0 & 0,3550 \\
\hline
0,5 & 0 & 0 & 0 & 0 & 0 & 0 & 0 \\
0 & 0,5 & 0 & 0 & 0 & 0 & 0 & 0 \\
-0,2788 & -0,2788 & 0,3550 & 0,3550 & 0,3550 & 0 & 0 & 0
\end{array} \right)$$

$$\mathbf{X}'\mathbf{Py} = \begin{pmatrix} 1,5983 \\ 1,0383 \\ 0,9118 \\ 0,8217 \\ -1,5485 \\ -6,7316 \\ -0,9617 \\ 4,8715 \\ -1 \\ 2 \\ 4 \end{pmatrix}, \quad \hat{\boldsymbol{\beta}} = \mathbf{N}^+\mathbf{X}'\mathbf{Py} = \begin{pmatrix} -0,05\,cm \\ 0,08\,cm \\ 1,12\,cm \\ 0,09\,cm \\ -0,53\,cm \\ -2,07\,cm \\ -0,54\,cm \\ 1,90\,cm \\ -0,56\,mgon \\ 1,45\,mgon \\ 0,54\,mgon \end{pmatrix}$$

Der Lösungsvektor $\hat{\boldsymbol{\beta}}$ beinhaltet eine Datumsfestlegung, d. h. Lagerung des Netzes, welche – absolut gesehen – bedeutungslos ist. Bei Änderung z. B. der Näherungskoordinaten (y_{0_i}, x_{0_i}) oder auch Änderung der Dimensionen, in denen gerechnet wird (hier $[cm]$ für die Koordinaten und Strecken bzw. $[mgon]$ für die Richtungen), ändert sich auch $\hat{\boldsymbol{\beta}}$. Jedoch bleibt bei identischem Beobachtungsdatensatz sowie identischer Gewichtung die relative Lage der ausgeglichenen Koordinaten ebenso erhalten wie der Residuenvektor $\hat{e}$ oder die Redundanzmatrix $\hat{F}_{\hat{y}}$.

$$\text{Probe:} \quad G'\hat{\beta} = \begin{pmatrix} 0 \\ 0 \\ 0 \end{pmatrix}$$

Punkt Nr.	gegebene Koordinaten		ausgegl. Koordinaten	
	y_0 [m]	x_0 [m]	y [m]	x [m]
1	0,00	1000,00	0,000	1000,001
2	1000,00	1000,00	1000,011	1000,001
3	0,00	0,00	-0,005	-0,021
4	1000,00	0,00	999,995	0,019

$$\hat{e} = \begin{pmatrix} -0,15\,cm \\ 0,27\,cm \\ -0,19\,cm \\ -0,04\,cm \\ 0,01\,cm \\ -0,14\,mgon \\ 0,14\,mgon \\ 0,39\,mgon \\ -0,39\,mgon \\ 0,23\,mgon \\ -0,30\,mgon \\ 0,06\,mgon \end{pmatrix}$$

Genauigkeitsbetrachtungen

Aus $n = 12 + 3 = 15$ (Beobachtungen + Bedingungsgleichungen) werden $u = 11$ Unbekannte bestimmt, sodass der Freiheitsgrad $f = n - u = 4$ beträgt.

Residuenquadratsumme: $\quad \hat{e}'P\hat{e} = 0,6259\,cm^2$

Residuenvarianz: $\quad \hat{\sigma}^2 = \dfrac{\hat{e}'P\hat{e}}{n-u} = 0,1565\,cm^2$

Aus der Kovarianzmatrix der Parameterschätzer nach Gl. (6.71) ergeben sich die Standardabweichungen der Koordinaten in [cm]:

$\hat{\sigma}_{\hat{y}_1}$	$\hat{\sigma}_{\hat{x}_1}$	$\hat{\sigma}_{\hat{y}_2}$	$\hat{\sigma}_{\hat{x}_2}$	$\hat{\sigma}_{\hat{y}_3}$	$\hat{\sigma}_{\hat{x}_3}$	$\hat{\sigma}_{\hat{y}_4}$	$\hat{\sigma}_{\hat{x}_4}$
0,35	0,23	0,38	0,22	0,18	0,20	0,20	0,20

sowie die Standardabweichungen der Orientierungen in [mgon]:

$\hat{\sigma}_{\hat{o}_1}$	$\hat{\sigma}_{\hat{o}_2}$	$\hat{\sigma}_{\hat{o}_3}$
0,31	0,33	0,22

Aus der Kovarianzmatrix $\hat{\Sigma}_{\hat{y}}$ der ausgeglichenen Strecken und Richtungen nach Gl. (6.72) ergeben sich deren Standardabweichungen:

8.5 Analyse der inneren und äußeren Netzzuverlässigkeit

$\hat{\sigma}_{\hat{s}_{13}}$	$\hat{\sigma}_{\hat{s}_{14}}$	$\hat{\sigma}_{\hat{s}_{24}}$	$\hat{\sigma}_{\hat{s}_{23}}$	$\hat{\sigma}_{\hat{s}_{34}}$
$0,37\,cm$	$0,34\,cm$	$0,36\,cm$	$0,36\,cm$	$0,33\,cm$

$\hat{\sigma}_{\hat{r}_{14}} = \hat{\sigma}_{\hat{r}_{13}}$	$\hat{\sigma}_{\hat{r}_{24}} = \hat{\sigma}_{\hat{r}_{23}}$	$\hat{\sigma}_{\hat{r}_{31}}$	$\hat{\sigma}_{\hat{r}_{32}}$	$\hat{\sigma}_{\hat{r}_{34}}$
$0,30\,mgon$	$0,31\,mgon$	$0,32\,mgon$	$0,30\,mgon$	$0,28\,mgon$

Die Redundanz- oder Freiheitsgradmatrix $\hat{\mathbf{F}}_{\hat{\mathbf{y}}}$ der Beobachtungen nach Gl. (6.74) enthält auf der Hauptdiagonalen die Redundanzanteile der 5 Strecken- und der 7 Richtungsmessungen:

$$\mathrm{diag}\,\hat{\mathbf{F}}_{\hat{\mathbf{y}}} = (f_{ii}) = (0,14;\ 0,28;\ 0,18;\ 0,15;\ 0,31;$$
$$0,42;\ 0,42;\ 0,40;\ 0,40;\ 0,34;\ 0,35;\ 0,51\ )$$

deren Summe nach Gl. (6.76) die Rechenkontrolle $\sum f_{ii} = 4 = n - u$ erfüllt.

8.5 Analyse der inneren und äußeren Netzzuverlässigkeit

8.5.1 Analyse der inneren Zuverlässigkeit im Netz

Die Residuen $\hat{e}_i$ der Beobachtungen lassen sich mittels ihrer Standardabweichung $\sigma_{\hat{e}_i}$ normieren, wodurch die standardnormalverteilte Prüfgröße $\hat{z}_i$ entsteht:

$$\hat{z}_i = \frac{\hat{e}_i}{\sigma_{\hat{e}_i}} = \frac{\hat{e}_i}{\sigma_i \cdot \sqrt{f_{ii}}} \qquad (8.67)$$

mit

- σ_i = A-priori-Standardabweichung der Beobachtung, wie beispielsweise $\sigma_s = 1\,cm$ für die Streckenmessungen und $\sigma_r = 1\,mgon$ für die Richtungsmessungen in Beispiel 8.5 und

- f_{ii} = Redundanz- bzw. Freiheitsgradanteil auf der Hauptdiagonalen der Redundanzmatrix $\hat{\mathbf{F}}_{\hat{\mathbf{y}}}$ nach Gl. (6.74).

In geodätischen Auswerteprogrammen wird $|\hat{z}_i|$ als NV_i bezeichnet und mittels Hypothesentest zur Fehlersuche benutzt (*data snooping* nach [Baa68]). Es handelt sich um einen zweiseitigen Hypothesentest nach Kapitel 7.2.1a auf Seite 215. Nach Gl. (6.2) gilt die Forderung $E(\mathbf{e}) = \mathbf{0}$, d.h. der Erwartungswert aller Residuen ist Null.

Nullhypothese $H_0: \mu_{e_i} = 0$ *Alternativhypothese* $H_1: \mu_{e_i} > 0$

Analog der Wahrscheinlichkeitsgleichung (7.65) gilt:

$$P\left\{\,|\hat{z}| \leq z_{1-\alpha/2}\,\right\} = 1 - \alpha \qquad (8.68)$$

Falls $|\hat{z}| > z_{1-\alpha}$ ist, trifft die Alternativhypothese H_1 zu. Das bedeutet, die i.te Beobachtung wird als fehlerhaft vermutet. Die zahlenmäßige *Größe des Datenfehlers* GF_i wird geschätzt zu:

$$GF_i = \frac{\hat{e}_i}{f_{ii}} \qquad (8.69)$$

Falls ein Datenfehler vorliegt und H_1 zutrifft, gehört die Prüfgröße $\hat{z}_i$ einer Normalverteilung an, deren Erwartungswert $\mu_{\hat{z}_i}$ um den Wert δ von Null abweicht, d. h. die Dichtefunktion der Standardnormalverteilung ist um diesen unbekannten Wert verschoben.

$$H_0: \ \mu_{\hat{z}_i} = 0 \qquad H_1: \ \mu_{\hat{z}_i} = \delta$$

Mithilfe der in Kapitel 7.2.8 auf Seite 239 dargestellten Theorie der Fehler 1. und 2. Art lässt sich nach Gl. (7.119) mit vorgegebenen Wahrscheinlichkeiten für α (Fehler 1. Art) und β (Fehler 2. Art) ein Wert für δ angeben. Setzt man δ in Beziehung zu Gl. (8.67) und Gl. (8.69), lässt sich ein Grenzwert $\delta(GF_i)$ für einen statistisch gerade noch nachweisbaren Datenfehler berechnen:

$$\delta = \delta(\hat{z}_i) = \frac{\delta(\hat{e}_i)}{\sigma_i \cdot \sqrt{f_{ii}}} = \frac{f_{ii} \cdot \delta(GF_i)}{\sigma_i \cdot \sqrt{f_{ii}}} \qquad (8.70)$$

Für die standardnormalverteilte Prüfgröße $\hat{z}_i$ gilt in Gl. (7.122) die Standardabweichung $\sigma = 1$, sodass $\delta = k$ mit k nach Tabelle 7.4 zu setzen ist.

Für die *innere Zuverlässigkeit* des Netzes in Bezug auf die i-te Beobachtung steht dann der *Grenzwertfehler* $\delta(GF_i)$:

$$\delta(GF_i) = \frac{\sigma_i}{\sqrt{f_{ii}}} \cdot k \ , \qquad (8.71)$$

welcher die Grenze beinhaltet, ab welcher ein Datenfehler in der i-ten Beobachtung überhaupt aufgedeckt werden kann. Gl. (8.71) verdeutlicht, dass dieser Wert sowohl von der *Präzision der Beobachtung* (σ_i) als auch ihrer *Kontrollierbarkeit* (f_{ii}) abhängt. Je unpräziser die Beobachtung, umso größer wird die Grenze, ab welcher Fehler statistisch signifikant aufgedeckt werden können. Je kleiner andererseits der Redundanzanteil f_{ii} ist, umso geringer die Chance, kleinere Fehler aufzudecken, umso geringer ist ja nach Gl. (6.75) auch der Einfluss $EV_i = f_{ii} \cdot 100 \, [\%]$ eines Beobachtungsfehlers auf das Residuum $\hat{e}_i$, d. h. in dem Residuum zeigen sich $EV_i \, \%$ des Fehlers.

Beispiel 8.6: *Optimale Kontrollierbarkeit*
Im Optimalfall gilt $f_{ii} = 1,0$, d. h. die i-te Beobachtung ist zu $100\,\%$ durch die anderen Beobachtungen bzw. durch die Messungskonfiguration kontrolliert. Wird z. B. eine Strecke zwischen zwei Punkten mit fest vorgegebenen Koordinaten gemessen, dann ist die Sollstrecke aus Koordinaten berechenbar und bekannt. Mit dem Faktor $k = 3,17$ für $\alpha = 1\,\%$ und $\beta = 20\,\%$ nach Tabelle 7.4 gilt also:

$$\delta(GF_i) = 3,17 \cdot \sigma_i$$

d. h. Datenfehler sind selbst in diesem optimalen Modell erst ab dem 3,17-fachen Wert der Standardabweichung σ_i aufdeckbar.

Beispiel 8.7: *Einfluss eines Datenfehlers auf das Residuum*
Eine Strecke sei gemessen mit $\sigma_s = 2\,cm$. Folgende Annahmen liegen vor: $\alpha = 5\,\%$, $\beta = 20\,\%$, womit nach Tabelle 7.4 $k = 2,49$ beträgt.
Aus der Ausgleichung ergibt sich $f_{ii} = 0,22$, d. h. die Strecke ist schwach bis ausreichend kontrolliert. Damit folgt

$$\delta(GF_i) = \frac{2\,cm}{0,22} \cdot 2,49 = 22,6\,cm\;,$$

d. h. Datenfehler ab dem Betrag von $23\,cm$ sind aufdeckbar. Davon zeigen sich $EV_i = 22\,\%$, also lediglich $5\,cm$ in dem Residuum $\hat{e}_i$.

In der Praxis der Ausgleichungsrechnung wiegt jedoch das *Zuverlässigkeitsmaß* f_{ii} schwerer. Es kann für jede Beobachtung der Diagonalen der $(n \times n)$-Redundanzmatrix $\hat{\mathbf{F}}_{\hat{y}}$ nach Gl. (6.74)

$$\hat{\mathbf{F}}_{\hat{y}} = (\mathbf{P}^{-1} - \mathbf{X}\mathbf{N}^{-1}\mathbf{X}')\mathbf{P}$$

entnommen werden und beinhaltet, wie in Gl. (6.76) auf Seite 150 bereits definiert, den Redundanzanteil der i-ten Beobachtung an der Gesamtredundanz

$$\sum f_{ii} = f = n - u\;.$$

Je größer f_{ii}, umso besser ist die i-te Beobachtung durch die übrigen Beobachtungen kontrolliert, wobei $0 \leq f_{ii} \leq 1,0$ gilt. Formal lässt sich nachweisen, dass

- die hochgenauen Beobachtungen mit großem Einzelgewicht bzw. kleiner Standardabweichung σ_i die weniger präzisen Beobachtungen besser kontrollieren, also vergleichsweise kleinere f_{ii} aufweisen und dass
- das Maß f_{ii} vom Netzdesign abhängt. Je mehr Beobachtungen den einzelnen Neupunkt bestimmen umso besser kontrollieren sich diese Beobachtungen gegenseitig.
- Mit zunehmenden Werten f_{ii} steigt die lokale Zuverlässigkeit, weil Datenfehler mit zunehmendem f_{ii} sicherer aufdeckbar sind.

Optimalerweise gilt, dass alle f_{ii} ungefähr gleich groß sind und somit eine gleichmäßige Redundanzverteilung und Kontrollierbarkeit für alle Beobachtungen gilt. In Beispiel 8.5 lauten die zwölf Redundanzanteile für die 5 Streckenmessungen und die 7 Richtungsmessungen:

$$\begin{aligned}\operatorname{diag}\hat{\mathbf{F}}_{\hat{y}} = &\;(\,0,14\,;\,0,28\,;\,0,18\,;\,0,15\,;\,0,31\,;\\ &\;\;0,42\,;\,0,42\,;\,0,40\,;\,0,40\,;\,0,34\,;\,0,35\,;\,0,51\,)\end{aligned}$$

Es zeigt sich, dass die Streckenmessungen eine mittlere Kontrolliertheit von $21\,\%$ aufweisen, die Richtungsmessungen dagegen von $41\,\%$. Hieraus folgt, dass die Streckenmessungen in diesem Beispiel vergleichsweise präziser ausfallen und damit die unpräziseren Richtungen kontrollieren.

8.5.2 Analyse der äußeren Zuverlässigkeit des Netzes

Als *äußere Zuverlässigkeit* bezeichnet man den Einfluss des Grenzwertfehlers $\delta(GF_i)$ auf die unbekannten Koordinaten, d. h. es wird für jede Beobachtung ein Wert $\delta(GF_{x_i})$ angegeben, um den sich die relative Lage der an der i-ten Beobachtung hängenden Punkte aufgrund eines nicht aufdeckbaren Datenfehlers in der Beobachtung ändern könnte:

$$\delta(GF_{x_i}) = (\mathbf{X}\mathbf{N}^{-1}\mathbf{X}'\mathbf{P})_{ii} \cdot \delta(GF_i) \qquad (8.72)$$

wobei in $\mathbf{X}'$ und $\mathbf{N}^{-1}$ nur die die Koordinaten betreffenden Anteile verwendet werden. $\delta(GF_{x_i})$ stellt einen theoretischen, statistisch begründeten Grenzwert dar, der von der jeweiligen Wahl von α und β abhängt, siehe Gl. (8.71). In der Praxis interessiert den Nutzer von Koordinaten deren aus dem Beobachtungsmaterial abgeleitete Lagezuverlässigkeit. Das bedeutet, dass in Gl. (8.72) der theoretische Grenzwertfehler $\delta(GF_i)$ zu ersetzen ist durch den tatsächlich geschätzten Parameter $GF_i = \hat{e}_i/f_{ii}$ nach Gl. (8.69). Damit folgt als praxisrelevantes Maß für die *äußere Zuverlässigkeit* EP_i der geschätzten Koordinaten

$$EP_i = (\mathbf{X}\mathbf{N}^{-1}\mathbf{X}'\mathbf{P})_{ii} \cdot \frac{\hat{e}_i}{f_{ii}}, \qquad (8.73)$$

auch hier allein berechnet aus den in $\mathbf{X}$ und $\mathbf{N}^{-1}$ vorliegenden Anteilen für die Koordinatenunbekannten.

Gl. (8.73) beinhaltet den Einfluss der geschätzten Beobachtungsfehler GF_i auf die relative Punktlage der anhängenden Neupunkte. Mit anderen Worten: Würde man in einem zweiten Ausgleichungslauf die i-te Beobachtung aus dem Datensatz streichen, würden sich die anhängenden Koordinaten um maximal diesen Betrag EP_i verändern. Damit wird deutlich, dass der Praktiker möglichst kleine Werte EP_i anstrebt, um eine hohe Zuverlässigkeit für die geschätzten Koordinaten zu erreichen.

Für die Analyse der Ausgleichungsergebnisse kann der Wert EP_i von großer Bedeutung sein. Im Fall, dass das Residuum $\hat{e}_i$ einen großen Betrag annimmt oder sogar mit $NV_i > k$ ein Datenfehler vermutet wird, gleichzeitig aber ein sehr kleiner Wert EP_i (z. B. $\leq 1\,cm$) ausgewiesen wird, kann das Ausgleichungsergebnis ohne aufwendige Prüfung der i-ten Beobachtung akzeptiert werden.

8.5.3 Interpretation von Ausgleichungsergebnissen

Anhand eines Zahlenbeispiels „Einzelpunktbestimmung mit Streckenbeobachtungen" werden folgende statistische Begriffe und Fragestellungen bei der Beurteilung von Ausgleichungsergebnissen noch einmal zusammenfassend dargestellt.

- Redundanz und Redundanzanteile von Beobachtungen
- Kontrollierbarkeit von einzelnen Beobachtungen
- Suche nach Ausreißern im Datenmaterial
- Innere Zuverlässigkeit einer Beobachtung
- Äußere Zuverlässigkeit einer Beobachtung

8.5 Analyse der inneren und äußeren Netzzuverlässigkeit

Beispiel 8.8: *Neupunktbestimmung durch Streckenmessung zu fünf Festpunkten*
Die wichtigsten Zusammenhänge sollen an der folgenden, konstruierten Ausgleichungsaufgabe demonstriert werden. Von einem Neupunkt 6 wird jeweils die Strecke zu insgesamt fünf Festpunkten 1, 2, 3, 4 und 5 gemessen. Die geometrische Anordnung der Punkte spielt hierbei eine wesentliche Rolle (siehe Abb. 8.5).

Gegebene Koordinaten:			Gemessene Strecken:		Näherungsstrecken und -beobachtungen:		
Punkt	y [m]	x [m]	Strecke	s_{6i} [m]	Strecke	$s_{6i}^{(0)}$ [m]	$\delta s_{6i}^{(0)}$ [m]
1	3000,00	2000,00	6 – 1	1000,000	6 – 1	1000,0000	0
2	1000,00	2000,00	6 – 2	1000,000	6 – 2	1000,0000	0
3	3000,00	2100,00	6 – 3	1005,000	6 – 3	1004,9876	0,0124
4	1000,00	2100,00	6 – 4	1005,000	6 – 4	1004,9876	0,0124
5	2000,00	1000,00	6 – 5	1000,000	6 – 5	1000,0000	0
Näherungskoordinaten							
6	2000,00	2000,00					

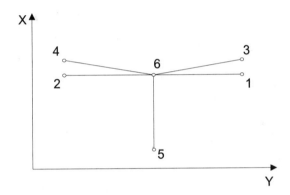

Abbildung 8.5: Einzelpunktbestimmung mit Streckenbeobachtungen

Alle Strecken seien unkorreliert und gleichgenau mit der A-priori-Standardabweichung $\sigma_s = 0,02\ m$ ermittelt worden. Die ausgeglichenen Koordinaten von Punkt 6 sollen berechnet werden.

Parameterschätzung und Genauigkeitsbetrachtungen
Die Ergebnisse der Parameterschätzung werden nachfolgend zusammengestellt. Als Standardabweichung der Gewichtseinheit a-priori wird der Wert $\sigma = 0,02\ m$ gewählt, sodass die Gewichtsmatrix $\mathbf{P} = \mathbf{I}$ die Einheitsmatrix ist.

$$\mathbf{X} = \begin{pmatrix} -1 & 0 \\ 1 & 0 \\ -0,9950 & -0,0995 \\ 0,9950 & -0,0995 \\ 0 & 1 \end{pmatrix}, \quad \mathbf{y} = \begin{pmatrix} 0 \\ 0 \\ 0,0124 \\ 0,0124 \\ 0 \end{pmatrix}$$

$$\mathbf{X'PX} = \begin{pmatrix} 3,9802 & 0 \\ 0 & 1,0198 \end{pmatrix}, \quad \mathbf{N}^{-1} = (\mathbf{X'PX})^{-1} = \begin{pmatrix} 0,2512 & 0 \\ 0 & 0,9806 \end{pmatrix}$$

$$\mathbf{X'Py} = \begin{pmatrix} 0 \\ -0,0025 \end{pmatrix}, \quad \hat{\beta} = \mathbf{N}^{-1}\mathbf{X'Py} = \begin{pmatrix} 0 \\ -0,0024 \end{pmatrix}$$

$$\hat{y}_6 = 2000,000 \ m, \quad \hat{x}_6 = 1999,998 \ m$$

$$\hat{\mathbf{y}} = \begin{pmatrix} 0 \\ 0 \\ 0,00024 \\ 0,00024 \\ -0,00243 \end{pmatrix}, \quad \hat{\mathbf{e}} = \begin{pmatrix} 0 \\ 0 \\ 0,0122 \\ 0,0122 \\ 0,0024 \end{pmatrix}$$

$$\hat{\sigma}^2 = \frac{\hat{\mathbf{e}}'\hat{\mathbf{e}}}{n-u} = \frac{0,00003034}{3} = 0,000101$$

$$\hat{\mathbf{\Sigma}}_{\hat{\beta}} = \hat{\sigma}^2 \mathbf{N}^{-1} = \begin{pmatrix} 0,0000254 & 0 \\ 0 & 0,0000992 \end{pmatrix}, \quad \begin{array}{l} \hat{\sigma}_{\hat{y}_6} = 5,04 \ mm \\ \hat{\sigma}_{\hat{x}_6} = 9,96 \ mm \end{array}$$

$$\hat{\mathbf{\Sigma}}_{\hat{\mathbf{e}}} = \hat{\sigma}^2 \mathbf{Q}_{\hat{\mathbf{e}}} \quad \text{mit} \quad \mathbf{Q}_{\hat{\mathbf{e}}} = (\mathbf{P}^{-1} - \mathbf{X}\mathbf{N}^{-1}\mathbf{X'}) \tag{8.74}$$

$$= \hat{\sigma}^2 \begin{pmatrix} 0,749 & 0,251 & -0,250 & 0,250 & 0 \\ 0,251 & 0,749 & 0,250 & -0,250 & 0 \\ -0,250 & 0,250 & 0,742 & 0,239 & 0,098 \\ 0,250 & -0,250 & 0,239 & 0,742 & 0,098 \\ 0 & 0 & 0,098 & 0,098 & 0,019 \end{pmatrix}, \quad \begin{array}{l} \hat{\sigma}_{e_1} = 8,70 \ mm \\ \hat{\sigma}_{e_2} = 8,70 \ mm \\ \hat{\sigma}_{e_3} = 8,66 \ mm \\ \hat{\sigma}_{e_4} = 8,66 \ mm \\ \hat{\sigma}_{e_5} = 1,40 \ mm \end{array}$$

Redundanzmatrix und Redundanz des Ausgleichungssystems

Aus $\mathbf{Q}_{\hat{\mathbf{e}}}$ nach Gl. (8.74), den Beobachtungen $\mathbf{y}$ und den Residuen $\hat{\mathbf{e}}$ nach Gl. (6.77) sowie der Redundanzmatrix $\hat{\mathbf{F}}_{\hat{y}}$ nach Gl. (6.74) leitet sich der funktionale Zusammenhang zwischen den Beobachtungen $\mathbf{y}$ und den Residuen $\hat{\mathbf{e}}$ im Gauß-Markoff-Modell ab:

$$\hat{\mathbf{e}} = \mathbf{Q}_{\hat{\mathbf{e}}}\mathbf{Py}, \quad \hat{\mathbf{F}}_{\hat{y}} = \mathbf{Q}_{\hat{\mathbf{e}}}\mathbf{P} \tag{8.75}$$

Wegen $\mathbf{P} = \mathbf{I}$ ist in diesem Beispiel die Redundanzmatrix $\hat{\mathbf{F}}_{\hat{y}} = \mathbf{Q}_{\hat{\mathbf{e}}}$ mit den Diagonalelementen:

$$f_{ii} = (\ 0,749\ ;\ 0,749\ ;\ 0,742\ ;\ 0,742\ ;\ 0,019\ )$$

Gl. (8.75) beinhaltet gleichzeitig die Auswirkung von Änderungen $\Delta \mathbf{y}$ in $\mathbf{y}$ auf die Residuen $\hat{\mathbf{e}}$. Das Produkt aus der Matrix $\mathbf{Q}_{\hat{\mathbf{e}}}$ und der Gewichtsmatrix $\mathbf{P}$ ergibt die Redundanzmatrix $\hat{\mathbf{F}}_{\hat{y}}$. $\mathbf{Q}_{\hat{\mathbf{e}}}$ hängt außer von $\mathbf{P}$ nur von der Koeffizientenmatrix $\mathbf{X}$ ab,

8.5 Analyse der inneren und äußeren Netzzuverlässigkeit

welche über die Richtungskoeffizienten die Geometrie des Netzes enthält. Die Redundanzmatrix $\hat{\mathbf{F}}_{\hat{y}}$ spiegelt demnach das von der Beobachtungs- und Punktanordnung abhängige Netzdesign wider.

Die Auswirkungen von Änderungen $\Delta \mathbf{y}$ auf den Residuenvektor $\hat{\mathbf{e}}$ werden entscheidend von den Hauptdiagonalelementen f_{ii} der Redundanzmatrix $\hat{\mathbf{F}}_{\hat{y}}$ und deren Verhältnis zu den Nebendiagonalelementen beeinflusst.

$$\hat{\mathbf{e}} = \hat{\mathbf{F}}_{\hat{y}} \mathbf{y} \quad \text{und} \quad \Delta\hat{\mathbf{e}} = \hat{\mathbf{F}}_{\hat{y}} \Delta\mathbf{y} \tag{8.76}$$

Dies sei an zwei Beispielen verdeutlicht, den Auswirkungen einer Änderung von $+0,50\,m$ in den Messwerten y_1 von Punkt 6 nach Punkt 1 und y_5 von Punkt 6 nach Punkt 5.

$$\text{Änderung } \Delta y_1 = +0,50\,m: \quad \Delta\mathbf{y} = \begin{pmatrix} 0,50 \\ 0 \\ 0 \\ 0 \\ 0 \end{pmatrix} \Rightarrow \Delta\hat{\mathbf{e}} = \begin{pmatrix} 0,374 \\ 0,126 \\ -0,125 \\ 0,125 \\ 0 \end{pmatrix}$$

$$\text{Änderung } \Delta y_5 = +0,50\,m: \quad \Delta\mathbf{y} = \begin{pmatrix} 0 \\ 0 \\ 0 \\ 0 \\ 0,50 \end{pmatrix} \Rightarrow \Delta\hat{\mathbf{e}} = \begin{pmatrix} 0 \\ 0 \\ 0,049 \\ 0,049 \\ 0,010 \end{pmatrix}$$

Obwohl identisch, bewirkt die Änderung Δy_5 deutlich geringere Veränderungen in den Residuen als die Änderung Δy_1. Außerdem ist bei der Änderung Δy_1 die größte Residuenänderung $\Delta \hat{e}_1$ auch dem Messwert y_1 der Strecke 1 zugeordnet, während dies mit der Änderung Δy_5 bei Strecke 5 offensichtlich nicht so ist. Eine Änderung in nur einer Beobachtung hat im Allgemeinen Einfluss auf alle Residuen (Verschmierungseffekt), doch hängt der Wirkungsgrad von den Werten der Redundanzmatrix ab. Festzustellen ist: Ein Fehler $\Delta \mathbf{y}$ lässt sich vor allem dann mithilfe der Residuen aufdecken, wenn

- die Hauptdiagonalelemente von $\hat{\mathbf{F}}_{\hat{y}}$, also die Redundanzanteile f_{ii} möglichst groß bzw. einheitlich groß
- und die Elemente außerhalb der Hauptdiagonalen möglichst klein sind.

Wie gut demnach eine einzelne Beobachtung kontrollierbar ist (sprich: kontrollierbar hinsichtlich des Aufdeckens von Fehlern), hängt vom Redundanzanteil f_{ii} ab. In unserem Zahlenbeispiel besitzt der Messwert y_5 (die Strecke von Punkt 6 nach Punkt 5) ein $f_{55} = 0,019$, sodass der Messwert „nicht kontrolliert" ist. Dieses Beispiel zeigt, dass die Redundanzanteile in numerischer Form den geometrischen Kontext der Netzkonfiguration widerspiegeln. Eine durch andere Beobachtungen nicht kontrollierte Messung, wie hier die Strecke von Punkt 6 nach Punkt 5, besitzt gleichzeitig eine schwache innere und äußere Zuverlässigkeit. Dieses lokale Netzkonfigurationsdefizit kann nur durch zusätzliche Beobachtungen verbessert werden.

Die Redundanz eines Ausgleichungssystems ergibt sich als Summe der Hauptdiagonalelemente von $\hat{\mathbf{F}}_{\hat{y}}$. Wenn die empirische Summe $\sum f_{ii}$ mit der theoretischen Redundanz $f = n - u$ nicht übereinstimmt, kann dies zum Beispiel ein Hinweis sein, dass

- noch größere Ausreißer im Datenmaterial vorhanden sind oder
- ein unbeabsichtigter Rangdefekt vorliegt, weil einige Unbekannte des Systems mathematisch nicht bestimmbar sind. Als Beispiele lassen sich synthetische Fälle konstruieren, vgl. Abb. 8.6:

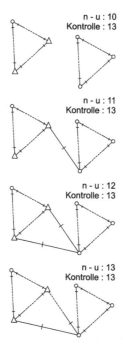

Abbildung 8.6: Redundanz und Redundanzkontrolle

Im ersten Beispiel sind zwei Netze ausgeglichen, die keinerlei Verbindungsmessungen aufweisen, also die gegenseitige Lagerung und Orientierung dieser Netze nicht bestimmbar ist: Rangdefekt gleich 3

Im zweiten Beispiel sind diese zwei Netze lediglich durch eine Streckenmessung verbunden, es verbleibt ein Rangdefekt gleich 2.

Im dritten Beispiel ist ein Punkt des freien Netzes mittels Streckenmessung zwar eindeutig gelagert, die Orientierung des freien Netzes bleibt aber unbestimmt, daher der Rangdefekt gleich 1.

Schließlich ist im vierten Beispiel der Rangdefekt durch zusätzliche Richtungsmessungen auf dem südlichen Neupunkt des freien Netzes aufgehoben. Nunmehr ist dieses Netz eindeutig gelagert und orientiert, Rangdefekt gleich Null.

Die Struktur der Redundanzmatrix ist im Wesentlichen eine Funktion der Netzgeometrie und kann zur Prüfung von Zuverlässigkeitsangaben schon vor der eigentlichen Messkampagne berechnet werden. Dazu werden die Näherungskoordinaten des Netzes, die geplanten Beobachtungen und deren Varianzen in das Gauß-Markoff-Modell eingesetzt.

Ausreißersuche

Dass ein großes Residuum nicht automatisch auch auf eine fehlerhafte Beobachtung hinweist, hängt, wie gezeigt, mit den Redundanzanteilen zusammen. Zur Ausreißersuche werden die normierten absoluten Residuen nach Gl. (8.67) verwendet:

8.5 Analyse der inneren und äußeren Netzzuverlässigkeit

$$|\hat{z}_i| = \frac{|\hat{e}_i|}{\sigma_{\hat{e}_i}} = \frac{|\hat{e}_i|}{\sigma_i \cdot \sqrt{f_{ii}}} = \frac{|\hat{e}_i| \cdot \sqrt{p_{ii}}}{\sigma \cdot \sqrt{f_{ii}}}$$

Wir fingieren zur Veranschaulichung einen Fehler von $+0,50\ m$ im Messwert y_5 der Strecke von Punkt 6 nach 5 ; die beobachtete Strecke sei nun $y_5 = 1000,50\ m$ statt $y_5 = 1000,00\ m$. Es ergeben sich dann als Residuen $\hat{e}_i$ nach der Ausgleichung (die Matrix $\mathbf{Q_{\hat{e}}}$ bleibt unverändert, da sich die Messanordnung nicht geändert hat):

$$\hat{e}_i = \begin{pmatrix} 0 \\ 0 \\ 0,061 \\ 0,061 \\ 0,012 \end{pmatrix}$$

Aufgrund der Verschmierungseffekte ist das maximale Residuum nicht der 5. Strecke zugeordnet, sodass die Residuen hier keinen Hinweis auf mögliche Datenfehler geben. Mit der A-priori-Standardabweichung der Beobachtungen von $\sigma_i = 0,02\ m$ und den Standardabweichungen der Residuen $\sigma_{\hat{e}_i} = 0,02\ m \cdot \sqrt{f_{ii}}$ ergeben sich die normierten Residuen:

$$|\hat{z}_i| = \begin{pmatrix} 0/0,0173 \\ 0/0,0173 \\ 0,061/0,0172 \\ 0,061/0,0172 \\ 0,012/0,0028 \end{pmatrix} = \begin{pmatrix} 0 \\ 0 \\ 3,5 \\ 3,5 \\ 4,4 \end{pmatrix}$$

Folglich wird mit höchster Wahrscheinlichkeit ein Datenfehler in der fünften Beobachtung detektiert.

Eine Beobachtung wird dann als Ausreißer eingestuft, wenn das normierte Residuum $|\hat{z}_i|$ das vorgegebene Quantil $z_{1-\alpha/2}$ der Standardnormalverteilung überschreitet. Dies hängt von der Irrtumswahrscheinlichkeit (Signifikanzniveau) α des Ausreißertests nach Gl. (8.68) ab. Bei $\alpha = 1\ \%$ (d. h. Sicherheitswahrscheinlichkeit $1 - \alpha = 99\ \%$) beträgt nach Tabelle 4.3 das Quantil $z_{0,995} = 2,6$. Bei $\alpha = 0,1\ \%$ ist dann von einem Fehler auszugehen, wenn das normierte Residuum größer als das Quantil $z_{0,9995} = 3,3$ ist.

Da die Theorie des Ausreißertests theoretisch auf ein Vorhandensein nur eines einzelnen Ausreißers basiert, sollte man bei der praktischen Vorgehensweise zur Fehlerelimination jeweils nur eine Beobachtung – nämlich diejenige mit dem größten normierten Residuum – entfernen und anschließend die Parameterschätzung wiederholen.

Das hier vorgestellte Verfahren zur Suche von Ausreißern beruht auf dem in Kapitel 8.5.1 vorgestellten *data snooping*. Eine alternative Methode stellt die *Robuste Schätzung* dar; hierbei werden die Gewichte aller Beobachtungen nach jeder Iteration der Ausgleichung in Abhängigkeit von den normierten Residuen neu festgelegt. Große Residuen bewirken kleine Gewichte und somit weniger Einfluss der zugehörigen Beobachtungen auf das Ausgleichungsergebnis. Eine fehlerhafte Beobachtung wird dann schlussendlich schrittweise bis auf Null heruntergewichtet und scheidet somit als ergebnisbestimmende Größe aus.

Zuverlässigkeitsmaße

Innere Zuverlässigkeit:
Die innere Zuverlässigkeit einer Beobachtung y_i ist ein Maß dafür, wie groß ein Fehler GF_i nach Gl. (8.69) sein muss, damit er im Ausreißertest unter den vorgegebenen Wahrscheinlichkeitsverhältnissen aufgedeckt wird. Ein Ausreißer, der kleiner als der *Grenzwertfehler* $\delta(GF_i)$ nach Gl. (8.71)

$$\delta(GF_i) = \frac{\sigma_i}{\sqrt{f_{ii}}} \cdot k \; ,$$

ist, würde demzufolge nicht aufgedeckt.

In den Programmen der Landesvermessung (z. B. TRINA bzw. KATRIN) wird das Maß der inneren Zuverlässigkeit auch mit GRZW für „Grenzwert" abgekürzt. In unserem Zahlenbeispiel folgt mit $\alpha = 5\,\%$, $\beta = 10\,\%$ nach Tabelle 7.4 auf Seite 241 der Faktor $k = 2,93$. Mit $\sigma_i = 0,02\,m$ folgt:

$$\delta(GF_i) = \begin{pmatrix} 0,068 \\ 0,068 \\ 0,068 \\ 0,068 \\ 0,421 \end{pmatrix}$$

Hiernach müssen die ersten vier Messwerte betragsmäßig um mindestens $6,8\,cm$ vom Erwartungswert abweichen, um – gemäß den gewählten Signifikanzzahlen – als Ausreißer erkannt zu werden. Beim Messwert y_5 wird dagegen ein Datenfehler erst ab $42\,cm$ statistisch aufgedeckt.

Äußere Zuverlässigkeit:
Jeder nicht erkennbare bzw. nicht erkannte Ausreißer (Fehler 2. Art, siehe Kap. 7.2.8 auf Seite 239) wirkt sich verfälschend auf den Lösungsvektor, also die Bestimmung der gesuchten Unbekannten aus. Die äußere Zuverlässigkeit $\delta(GF_{x_i})$ nach Gl. (8.72)

$$\delta(GF_{x_i}) = (\mathbf{X N^{-1} X' P})_{ii} \cdot \delta(GF_i)$$

beinhaltet das Maß dieses Einfluss auf $\hat{\boldsymbol{\beta}}$. Mit zuvor berechneter innerer Zuverlässigkeit $\delta(GF_i)$ folgt für die „Unsicherheit" der Unbekannten:

$$\delta(GF_{x_i}) = \begin{pmatrix} 0,017 \\ 0,017 \\ 0,018 \\ 0,018 \\ 0,413 \end{pmatrix}$$

Das heißt, durch die 5. Beobachtung werden die Neupunktkoordinaten relativ unzuverlässig bestimmt. Eine Änderung diese Messwertes bis zu $42\,cm$ bewirkt die Verschiebung der x-Koordinate des Neupunktes bis zu $41\,cm$, ohne dass die Ausgleichung fehlerhaftes Datenmaterial signifikant nachweisen könnte.

Die aus dem fehlerfreien Datenmaterial abgeleiteten Residuen bewirken nach Gl. (8.73) folgende Zuverlässigkeitsmaße EP_i

$$EP_i = \begin{pmatrix} 0 \\ 0 \\ 0,004 \\ 0,004 \\ 0,124 \end{pmatrix},$$

womit die theoretischen Angaben bestätigt werden. Das Weglassen der fünften Beobachtung aus der Ausgleichung würde die Neupunktkoordinaten um ca. 12 cm verändern.

8.6 Praktische Vorgehensweise bei der Ausgleichung

8.6.1 Freie Netzausgleichung

Zunächst wird eine freie Netzausgleichung berechnet, um einerseits im Falle vorliegender Datenfehler die notwendige Bereinigung auszuführen und andererseits das eingegebene stochastische Modell zu prüfen und eventuell zu korrigieren. Hierzu gilt es, die A-priori-Standardabweichungen dem tatsächlichen Genauigkeitspotenzial der Beobachtungen anzupassen.

1. Datenbereinigung
   Nach einem ersten Ausgleichungslauf, der in der Regel mit einem EDV-gestützten Algorithmus erfolgt, sind die Ergebnisse auf die Existenz von Datenfehlern zu prüfen. Gibt es normierte Residuen $\hat{z}_i$ nach Gl. (8.67), welche die vorgegebenen Quantilgrenzen überschreiten? Falls ja, ist schrittweise je eine Beobachtung mit maximalem $|\hat{z}_i|$ zu korrigieren oder zu eliminieren, um dann die Ausgleichung im freien Netz zu wiederholen.

   Im Falle zu vieler GF_i (mehr als ein Zehntel der Beobachtungen) und folglich zu großer Verschmierungseffekte kann die *robuste Schätzung* eingesetzt werden, bei der Beobachtungen mit großem Residuum im Vergleich zu Beobachtungen mit kleinen Residuen kleinere Gewichte zugeteilt werden. Dazu sollte der Algorithmus eine *iterative Regewichtung* der Beobachtungen zulassen:

$$\begin{aligned} p_i^{(j+1)} &= \frac{p_i^{(j)}}{\sqrt{1+a^2}} \quad, \quad j = 1, 2, 3 \\ &= p_i^{(j)} \cdot e^{-a^2} \quad, \quad j \geq 4 \quad \text{und} \quad e = 2,718\ldots \\ a &= \frac{\hat{e}_i^{(j)}}{c \cdot \sigma_{\hat{e}_i^{(j)}}} \quad, \quad c = 2 \end{aligned} \quad (8.77)$$

   worin j den jeweiligen Iterationsschritt bedeutet, $\hat{e}_i$ die Residuen nach der Ausgleichung.

   Dies bedeutet, dass Beobachtungen mit großen Datenfehlern am Ende der Iteration gegen Null herabgewichtet sind und damit keinen Einfluss mehr auf das

Ausgleichungsergebnis haben. Der Betrag ihrer Residuen gibt alsdann Hinweise auf mögliche Fehlerursachen (Zahlendreher usw.). Sind alle Datenfehler beseitigt, folgt die

2. Redundanzkontrolle mit der Abfrage: $\sum f_{ii} = f \, (= n - u)$?
Glatte Differenzen $\Delta f = (1, 2, 3)$ sind auf Netzdefekte zurückzuführen, Abweichungen hinter dem Komma können in großen Datensätzen durch Rechenunschärfe begründet sein.

3. Varianzkomponentenschätzung
Für Beobachtungen des identischen Beobachtungstyps, z. B. einerseits Richtungsmessungen und andererseits Streckenmessungen, sollten zusammengefasste a-posteriori-Standardabweichungen bestimmt werden:

$$\hat{\sigma}_{\text{Gruppe}} = \sqrt{\frac{\sum_i p_i \cdot \hat{e}_i^2}{\sum_i f_{ii}}} \quad , \tag{8.78}$$

berechnet aus den gewichteten Residuenquadraten und Teilredundanzen der Beobachtungen der jeweiligen Gruppe. Diese A-posteriori-Standardabweichungen sollten in der Nähe von „Eins" liegen.

$$\text{Abfrage:} \quad 0,6 \;<\; \hat{\sigma}_{\text{Gruppe}} \;<\; 1,4 \;?$$

Abweichungen bis zu 40 % sind für die Schätzung $\hat{\boldsymbol{\beta}}$ praktisch unbedeutend und damit tolerierbar. Abweichungen darüber hinaus nach unten bzw. nach oben bedeuten, dass die vorgegebene A-priori-Standardabweichung für die jeweilige Beobachtungsgruppe entweder zu pessimistisch oder zu optimistisch angenommen wurde. Entsprechende Korrekturen und Anpassungen sind erforderlich und die Ausgleichung ist zu wiederholen. Die freie Netzausgleichung spiegelt schlussendlich die *innere Genauigkeit* des Messprozesses wider.

8.6.2 Prüfen der Anschlusspunkte / Festpunkte

Das Ergebnis der freien Netzausgleichung liefert in Punktnetzen „bestgeschätzte" Koordinaten, d. h. Koordinaten mit minimaler Varianz. Sie sind unbeeinflusst von etwaigen Ungenauigkeiten (systematische Abweichungen oder Fehler) der Fest- oder Anschlusspunkte. Um diese zu prüfen empfiehlt es sich, die frei ausgeglichenen Koordinaten als Startsystem auf die festen Anschlusspunkte (Zielsystem) mittels 4-Parametertransformation „aufzufeldern", vgl. Kapitel 8.3. Die in den Festpunkten dann berechneten Residuen, die sogenannten „Restklaffen", bilden die Grundlage der statistischen Prüfung / Fehlersuche.

Da die Restklaffen punktbezogene Abweichungen darstellen, ist es sinnvoll und nützlich, den Ausreißertest auf den gleichzeitigen Test beider Koordinatenrichtungen zu erweitern, also einen „Ausreißertest für Beobachtungspaare" ([Koc85]) durchzuführen. Es wird dazu der Restklaffenvektor mithilfe des hypothesenfreien τ-Tests untersucht. Falls für die A-priori-Gewichtsmatrix **P** der Startsystemkoordinaten – wie in der Praxis üblich – Diagonalstruktur angenommen wird, ist für jeden Fest- oder Anschlusspunkt – und damit den j-ten Punkt mit den Koordinatenindizes $(i, i+1)$ – folgende Testgröße zu bilden:

$$T_j = ((q_{\hat{e}_{i+1}\hat{e}_{i+1}} \cdot \hat{e}_i^2 - 2q_{\hat{e}_i\hat{e}_{i+1}} \cdot \hat{e}_i\hat{e}_{i+1} + q_{\hat{e}_i\hat{e}_i} \cdot \hat{e}_{i+1}^2)$$
$$/(2 \cdot \hat{\sigma}^2(q_{\hat{e}_i\hat{e}_i} \cdot q_{\hat{e}_{i+1}\hat{e}_{i+1}} - q_{\hat{e}_i\hat{e}_{i+1}}^2))) \quad (8.79)$$

worin die $q_{\hat{e}_i\hat{e}_i}$ die Diagonalelemente der Matrix $(\mathbf{P}^{-1} - \mathbf{XN}^{-1}\mathbf{X}')$, s. Gl. (6.79), bedeuten. Der Index i läuft von 1 bis n, n gleich Anzahl der Beobachtungen, hier $n = 2p$: Bei insgesamt p Anschlusspunkten sind demnach p individuelle Testgrößen $T_j(j = 1, p)$ zu berechnen und mit dem Fraktilwert der $\tau_{2,2p-4;1-\alpha/p}$-Verteilung zu vergleichen.

Übersteigt die Testgröße T_j diesen Fraktilwert, so ist ein Ausreißer im Anschlusswert zu vermuten. Der Fraktilwert der τ-Verteilung kann auf vorteilhafte Weise auch aus der Fisher-Verteilung abgeleitet werden:

$$\tau_{2,2p-4;1-\alpha/p} = \left(\frac{(2p-2) \cdot F_{2,2p-4;1-\alpha/p}}{2p - 4 + 2F_{2,2p-4;1-\alpha/p}} \right)^{1/2} \quad (8.80)$$

mit

$$F_{2,2p-4;1-\alpha/p} = \frac{1}{2}(2p-4)\left(1 / \left(\frac{\alpha}{p}\right)^{(p-2)^{-1}} - 1\right)$$

welcher, ohne Benutzung von Tafeln, geschlossen, z. B. EDV-gestützt, berechenbar ist.

Ein Zahlenbeispiel: Seien $p = 5$, $\alpha = 0,05$, dann folgt mit den Freiheitsgraden $f_1 = 2$ und $f_2 = 2p - 4$, vgl. Tabelle 4.6:

$$F_{2,6;0,99} = 10,9 \quad ; \quad \tau_{2,6;0,99} = 1,77$$

Eine grafische Darstellung der Restklaffen in Form von Vektoren zeigt eventuelle Systematiken auf. Ein Hypothesentest zur Fehlersuche in den Koordinatenrichtungen (*data snooping*) bildet eine Alternative zum oben angegebenen Punkttest, die jedoch weniger signifikante Ergebnisse liefert.

8.6.3 Ausgleichung mit festen Anschlusspunkten / Zwangsanschluss

Am Ende der Auswertung steht die Ausgleichung der Beobachtungen unter der Vorgabe von festen Anschlusspunkten (Punkte mit Standardabweichung „Null"). Dazu sind die Beobachtungen und deren Standardabweichungen aus den Ergebnissen der freien Netzausgleichung (Kap. 8.6.1) zu übernehmen und auszugleichen.

Zur Ergebniskontrolle und Interpretation
Falls nunmehr Datenfehler in den Beobachtungen statistisch nachgewiesen werden, so sind diese von Haus aus auf den Zwangsanschluss zurückzuführen. Auch Grenzüberschreitungen in den Varianzkomponenten sind ursächlich durch den Zwangsanschluss begründet. Das heißt, die Präzision und Genauigkeit der Anschlusspunkte verschmiert

die vorab in der freien Netzausgleichung nachgewiesene Genauigkeit des Beobachtungsmaterials. Mit der Forderung „feste, d. h. nicht-stochastische Anschlusspunkte" ist keine unverzerrte Schätzung möglich.

8.6.4 Ausgleichung unter Zwangsanschluss durch überbestimmte Transformation

In der geodätischen Praxis kommt es gelegentlich vor, dass die Präzision der Anschlusspunkte der inneren Genauigkeit der neueren Netzverdichtungsmessungen (z. B. tachymetrische oder GPS-Messungen) nicht genügt. Das heißt, die Auffelderung der hochpräzisen Neumessungen auf die unpräzisen Anschlusspunkte durch Ausgleichung unter Zwangsanschluss führt zum Nachweis sogenannter „Netzspannungen". Diese Netzspannungen werden folglich – und fälschlicherweise – als vermutete Fehler in den Beobachtungen statistisch berechnet, die in der freien Netzausgleichung (Kap. 8.6.1) vorab nachweislich nicht existierten.

Für diesen Anwendungsfall empfiehlt es sich, die frei ausgeglichenen Koordinaten aus Kapitel 8.6.1 als zu transformierendes Startsystem auf die Anschlusspunkte aufzufeldern, vgl. Kapitel 8.3. Die vorhandenen Netzspannungen zeigen sich nun in den Residuen der Anschlusspunkte. Diese sind, um ein praxistaugliches, homogenes Koordinatenergebnis zu erlangen, nachbarschaftstreu auf die übrigen Neupunkte zu verteilen. Es entsteht eine Interpolationsaufgabe, welche z. B. mittels multiquadratischer Restklaffenverteilung nach [Har72] durchgeführt werden kann.

Zur Verbesserung der Nachbarschaftstreue, d. h. der relativen Genauigkeit der Lage benachbarter Punkte, können des Weiteren – und vor der eigentlichen Ausgleichung – alle Anschlusspunkte und Neupunkte mittels Delaunay-Triangulierung vermascht werden [Ben95a]. Diese optimierte Dreiecksvermaschung genügt den Forderungen, dass sich die Dreiecksseiten nicht gegenseitig schneiden und der minimale Winkel in den jeweiligen Dreiecken maximiert wird. Für diese Dreiecksseiten werden alsdann „fingierte" Beobachtungsgleichungen (Koordinatendifferenzbeobachtungen) in den Ausgleichungsalgorithmus eingeführt, über welche die Restklaffen in den Anschlusspunkten nachbarschaftstreu auf alle Neupunkte fortgepflanzt werden. In der Regel der Anwendungen liefert diese Vorgehensweise die optimierten Ergebnisse einer Ausgleichung unter Zwangsanschluss. Eine EDV-gestützte Realisierung der hier beschriebenen Vorgehensweise befindet sich z. B. im Programmsystem KAFKA [Ben84b], [Ben89], [Ben01].

8.7 Ein tachymetrisches Ausgleichungsprogramm

Im Anhang (auf Compact Disc) befindet sich ein tachymetrisches Ausgleichungsprogramm GEO3D [Ben84a], welches der Leser für Übungszwecke, d. h. nicht gewerblich einsetzen kann. Dieses Programm wurde vom Verfasser derart programmiert, dass der Anwender für die Neupunkte keine Näherungskoordinaten vorgeben muss. Diese und den optimalen Rechenweg zur Bestimmung dieser Näherungskoordinaten findet das Programm automatisiert. Folgende terrestrische Beobachtungen sind verarbeitbar:

- Horizontalrichtungen

- Vertikalrichtungen

- Horizontalstrecken

- Schrägstrecken

- trigonometrische Höhendifferenzen

- nivellitische Höhendifferenzen

- Standpunkt- und Zielpunkthöhen

Aus der Vorgabe der Anschlusspunkthöhen bzw. -lagekoordinaten, d. h. über deren Statusdefinition als Neupunkte bzw. als Festpunkte, entscheidet das Programm, ob eine freie Netzausgleichung oder eine Ausgleichung unter Zwangsanschluss gerechnet wird.

Darüber hinaus ist das Verfahren der L_1-Norm-Ausgleichung implementiert

$$\sum |e_i| = Min!$$

welches der robusten Fehleranalyse dient [Ben95a], d. h. grobe Datenfehler in den Beobachtungen werden sicher aufgedeckt.

Die Eingabe der Daten in formatierter Form

- Steuerdaten

- Anschlusspunkte mit Koordinaten für die Lage und/oder Höhe

- Beobachtungsdaten

sind im Anwendungshandbuch „GEO3D.pdf" beschrieben. Der Start des Programms erfolgt durch Anklicken des Buttons GEO3D. Die geöffnete Menueleiste ermöglicht das Öffnen eines vorhandenen Projekts bzw. das Anlegen eines neuen Projekts. Über den Menueeintrag „Projekt" können die Projektdaten editiert, berechnet sowie die Ergebnisse anschließend angezeigt werden. Die Rechenergebnisse befinden sich in der ASCII-Datei „Name".LST, die Koordinatenergebnisse in „Name".KOO. Das Programm GEO3D berücksichtigt die Tatsache, dass Ausgleichungsmatrizen, die Normalgleichungen aus Gl. (6.39) in Kapitel 6.2.3, i. d. R. nur schwach besetzt sind. Es werden Sparse-Matrix-Speicherung und -Rechenalgorithmen eingesetzt, sodass kürzeste Rechenzeiten zu erwarten sind [Ben86].

Das Programm erledigt folgende Aufgaben:

- die Reduktion der gemessenen Beobachtungen in die Horizontalebene

- die Korrektion der gemessenen Beobachtungen in die Normal-Null-Ebene sowie in das Gauß-Krüger-System

- die automatisierte Berechnung von Näherungskoordinaten der Neupunkte

- die robuste Schätzung grober Datenfehler mittels L_1-Norm-Verfahren

- die Höhenausgleichung aus nivellitischen Höhendifferenzen bzw. aus trigonometrischen Höhendifferenzen, oder auch simultan aus beiden Datentypen:

- als freie Netzausgleichung oder alternativ unter Zwangsanschluss nach der Methode der kleinsten Quadrate (Kap. 6.2.3 bzw. Kap. 8.1)

• die Lageausgleichung aus trigonometrisch-tachymetrischen Beobachtungen nach der Methode der kleinsten Quadrate (Kap. 6.2.3, Kap. 8.2 bzw. 8.4)

- als freie Netzausgleichung oder alternativ unter Zwangsanschluss

• die Varianzkomponentenschätzung zur Bestimmung der inneren Genauigkeit der unterschiedlichen Beobachtungstypen und -gruppen (Kap. 8.6.1).

Es enthält schließlich alle beobachtungszugehörigen Angaben zur inneren Zuverlässigkeit (Kontrolliertheiten EV_i, Gl. (6.75) ; siehe auch Kap. 8.5.1) und zur äußeren Zuverlässigkeit des Netzes (Kap. 8.5.2, Gl. 8.73).

Beispiel 8.9: *Lagenetzausgleichung unter Zwangsanschluss*
Ein kleines Datenbeispiel mit fünf Neupunkten, Punktnummern 1 bis 5, wird unter Zwangsanschluss mittels trigonometrisch-tachymetrischen Beobachtungen an acht Festpunkte angeschlossen, siehe Abb. 8.7.

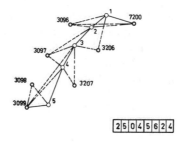

Abbildung 8.7: Netzübersicht zur Lageaufnahme

Die Beobachtungsdaten sind auf der beiliegenden CD unter der Datei „GEO.DAT" gespeichert. Die Rechenergebnisse aus dem Ausgleichungsprogramm GEO3D sind im Folgenden originär wiedergegeben:

```
PROGRAMM   G E O - 3 D - KOORDINATENBERECHNUNG           DATUM:   17   8 2009
PROJEKT: PASSPUNKTBESTIMMUNG    (geo.DAT)                         BLATT:     1
================================================================================

    FOLGENDE STEUERPARAMETER SIND GEWAEHLT IM FORMAT:(5F8.4,3I2)

       -  STANDARDABWEICHUNGEN:
           -- FUER STRECKEN:         0.0060   (m) +    2.00  (ppm)
           -- FUER RICHTUNGEN:       0.0040   (gon)
           -- FUER ZENITWINKEL:      0.0030   (gon)
           -- FUERs NIVELLEMENT:     0.0030   (m/km)

       -  REDUKTION DER STRECKEN: (2)
           -- STRECKEN SIND AUF NN UND NACH G-K ZU REDUZIEREN

       -  UMFANG DER AUSGABE: (1)
           -- NUR AUSGLEICHUNGSERGEBNISSE

       -  FEHLERSUCHE MIT L1-NORM-SCHÄTZUNG !
```

```
GEO - 3 D - HOEHENAUSGLEICHUNG MIT ANSCHLUSSZWANG            DATUM: 17  8 2009
PROJEKT: PASSPUNKTBESTIMMUNG    (geo.DAT)                           BLATT:   2
===============================================================================

        VON          NACH       dH(m)    V(.1mm)  EP(.1mm)   EV(%)   NV    GF(m)

         1           3096       9.1000     -21       16       57.2   0.9
         1           7200       4.1130     -11        8       57.2   0.5
         1              2       0.8510     -24       18       57.2   1.1
         2              1      -0.8430     -56       42       57.2   2.5
         2              3       2.3480       6       -4       57.2   0.3

         3              2      -2.3460     -26       19       57.2   1.1
         3              4       2.5740       6       -4       57.2   0.3
         4              3      -2.5720     -26       19       57.2   1.1
         4              5       2.9720      21      -16       57.2   0.9
         5           3099       3.4680      31      -78       28.8   1.9

         5              4      -2.9730     -11        8       57.2   0.5
      3099              5      -3.4679     -32        0       99.7   0.1
      7200              1      -4.1122       3        0       99.8   0.0


      STATISTISCHE ANGABEN
      ====================
            GEMESSENE HOEHENUNTERSCHIEDE:              13
            HOEHENUNBEKANNTE:                           5
            REDUNDANZ:                                  8
            REDUNDANZ (KONTROLLE):                      8.0
            REDUNDANZ (ZENITWINKEL):                    2.0
            REDUNDANZ (NIVELLEMENT):                    6.0

            STANDARDABWEICHUNG ZENITWINKEL a-priori  0.0030 gon
            GEWICHTSEINHEIT        a-posteriori:     0.0488
            STANDARDABWEICHUNG DELTA-H a-priori:     3.0000 mm/km
            GEWICHTSEINHEIT      "  a-posteriori:    1.1509
            STANDARDABWEICHUNG GEWICHTSEINHEIT:      0.9973

Beobachtungen =   54 Unbekannte =   18
L1 NORM=   0.28497 RANK=   18 ITER=   37 IND=    0
```

8.7 Ein tachymetrisches Ausgleichungsprogramm

```
GEO - 3 D - LAGENETZAUSGLEICHUNG MIT ANSCHLUSSZWANG      DATUM: 17  8 2009
PROJEKT: PASSPUNKTBESTIMMUNG  (geo.DAT)                  BLATT:      3
================================================================================
FEHLERANALYSE STRECKEN (L1-NORM)
================================
```

VON	NACH	STRECKE	SIGMA(mm)	V(mm)	NV	GF(m)
1	7200	95.4989	6.2	-2.5	0	
1	2	61.0480	6.1	3.0	0	
2	1	61.0510	6.1	0.0	0	
2	3	81.5553	6.2	5.0	1	
3	2	81.5603	6.2	0.0	0	
3	4	81.3533	6.2	4.2	1	
4	3	81.3523	6.2	5.2	1	
4	5	132.9235	6.3	0.0	0	
5	3099	71.8385	6.1	0.0	0	
5	4	132.9235	6.3	0.0	0	
3099	3098	77.5073	6.2	-12.1	2	
3099	5	71.8389	6.1	-0.3	0	
3099	3208	99.9800	6.2	-4.2	1	
7200	3096	211.1529	6.4	0.0	0	
7200	1	95.4964	6.2	0.0	0	

```
FEHLERANALYSE RICHTUNGSMESSUNG (L1-NORM)
========================================
```

ZIELPUNKT	RICHTUNG	RIWI	V(cc)	QUERF(mm)	STR(m)	NV	GF(gon)

STANDPUNKT: 1

ZIELPUNKT	RICHTUNG	RIWI	V(cc)	QUERF(mm)	STR(m)	NV	GF(gon)
3096	0.0000	284.8078	109	21.0	123.	3	
7200	233.3400	118.1369	0	0.0	96.	0	
3206	330.4810	215.2741	-38	6.9	116.	1	
2	374.0270	258.8228	-11	1.1	61.	0	

STANDPUNKT: 2

ZIELPUNKT	RICHTUNG	RIWI	V(cc)	QUERF(mm)	STR(m)	NV	GF(gon)
3097	0.0000	263.9458	0	0.0	173.	0	
3096	42.9680	306.9188	50	5.5	71.	1	
1	194.8770	58.8228	0	0.0	61.	0	
7200	231.5480	95.4938	0	0.0	141.	0	
3	384.8930	248.8290	-99	12.6	82.	2	

```
STANDPUNKT:            3

         3097   0.0000  276.8340     0      0.0    95.     0
            2 171.9950   48.8290     0      0.0    82.     0
         3206 236.8980  113.7385    66      8.2    80.     2
         3207 324.9220  201.7554    -6      1.3   132.     0
            4 355.2400  232.0735    -5      0.6    81.     0

STANDPUNKT:            4

         3099   0.0000  247.9055     0      0.0   178.     0
```

```
GEO - 3 D - LAGENETZAUSGLEICHUNG MIT ANSCHLUSSZWANG          DATUM:  17  8 2009
PROJEKT: PASSPUNKTBESTIMMUNG   (geo.DAT)                            BLATT:    4
================================================================================

FEHLERANALYSE RICHTUNGSMESSUNG (L1-NORM)
========================================
  ZIELPUNKT RICHTUNG     RIWI    V(cc)   QUERF(mm)  STR(m)      NV       GF(gon)

STANDPUNKT:            4       FORTSETZUNG

         3097  92.9530  340.8585     0      0.0    62.     0
            3 184.1680   32.0735     0      0.0    81.     0
         3207 318.1960  166.1104    89      9.8    70.     2
            5 376.7550  224.6574   -31      6.5   133.     1

STANDPUNKT:            5

         3099   0.0000  293.8603     0      0.0    72.     0
         3098  64.7980  358.6628    45      6.1    85.     1
            4 130.8020   24.6574   -49     10.3   133.     1

STANDPUNKT:         3099

         3098 218.1480   16.5323    44      5.3    77.     1
            3 244.5740   42.9539     0      0.0   258.     0
            4 249.5270   47.9055   -14      3.8   178.     0
            5 295.4890   93.8603   -86      9.7    72.     2

STANDPUNKT:         7200

            2 353.9260  295.4938     0      0.0   141.     0
         3096 357.7510  299.3277    88     29.3   211.     2
            1 376.5710  318.1369   -19      2.8    96.     0
```

8.7 Ein tachymetrisches Ausgleichungsprogramm

```
TRANSLATION DER NEUPUNKTE NACH L1-NORM
======================================
     PNR      DY(m)      DX(m)
--------------------------------------
      3      -0.001     -0.006
      4       0.003     -0.004
      5       0.001      0.000
      2      -0.005     -0.010
      1      -0.006     -0.011
```

```
GEO - 3 D - LAGENETZAUSGLEICHUNG MIT ANSCHLUSSZWANG        DATUM:  17  8 2009
PROJEKT: PASSPUNKTBESTIMMUNG   (geo.DAT)                           BLATT:    5
==============================================================================
ERGEBNISSE STRECKENMESSUNG (L2-NORM)
====================================
    VON      NACH    STRECKE  SIGMA(mm)  V(mm)  EP(mm)  EV(%)   NV    GF(m)

     1       7200    95.4989     6.2     -4.2    2.6    60.9   0.9
     1          2    61.0480     6.1      4.2    2.4    61.7   0.9
     2          1    61.0510     6.1      1.2    0.7    61.7   0.2
     2          3    81.5553     6.2      9.5    4.7    64.4   1.9
     3          2    81.5603     6.2      4.5    2.2    64.4   0.9

     3          4    81.3533     6.2      4.2    2.0    63.7   0.8
     4          3    81.3523     6.2      5.2    2.5    63.7   1.1
     4          5   132.9235     6.3      0.1    0.1    66.2   0.0
     5       3099    71.8385     6.1     -1.1    0.6    64.5   0.2
     5          4   132.9235     6.3      0.1    0.1    66.2   0.0

  3099       3098    77.5073     6.2    -12.3    0.0    95.4   2.0
  3099          5    71.8389     6.1     -1.5    0.7    64.5   0.3
  3099       3208    99.9800     6.2     -4.5    0.0    92.5   0.8
  7200       3096   211.1529     6.4     -0.6    0.0    69.0   0.1
  7200          1    95.4964     6.2     -1.7    1.1    60.9   0.4


ERGEBNISSE RICHTUNGSMESSUNG (L2-NORM)
=====================================
  ZIELPUNKT RICHTUNG     RIWI  V(cc)  QUERF(mm)  STR(m)  EP(mm)  EV(%)  NV  GF(gon)

  STANDPUNKT:       1

     3096    0.0000  284.8061    74    14.3      123.     10      58    2.4
     7200  233.3400  118.1400    13     1.9       95.      3      37    0.5
     3206  330.4810  215.2750   -47     8.6      116.      5      65    1.4
        2  374.0270  258.8215   -42     4.0       61.      4      49    1.5
```

```
STANDPUNKT:          2

       3097    0.0000 263.9456    12      3.3   173.    1    71    0.4
       3096   42.9680 306.9166    42      4.7    71.    5    50    1.4
          1  194.8770  58.8215     2      0.1    61.    0    41    0.1
       7200  231.5480  95.4948    24      5.2   141.    4    58    0.8
          3  384.8930 248.8294   -80     10.2    82.    9    54    2.7

STANDPUNKT:          3

       3097    0.0000 276.8341    -6      1.0    95.    1    50    0.2
          2  171.9950  48.8294    -4      0.5    82.    1    40    0.1
       3206  236.8980 113.7377    49      6.1    80.    5    53    1.6
       3207  324.9220 201.7547   -21      4.3   132.    2    67    0.6
          4  355.2400 232.0730   -18      2.2    81.    2    54    0.6

STANDPUNKT:          4

       3099    0.0000 247.9056   -10      2.7   178.    1    73    0.3
```

```
GEO - 3 D - LAGENETZAUSGLEICHUNG MIT ANSCHLUSSZWANG       DATUM:  17  8 2009
PROJEKT: PASSPUNKTBESTIMMUNG  (geo.DAT)                            BLATT:  6
============================================================================

ERGEBNISSE RICHTUNGSMESSUNG (L2-NORM)
=====================================
  ZIELPUNKT RICHTUNG     RIWI  V(cc) QUERF(mm) STR(m) EP(mm) EV(%) NV GF(gon)

STANDPUNKT:          4      FORTSETZUNG

       3097   92.9530 340.8601     6      0.6    62.    1    41    0.2
          3  184.1680  32.0730   -15      1.9    81.    4    33    0.6
       3207  318.1960 166.1091    65      7.2    70.    7    49    2.3
          5  376.7550 224.6572   -44      9.1   133.    5    63    1.4

STANDPUNKT:          5

       3099    0.0000 293.8619     9      1.0    72.    2    40    0.3
       3098   64.7980 358.6641    51      6.8    85.    5    58    1.6
          4  130.8020  24.6572   -59     12.3   133.   16    44    2.2

STANDPUNKT:       3099

       3098  218.1480  16.5323    54      6.5    77.    3    68    1.6
          3  244.5740  42.9537     8      3.4   258.    2    69    0.3
          4  249.5270  47.9056    -3      0.9   178.    0    69    0.1
          5  295.4890  93.8619   -60      6.7    72.    8    47    2.1
```

```
STANDPUNKT:        7200

         2  353.9260  295.4948     -27      6.1   141.       4   63   0.9
      3096  357.7510  299.3277      52     17.1   211.      12   60   1.7
         1  376.5710  318.1400     -25      3.7    95.       3   56   0.8

     STATISTISCHE ANGABEN
     ====================
         GEMESSENE STRECKEN:                    15
         GEMESSENE RICHTUNGEN:                  29
         KOORDINATENUNBEKANNTE:                 10
         ORIENTIERUNGSUNBEKANNTE:                7
         REDUNDANZ:                             26
         REDUNDANZ (KONTROLLE):                 26.0
         REDUNDANZ (STRECKEN):                  10.2
         REDUNDANZ (RICHTUNGEN):                15.8

         STRECKENFEHLER a-priori: +-(0.0060 m  +   2.0 ppm)
          GEWICHTSEINHEIT a-posteriori:         0.9768
         STANDARDABWEICHUNG RICHTUNGEN a-priori: +- 0.0040 gon
          GEWICHTSEINHEIT a-posteriori:         1.3112
         STANDARDABWEICHUNG DER GEWICHTSEINHEIT: 1.1913

         MASSTABSUNBEKANNTE               -45.0  +-   20.2 MM/KM
```

```
GEO - 3 D - LAGENETZAUSGLEICHUNG MIT ANSCHLUSSZWANG     DATUM:  17  8 2009
PROJEKT: PASSPUNKTBESTIMMUNG  (geo.DAT)                             BLATT:  7
=============================================================================
AUSGEGLICHENE KOORDINATEN (Einheit: m):
-------------------------------------
PUNKTNUMMER     RECHTSWERT     HOCHWERT      HOEHE  sigma(2D)  sigma(H)

          1   2504544.0818  5624693.1250   209.6471    0.0061    0.0020
          2   2504495.3600  5624656.3297   210.4956    0.0062    0.0025
          3   2504438.7527  5624597.6013   212.8442    0.0062    0.0028
          4   2504399.4749  5624526.3490   215.4188    0.0059    0.0028
          5   2504349.2670  5624403.2659   218.3929    0.0059    0.0025

FESTE ANSCHLUSSPUNKTE (Einheit: m):
-----------------------------------
PUNKTNUMMER     RECHTSWERT     HOCHWERT      HOEHE              sigma(H)

       3096   2504424.5800  5624664.0500   218.7450
       3097   2504349.5800  5624563.6400   219.9920
       3098   2504297.6600  5624471.2500   220.8550
       3099   2504277.7600  5624396.3500   221.8640
       3206   2504516.5400  5624580.5500
       3207   2504435.1200  5624465.8400
       3208   2504277.7500  5624496.3300
       7200   2504635.7300  5624666.2800   213.7590
```

Literaturverzeichnis

[AS72]   ABRAMOWITZ, M. und STEGUN, I. A.: *Handbook of Mathematical Functions with Formulas, Graphs, and Mathematical Tables*. U. S. Department of Commmerce, National Bureau of Standards, Applied Mathematics Series 55, 10. Auflage, 1972.

[Baa68]   BAARDA, W.: *A Testing Procedure for Use in Geodetic Networks*, Band 2 der Reihe *5 Publications on Geodesy*. Netherlands Geodetic Commission, Delft, 1968.

[Ben84a] BENNING, W.: *Zur Auswertung nivellitischer, tachymetrischer und trigonometrischer Messungen mit Hilfe mittlerer Datentechnik – das Programmsystem ATM*. Zeitschrift für Vermessungswesen (ZfV), 109: 19–27, 1984.

[Ben84b] BENNING, W.: *Komplexe Ausgleichung flächenhafter Kataster-Aufnahmen – das Programmsystem KAFKA*. Zeitschrift für Vermessungswesen (ZfV), 109: 422–435, 1984.

[Ben86]   BENNING, W.: *Analyse hybrider Lageaufnahmen in Sparse-Technik*. Zeitschrift für Vermessungswesen (ZfV), 111: 506–513, 1986.

[Ben89]   BENNING, W.: *Programmsystem KAFKA, Komplexe Analyse flächenhafter Kataster-Aufnahmen – Modell und Anwendung der Ausgleichung hybrider Lagemessungen*. Veröffentlichung des Geodätischen Instituts der RWTH Aachen, 44, 1989.

[Ben95a] BENNING, W.: *Nachbarschaftstreue Restklaffenverteilung für Koordinatentransformationen*. Zeitschrift für Vermessungswesen (ZfV), 120: 16–25, 1995.

[Ben95b] BENNING, W.: *Vergleich dreier L_p-Schätzer zur Fehlersuche in hybriden Lagenetzen*. Zeitschrift für Vermessungswesen (ZfV), 120: 606–617, 1995.

[Ben01]   BENNING, W.: *Programmsystem KAFKA (Komplexe Analyse Flächenhafter Kataster-Aufnahmen), Anwenderhandbuch*. Geodätisches Institut der RWTH Aachen, 2001.

[Bos00]   BOSCH, K.: *Elementare Einführung in die angewandte Statistik*. Friedr. Vieweg & Sohn Verlagsgesellschaft, Braunschweig, 7. Auflage, 2000.

[CW94]   CASPARY, W. und WICHMANN, K.: *Lineare Modelle*. Oldenbourg, München, 1994.

[FF76]   FADDEJEW, D. K. und FADDEJEWA, W. N.: *Numerische Methoden der linearen Algebra*. Oldenbourg, München, 1976.

[FH84]   FAHRMEIR, L. und HAMERLE, A. (HRSG.): *Multivariate statistische Verfahren*. Walter de Gruyter, Berlin/New York, 1984.

[GS93]   GRAFAREND, E. W. und SCHAFFRIN, B.: *Ausgleichungsrechnung in linearen Modellen*. B.I. Wissenschaftsverlag, Mannheim, 1993.

[GV79]   GOLUB, G. H. und VAN LOAN, C. F.: *Total least squares*. In: DOLD, A. und ECKMANN, B. (Herausgeber): *Smoothing techniques for curve estimation, Lecture Notes in Mathematics 757*, Seiten 69–76. Springer, New York, 1979.

[Har72] HARDY, R. L.: *Geodetic Applications of Multiquadric Analysis*. Allgemeine Vermessungs-Nachrichten (AVN), 79: 398–406, 1972.

[HE89]   HARTUNG, J. und ELPELT, B.: *Multivariate Statistik*. R. Oldenbourg Verlag, München, 3. Auflage, 1989.

[HEK89] HARTUNG, J., ELPELT, B. und KLÖSENER, K.-H.: *Statistik*. R. Oldenbourg Verlag, München, 7. Auflage, 1989.

[Hel72] HELMERT, F. R.: *Die Ausgleichungsrechnung nach der Methode der kleinsten Quadrate*. Teubner, Leipzig, 1872.

[Hel76] HELMERT, F. R.: *Über die Wahrscheinlichkeit der Potenzsummen der Beobachtungsfehler und über einige damit im Zusammenhange stehende Fragen*. Zeitschrift für Mathematik und Physik, 21 (10): 192–218, 1876.

[Ill83] ILLNER, I.: *Freie Netze und S-Transformation*. Allgemeine Vermessungs-Nachrichten (AVN), 90: 157–170, 5 1983.

[Koc85] KOCH, K. R.: *Test von Ausreißern in Beobachtungspaaren*. Zeitschrift für Vermessungswesen (ZfV), 110: 34–38, 1985.

[Koc96] KOCH, K. R.: *Robuste Parameterschätzung*. Allgemeine Vermessungs-Nachrichten (AVN), 103: 1–18, 1996.

[Koc97a] KOCH, K. R.: *Parameterschätzung und Hypothesentests in linearen Modellen*. Ferd. Dümmlers Verlag, Bonn, 3. Auflage, 1997.

[Koc97b] KOCH, K. R.: *Bemerkungen zu "Was ist Genauigkeit?" in VR 1997, S. 212*. Vermessungswesen und Raumordnung (VR), 59: 362–370, 1997.

[Koc00] KOCH, K. R.: *Einführung in die Bayes-Statistik*. Springer-Verlag, Berlin, 2000.

[Koc02] KOCH, K. R.: *Räumliche Helmert-Transformation variabler Koordinaten im Gauß-Helmert- und im Gauß-Markoff-Modell*. Zeitschrift für Vermessungswesen (ZfV), 127: 147–152, 2002.

[Koc05] KOCH, K. R.: *Bemerkungen zu: Von der Zufallsvariablen zum Schätzwert von H. Schmidt, AVN 2005, S. 104 - 109*. Allgemeine Vermessungs-Nachrichten (AVN), 112: 270, 2005.

[Kre68]   KREYSZIG, E.: *Statistische Methoden und ihre Anwendungen.* Vandenhoek & Ruprecht, Göttingen, 3. Auflage, 1968.

[LL04]   LENZMANN, L. und LENZMANN, E.: *Strenge Auswertung des nichtlinearen Gauß-Helmert-Modells.* Allgemeine Vermessungs-Nachrichten (AVN), 111: 68–72, 2004.

[MA76]   MIKHAIL, E. M. und ACKERMANN, I.: *Observations and least squares.* Don-Donnelley, New York, 1976.

[MGB74]   MOOD, A. M., GRAYBILL, F. A. und BOES, D. C.: *Introduction to the Theory of Statistics.* McGraw-Hill Kogakusha, 3. Auflage, 1974.

[Mit71]   MITTERMAYER, E.: *Eine Verallgemeinerung der Methode der kleinsten Quadrate zur Ausgleichung freier Netze.* Zeitschrift für Vermessungswesen (ZfV), 96: 401–410, 1971.

[Mit72]   MITTERMAYER, E.: *Zur Ausgleichung freier Netze.* Zeitschrift für Vermessungswesen (ZfV), 97: 481–489, 1972.

[MKB92]   MARDIA, K. V., KENT, J. T. und BIBBY, J. M.: *Multivariate Analysis.* Academic Press, London, 8. Auflage, 1992.

[Nie02]   NIEMEIER, W.: *Ausgleichungsrechnung.* deGruyter Verlag, Berlin/New York, 2002.

[Pap65]   PAPOULIS, A.: *Probability, Random Variables, and Stochastic Processes.* McGraw-Hill, New York, 1965.

[Rao73]   RAO, C. R.: *Linear Statistical Inference and its Applications.* Wiley, New York, 1973.

[SB00]   STATISTISCHES BUNDESAMT, WIESBADEN (Herausgeber): *Statistisches Jahrbuch der Bundesrepublik Deutschland.* Verlag Metzler-Poeschel, Stuttgart, 2000.

[Sch78]   SCHNEEWEISS, H.: *Ökonometrie.* Physica-Verlag, Würzburg, 3. Auflage, 1978.

[Sch86]   SCHMIDT, H.: *Lineare Regressionsmodelle.* Veröffentlichung des Geodätischen Instituts der RWTH Aachen, 40: 14.1–25, 1986.

[Sch94]   SCHMIDT, H.: *Meßunsicherheit und Vermessungstoleranz bei Ingenieursvermessungen.* Veröffentlichung des Geodätischen Instituts der RWTH Aachen, 51, 1994.

[Sch97]   SCHMIDT, H.: *Was ist Genauigkeit? – Zum Einfluß systematischer Abweichungen auf Meß- und Ausgleichungsergebnisse.* Vermessungswesen und Raumordnung (VR), 59: 212–228, 1997.

[Sch04]   SCHMIDT, H.: *Zur Bestimmung und Anwendung von Kalibrier- und Korrektionsfunktionen*. Allgemeine Vermessungs-Nachrichten (AVN), 111: 141–146, 2004.

[Sch05]   SCHMIDT, H.: *Von der Zufallsvariablen zum Schätzwert – Statistische Begriffe in der Messtechnik*. Allgemeine Vermessungs-Nachrichten (AVN), 112: 104–109, 2005.

[SS78]   SCHACH, S. und SCHÄFER, T.: *Regressions- und Varianzanalyse*. Springer-Verlag, Berlin/Heidelberg/New York, 1978.

[WS11]   WITTE, B. und SPARLA, P.: *Vermessungskunde und Grundlagen der Statistik für das Bauwesen*. H. Wichmann Verlag, Berlin/Offenbach, 7. Auflage, 2011.

Verzeichnis der Beispiele

2.1	Quadratische Matrix	4
2.2	Transponieren einer quadratischen Matrix	4
2.3	Transponieren einer rechteckigen Matrix	4
2.4	Symmetrische Matrix	5
2.5	Schiefsymmetrische Matrix	5
2.6	Diagonalmatrix	5
2.7	Addition zweier Matrizen	7
2.8	Multiplikation einer Matrix mit einem Skalar	7
2.9	Produkt zweier Matrizen	8
2.10	Falksches Schema	9
2.11	Links-, Rechtsmultiplikation	9
2.12	Nullmatrix als Produkt zweier Matrizen	9
2.13	Skalarprodukte zweier Vektoren	10
2.14	Dyadisches Produkt	11
2.15	Norm eines Vektors	11
2.16	Orthogonale Vektoren	11
2.17	Orthonormale Vektoren	12
2.18	Minor, Kofaktor, Determinante	14
2.19	Gleiches Matrizenprodukt trotz ungleicher Matrizen	15
2.20	Kofaktormatrix, adjungierte Matrix, Determinante und Inverse	17
2.21	Multiplikation von Submatrizen	21
2.22	Inversion über Blockmatrizen	23
2.23	Rang r und Rangdefekt d einer Matrix	26
2.24	Elementare Umformungen von Zeilen einer Matrix	28
2.25	Rangbestimmung einer Matrix	28
2.26	Lösung eines linearen Gleichungssystems	30
3.1	Merkmale, Skalen	36
3.2	Ausprägung und Merkmalswerte eines Würfels	38
3.3	Strichliste und Häufigkeiten	39
3.4	Klasseneinteilung	41
3.5	Manipulationsmöglichkeit durch Klasseneinteilung	41
3.6	Gewogenes arithmetisches Mittel	45
3.7	Median klassierter Daten	47
3.8	Streckenmessung mit Messband	48
3.9	Durchschnittsverzinsung	49
3.10	Durchschnittsgeschwindigkeit	49
3.11	Spannweite	50
3.12	Mittlere absolute Abweichung	50
3.13	Varianz und Standardabweichung	52

3.14	Häufigkeitstabelle mit Randverteilungen	53
4.1	Zufallsexperiment und Ereignisraum	55
4.2	Elementarereignisse und zusammengesetzte Ereignisse	55
4.3	Wahrscheinlichkeit	56
4.4	Wahrscheinlichkeit als Grenzwert relativer Häufigkeiten	57
4.5	Additionstheorem gegenseitig ausschließender Ereignisse	58
4.6	Additionstheorem beliebiger Ereignisse	58
4.7	Bedingte Wahrscheinlichkeit	58
4.8	Stochastisch unabhängige Ereignisse	59
4.9	Multiplikationssatz für beliebige Ereignisse	59
4.10	Multiplikationssatz für unabhängige Ereignisse	59
4.11	Erwartungswert und Varianz einer diskreten Zufallsvariablen	62
4.12	Erwartungswert und Varianz einer stetigen Zufallsvariablen	63
4.13	Normierungsbedingung einer stetigen zweidimensionalen Zufallsvariablen	67
4.14	Wahrscheinlichkeitsverteilungen mit Randverteilungen	68
4.15	Bedingte Wahrscheinlichkeit	69
4.16	Unabhängigkeit	70
4.17	Erwartungswerte	70
4.18	Erwartungswert von Produkten	71
4.19	Kovarianzmatrix einer linearen Transformation	75
4.20	Varianzfortpflanzungsgesetz beim Sinussatz	76
4.21	Varianz eines Winkels (Abb. 4.1)	78
4.22	Richtungsmessungen zu mehreren Zielen (Abb. 4.2)	79
4.23	Varianz einer polaren Trassenabsteckung (Abb. 4.3)	80
4.24	Varianz einer Rechteckfläche	81
4.25	Varianz einer Geschwindigkeit	81
4.26	Varianz eines Kegelstumpfvolumens	81
4.27	Varianz eines Mittelwertes	82
4.28	Varianz einer Höhenmessung	83
4.29	Summe und Differenz von Messgrößen (Abb. 4.4)	83
4.30	Varianz von Höhe und Höhenfußpunkt (Abb. 4.5)	85
4.31	Varianz einer Basislattenmessung (Abb. 4.6)	87
4.32	Varianz einer polaren Punktbestimmung (Abb. 4.9)	88
4.33	Präzision und Richtigkeit eines Polygonzugendpunktes (Abb. 4.10)	90
4.34	Gleichverteilung beim Würfeln	92
4.35	Binomialverteilung bei der Qualitätskontrolle	95
4.36	Binomialverteilung beim Multiple Choice Test	95
4.37	Hypergeometrische Verteilung	98
4.38	Poisson-Verteilung in der Verkehrszählung	99
4.39	Wahrscheinlichkeiten von normalverteilten Zufallsvariablen	103
4.40	Quantile standardnormalverteilter Zufallsvariablen	104
4.41	Binomialverteilung und Normalverteilung	105
4.42	Zweidimensionale (bivariate) Normalverteilung	106
4.43	Regressionsparameter bei der bivariaten Normalverteilung	108

5.1	Schätzwerte einer zusammengesetzten homogenen Stichprobe	127
5.2	Varianzberechnung doppelt gemessener Polygonzugwinkel	128
5.3	Gewichtete Varianzberechnung aus Doppelmessungen	130
5.4	Varianzberechnung bei der Zenitwinkelmessung	132
5.5	ML-Schätzer für einen Parameter	134
5.6	ML-Schätzer für zwei Parameter	134
6.1	Linearisierung einer nichtlinearen Regressionsfunktion	138
6.2	Klassische bzw. allgemeine lineare Regression	141
6.3	Ausgleichung gleichgenauer direkter Beobachtungen	156
6.4	Ausgleichung verschieden-genauer direkter Beobachtungen	157
6.5	Regressionsgerade und Regressionsparabel	158
6.6	Bestimmung der Additionskorrektion eines Distanzmessinstruments	162
6.7	Ausgleichender Kreisbogen	166
6.8	Bestimmung eines ausgleichenden Kreises	183
6.9	Bestimmung einer ausgleichenden Ellipse	186
7.1	Konfidenzintervall für einen Erwartungswert (σ gegeben)	191
7.2	Konfidenzintervall für einen Erwartungswert (σ unbekannt)	192
7.3	Konfidenzintervall für die Differenz zweier Erwartungswerte	195
7.4	Konfidenzintervalle für die Standardabweichung σ	202
7.5	Individuelle Konfidenzintervalle für alle drei Parameter einer Korrektionsfunktion	205
7.6	Konfidenzellipsoid für alle Parameter einer Korrektionsfunktion	207
7.7	Konfidenzellipse für zwei Parameter einer Korrektionsfunktion	208
7.8	Konfidenzintervalle für Erwartungswerte einer Korrektionsfunktion	211
7.9	Prognoseintervall für den Korrektionswert einer Distanz	212
7.10	Zweiseitiger Test eines Erwartungswertes μ (σ gegeben)	216
7.11	Zweiseitiger Test eines Erwartungswertes μ (σ unbekannt)	218
7.12	Einseitiger Test eines Erwartungswertes μ (σ unbekannt)	219
7.13	Einseitiger Test eines Erwartungswertes μ (σ gegeben)	220
7.14	Zweiseitiger Test der Differenz zweier Erwartungswerte bei gleicher Messgenauigkeit	223
7.15	Zweiseitiger Test der Differenz zweier Erwartungswerte bei ungleicher Messgenauigkeit	224
7.16	Einseitiger Test einer Varianz σ^2	228
7.17	Zweiseitiger Test zweier Varianzen	230
7.18	Testen der einzelnen Parameter einer Korrektionsfunktion	233
7.19	Testen aller Parameter einer Korrektionsfunktion	236
7.20	Berechnung der Wahrscheinlichkeit β des Fehlers 2. Art	240
7.21	Berechnung des Abstandes δ zwischen den Teststatistiken	241
8.1	Ausgleichung eines Höhennetzes	242
8.2	Ausgleichung eines Streckennetzes	256
8.3	Ausgleichung eines Richtungs- und Streckennetzes	258
8.4	Helmert-Transformation	267
8.5	Freie Ausgleichung eines Richtungs- und Streckennetzes	273

8.6	Optimale Kontrollierbarkeit	282
8.7	Einfluss eines Datenfehlers auf das Residuum	283
8.8	Neupunktbestimmung durch Streckenmessung zu fünf Festpunkten	285
8.9	Lagenetzausgleichung unter Zwangsanschluss	296

Abbildungsverzeichnis

2.1	Orthogonale Vektoren	12
2.2	Orthogonale Transformation	20
3.1	Kreisdiagramm: Schulentlassene 1997/1998 aus allgemeinbildenden Schulen (Aus: [SB00], S. 377)	43
3.2	Säulendiagramm: Studierende im Wintersemester 1999/2000 nach Fächergruppen (Aus: [SB00], S. 381)	43
3.3	Stabdiagramm: Kinderzahlen in Mehrpersonenhaushalten im April 1999 (Aus: [SB00], S. 64)	44
3.4	Histogramm: Monatliches Haushaltsnettoeinkommen privater Haushalte nach Beispiel 3.5. Unten: vergröberte Klasseneinteilung	44
4.1	Winkel als Differenz zweier Richtungen	78
4.2	Richtungsmessungen zu mehreren Zielen	79
4.3	Polare Trassenabsteckung	80
4.4	Summe und Differenz von Strecken	84
4.5	Höhe und Höhenfußpunkt	85
4.6	Entfernungsmessung mit Basislatte	87
4.7	Verkürzung der Basislattenlänge durch schräge Ausrichtung	88
4.8	Exzentrizität der Zielmarken	88
4.9	Polare Punktbestimmung	89
4.10	Einseitig angeschlossener Polygonzug	90
4.11	Dichtefunktion der stetigen Gleichverteilung mit Erwartungswert $\mu = 3$ und Standardabweichung $\sigma = 1,15$	93
4.12	Dichtefunktion $f(x)$ der Normalverteilung ($\mu = 12$, $\sigma = 2$)	100
4.13	Dichtefunktion $f(z)$ der Standardnormalverteilung ($\mu = 0, \sigma = 1$)	102
4.14	Verteilungsfunktion $F(z)$ der Standardnormalverteilung	102
4.15	Dichtefunktion der zweidimensionalen Normalverteilung	106
4.16	Dichtefunktionen der χ^2-Verteilung bei den Freiheitsgraden $f = 1$ bis $f = 20$	109
4.17	Dichtefunktion $f(t)$ der t-Verteilung	110
6.1	Betonplatte	155
6.2	Regressionsgerade und Regressionsparabel	160
6.3	Messwerte und berechnete Kalibrierfunktion (Additionskorrektion) eines Distanzmessinstruments	163
6.4	Beobachtungen und Grafik zum ausgleichenden Kreis	183
6.5	Grafik zur ausgleichenden Ellipse	187
7.1	Festlegung der Quantile durch Halbierung der Irrtumswahrscheinlichkeit	191

7.2	Konfidenzintervall für μ	192
7.3	Konfidenzintervall für μ_γ	193
7.4	Konfidenzintervall für μ_e	193
7.5	Zweiseitiges, einseitiges und minimales zweiseitiges Konfidenzintervall für σ	203
7.6	Dreidimensionales Konfidenzellipsoid	207
7.7	Konfidenzellipse nach Beispiel 7.7 und individuelle Konfidenzintervalle (in eckigen Klammern [ ]) nach Beispiel 7.5 für β_0 und β_1	209
7.8	Fehler 1. Art (α) und Fehler 2. Art (β)	240
8.1	Nivellementnetz	243
8.2	Rechtwinklige und polare Koordinaten	250
8.3	Orientierung eines Richtungssatzes	254
8.4	Streckennetz	256
8.5	Einzelpunktbestimmung mit Streckenbeobachtungen	285
8.6	Redundanz und Redundanzkontrolle	288
8.7	Netzübersicht zur Lageaufnahme	296

Stichwortverzeichnis

Alle **fett** gedruckten Seitenzahlen sind Referenzen auf die Definition des jeweiligen Begriffs. Demgegenüber geben normal gedruckte Seitenzahlen die Seiten der Verwendung des jeweiligen Begriffs wieder.

Symbole
τ-Test 292
τ-Verteilung 293
t-Verteilung 106, 110, 192, 195, 198, 205, 210, 217, 220, 223, 234, 238

A
Abhängigkeit
  – , Lineare 25, 73
Ableitung 75, 144
  – Partielle 75, 144
Absolute Häufigkeit 38
Abweichung 50–52, 73, 77–79, 81, 82, 85, 87, 88, 92, 100, 101, 103, 105, 106, 110, 127, 129, 132, 161, 166, 171, 184, 185
  – , Mittlere quadratische 51
  – Standard- 51, 52, 73, 77–79, 81, 82, 85, 87, 88, 92, 100, 101, 103, 105, 106, 110, 127, 129, 132, 161, 166, 171, 184, 185
Achsabschnitt 137
Additionskorrektion 141
Adjungierte Matrix 16
Ähnlichkeitstransformation 262
Äußere Zuverlässigkeit 284, 290
Algorithmus
  – , Gaußscher 245
Anpassung
  – , Nachbarschaftstreue 267
Aufdeckbarer Datenfehler 284
Ausgleichender Kreisbogen 166
Ausgleichung einer Ellipse 186
Ausgleichung eines Streckennetzes 256
Ausgleichung nach vermittelnden Beobachtungen 142, 250
Ausgleichungsrechnung 143
Ausreißer 284
Ausreißersuche 288
Ausreißertest 289, 292
Automatisierte Fehlersuche 272

B
Bedingte Wahrscheinlichkeit 58, 69
Bedingungsgleichung 270, 280
Beobachtungsgleichung 167, 169, 185, 251, 255, 257, 270, 273, 294
  – , Linearisierte 138, 251, 252, 255
  – , Nichtlineare 168
Beobachtungsvektor 139, 154, 242, 273
Bernoulli-Experiment 94
Beschreibende Statistik **35**
best linear unbiased estimator 146
Bestimmtheitsmaß 176, 177, 239
Binomialverteilung 94, 105
Blockdiagramm 42
BLUE-Schätzer 149

C
Charakteristische Determinante 31
Charakteristische Gleichung 31
Chi-Quadrat-Verteilung 106, 108–111, 197, 198, 201, 204, 225–228
Cholesky-Faktorisierung 148, 245

D
data snooping 281, 289
Datenbereinigung 291
Datumsfestlegung 279
Datumsproblem 270
Deformationsuntersuchungen 128
Designmatrix 259, 273
Deskriptive Statistik **35**

Determinante 13, 14, 16, 17, 24
 – , Charakteristische 31
Diagramm
 – Block- 42
 – Kreis- 42
 – Kurven- 42
 – Säulen- 42
 – Stab- 42
Dichtefunktion 60, 63, 65–67, 69, 72, 92, 99–103, 108, 110, 133, 282
Dichtefunktion der Normalverteilung 99
Differential-Quotient 257, 259, 273
 – Partieller 259
Diskrete Zufallsvariable 60
Dispersionsmaße 50
Dreiecksmatrix 6
Durchschnittsverzinsung 49
Dyadisches Produkt 11

E

Effiziente Schätzfunktion 123
Elementarereignisse 55
Elementarfehler 121
Empirische Standardabweichung 51
Empirische Varianz 51
Empirische Verteilungsfunktion 39
Empirische Wahrscheinlichkeit 57
Entwicklungssatz
 – , Laplacescher 14
Ergebniskontrolle 293
Erwartungs
 – -treu 123, 124, 128, 130, 131, 135, 143, 146, 147
 – -wert 62, 64, 65, 70–72, 75, 92, 94, 97, 98, 100, 101, 103, 105–108, 110, 111, 119, 122–125, 128–136, 138, 146, 147, 156, 157, 173, 177, 179, 189, 191, 193–195, 197–200, 203, 205, 210–216, 218, 220–222, 225, 240
Erwartungstreue Schätzfunktion 123
Experiment
 – , Bernoulli- 94

F

F-Verteilung 106, 111, 198, 225, 230, 231, 238

Fehler
 – 1. Art 239, 282
 – 2. Art 239, 282, 290
Fehler-in-den-Variablen-Modell 264
Fehlersuche
 – , Automatisierte 272
Fisherverteilung 293
Form
 – , Quadratische 72, 107
Formparameter 100
Fraktil 103
Freie Netzausgleichung 270
Freies Streckennetz im Raum 272
Freiheitsgrad **52**, 110, 111, 114, 122, 126, 130, 131, 148, 150, 159, 161, 165, 189, 192, 195, 198, 201, 202, 205, 210, 217, 222, 224–226, 228–232, 234, 237
Funktional-systematische Modellabweichungen 141
Funktionaler Zusammenhang 136, 167, 172, 173, 176, 286

G

Gauß-Helmert-Modell 177–179, 185
Gauß-Markoff-Modell 142, 167, 177, 179, 185, 242, 243, 250, 264, 286, 288
Gauß-Markoff-Theorem 146
Gauß-Newton-Verfahren 137
Gaußsche Elimination 245
Gaußsche Glockenkurve 100
Gaußscher Algorithmus 245
Genauigkeit 82
 – A-priori- 88, 179, 183, 272
 – Innere 272
 – , Relative 294
Geometrisches Mittel 48
Gesamtredundanz 150, 283
Gesamtspurminimierung 270
Gewichtseinheit
 – , Varianz der 140, 149
Gewichtsmatrix 76, 140
Gewichtsreziproke 140
Gewogenes arithmetisches Mittel 45

Gleichung
- , Charakteristische 31
Gleichungssystem
- , Homogenes 29
- , Inhomogenes 29
Gleichverteilung
- , Kontinuierliche 92
Glockenkurve
- , Gaußsche 100
Grenzwertfehler 282, 290
Grenzwertsatz 104
Grundgesamtheit 35, 99, 106, 110, 119–121, 133, 159, 189, 196, 200, 213, 214, 222

H

Häufigkeit
- , Absolute 38
- , Relative 38
Häufigkeitsverteilung 38, 42, 50, 53, 60, 61, 119
Harmonischer Mittelwert 49
Helmert-Transformation 262
Histogramm 42, 44
Homogenes Gleichungssystem 29
Homogenisierung 255
Hypergeometrische Verteilung 97
Hypothesen
- -formulierung 235
- -test 141, 148, 213, 228, 236, 272, 281, 293

I

Induktive Statistik **35**, 55
Inferenz
- , Statistische 35, 119
Inhomogenes Gleichungssystem 29
Innere Genauigkeit 272
Innere Netzgeometrie 270
Innere Zuverlässigkeit 284
Innere Zuverlässigkeit des Netzes 282
Interpolation
- , Multiquadratische 267
Intervallschätzung 119
Intervallskalen 37
Inverse 17, 22, 24, 26, 27, 29, 140, 164, 169, 180, 236, 246

Inverse Transformation 264
Irrtumswahrscheinlichkeit 103, 190, 193, 195, 201, 206, 209, 214, 216, 217, 223, 227, 234, 239, 243, 248, 289

J

Jacobische Matrix 75

K

Kartogramm 42
Kehrmatrix 16
Klassenbreite 40
Klasseneinteilung 41
Klassengrenze 40
Kofaktor 14
Kofaktormatrix 16, 30
Konfidenz
- -bereich 189
- -ellipse 152, 196–198, 200, 236
- -intervall 103, 128, 141, 148, 191, 195, 201–203, 211, 215, 225, 233
Konsistente Schätzfunktion 123
Konsumentenrisiko 239
Kontinuierliche Gleichverteilung 92
Kontrollierbarkeit 282, 284
Koordinatentransformation 261
Korrektionsfunktion 85
Korrelation 70, 79, 140, 166, 170, 232, 248, 253, 270
Korrelationskoeffizient 72, 78, 84, 87, 101, 174, 176
Korrelationsmatrix 73
Kovarianz 70, 72, 73, 75, 79, 84, 85, 87, 101, 159, 171, 185, 232, 242, 253, 270
- -ellipse 152
- -fortpflanzungsgesetz 76
- -funktionen 154
- -matrix 72–77, 79, 84, 88, 106, 140, 146, 149, 151, 159, 170, 173, 181, 182, 189, 196, 200, 206, 211, 225, 231
Kreisdiagramm 42
Kurvendiagramm 42

L

Lageparameter 45, 50, 61, 100, 119, 213
Lagerung des Netzes 279
Lagrangesche Multiplikatoren 271
Laplacescher Entwicklungssatz 14
Lineare Abhängigkeit 73
Lineare Regression 137
Linearisierte Beobachtungsgleichung 138, 251
Log-Likelihood-Funktion 134
Lokale Zuverlässigkeit 283

M

Marginale Verteilung 53
Maßstabsänderung 262
Maßstabsfaktor 252, 256, 263, 268
Maßstabsunbekannte 252
Matrix
  – , Adjungierte 16
  – Dreiecks- 6
  – , Inverse 22
  – , Jacobische 75
  – , Reguläre 16, 26, 32
  – , Singuläre 26
  – , Transponierte 4
Matrizen
  – , Produkt zweier 8
  – , Reguläre 26
Maximum-Likelihood-Methode 133
Median 46–48
Mehrdimensionale Normalverteilung 106
Merkmale 36
  – , Qualitative 37
  – , Quantitative 36
Mess
  – -genauigkeit 125, 222, 224, 228, 230
  – -größe 35, 82, 83, 86, 99, 121, 125, 138, 140, 142, 173, 196, 197, 231
Messabweichung
  – , Systematische 82
Methode der kleinsten Quadrate 143
Minor 13
Mittel
  – , Geometrisches 48
  – , Gewogenes arithmetisches 45
Mittelwert 122
  – , Harmonischer 49
Mittlere quadratische Abweichung 51
Modell
  – Gauß-Helmert- 177–179, 185
  – Gauß-Markoff- 142, 167, 177, 179, 185, 242, 243, 250, 264, 286, 288
  – Regressions- 76, 139, 141, 167
Modellabweichung
  – , Funktional-systematische 141
Momente **61**
Moore-Penrose-Inverse 15
Multiple lineare Regression 137
Multiplikatoren
  – , Lagrangesche 271
Multiquadratische Interpolation 267

N

Nach vermittelnden Beobachtungen
  – , Ausgleichung 142, 250
Nachbarschaftstreue Anpassung 267
Näherungswert 75, 137, 139, 154, 163, 167, 168, 182, 242, 250–253, 255, 258, 261
Netzausgleichung 141
  – , freie 270, 272, 291, 296
Netzdesign 283
Netzgeometrie 288
  – Innere 270
Netzverdichtung 250
Nominalskalen 38
Normal
  – -gleichung 143–145, 168, 180, 295
  – -gleichungsmatrix 145, 149, 150, 164, 168, 257, 260, 268, 270, 276, 278
  – -verteilung 53, 65, 99–101, 105, 106, 110, 111, 121, 128, 131, 134, 147, 173, 174, 190, 192, 203, 216, 231, 243, 249, 282
Normalverteilung
  – , Mehrdimensionale 106
Normierte Residuen 289

Nullhypothese 213, 215, 217, 218, 220, 223, 227, 228, 231, 234, 238, 281

O

Ordinalskalen 37
Orientierungsunbekannte 253, 259, 270, 273
Orthogonale Transformation 19, 33
Orthogonale Vektoren 11, 12

P

Parameter
 – -schätzung 25, 32, 119, 121, 142, 143, 150, 168
 – -vektor 136, 139, 142, 156, 234
Partielle Ableitung 75, 144
Passpunkte 261
Piktogramm 42
Pivotstrategie 278
Poisson-Verteilung 98
Polygonzug 42
Polynomiale Regression 140
Präzision 82, 140
Produkt
 – , Dyadisches 11
 – zweier Matrizen 8
Produzentenrisiko 239
Prüfmessungen 141
Pseudoinverse 15, 272
Punktschätzung 119
Punkttest 293

Q

Quadratische Form 72, 107
Qualitative Merkmale 37
Quantil 48, 103, 110, 111, 152, 190, 193, 201, 214, 215, 220, 228, 238, 243, 249, 289
Quantitative Merkmale 36
Quasi-wahrer Wert 125

R

Randverteilung 53, 69
Rang des Vektorsystems 26
Rangbestimmung 28
Rangdefekt 26, 270, 288

Rangmerkmale 36
Redundanzanteile 284
Redundanzkontrolle 292
Redundanzmatrix 281, 286
Regewichtung der Beobachtungen 291
Regressand 137
Regression
 – , Lineare 137
 – , Multiple lineare 137
 – , Polynomiale 140
Regressionsfunktion 107
Regressionsgerade 142
Regressionskoeffizient 137
Regressionsmodell 76, 139, 141, 167
Regressoren 137
Reguläre Matrix 16, 26, 32
Reguläre Matrizen 26
Relative Häufigkeit 38
Residuen 137, 143, 147, 153, 159, 161, 166, 170, 176, 179, 181, 184
 – , Normierte 289
Residuenquadratsumme 148
Residuenvarianz 145
Restklaffen 292
Restklaffenverteilung 267
Richtigkeit 82, 85
Richtungswinkel 253
Robuste Schätzung 289, 291
Robuste Schätzfunktion 123
Robustheit 47
Rotation 262

S

Säulendiagramm 42
Satz von Steiner 65
Schätzer
 – BLUE- 149
 – , Unverzerrt 146
Schätzfunktion 121, 123, 133, 142, 149, 159, 165, 235
 – , Effiziente 123
 – , Erwartungstreue 123
 – , Konsistente 123
 – , Robuste 123
Schätzung
 – , Robuste 291

—, Verzerrte 124
Schätzverfahren 119
Schätzwerte
   —, Verzerrte 142
Schwerpunktkoordinate 263, 272
Signifikanzniveau 214, 289
Singuläre Matrix 26
Skalen 36
Stabdiagramm 42
Standardabweichung 51, 52, 62, 73, 77–79, 81, 82, 85, 87, 88, 92, 100, 101, 103, 105, 106, 110, 127, 129, 132, 161, 166, 171, 184, 185, 214, 215, 217–222
   —, Empirische 51
Standardisierung einer Zufallsvariablen 64
Standardnormalverteilt 148
Standardnormalverteilung 101, 105, 111, 190, 198, 217, 218, 240, 282, 289
Startlösung 137
Statistik
   —, Beschreibende **35**
   —, Deskriptive **35**
   —, Induktive **35**, 55
Statistische Inferenz 35, 119
Stichprobe 36, 38, 45, 120, 121, 125, 189, 194, 205, 210, 213, 229
Stichprobenumfang 120
Stochastisch abhängig 69
Stochastisch unabhängig 58
Störvariable 136
Streuungsmaße 50
Streuungsparameter 45, 53, 61, 119, 213
Studentverteilung 110
Stützpunkte 261
Subdeterminante 13
Submatrizen 20
Summenhäufigkeit 39, 41, 47, 60, 119
Systematische Messabweichung 82

T

Taylorentwicklung 137
Taylor-Reihe 182
Teilspurminimierung 270
Teilstichproben 127
Teststärke 240
Transformation
   —, Inverse 264
   —, Orthogonale 19, 33
Translation 262
Transponierte Matrix 4

U

Unbekanntenvektor 270, 272, 273, 276
Unverzerrter Schätzer 146

V

Varianz 51, 52, 61, 62, 72, 76, 80, 82, 85, 87, 88, 92, 97, 108, 110, 111, 119, 122, 123, 125, 127, 129–132, 134, 140, 142, 146, 152, 154, 171, 175, 181, 182, 194, 201, 211, 222, 226, 229, 232, 235
   — -abweichung 51
   — der Gewichtseinheit 140, 149, 170, 255
   —, empirische 51, 125, 212
   — -komponenten 293
   — -komponentenschätzung 272, 292
   — -schätzung 189
Varianz-Kovarianz-Fortpflanzungsgesetz 181
Varianzfortpflanzungsgesetz 76, 82, 182
Varianzschätzung
   —, Verzerrte 125
Variationskoeffizient 52
Vektoren
   —, Orthogonale 11, 12
Vektorsystem
   —, Rang 26
Verhältnisskalen 37
Verschmierungseffekte 289
Verteilung
   — Binomial- 94, 105
   — Chi- 106
   — Chi-Quadrat- 108–111, 197, 198, 201, 204, 225–228
   — F- 106, 111, 198, 225, 230, 231, 238

- Fisher- 293
- -funktion 60, 100, 104, 111, 121, 216
- Häufigkeits- 38, 42, 50, 53, 60, 61, 119
- , Hypergeometrische 97
- , Marginale 53
- Normal- 53, 65, 99–101, 105, 106, 110, 111, 121, 128, 131, 134, 147, 173, 174, 190, 192, 203, 216, 231, 243, 249, 282
- Poisson- 98
- Rand- 53, 69
- Restklaffen- 267
- Standardnormal- 101, 105, 111, 190, 198, 217, 218, 240, 282, 289
- Student- 110
- τ- 293
- t- 106, 110, 192, 195, 198, 205, 210, 217, 220, 223, 234, 238
- Wahrscheinlichkeits- 60, 64, 65, 92, 120, 123, 143, 152, 189

Verteilungseigenschaften 147
Verteilungsfunktion 60, 104, 111, 121, 216
- , Empirische 39

Vertrauensintervall 103
Verzerrte Schätzung 124
Verzerrte Schätzwerte 142
Verzerrte Varianzschätzung 125

W

Wahrer Wert 125
Wahrscheinlichkeit
- , Bedingte 58, 69
- , Empirische 57

Wahrscheinlichkeits
- -aussage 141, 173
- -funktion 60, 63, 66, 69, 94, 97, 125, 133
- -verteilung 60, 64, 65, 92, 120, 123, 143, 152, 189

Wert
- , Quasi-wahrer 125
- , Wahrer 125

Z

Ziehen mit Zurücklegen 97
Zufalls
- -variable 35, 59, 61, 64, 65, 71–73, 75, 80, 85, 92, 101, 108, 111, 121, 132, 136, 139, 140, 152, 172, 173, 175, 189, 213, 226
- -variable, diskrete 60, 92, 120
- -variable, standardnormalverteilte 101
- -variable, unkorrelierte 143
- -variable, Varianz der 130
- -variablen, Standardisierung einer 64
- -vektor 65, 72, 73, 76, 88, 106, 136, 156, 164

Zusammenhang
- , Funktionaler 136, 167, 172, 173, 176, 286

Zuverlässigkeit
- , Äußere 284
- , Lokale 283

Zuverlässigkeitsangaben 288
Zuverlässigkeitsmaß 283, 290
Zwangsanschluss 293